Descubre

www.edelvivesdigital.com

Multiplataforma > Todos los sistemas operativos > *On-line, off-line*

Licencia de activación

Matemáticas 1º Bach

ePSW5vu

Sigue estos sencillos pasos y podrás disponer de tus recursos digitales

1 Visita **www.edelvivesdigital.com** e introduce los datos que te solicita la plataforma desde **Regístrate aquí.**

2 Escribe, si lo deseas, el nombre de tu colegio.

3 **Empieza aquí y ahora.**
Escribe la licencia de activación que está en el anverso de esta hoja y haz clic en **Activar.**

Durante todo el proceso, se deberá prestar atención a las políticas de privacidad y demás avisos legales proporcionados por el Grupo Edelvives.

> **Desde la plataforma, también está disponible la versión *off-line* para ordenador:** Versión de Escritorio

> **Para acceder a los recursos digitales desde tu tableta puedes descargarte la aplicación** Edelvives_texto **disponible en los diferentes *stores:***

Descárgalo en el App Store · Disponible en Windows Store · Android App on Google play · Disponible en Chrome Web Store

Consulta los requisitos mínimos en www.edelvivesdigital.com

Es importante que el registro se realice previamente desde la web.

¿Necesitas ayuda?

Elige el camino:

- Contacta con Soporte técnico a través de la página **www.edelvivesdigital.com**
- Descárgate los tutoriales en PDF que encontrarás en la Zona de descarga de nuestro Soporte técnico.
- Escribe un correo a **digital@grupoedelvives.com**
- Llama al **900 622 192.**

EDELVIVES

BACHILLERATO 1

Matemáticas

Ciencias

TEORÍA

AUTORES
Susana Cardona García
José Antonio Rey Navarro

REVISOR TÉCNICO
Vidal Quiralte Fuentes

El 0,7 % de la venta de este libro se destina a proyectos de desarrollo de la ONGD SED (www.sed-ongd.org).

EDELVIVES BACHILLERATO

01 NÚMEROS REALES

02 POLINOMIOS

03 ECUACIONES Y SISTEMAS DE ECUACIONES

04 INECUACIONES Y SISTEMAS DE INECUACIONES

05 TRIGONOMETRÍA

06 NÚMEROS COMPLEJOS

07 GEOMETRÍA

08 CÓNICAS

09 FUNCIONES REALES DE VARIABLE REAL

10 LÍMITES DE FUNCIONES. CONTINUIDAD

11 DERIVADA DE UNA FUNCIÓN

12 ESTUDIO Y REPRESENTACIÓN DE FUNCIONES

13 ESTADÍSTICA

ASÍ ES ESTE PROYECTO

VOLUMEN DE TEORÍA

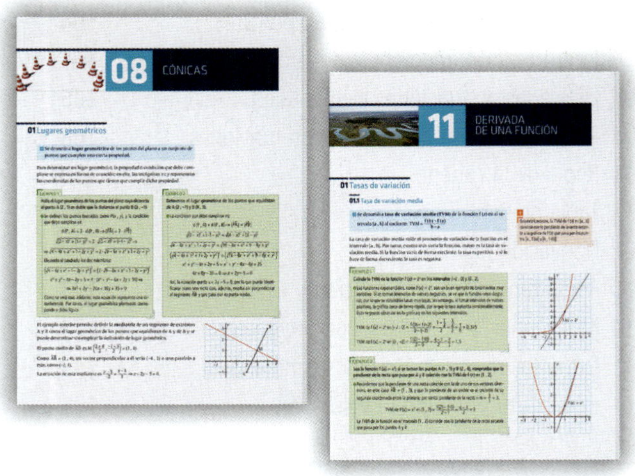

INICIO DE UNIDAD

Las unidades comienzan presentando directamente los contenidos dado el carácter pragmático de este volumen para el estudio.

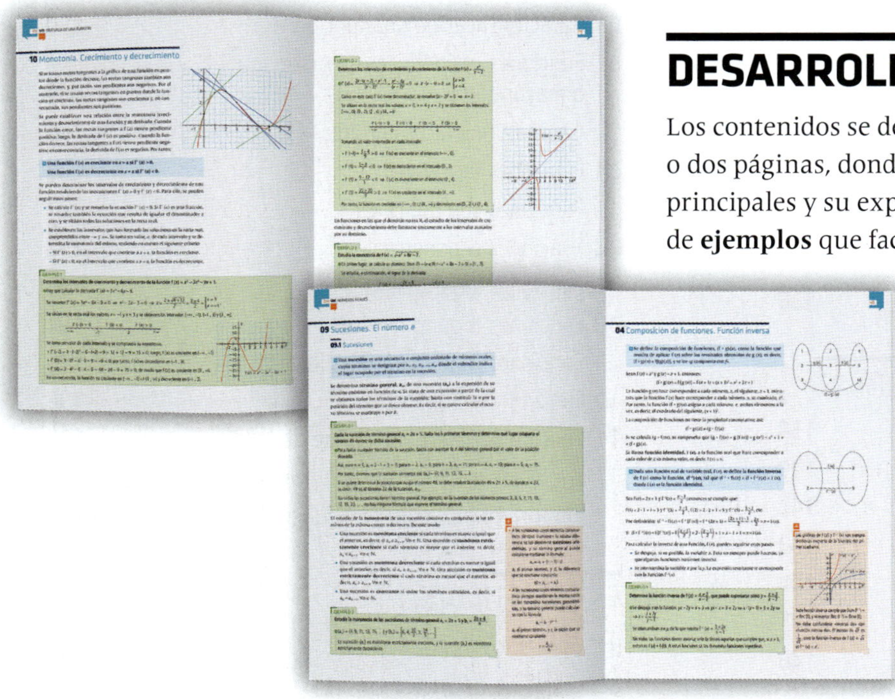

DESARROLLO DE LOS CONTENIDOS

Los contenidos se desarrollan en epígrafes de una o dos páginas, donde aparecen resaltados los conceptos principales y su explicación teórica se acompaña de **ejemplos** que facilitan su comprensión.

Además, la información de los márgenes permite ampliar determinados aspectos de los contenidos.

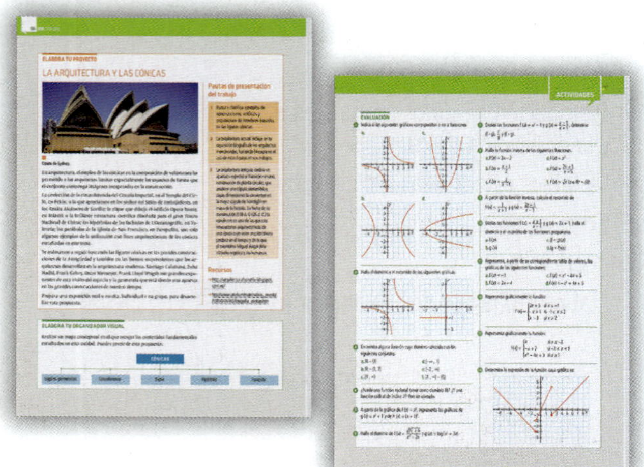

ACTIVIDADES

Cada unidad finaliza con una doble página de trabajo dividida en tres partes:

- **Elabora tu proyecto:** propuesta de ampliación de algún contenido de la unidad que se puede trabajar de forma cooperativa.
- **Elabora tu organizador:** propuesta para la elaboración de la síntesis de los contenidos. Aparece resuelta en el volumen de práctica.
- **Evaluación**

VOLUMEN DE **PRÁCTICA**

ESQUEMA DE LA UNIDAD

Síntesis de los contenidos de la unidad de forma visual, que se podrá ampliar.

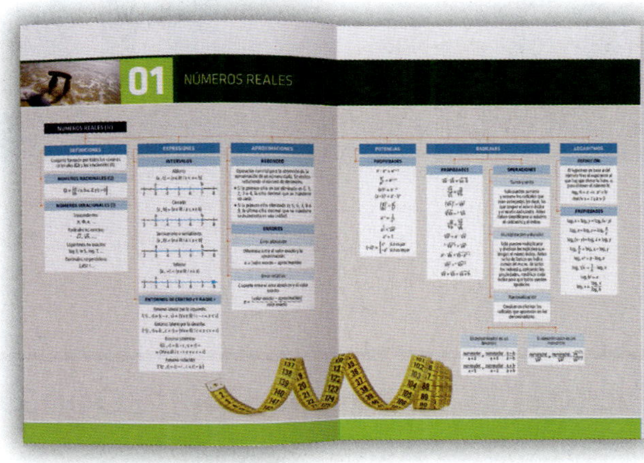

HERRAMIENTAS DIGITALES

Doble página dedicada a enseñar a utilizar programas infomáticos como GeoGebra y Wiris.

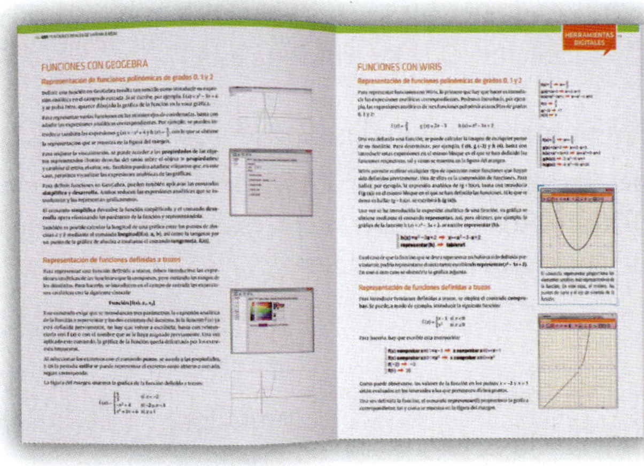

ACTIVIDADES RESUELTAS

Varias páginas con modelos de los problemas más representativos, resueltos paso a paso, que se pueden encontrar a la hora de aplicar los contenidos estudiados en esta unidad.

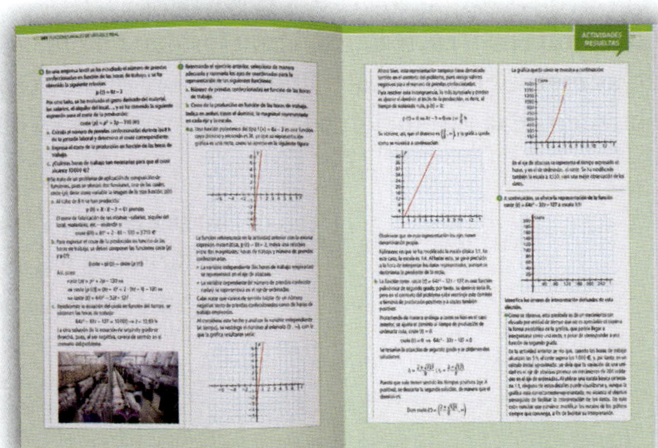

ACTIVIDADES PROPUESTAS Y EVALUACIÓN

Batería de actividades propuestas para practicar los contenidos tratados en la unidad.

- **Diario de aprendizaje:** pregunta para la reflexión del alumno sobre su proceso de aprendizaje.

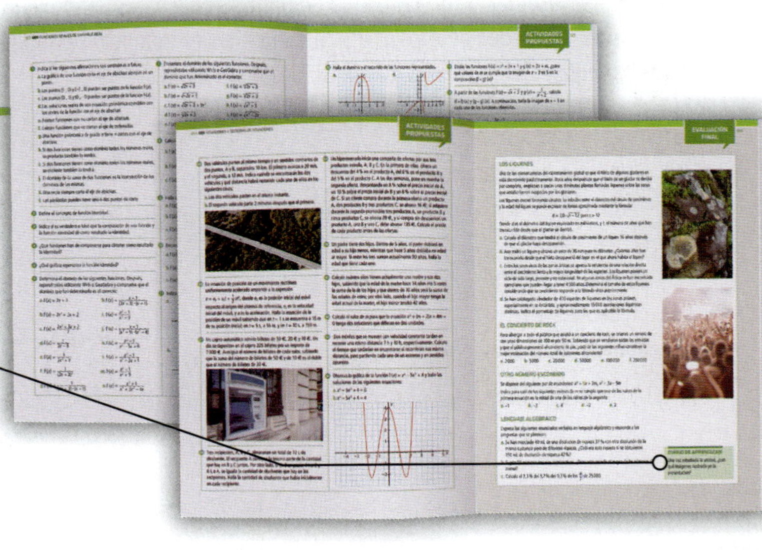

01 NÚMEROS REALES

01 Números racionales e irracionales

» El conjunto de los números reales, $\mathbb{R}$, es el formado por todos los números racionales, $\mathbb{Q}$, y los irracionales, $\mathbb{I}$.

Los **números racionales,** $\mathbb{Q} = \left\{\frac{a}{b} / a, b \in \mathbb{Z} \text{ y } b \neq 0\right\}$, son todos aquellos que pueden expresarse como una fracción de números enteros cuyo denominador sea distinto de cero. Al operar con esa fracción, en la mayoría de los casos se obtienen números con decimales.

$$\text{Números decimales}\begin{cases}\text{Limitados o exactos: } 5{,}3 \in \mathbb{Q}\\ \text{Ilimitados}\begin{cases}\text{Periódicos}\begin{cases}\text{Puros: } 6{,}222\ldots \in \mathbb{Q}\\ \text{Mixtos: } 4{,}211\,1\ldots \in \mathbb{Q}\end{cases}\\ \text{No periódicos: } 4{,}173\,516\ldots \in \mathbb{I}\end{cases}\end{cases}$$

Los **números irracionales,** $\mathbb{I}$, son los que no pueden expresarse como fracción de números enteros. Cabe distinguir entre números trascendentes (que no se obtienen de la resolución de ninguna ecuación) y los irracionales algebraicos.

$$\text{Números irracionales}\begin{cases}\text{Transcendentes: } \pi, \Phi, e, \ldots\\ \text{Radicales: } \sqrt{2}, \sqrt[3]{5}, \ldots\\ \text{Logaritmos: } \log 3, \ln 5, \log_2 7, \ldots\\ \text{Decimales no periódicos: } 3{,}4571\ldots\end{cases}$$

EJEMPLO 1

Representa $\sqrt{17}$.

Para representar la raíz cuadrada de un número, se descompone el número en una suma de dos cuadrados enteros, *x* e *y*. Si dibujamos el triángulo rectángulo de catetos *x* e *y*, la hipotenusa del mismo es la raíz cuadrada buscada:

$$17 = 16 + 1 \Rightarrow 17 = 4^2 + 1^2 \Rightarrow \sqrt{17} = \sqrt{4^2 + 1^2}$$

Asímismo, el triángulo rectángulo de catetos 1 y 1 nos ofrece en la hipotenusa $\sqrt{2}$. El triángulo de catetos $\sqrt{2}$ y 1 nos permitiría representar $\sqrt{3}$, y así podríamos trabajar de forma iterativa.

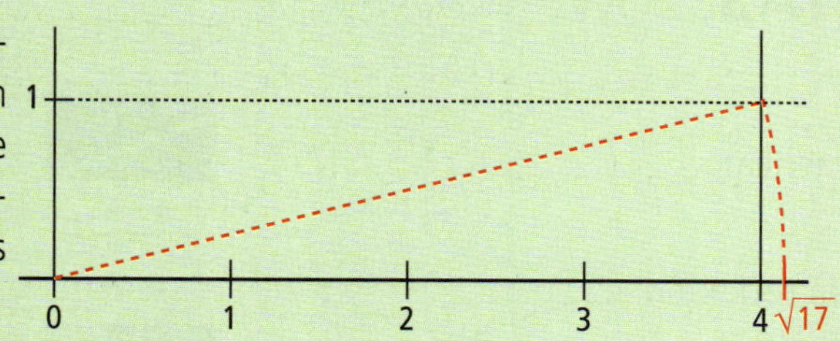

+

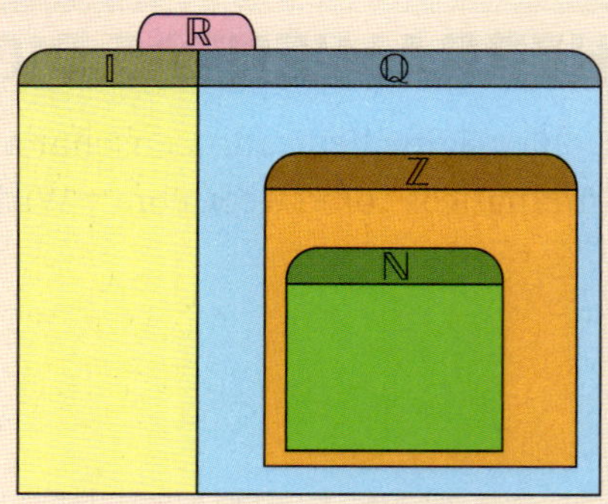

Naturales ($\mathbb{N}$) $\subset$ Enteros ($\mathbb{Z}$) $\subset$ $\subset$ Racionales ($\mathbb{Q}$) $\subset$ Reales ($\mathbb{R}$)

Irracionales ($\mathbb{I}$) $\subset$ Reales ($\mathbb{R}$)

$\mathbb{Q} \cup \mathbb{I} = \mathbb{R}$; $\mathbb{Q} \cap \mathbb{I} = \Phi$

+

Si un número irracional se pasa a decimal, se comete un **error de aproximación.** Si el número es racional, salvo que sea entero o exacto, también ocurre lo mismo. Por ello, al operar con números racionales e irracionales, **se recomienda evitar el uso de decimales.**

Los números pueden representarse gráficamente sobre la recta real, en la que se ha determinado el origen y la unidad. No cabe duda de que los decimales ilimitados, tanto periódicos como no periódicos, son difíciles de representar. La representación exacta de un número irracional es, en muchas ocasiones, imposible, pero los radicales cuadráticos son una excepción.

02 Intervalos y entornos

Una cómoda forma de expresar conjuntos numéricos es mediante intervalos o entornos (intervalos abiertos):

Intervalo abierto: $(a, b) = \{\forall x \in \mathbb{R} / a < x < b\}$	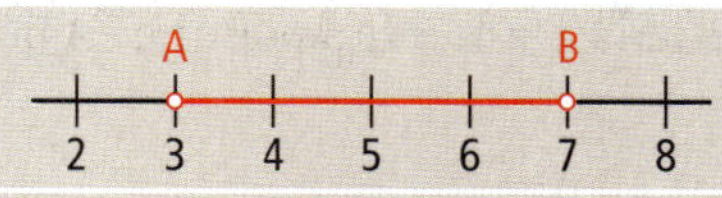
Intervalo cerrado: $[a, b] = \{\forall x \in \mathbb{R} / a \le x \le b\}$	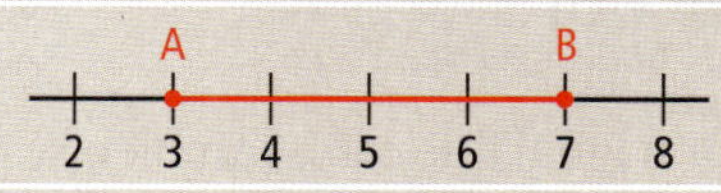
Intervalo semicerrado o semiabierto: $[a, b) = \{\forall x \in \mathbb{R} / a \le x < b\}$	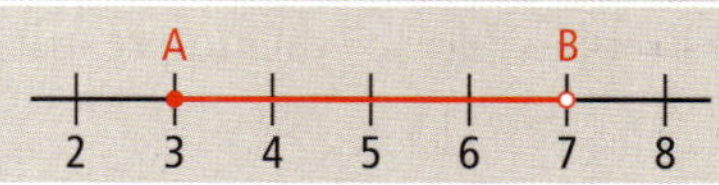
Intervalo infinito: $[a, \infty) = \{\forall x \in \mathbb{R} / x \ge a\}$	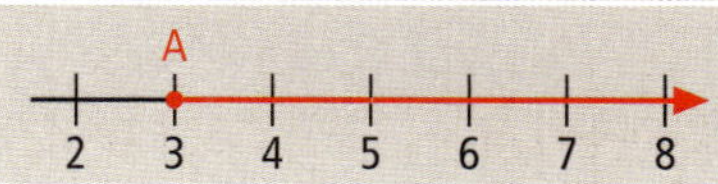

Entorno lateral por la derecha de centro *c* y radio *r*:	$E^+(c, r) = (c, c + r) = \{\forall x \in \mathbb{R} / c < x < c + r\}$
Entorno lateral por la izquierda de centro *c* y radio *r*:	$E^-(c, r) = (c - r, c) = \{\forall x \in \mathbb{R} / c - r < x < c\}$
Entorno simétrico de centro *c* y radio *r*:	$E(c, r) = (c - r, c + r) = \{\forall x \in \mathbb{R} / c - r < x < c + r\}$
Entorno reducido de centro *c* y radio *r*:	$E^*(c, r) = (c - r, c + r) - \{c\}$

EJEMPLO 1

Representa los siguientes conjuntos: $A = E^+(-2, 3)$ y $B = [0, 4)$.

El primero de los conjuntos es un entorno lateral a la derecha centrado en -2 y de radio 3:

$A = E^+(-2, 3) = (-2, 1) = \{\forall x \in \mathbb{R} / -2 < x < 1\}$

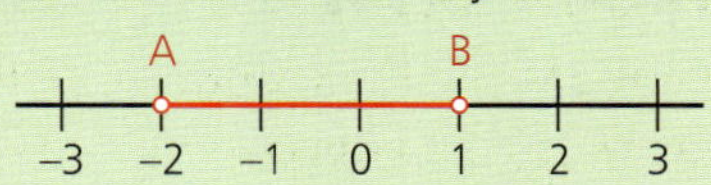

El segundo de los conjuntos es el intervalo de extremos 0 y 4:

$B = [0, 4) = \{\forall x \in \mathbb{R} / 0 \le x < 4\}$

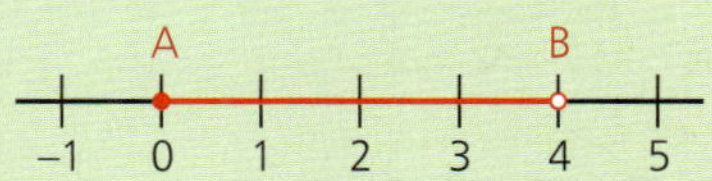

+ LENGUAJE MATEMÁTICO

$\forall$	Para todo
$\in$	Pertenece
$\notin$	No pertenece
/	Tal que
$\exists$	Existe
$\nexists$	No existe
$\cup$	Unión
$\cap$	Intersección

La **unión** de dos intervalos, A y B, es decir, $A \cup B$, es el intervalo formado por todos los elementos de A y todos los elementos de B.

La **intersección** de dos intervalos, A y B, es decir, $A \cap B$, es el intervalo formado por todos los elementos que son comunes a A y B.

EJEMPLO 2

Con los datos de los conjuntos del ejemplo 1, halla $A \cup B$ y $A \cap B$.

La unión es el intervalo:

$$A \cup B = (-2, 4)$$

La intersección es el intervalo:

$$A \cap B = [0, 1)$$

(Como podemos observar, el 0 está contenido porque pertenece a ambos, pero el 1 no).

EJEMPLO 3

Halla el mayor entorno simétrico de $\frac{1}{3}$ contenido en el intervalo $(-4, 2)$.

Se calculan primero las distancias de $\frac{1}{3}$ a los extremos del intervalo propuesto. Nos quedamos con la menor, que será el radio de dicho entorno:

$$2 - \frac{1}{3} = \frac{5}{3}; \frac{1}{3} - (-4) = \frac{13}{3} \Rightarrow E\left(\frac{1}{3}, \frac{5}{3}\right)$$

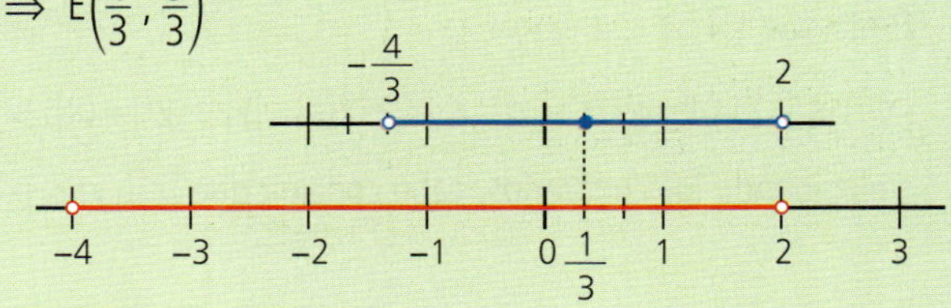

03 Valor absoluto

» El **valor absoluto** de un número es el valor que tiene ese número prescindiendo de su signo. Puede decirse que es la distancia que separa dicho número del origen en la recta real. Matemáticamente se define como:

$$|x| = \begin{cases} x & \text{si } x \geq 0 \\ -x & \text{si } x < 0 \end{cases}$$

El valor absoluto es siempre un valor mayor o igual que cero. También se deduce que si a y b son dos números distintos, $a \neq b \Rightarrow |a - b| = |b - a|$, que resulta ser la distancia entre dichos números.

Propiedades	Ejemplos
$\forall x \in \mathbb{R}, |x| \geq 0$	$|5| = 5 > 0$; $|-7| = 7 > 0$
$\forall x, y \in \mathbb{R}, |x \cdot y| = |x| \cdot |y|$	$|2 \cdot (-3)| = |-6| = 6$; $|2| \cdot |-3| = 2 \cdot 3 = 6$
$\forall x, y \in \mathbb{R}, |x + y| \leq |x| + |y|$	$|-5 + 3| = |-2| = 2$; $|-5| + |3| = 8$; $2 \leq 8$

EJEMPLO 1

Si $|x - 3| < 5$, identifica el intervalo de números reales que vienen definidos mediante este valor absoluto.

Releyendo adecuadamente esta expresión, vemos que se refiere al entorno que, centrado en 3, tiene como radio 5; es decir, la distancia entre cualquier número, x, y 3 no debe superar el valor de 5.

Por tanto: $|x - 3| < 5 \Rightarrow E(3, 5) = (-2, 8) = \{\forall x \in \mathbb{R} / -2 < x < 8\}$.

EJEMPLO 2

Halla el valor de x en la expresión $|4 - x| = 2$.

De la expresión podemos obtener dos ecuaciones de primer grado:

$4 - x = 2$ y $4 - x = -2$. Las soluciones son, pues, $x_1 = 2$ y $x_2 = 6$.

Comprobamos las soluciones:

- Si $x = 2 \Rightarrow |4 - 2| = |2| = 2$; por tanto, la solución $x = 2$ es correcta.
- Si $x = 6 \Rightarrow |4 - 6| = |-2| = 2$; así, la solución $x = 6$ también es correcta.

EJEMPLO 3

Demuestra la siguiente desigualdad (denominada desigualdad triangular): $|x + y| \leq |x| + |y|$.

Se parte del desarrollo del cuadrado del primer miembro de dicha desigualdad:

$$(|x + y|)^2 = (x + y)^2 = x^2 + 2xy + y^2$$

Dado que:

$$x \cdot y \leq |x| \cdot |y| \Rightarrow (|x + y|)^2 \leq x^2 + 2|x| \cdot |y| + y^2 = |x|^2 + 2|x| \cdot |y| + |y|^2 = (|x| + |y|)^2,$$

y eliminando los cuadrados, cabe concluir que $|x + y| \leq |x| + |y|$.

+ LENGUAJE MATEMÁTICO

$<$	Menor que
$\leq$	Menor o igual que
$>$	Mayor que
$\geq$	Mayor o igual que
$=$	Igual que
$\neq$	Distinto que

04 Aproximaciones y errores

Operar con números racionales e irracionales, de infinitas cifras, resulta imposible en ocasiones. Es entonces cuando aproximar es un paso obligado, pero, al hacerlo, la operación realizada conllevará un error.

El **redondeo** es la operación esencial para obtener una aproximación de un número dado. Se realiza reduciendo el número de decimales. Si la primera cifra en ser eliminada es 0, 1, 2, 3 o 4, la cifra decimal que se mantiene no varía. Por el contrario, si la primera cifra eliminada es 5, 6, 7, 8 o 9, la última cifra decimal de nuestra aproximación se incrementa en una unidad. Por ejemplo, 5,378 redondeado a las décimas será 5,4, pues la primera cifra en ser eliminada es 7.

El redondeo, por tanto, modifica el valor del número inicial y, por ello, decimos que trabajamos con una **aproximación.** En el ejemplo anterior vemos que el redondeo a las décimas genera un número mayor que el de partida. Diremos, entonces, que se trata de una aproximación por exceso. Por el contrario, si el redondeo no ha necesitado incremento alguno en la cifra redondeada, se obtiene una aproximación por defecto.

» Entendemos por **error absoluto** la diferencia entre el valor exacto y la aproximación que damos del mismo, es decir:

$$\varepsilon = |\text{valor exacto} - \text{aproximación}|$$

Dado que este error proporciona poca información respecto del error cometido al utilizar la aproximación, se define el **error relativo** como el cociente entre el error absoluto y el valor exacto:

$$\varepsilon_r = \frac{|\text{valor exacto} - \text{aproximación}|}{\text{valor exacto}}$$

EJEMPLO 1

Aproxima el número $\frac{7}{11}$ a las centésimas y las milésimas. Calcula el error absoluto y relativo con la aproximación a las centésimas.

El número $\frac{7}{11} = 0,\widehat{63} = 0,636\,363$ es un decimal periódico puro. Si aproximamos a las milésimas, mantendremos tres cifras decimales, y como la cuarta cifra es un 3, la aproximación quedará $0,\widehat{63} \approx 0,636$.

Si aproximamos a las centésimas, mantendremos dos cifras decimales. La primera cifra que se va a eliminar, de las infinitas que eliminaremos, es un 6, de ahí que la centésima aproximada incremente una unidad su valor, es decir, $0,\widehat{63} \approx 0,64$.

El error absoluto de la aproximación a centésimas, será $\varepsilon = \left|\frac{7}{11} - 0,64\right| = \left|\frac{7}{11} - \frac{64}{100}\right| =$

$= \frac{1}{275}$, y el error relativo, $\varepsilon_r = \frac{\frac{1}{275}}{\frac{7}{11}} = \frac{1}{175} \Rightarrow$ En porcentaje, 0,57 %.

Los números racionales expresados en forma de fracción permiten trabajar con el valor exacto en todas las ocasiones. Los números irracionales, por el contrario, tienen también infinitas cifras, pero no una fracción operable. Sus errores no pueden ser calculados, pero sí acotados.

EJEMPLO 2

Acota el error relativo de la aproximación de $\sqrt{2}$ a las décimas y las centésimas.

La diferencia encontrada entre valor exacto y aproximación ya no es posible puesto que el exacto no es operable. Por eso, partimos de las dos aproximaciones, por defecto y por exceso, ampliando el valor de lo definido para el error absoluto, pero acotándolo entre sus aproximaciones, de ahí que el enunciado ahora nos pida acotar el error.

$1,4 < \sqrt{2} < 1,5 \Rightarrow \varepsilon = |1,4 - 1,5| =$

$= 0,1 \Rightarrow \varepsilon_{r\ \text{defecto}} = \frac{0,1}{1,4} = 0,071$

En porcentaje, 7,1 %.

$1,41 < \sqrt{2} < 1,42 \Rightarrow \varepsilon = |1,41 - 1,42| =$

$= 0,01 \Rightarrow \varepsilon_{r\ \text{defecto}} = \frac{0,01}{1,41} = 0,0071$

En porcentaje, 0,71 %.

05 Potencias

Sea *a* un número real, denominado base, tal que $a \in \mathbb{R}$, y *n* un número entero, denominado exponente, tal que $n \in \mathbb{Z}$; se define $\mathbf{a^n}$ como $\mathbf{a^n = a \cdot a \cdot a \cdot \ldots \cdot a}$, donde *a* se multiplica *n* veces.

Propiedades	Expresiones	Ejemplos
Producto de potencias de la misma base	$a^n \cdot a^m = a^{n+m}$	$(-2)^2 \cdot (-2)^3 = (-2)^5 = -32$
Cociente de potencias de la misma base	$\frac{a^n}{a^m} = a^{n-m}$	$\frac{2^8}{2^3} = 2^5 = 32$
Potencia de otra potencia	$(a^n)^m = a^{n \cdot m}$	$\left[\left(\frac{2}{3}\right)^5\right]^2 = \left(\frac{2}{3}\right)^{10}$
Potencia de un producto	$(a \cdot b)^n = a^n \cdot b^n$	$(2 \cdot x)^3 = (2)^3 \cdot (x)^3 = 2^3 \cdot x^3$
Potencia de un cociente	$\left(\frac{a}{b}\right)^n = \frac{a^n}{b^n}$	$\left(\frac{x}{2y}\right)^5 = \frac{x^5}{2^5 \cdot y^5}$
Potencia de exponente negativo	$a^{-n} = \frac{1}{a^n}$	$(-2)^{-3} = \frac{1}{(-2)^3} = \frac{1}{(-1)^3 \cdot 2^3} = -\frac{1}{8}$
Potencia de exponente fraccionario	$a^{\frac{p}{q}} = \sqrt[q]{a^p}$	$(3)^{\frac{5}{2}} = \sqrt{3^5}$
Potencia de exponente nulo	$a^0 = 1$	$(-2xc)^0 = 1$
$(-a)^n \neq -a^n$	$(-a)^n = \begin{cases} a^n \text{ si } n \text{ es par} \\ -a^n \text{ si } n \text{ es impar} \end{cases}$	$(-2)^2 = (-1)^2 \cdot (2)^2 = 4$ $(-2)^3 = (-1)^3 \cdot (2)^3 = -8$

Para sacar provecho de las propiedades de las potencias, es fundamental descomponer los números en **factores primos** y después **simplificar** los factores y las fracciones utilizando dichas propiedades.

EJEMPLO 1

Opera y simplifica la expresión $\frac{6^5 \cdot 14^3 \cdot 18^2 \cdot 2^{-3}}{28^3 \cdot 27^4 \cdot 3^{-3}}$.

$$\frac{6^5 \cdot 14^3 \cdot 18^2 \cdot 2^{-3}}{28^3 \cdot 27^4 \cdot 3^{-3}} = \frac{(2 \cdot 3)^5 \cdot (2 \cdot 7)^3 \cdot (2 \cdot 3^2)^2 \cdot 2^{-3}}{(2^2 \cdot 7)^3 \cdot (3^3)^4 \cdot 3^{-3}} = \frac{(2^5 \cdot 3^5) \cdot (2^3 \cdot 7^3) \cdot (2^2 \cdot 3^4) \cdot 2^{-3}}{(2^6 \cdot 7^3) \cdot (3^{12}) \cdot 3^{-3}} = \frac{2^7 \cdot 3^9 \cdot 7^3}{2^6 \cdot 3^9 \cdot 7^3} = 2$$

EJEMPLO 2

Opera y simplifica la expresión $\frac{50}{(-24)^{-1}} \cdot \frac{48}{20^3} : \left(\frac{-45}{54}\right)^{-2}$.

En este caso, lo primero es operar adecuadamente con los signos negativos de los factores:

$$\frac{50}{(-1)^{-1} \cdot (24)^{-1}} \cdot \frac{48}{20^3} : \left[\frac{(-1) \cdot 45}{54}\right]^{-2} = \frac{2 \cdot 5^2}{(-1)^{-1} \cdot (2^3 \cdot 3)^{-1}} \cdot \frac{2^4 \cdot 3}{(2^2 \cdot 5)^3} : \left[\frac{(-1) \cdot 3^2 \cdot 5}{2 \cdot 3^3}\right]^{-2}$$

El resultado final de la operación será negativo, pues tenemos que $\frac{(-1)^{-2}}{(-1)^{-1}} = (-1)^{-1} = -1$.

Luego: $\frac{50}{(-24)^{-1}} \cdot \frac{48}{20^3} : \left(\frac{-45}{54}\right)^{-2} = -\frac{2 \cdot 5^2}{(2^3 \cdot 3)^{-1}} \cdot \frac{2^4 \cdot 3}{(2^2 \cdot 5)^3} \cdot \left(\frac{3^2 \cdot 5}{2 \cdot 3^3}\right)^2 = -\frac{2^5 \cdot 3^5 \cdot 5^4}{2^5 \cdot 3^5 \cdot 5^3} = -5$

06 Radicales

Se define la **raíz de índice n** (raíz enésima) de A como el número, B, que cumple que $\mathbf{B^n = A}$, es decir: $\mathbf{\sqrt[n]{A} = B \Leftrightarrow B^n = A}$, donde A es el radicando, *n* es el índice de la raíz, y la expresión completa, $\sqrt[n]{A}$, se denomina radical. Aquí hay que tener en cuenta las siguientes observaciones:

- Las raíces de índice par con radicando negativo no existen en el conjunto de los números reales: $\sqrt{-1}$, $\sqrt[4]{-16}$.
- Si el índice es impar, entonces las raíces de radicando negativo sí existen: $\sqrt[3]{-8} = -2$.
- Si el radicando es positivo, las raíces de índice par presentan dos soluciones, una positiva y otra negativa, ya que si *n* es par, se cumple siempre que $B^n = (-B)^n \Rightarrow \sqrt{4} = \pm 2$.

Cuando se trata de hacer cálculos aritméticos o algebraicos con radicales, para las raíces de índice par, se aplica la siguiente definición: $\sqrt[n]{A^n} = |A|$. Esto implica que, en caso de índice par, solo se toma como válida la respuesta positiva. Así: $\sqrt{4} + \sqrt{9} = 2 + 3 = 5$, y, sin embargo, $\sqrt{4} + \sqrt{9} = \pm 2 + (\pm 3)$ no tendría sentido, ya que podría haber hasta cuatro posibles respuestas.

Propiedades	Expresiones	Ejemplos
Producto de raíces del mismo índice	$\sqrt[n]{a} \cdot \sqrt[n]{b} = \sqrt[n]{a \cdot b}$	$\sqrt[3]{3} \cdot \sqrt[3]{9} = \sqrt[3]{27} = 3$
Cociente de raíces del mismo índice	$\frac{\sqrt[n]{a}}{\sqrt[n]{b}} = \sqrt[n]{\frac{a}{b}}$	$\frac{\sqrt[3]{16}}{\sqrt[3]{2}} = \sqrt[3]{\frac{16}{2}} = \sqrt[3]{8} = 2$
Potencia de raíces	$\left(\sqrt[n]{a}\right)^p = \sqrt[n]{a^p}$	$\left(\sqrt[3]{x}\right)^2 = \sqrt[3]{x^2}$
Raíz de otra raíz	$\sqrt[n]{\sqrt[m]{a}} = \sqrt[n \cdot m]{a}$	$\sqrt[3]{\sqrt{x}} = \sqrt[6]{x}$
Raíz de un producto	$\sqrt[n]{a \cdot b} = \sqrt[n]{a} \cdot \sqrt[n]{b}$	$\sqrt[3]{x^2 \cdot y} = \sqrt[3]{x^2} \cdot \sqrt[3]{y}$
Raíz de un cociente	$\sqrt[n]{\frac{a}{b}} = \frac{\sqrt[n]{a}}{\sqrt[n]{b}}$	$\sqrt[3]{\frac{x \cdot b}{z}} = \frac{\sqrt[3]{x} \cdot \sqrt[3]{b}}{\sqrt[3]{z}}$
Simplificación del radicando (debe ser una potencia que cumpla $p = n \cdot c + r$)	$\sqrt[n]{a^p} = a^c \cdot \sqrt[n]{a^r}$	$\sqrt[3]{x^{14}} = \sqrt[3]{x^{12+2}} = \sqrt[3]{x^{4 \cdot 3}} \cdot \sqrt[3]{x^2} = x^4 \cdot \sqrt[3]{x^2}$
Simplificación del índice (si el radicando es una potencia)	$\sqrt[k \cdot n]{a^{k \cdot p}} = \sqrt[n]{a^p}$	$\sqrt[12]{b^8} = \sqrt[3]{b^2}$
Introducción de factores en el radicando	$a^p \cdot \sqrt[n]{b} = \sqrt[n]{b \cdot a^{n \cdot p}}$	$m^7 \cdot \sqrt[4]{m^3} = \sqrt[4]{(m^7)^4 \cdot m^3} = \sqrt[4]{m^{31}}$
Modificación del índice	$\sqrt[n]{a^p} = \sqrt[n \cdot k]{a^{p \cdot k}}$	$\sqrt[3]{x} = \sqrt[3 \cdot 10]{x^{1 \cdot 10}} = \sqrt[30]{x^{10}}$
Suma de raíces del mismo índice	$\sqrt[n]{a} + \sqrt[n]{b} \neq \sqrt[n]{a + b}$	$\sqrt[3]{1} + \sqrt[3]{1} \neq \sqrt[3]{2}$

EJEMPLO 1

Indica si son verdaderas o falsas las siguientes expresiones:

a. $\sqrt[6]{a^2b^3} = \sqrt[3]{a} \cdot \sqrt{b} \Rightarrow$ Es correcta. Desarrollada, queda $\sqrt[6]{a^2b^3} = \sqrt[6]{a^2} \cdot \sqrt[6]{b^3} = \sqrt[3]{a} \cdot \sqrt{b}$.

b. $2\sqrt[3]{2} + 3\sqrt[3]{3} = \sqrt[3]{2^4 + 3^4} \Rightarrow$ Es incorrecta. La suma de dos radicales no es igual al radical que contiene la suma de los radicandos.

c. $\sqrt{3\sqrt[3]{3}} = \sqrt[3]{9} \Rightarrow$ Es correcta. Desarrollada, queda $\sqrt{3\sqrt[3]{3}} = \sqrt{\sqrt[3]{(3)^3 \cdot 3}} = \sqrt[6]{3^4} = \sqrt[3]{3^2} = \sqrt[3]{9}$.

07 Operaciones con radicales

07.1 Suma y resta

Solo pueden sumarse y restarse los radicales que son semejantes (es decir, los que tienen el mismo índice y el mismo radicando). Previamente deben simplificarse al máximo el radicando y el índice.

EJEMPLO 1

Resuelve $\sqrt{72}+\sqrt{27}-\sqrt{8}+\sqrt{18}-\sqrt{12}$.

En principio, no pueden sumarse estos radicales, ya que no son semejantes. Aplicando las propiedades de radicales y simplificando al máximo su expresión, sí obtendremos radicales semejantes:

$$\sqrt{2^3\cdot 3^2}+\sqrt{3^3}-\sqrt{2^3}+\sqrt{2\cdot 3^2}-\sqrt{2^2\cdot 3}=6\sqrt{2}+3\sqrt{3}-2\sqrt{2}+3\sqrt{2}-2\sqrt{3}$$

Al sumar por separado los radicales semejantes obtenidos, el resultado es: $6\sqrt{2}+3\sqrt{3}-2\sqrt{2}+3\sqrt{2}-2\sqrt{3}=7\sqrt{2}+\sqrt{3}$

EJEMPLO 2

Calcula $\sqrt{72}-\sqrt[4]{64}+\sqrt[3]{8}-\sqrt{18}-\sqrt[4]{16}$.

En este caso nos encontramos también con radicales no semejantes en el radicando y el índice de la raíz. Se procede simplificando al máximo radicando e índices, aplicando las propiedades:

$$\sqrt{2^3\cdot 3^2}-\sqrt[4]{2^6}+\sqrt[3]{2^3}-\sqrt{2\cdot 3^2}-\sqrt[4]{2^4}=6\sqrt{2}-\sqrt{2^3}+2-3\sqrt{2}-2=6\sqrt{2}-2\sqrt{2}+2-3\sqrt{2}-2=\sqrt{2}$$

07.2 Multiplicación y división

Solo pueden multiplicarse y dividirse los radicales que tengan el mismo índice. Antes se ha de buscar un índice común (el m.c.m. de todos los índices) y, aplicando las propiedades, modificar cada índice para que todos queden igualados.

EJEMPLO 3

Resuelve $\sqrt[4]{4a}\cdot\sqrt[6]{16a^5}$.

Hay que buscar un índice común, que será el m.c.m. de 4 y 6. Después, se modifican los radicandos aplicando las correspondientes propiedades:

$$\sqrt[4]{4a}\cdot\sqrt[6]{16a^5}=\sqrt[4]{2^2\cdot a}\cdot\sqrt[6]{2^4\cdot a^5}=\sqrt[12]{(2^2\cdot a)^3}\cdot\sqrt[12]{(2^4\cdot a^5)^2}=\sqrt[12]{2^6\cdot 2^8\cdot a^3\cdot a^{10}}=\sqrt[12]{2^{14}\cdot a^{13}}$$

Se extraen factores y se simplifica: $\sqrt[12]{2^{14}\cdot a^{13}}=\sqrt[12]{2^{12}\cdot 2^2a^{12}\cdot a}=2a\cdot\sqrt[12]{2^2a}$

EJEMPLO 4

Calcula $\dfrac{\sqrt{8x}\cdot\sqrt[3]{4x^2}}{4\sqrt[5]{16x^3}}$.

Se halla el índice común y se modifica cada uno de los radicales: $\dfrac{\sqrt{8x}\cdot\sqrt[3]{4x^2}}{4\sqrt[5]{16x^3}}=\dfrac{\sqrt[30]{(2^3x)^{15}}\cdot\sqrt[30]{(2^2x^2)^{10}}}{2^2\cdot\sqrt[30]{(2^4x^3)^6}}=\dfrac{1}{2^2}\cdot\sqrt[30]{\dfrac{2^{45}x^{15}\cdot 2^{20}x^{20}}{2^{24}x^{18}}}$

A partir de aquí se opera con las potencias y se simplifica:

$$\frac{1}{2^2}\cdot\sqrt[30]{\frac{2^{45}x^{15}\cdot 2^{20}x^{20}}{2^{24}x^{18}}}=\frac{1}{2^2}\cdot\sqrt[30]{\frac{2^{65}x^{35}}{2^{24}x^{18}}}=\frac{1}{2^2}\cdot\sqrt[30]{2^{41}x^{17}}=\frac{1}{2^2}\cdot 2\cdot\sqrt[30]{2^{11}x^{17}}=\frac{1}{2}\cdot\sqrt[30]{2^{11}x^{17}}$$

08 Racionalización

Racionalizar fracciones consiste en eliminar los radicales que aparezcan en los denominadores. Pueden darse varios casos:

Caso 1. En el denominador aparece un monomio.

Se usa $\left(\sqrt[n]{a}\right)^n = a$ o $\sqrt[n]{a^n \cdot b^n} = a \cdot b$.

EJEMPLO 1

Racionaliza $\frac{2}{\sqrt{b}}$.

Se multiplican numerador y denominador por $\sqrt{b}$:

$$\frac{2}{\sqrt{b}} = \frac{2}{\sqrt{b}} \cdot \frac{\sqrt{b}}{\sqrt{b}} = \frac{2\sqrt{b}}{\left(\sqrt{b}\right)^2} = \frac{2\sqrt{b}}{b}$$

EJEMPLO 2

Racionaliza $\frac{2}{\sqrt[4]{a^3 b}}$.

Se multiplican denominador y numerador por $\sqrt[4]{ab^3}$:

$$\frac{2}{\sqrt[4]{a^3 b}} = \frac{2}{\sqrt[4]{a^3 b}} \cdot \frac{\sqrt[4]{ab^3}}{\sqrt[4]{ab^3}} = \frac{2 \cdot \sqrt[4]{ab^3}}{\sqrt[4]{a^4 b^4}} = \frac{2 \cdot \sqrt[4]{ab^3}}{a \cdot b}$$

Caso 2. En el denominador aparece un binomio con radicales cuadráticos.

Se racionaliza multiplicando tanto el numerador como el denominador por el conjugado de la expresión del denominador.

Para ello, se aplica $(a + b) \cdot (a - b) = a^2 - b^2$.

EJEMPLO 3

Racionaliza $\frac{4 + 3\sqrt{2}}{4 - 3\sqrt{2}}$.

$$\frac{4 + 3\sqrt{2}}{4 - 3\sqrt{2}} = \frac{4 + 3\sqrt{2}}{4 - 3\sqrt{2}} \cdot \frac{4 + 3\sqrt{2}}{4 + 3\sqrt{2}} = \frac{\left(4 + 3\sqrt{2}\right)^2}{(4)^2 - \left(3\sqrt{2}\right)^2} = \frac{16 + 24\sqrt{2} + 18}{16 - 18} = \frac{34 + 24\sqrt{2}}{-2} =$$

$$= -17 - 12\sqrt{2}$$

Caso 3. En el denominador aparece un trinomio de radicales cuadráticos.

Se racionaliza agrupando los tres términos en dos sumandos y operando según el método del conjugado, que se aplicará en dos ocasiones.

EJEMPLO 4

Racionaliza $\frac{2}{\sqrt{5} + \sqrt{2} + 3}$.

$$\frac{2}{\sqrt{5} + \sqrt{2} + 3} = \frac{2}{\sqrt{5} + \left(\sqrt{2} + 3\right)} = \frac{2}{\sqrt{5} + \left(\sqrt{2} + 3\right)} \cdot \frac{\sqrt{5} - \left(\sqrt{2} + 3\right)}{\sqrt{5} - \left(\sqrt{2} + 3\right)} = \frac{2\sqrt{5} - 2\sqrt{2} - 6}{\left(\sqrt{5}\right)^2 - \left(\sqrt{2} + 3\right)^2} =$$

$$= \frac{2\sqrt{5} - 2\sqrt{2} - 6}{5 - \left(2 + 6\sqrt{2} + 9\right)} = \frac{2\sqrt{5} - 2\sqrt{2} - 6}{-6 - 6\sqrt{2}} = \frac{2 \cdot \left(\sqrt{5} - \sqrt{2} - 3\right)}{(-1) \cdot 2 \cdot \left(3 + 3\sqrt{2}\right)} = (-1) \cdot \left(\frac{\sqrt{5} - \sqrt{2} - 3}{3 + 3\sqrt{2}}\right) =$$

$$= \left(\frac{-\sqrt{5} + \sqrt{2} + 3}{3 + 3\sqrt{2}}\right) \cdot \left(\frac{3 - 3\sqrt{2}}{3 - 3\sqrt{2}}\right) = \frac{-3\sqrt{5} + 3\sqrt{10} + 3\sqrt{2} - 3\sqrt{2^2} + 9 - 9\sqrt{2}}{9 - 18} =$$

$$= \frac{-3\sqrt{5} + 3\sqrt{10} + 3\sqrt{2} - 6 + 9 - 9\sqrt{2}}{-9} = \frac{-3\sqrt{5} + 3\sqrt{10} - 6\sqrt{2} + 3}{-9} =$$

$$= \frac{(-3) \cdot \left(\sqrt{5} - \sqrt{10} + 2\sqrt{2} - 1\right)}{(-3) \cdot (3)} = \frac{\sqrt{5} - \sqrt{10} + 2\sqrt{2} - 1}{3}$$

09 Sucesiones. El número *e*

09.1 Sucesiones

Una sucesión es una secuencia o conjunto ordenado de números reales, cuyos términos se designan por $a_1, a_2, a_3, ..., a_n$, donde el subíndice indica el lugar ocupado por el término en la sucesión.

Se denomina **término general, a_n**, de una sucesión **(a_n)** a la expresión de su término enésimo en función de *n*. Se trata de una expresión a partir de la cual se obtienen todos los términos de la sucesión; basta con sustituir la *n* por la posición del término que se desea obtener. Es decir, si se quiere calcular el octavo término, se sustituye *n* por 8.

EJEMPLO 1

Dada la sucesión de término general $a_n = 2n + 5$, halla los 5 primeros términos y determina qué lugar ocuparía el número 49 dentro de dicha sucesión.

Para hallar cualquier término de la sucesión, basta con sustituir la *n* del término general por el valor de la posición deseada.

Así, para n = 1, $a_1 = 2 \cdot 1 + 5 = 7$; para n = 2, $a_2 = 9$; para n = 3, $a_3 = 11$; para n = 4, $a_4 = 13$; para n = 5, $a_5 = 15$.

Por tanto, diremos que la sucesión comienza así: $(a_n) = \{7, 9, 11, 13, 15, \ldots\}$.

Si se quiere determinar la posición que ocupa el número 49, se debe resolver la ecuación 49 = 2n + 5, de donde n = 22, es decir, 49 es el término 22 de la sucesión, a_{22}.

No todas las sucesiones tienen término general. Por ejemplo, en la sucesión de los números primos: 2, 3, 5, 7, 11, 13, 17, 19, 23, ..., no hay ninguna fórmula que exprese el término general.

El estudio de la **monotonía** de una sucesión consiste en comprobar si los términos de la misma crecen o decrecen. De este modo:

- Una sucesión es **monótona creciente** si cada término es mayor o igual que el anterior, es decir, si $a_n \leq a_{n+1}, \forall n \in \mathbb{N}$. Una sucesión es **monótona estrictamente creciente** si cada término es mayor que el anterior, es decir, $a_n < a_{n+1}, \forall n \in \mathbb{N}$.
- Una sucesión es **monótona decreciente** si cada término es menor o igual que el anterior, es decir, si $a_n \geq a_{n+1}, \forall n \in \mathbb{N}$. Una sucesión es **monótona estrictamente decreciente** si cada término es menor que el anterior, es decir, $a_n > a_{n+1}, \forall n \in \mathbb{N}$.
- Una sucesión es **constante** si todos los términos coinciden, es decir, si $a_n = a_{n+1}, \forall n \in \mathbb{N}$.

EJEMPLO 2

Estudia la monotonía de las sucesiones de término general $a_n = 2n + 5$ y $b_n = \frac{2n+4}{n}$.

$(a_n) = \{7, 9, 11, 13, 15, \ldots\}$ y $(b_n) = \left\{6, 4, \frac{10}{3}, 3, \frac{14}{5}, \ldots\right\}$

La sucesión (a_n) es monótona estrictamente creciente, y la sucesión (b_n) es monótona estrictamente decreciente.

+

- A las sucesiones cuyos términos consecutivos siempre mantienen la misma diferencia se las denomina **sucesiones aritméticas,** y su término general puede calcularse mediante la fórmula:

  $$a_n = a_1 + (n - 1) \cdot d$$

  a_1 el primer término, y *d*, la diferencia que se mantiene constante:

  $$(d = a_{i+1} - a_i)$$

- A las sucesiones cuyos términos consecutivos siempre mantienen la misma razón se las denomina **sucesiones geométricas,** y su término general puede calcularse con la fórmula:

  $$a_n = a_1 \cdot r^{n-1}$$

  a_1 el primer término, y *r*, la razón que se mantiene constante:

  $$r = \frac{a_{i+1}}{a_i}$$

El estudio de la **acotación** de una sucesión consiste en comprobar los valores máximo y mínimo que dicha sucesión pudiera alcanzar. Por tanto, diremos que:

- Una sucesión está **acotada inferiormente** si existe un número real, *k*, tal que toda la sucesión sea mayor o igual a dicho valor: $\exists k \in \mathbb{R} / a_n \geq k, \forall n \in \mathbb{N}$.

  Se llama **cota inferior** de una sucesión, (a_n), a un valor $k / a_n \geq k, \forall n \in \mathbb{N}$.

- Una sucesión está **acotada superiormente** si existe un número real, k', tal que toda la sucesión sea menor o igual a dicho valor: $\exists k' \in \mathbb{R} / a_n \leq k', \forall n \in \mathbb{N}$.

  Se llama **cota superior** de una sucesión (a_n), a un valor $k' / a_n \leq k', \forall n \in \mathbb{N}$.

- Si una sucesión está acotada inferior y superiormente, se dice que está **acotada.**

EJEMPLO 3

Estudia la acotación de las sucesiones anteriores de término general $a_n = 2n + 5$ y $b_n = \dfrac{2n+4}{n}$.

Para comprobar si están acotadas o no calculamos también algún término de muy alta posición, como pueden ser los términos 100.º o 1 000.º:

$(a_n) = \{7, 9, 11, 13, 15, \ldots, a_{100} = 205, \ldots, a_{1\,000} = 2\,005, \ldots\}$

$(b_n) = \left\{6, 4, \frac{10}{3}, 3, \frac{14}{5}, \ldots, b_{100} = 2{,}04; \ldots, b_{1000} = 2{,}004, \ldots\right\}$

La sucesión (a_n) está acotada inferiormente, siendo 5 una de sus cotas inferiores.

La sucesión (b_n) está acotada tanto inferiormente como superiormente, por lo que cabe afirmar que es una sucesión acotada. Una cota inferior de (b_n) sería 2, y una cota superior sería 6.

09.2 El número *e*

Hay sucesiones que presentan la particularidad de que sus términos se aproximan progresivamente a un número, es decir, se acercan cada vez más a ese número, sin llegar nunca a sobrepasarlo. Se dice que la sucesión converge a ese número al que denominaremos **límite** de la sucesión.

A las sucesiones que tienen límite finito se las denomina **convergentes,** y a las de límite infinito, **divergentes.**

Matemáticamente, si una sucesión de números reales tiene por límite el valor L, se dice que tiende a L y se expresa así:

$$\lim_{n \to \infty} a_n = L$$

Si se considera la sucesión de término general $a_n = \left(1 + \frac{1}{n}\right)^n$ y se calcula algunos de sus términos, cabe observar que esta sucesión es convergente y que su límite se encuentra entre 2 y 3. A este límite se lo conoce con el nombre de **número *e*.**

$$a_1 = 2;\ a_2 = 2{,}25;\ a_3 = 2{,}370\,370;\ \ldots;$$

$$;\ a_{10} = \left(\frac{11}{10}\right)^{10} = 2{,}593\,743;\ \ldots;\ a_{100} = \left(\frac{101}{100}\right)^{100} = 2{,}704\,814$$

$$e = \lim_{n \to \infty} \left(1 + \frac{1}{n}\right)^n \approx 2{,}718281$$

El número *e* o número de Euler es un número irracional con decimales ilimitados no periódicos. Su nombre se lo debe al matemático suizo Leonhard Euler, y es fundamental como base de las funciones exponenciales y de los logaritmos neperianos. Tiene numerosas aplicaciones en todas las ramas científicas.

10 Logaritmos

» El **logaritmo en base *a* del número N** es el exponente al que hay que elevar la base, *a*, para obtener el número N.

La base debe ser obligatoriamente positiva y distinta de 1. El número N toma el nombre de característica y debe ser siempre positivo también:

$$\log_a N = x \Rightarrow a^x = N,\ a \neq 1 \text{ y } a > 0$$

Las bases logarítmicas más utilizadas son la decimal, de base 10, y la neperiana, de base *e*. Estos logaritmos se expresan de forma especial:

$\log N$ significa $\log_{10} N$ $\qquad$ $\ln N$ significa $\log_e N$

EJEMPLO 1

Calcula $\log_2 8$ y $\log 0{,}01$.

Primero se asigna x al resultado que se quiere calcular y se aplica la definición:

- $\log_2 8 = x \Rightarrow 2^x = 8$; a partir de aquí se convierte en un ejercicio de cálculo de potencias:

$$2^x = 8 \Rightarrow 2^x = 2^3 \Rightarrow x = 3$$

Luego, $\log_2 8 = 3$; es decir, 3 es el exponente al que hay que elevar 2 para obtener 8.

- $\log 0{,}01 = \log \frac{1}{100} = x \Rightarrow 10^x = \frac{1}{100}$; esta vez hay que aplicar potencias de exponente negativo:

$$10^x = \frac{1}{100} \Rightarrow 10^x = 10^{-2} \Rightarrow x = -2$$

Luego $\log 0{,}01 = -2$, es decir, -2 es el exponente al que hay que elevar 10 para obtener 0,01.

EJEMPLO 2

Calcula la característica de los siguientes logaritmos: $\ln x = 5$ y $\log_9 y = \frac{1}{2}$.

Si se aplica la definición, la respuesta es un simple cálculo de potencias:

- $x = e^5$
- $\log_9 y = \frac{1}{2} \Rightarrow 9^{\frac{1}{2}} = y \Rightarrow y = \sqrt{9} = 3$

EJEMPLO 3

Calcula la base de los siguientes logaritmos: $\log_x 100 = 2$ y $\log_y 2 = \frac{1}{3}$.

Esta vez, al aplicar la definición, resultan ecuaciones de diferente grado. La primera es de grado 2, mientras que la segunda tiene grado fraccionario (dará lugar a radicales):

- $\log_x 100 = 2 \Rightarrow x^2 = 100 \Rightarrow x = \sqrt{100} = 10$, lo que significa que se trata de un logaritmo decimal.
- $\log_y 2 = \frac{1}{3} \Rightarrow y^{\frac{1}{3}} = 2 \Rightarrow \sqrt[3]{y} = 2 \Rightarrow y = 2^3 = 8$; es decir, en esta ocasión se trata de un logaritmo de base 8.

11 Propiedades de los logaritmos

El exponente del producto de dos potencias no es otra cosa que la suma de exponentes; de ahí que los logaritmos conviertan productos en sumas. De forma análoga, convierten divisiones en restas y potencias en productos.

Propiedades	Expresiones	Ejemplos
Suma de logaritmos de la misma base	$\log_b x + \log_b y = \log_b (x \cdot y)$	$\ln e + \ln e^4 = \ln (e \cdot e^4) = \ln e^5 = 5$
Resta de logaritmos de la misma base	$\log_b x - \log_b y = \log_b \frac{x}{y}$	$\ln e - \ln e^4 = \ln \frac{e}{e^4} = \ln e^{-3} = -3$
Logaritmo de un producto	$\log_b (x \cdot y) = \log_b x + \log_b y$	$\log 70 = \log (10 \cdot 7) = \log 10 + \log 7 = 1 + \log 7$
Logaritmo de un cociente	$\log_b \frac{x}{y} = \log_b x - \log_b y$	$\log \frac{7}{9} = \log 7 - \log 9$
Logaritmo de una potencia	$\log_b x^p = p \cdot \log_b x$	$\log_7 3^2 = 2 \log_7 3$
Logaritmo de un radical	$\log_b \sqrt[n]{x} = \frac{1}{n} \cdot \log_b x$	$\log_7 \sqrt[5]{3^2} = \log_7 (3)^{\frac{2}{5}} = \frac{2}{5} \log_7 3$
Introducción de un logaritmo	$x = \log_b b^x$	$7 = \ln e^7 = \log 10^7 = \log_2 2^7$
Cambio de la base de un logaritmo	$\log_b x = \frac{\log_a x}{\log_a b}$	$\log_3 2 = \frac{\log 2}{\log 3} = \frac{\log_7 2}{\log_7 3} = \frac{\ln 2}{\ln 3}$
Logaritmos notables	$\log_b b = 1,\ \log_b 1 = 0$	$\ln e = \log 10 = \log_2 2 = 1$ $\ln 1 = \log 1 = \log_2 1 = 0$
Logaritmos inexistentes	$\log_b 0,\ \log_b (-x)$	$\log (-5)$ no existe; $\ln 0$ no existe

EJEMPLO 1

Expresa los siguientes logaritmos en función de $\log_2 a$.

a. $\log_2 32a^6 = \log_2 32 + \log_2 a^6 = \log_2 2^5 + \log_2 a^6 = 5 \log_2 2 + 6 \log_2 a = 5 + 6 \log_2 a$

b. $\log_2 \frac{32\sqrt[3]{a}}{a^3} = \log_2 32\sqrt[3]{a} - \log_2 a^3 = \left(\log_2 32 + \log_2 \sqrt[3]{a}\right) - \log_2 a^3 = \log_2 2^5 + \log_2 (a)^{\frac{1}{3}} - \log_2 (a)^3 =$

$= 5 \log_2 2 + \frac{1}{3} \log_2 (a) - 3 \log_2 (a) = 5 + \left(\frac{1}{3} - 3\right) \log_2 a = 5 - \frac{8}{3} \log_2 a$

EJEMPLO 2

Calcula el valor de M eliminando logaritmos de la siguiente igualdad:

$$\log_2 M = \log_2 b + \frac{1}{3} \log_2 c - 5 \log_2 a - \frac{2}{5} \log_2 p$$

Este ejercicio es el caso contrario al anterior, puesto que en él, en vez de desarrollar la característica, se persigue agrupar todos los logaritmos en uno solo.

$\log_2 M = \log_2 b + \frac{1}{3} \log_2 c - 5 \log_2 a - \frac{2}{5} \log_2 p = \log_2 b + \log_2 c^{\frac{1}{3}} - \log_2 a^5 - \log_2 p^{\frac{2}{5}} =$

$= \log_2 b + \log_2 \sqrt[3]{c} - \log_2 a^5 - \log_2 \sqrt[5]{p^2} = \left(\log_2 b + \log_2 \sqrt[3]{c}\right) - \left(\log_2 a^5 + \log_2 \sqrt[5]{p^2}\right) =$

$= \log_2 \left(b \cdot \sqrt[3]{c}\right) + \log_2 \left(a^5 \cdot \sqrt[5]{p^2}\right) = \log_2 \frac{b \cdot \sqrt[3]{c}}{a^5 \cdot \sqrt[5]{p^2}} \Rightarrow \log_2 M = \log_2 \frac{b \cdot \sqrt[3]{c}}{a^5 \cdot \sqrt[5]{p^2}} \Rightarrow M = \frac{b \cdot \sqrt[3]{c}}{a^5 \cdot \sqrt[5]{p^2}}$

ELABORA TU PROYECTO

LA MATEMÁTICA Y SUS DISCIPLINAS

La matemática es la disciplina que, como sabemos, se ocupa de cuantificar y caracterizar procesos y situaciones para, de ese modo, analizar los resultados obtenidos o deducir futuras posibilidades. Las matemáticas desarrollan su potencial con los números, los cuerpos geométricos y, en general, las abstracciones.

La tecnología, en la que se apoya en gran medida nuestra vida cotidiana, no podría haberse desarrollado sin el soporte de conocimientos matemáticos de muy diverso orden. Los procesos que realiza un ordenador constituyen un ejercicio matemático de cálculo binario o hexadecimal; las estimaciones de voto, días antes del proceso electoral, son cálculos estadísticos, y las magnitudes de movimiento, velocidad y aceleración se obtienen mediante derivadas (cálculo diferencial).

Sin embargo, los grandes autores no se ponen de acuerdo en una clasificación única de las distintas disciplinas que integran las matemáticas.

Así pues, ¿qué podemos responder a la pregunta acerca de cuáles son las disciplinas de las matemáticas?

Os ofrecemos la clasificación que propone la Unesco, según la cual las disciplinas que componen las matemáticas son:

1. Álgebra.
2. Análisis y análisis funcional.
3. Ciencias de la computación.
4. Geometría.
5. Teoría de números.
6. Análisis numérico.
7. Investigación de operaciones.
8. Probabilidad.
9. Estadística.
10. Topología.
11. Otras especialidades matemáticas.

Prepara una exposición oral o escrita, individual o en grupo, que recoja esta información.

Pautas para la elaboración del proyecto

1. Plantea el problema de la diversidad matemática con ejemplos de su uso en la vida cotidiana.
2. Expón el conjunto de disciplinas a partir de su definición y desarrollando ejemplos que ayuden a su comprensión.
3. Haz, por último, un guiño al futuro. Plantea en tu exposición cuáles son los retos a los que habrán de enfrentarse los matemáticos para dar respuesta a los inevitables desafíos venideros de esta disciplina.

Recursos

→ http://www.mat.ucm.es/catedramdeguzman/old/01historias/haciaelfuturo/HACIAELFUTURO.HTML

→ http://www.et.bs.ehu.es/varios/unesco.htm

ELABORA TU ORGANIZADOR VISUAL

Realiza un mapa conceptual en el que recojas los contenidos fundamentales estudiados en esta unidad. Puedes partir de esta propuesta:

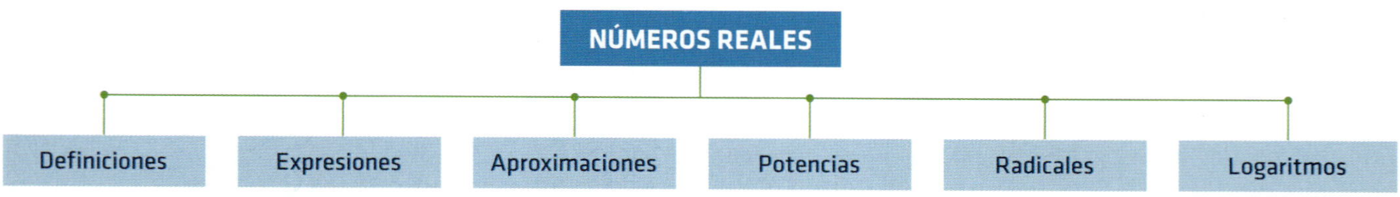

EVALUACIÓN

1. Prueba que el cuadrado de un número impar es impar.

2. Un alumno afirma que entre 2 y 4 hay infinitos números enteros. ¿Está en lo cierto?

3. Encuentra dos números irracionales cuya suma sea racional.

4. ¿Cuál es el número racional anterior a $\frac{13}{9}$?

5. Identifica los intervalos que ofrecen las siguientes relaciones:

   a. $|x - 2| < 2$

   b. $|x - 2| \geq 2$

   c. $|x - 2| \leq 2$

   d. $|x - 2| > 2$

6. Halla el mayor entorno simétrico con centro en $\frac{-1}{7}$ contenido en el intervalo $\left(-2, \frac{1}{3}\right)$.

7. Desarrolla el valor de la siguiente expresión algebraica:

$$2x + 1 + |x + 1|$$

8. Aproxima a las milésimas $\frac{13}{11}$ y calcula el error relativo y absoluto cometido.

   Realiza con Wiris las operaciones indicadas.

9. Aproxima a centésimas $\sqrt{11}$, y acota el error relativo y absoluto cometido.

   Realiza con Wiris las operaciones indicadas.

10. Resuelve la siguiente expresión:

$$\frac{\frac{2}{5} \cdot \sqrt{5x + \frac{5x}{4}} + 2 + \sqrt{2x} - \frac{3}{2} \cdot \sqrt{x - \frac{5x}{9}}}{\sqrt{8x} + \left(\sqrt{\frac{6}{x}} \cdot \sqrt{\frac{2x}{3}}\right) - \sqrt{18x}}$$

11. Realiza el producto:

$$\left(a^{-\frac{1}{2}} + 3b^{-\frac{1}{2}}\right) \cdot \left(5a^{-\frac{1}{2}} - b^{-\frac{1}{2}}\right)$$

12. Resuelve esta operación:

$$\frac{-27^{-1} \cdot (-81)^4 \cdot 3^4 \cdot \left(\frac{2^3}{3}\right)^{-1}}{36 \cdot \left(\frac{-1}{3}\right)^{-1} (-3^5)}$$

13. Opera la siguiente expresión:

$$\frac{\sqrt{3} \cdot \frac{\sqrt{3}}{\sqrt{\frac{1}{3}}}}{\frac{1}{\sqrt{3}} \cdot \sqrt{\frac{3}{\frac{1}{3}}}}$$

14. Resuelve $\sqrt[3]{5 + \sqrt[3]{12 + 3 \cdot \sqrt{5 \cdot (2 + \sqrt{9})}}}$.

15. La sucesión con término general $a_n = \frac{n^2 + 2}{n + 4}$ tiene un término que vale 3. Determina qué posición ocupa.

16. Si $\log a = 3 \log b + 1$, ¿qué relación existe entre *a* y *b*?

17. ¿Cuándo es negativo el logaritmo de un número?

18. Aplicando las propiedades de los logaritmos, desarrolla la siguiente expresión, dejándola en función de *x*.

$$\log_n \left(\frac{n^{-\frac{3}{7}} \cdot \sqrt{n} \cdot \sqrt[3]{n^{2x}}}{n^x}\right)$$

19. Realiza esta operación:

$$\log_b \left[\sqrt{b} \cdot (b)^{-3}\right] + \log_{b-a} \left(\sqrt[5]{b - a}\right)^{-3} + \log_{2z} \sqrt[6]{8z^3} + \log_{\frac{1}{z}} \left(\sqrt{z}\right)$$

20. La medida del lado de un cuadrado es un número racional. ¿Qué clase de número es la medida de su diagonal? ¿Y el área?

21. Se sabe que el nivel de intensidad sonora, β, de un martillo neumático es de 110 dB, que constituye el límite de efecto sonoro en el que se produce dolor auditivo. Calcula la intensidad que produce dicho nivel. Dato: $\beta = 10 \log \frac{I}{10^{-12}}$ (dB), donde I se mide en vatios por metro cuadrado.

22. Resuelve las siguientes ecuaciones:

   a. $2x + 3x = 2$

   b. $\sqrt{2}\,x + 3x = 2$

   c. $\sqrt{2}\,x + (\log 3)x = 2$

   d. $\log_2 \frac{8^{2x} \cdot \sqrt[3]{\frac{1}{16}}}{\sqrt[4]{4^{3x}}} = 2$

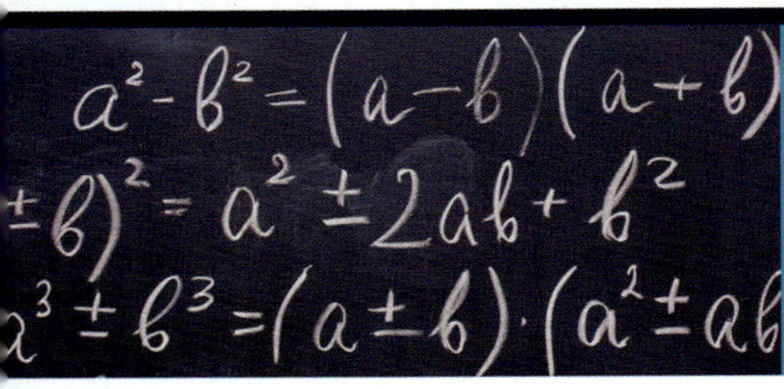

02 POLINOMIOS

01 Polinomios

» Se llama **polinomio de grado n** a toda expresión de la forma:

$$P(x) = a_n x^n + \ldots + a_2 x^2 + a_1 x + a_0$$

Los números $a_n, \ldots, a_2, a_1, a_0 \in \mathbb{R}$ reciben el nombre de **coeficientes** del polinomio, y cada uno de los sumandos que componen el polinomio es un término.

El exponente de mayor potencia, $n \in \mathbb{N}$, es el **grado del polinomio.**

El coeficiente a_0 es el **término independiente**, y el a_n, el **coeficiente principal.**

La letra x es la **variable** o **indeterminada.**

Se denomina **monomio** a todo polinomio formado por un solo término; **binomio,** al compuesto por dos términos, y así sucesivamente. Habitualmente, utilizamos la denominación de **polinomio** de forma global para designar cualquier expresión polinómica con independencia de los monomios que contenga.

EJEMPLO 1

Indica cuál es el grado, el término independiente y el coeficiente principal de los siguientes polinomios:

a. $P(x) = 2x^3 - 5x^2 + 3x + 12$

El polinomio $P(x) = 2x^3 - 5x^2 + 3x + 12$ tiene grado 3, el término independiente es 12, y el coeficiente principal es 2.

b. $Q(x) = 5x^5 - 3x^3 + x$

El polinomio $Q(x) = 5x^5 - 3x^3 + x$ tiene grado 5, el término independiente es 0, y el coeficiente principal es 5.

Si el polinomio tiene dos o más variables, el grado de cada uno de sus términos es la suma de los grados de las variables que intervienen en el término.

01.1 Valor numérico de un polinomio

» Dado un polinomio, $P(x)$, se llama **valor numérico** del polinomio $P(x)$ para $x = a$, y se escribe $P(a)$, al resultado que se obtiene de sustituir la variable x por a y operar.

EJEMPLO 2

¿Cuál es el grado de los monomios $2x^2y$, $3xy^2$ y $5xyz$?

Los monomios $2x^2y$, $3xy^2$ y $5xyz$ tienen grado 3, ya que la suma de los exponentes es 3 en todos los casos.

$$2 + 1 = 1 + 2 = 1 + 1 + 1 = 3$$

Los términos independientes, por su parte, son monomios de grado 0, ya que $12 = 12x^0$.

EJEMPLO 3

Dado el siguiente polinomio:

$$P(x) = 2x^3 - 5x^2 + 3x - 18$$

Halla el valor numérico de $P(x)$ para $x = 2$ y $x = 0$.

$P(2) = 2 \cdot (2)^3 - 5 \cdot (2)^2 + 3 \cdot (2) - 18 =$
$= 16 - 20 + 6 - 18 = -16$

$P(0) = 2 \cdot (0)^3 - 5 \cdot (0)^2 + 3 \cdot (0) - 18 =$
$= 0 - 0 + 0 - 18 = -18$

01.2 Raíz de un polinomio

» Dado un polinomio, P (x), se dice que $x = a$ es raíz de P (x) si se cumple que P (a) = 0, es decir, si el valor numérico de P (x) para $x = a$ es cero.

EJEMPLO 4

Dado el polinomio $P(x) = 2x^3 - 5x^2 + 3x - 18$, comprueba si $x = 2$, $x = -1$ o $x = 3$ son raíces de P (x).

- $x = 2$ no es raíz de P (x) porque $P(2) = 2 \cdot (2)^3 - 5 \cdot (2)^2 + 3 \cdot 2 - 18 = -16 \neq 0$.
- $x = -1$ no es raíz de P (x) porque $P(-1) = 2 \cdot (-1)^3 - 5 \cdot (-1)^2 + 3 \cdot (-1) - 18 = -28 \neq 0$.
- $x = 3$ sí es raíz de P (x) porque $P(3) = 2 \cdot (3)^3 - 5 \cdot (3)^2 + 3 \cdot 3 - 18 = 54 - 45 + 9 - 18 = 0$.

01.3 El lenguaje algebraico

Hacer uso de las expresiones polinómicas es el primer rasgo distintivo del lenguaje algebraico. Cuando nos enfrentamos a un problema, una de las dificultades consiste en convertir el lenguaje coloquial del enunciado en expresiones matemáticas que nos permitan desarrollar el problema y resolverlo. Ese es el objetivo del lenguaje algebraico: estructurar un idioma que generalice tanto la resolución de problemas como la construcción de la teoría matemática.

En lenguaje algebraico, un numero cualquiera es a o x, la suma de dos números es $a + b$..., y así sucesivamente. Observa la siguiente tabla:

Un número cualquiera	x
La suma de dos números	$x + y$
El cuadrado de la suma de dos números	$(x + y)^2$
El triple de un número disminuido en 4 unidades	$3x - 4$
La mitad de la diferencia de dos números	$\frac{x - y}{2}$
La mitad del cuadrado de la diferencia de dos números	$\frac{(x - y)^2}{2}$
La suma de tres números pares consecutivos	$2x + 2 \cdot (x + 1) + 2 \cdot (x + 2)$
Un múltiplo de siete	$7x$
La suma de un número y la cuarta parte del triple de dicho número	$x + \frac{3x}{4}$
Un número incrementado en 147 unidades	$x + 147$
El 28% de una cantidad	$0{,}28 \cdot x$
El perímetro de un cuadrado de lado *x*	$4x$
El volumen de un cubo de lado *x*	x^3

Se puede pasar también de la expresión algebraica a una descripción en el lenguaje cotidiano. De esta forma, $\sqrt{x + 2} - \frac{x}{10}$ se convierte en la diferencia entre la raíz de un número incrementado en dos unidades y su décima parte.

02 Operaciones con polinomios

02.1 Suma y resta de polinomios

» Para sumar o restar dos polinomios, se suman o restan los monomios que tengan el mismo grado en cada uno de los polinomios: $ax^n \pm bx^n = (a \pm b)x^n$.

EJEMPLO 1

Sean $P(x) = 2x^3 - 5x^2 + 3x + 12$ y $Q(x) = 5x^4 - x^3 + 3x^2 - 7$; halla $P(x) + Q(x)$ y $P(x) - Q(x)$.

$P(x) + Q(x) = (2x^3 - 5x^2 + 3x + 12) + (5x^4 - x^3 + 3x^2 - 7) = 5x^4 + x^3 - 2x^2 + 3x + 5$

$P(x) - Q(x) = (2x^3 - 5x^2 + 3x + 12) - (5x^4 - x^3 + 3x^2 - 7) = -5x^4 + 3x^3 - 8x^2 + 3x + 19$

Propiedades de la suma

Para sumar dos polinomios, basta con sumar los términos de igual grado. Esta operación verifica las siguientes propiedades:

- Asociativa: $[P(x) + Q(x)] + R(x) = P(x) + [Q(x) + R(x)]$
- Conmutativa: $P(x) + Q(x) = Q(x) + P(x)$
- Existencia de elemento neutro: para todo polinomio, $P(x)$, existe el polinomio nulo, $N(x) = 0$, que cumple que $P(x) + N(x) = P(x) + 0 = P(x)$.
- Cada polinomio tiene un opuesto que verifica que $P(x)$ + opuesto de $P(x) = 0$.

02.2 Multiplicación de polinomios

» Para multiplicar dos polinomios, $P(x)$ y $Q(x)$, se multiplican todos y cada uno de los monomios de $P(x)$ por todos y cada uno de los monomios de $Q(x)$, aplicando la propiedad $ax^n \cdot bx^m = a \cdot b \cdot x^{n+m}$.

EJEMPLO 2

Dados los polinomios $P(x) = 2x^3 - 3x^2 + x + 5$ y $Q(x) = x^2 - 5x + 2$, halla $P(x) \cdot Q(x)$.

$P(x) \cdot Q(x) = (2x^3 - 3x^2 + x + 5) \cdot (x^2 - 5x + 2) =$

$= 2x^5 - 10x^4 + 4x^3 - 3x^4 + 15x^3 - 6x^2 + x^3 - 5x^2 + 2x + 5x^2 - 25x + 10 = 2x^5 - 13x^4 + 20x^3 - 6x^2 - 23x + 10$

Propiedades de la multiplicación

La multiplicación de polinomios cumple las siguientes propiedades:

- Asociativa: $[P(x) \cdot Q(x)] \cdot R(x) = P(x) \cdot [Q(x) \cdot R(x)]$
- Conmutativa: $P(x) \cdot Q(x) = Q(x) \cdot P(x)$
- Existencia de elemento neutro: para todo polinomio, $P(x)$, existe el polinomio unidad, $U(x) = 1$, que cumple que $P(x) \cdot U(x) = P(x) \cdot 1 = P(x)$.
- La multiplicación de polinomios es distributiva con respecto a la suma:

  $P(x) \cdot [Q(x) + R(x)] = P(x) \cdot Q(x) + P(x) \cdot R(x)$

Productos notables

Son aquellos productos cuyos factores son binomios iguales o conjugados:

$(a + b) \cdot (a + b) = (a + b)^2 = a^2 + b^2 + 2ab$	$(2x + 3) \cdot (2x + 3) = (2x + 3)^2 = 4x^2 + 9 + 12x$
$(a - b) \cdot (a - b) = (a - b)^2 = a^2 + b^2 - 2ab$	$(2x - 3) \cdot (2x - 3) = (2x - 3)^2 = 4x^2 + 9 - 12x$
$(a + b) \cdot (a - b) = a^2 - b^2$	$(2x + 3) \cdot (2x - 3) = 4x^2 - 9$
$(a + b)^3 = a^3 + b^3 + 3a^2b + 3ab^2$	$(2x + 3)^3 = 8x^3 + 27 + 36x^2 + 54x$
$(a - b)^3 = a^3 - b^3 - 3a^2b + 3ab^2$	$(2x - 3)^3 = 8x^3 - 27 - 36x^2 + 54x$

02.3 División de polinomios

» **Para dividir un polinomio, P (x), entre otro, Q (x), es necesario que el grado del dividendo, P (x), sea mayor o igual que el del divisor, Q (x).**

Se ordenan los polinomios de mayor a menor grado de los monomios y se divide, en primer lugar, el monomio de mayor grado de P (x) entre el de mayor grado de Q (x), para luego proceder de forma similar a la división entre números.

EJEMPLO 3

Dados $P(x) = 2x^4 + 3x^3 - 5x^2 + 7x - 1$ y $Q(x) = x^2 + 2x - 3$, halla $P(x) : Q(x)$.

$$\begin{array}{rl}
2x^4 + 3x^3 - 5x^2 + 7x - 1 & \underline{|\, x^2 + 2x - 3} \\
\underline{-2x^4 - 4x^3 + 6x^2} \qquad\qquad & 2x^2 - x + 3 \\
- x^3 + x^2 + 7x - 1 & \\
\underline{x^3 + 2x^2 - 3x} \quad\; & \\
3x^2 + 4x - 1 & \\
\underline{- 3x^2 - 6x + 9} & \\
- 2x + 8 &
\end{array}$$

Cociente: $2x^2 - x + 3$

Resto: $-2x + 8$

EJEMPLO 4

Dados $P(x) = 2x^4 + x^3 - 5x^2 - 2x - 1$ y $Q(x) = 3x^2 - 2$, halla $P(x) : Q(x)$.

$$\begin{array}{rl}
2x^4 + x^3 - 5x^2 - 2x - 1 & \underline{|\, 3x^2 - 2} \\
\underline{-2x^4 \qquad + \frac{4}{3}x^2} \qquad\qquad & \frac{2}{3}x^2 + \frac{1}{3}x - \frac{11}{9} \\
x^3 - \frac{11}{3}x^2 - 2x - 1 & \\
\underline{-x^3 \qquad + \frac{2}{3}x} \quad\; & \\
-\frac{11}{3}x^2 - \frac{4}{3}x - 1 & \\
\underline{+\frac{11}{3}x^2 \qquad - \frac{22}{9}} & \\
-\frac{4}{3}x - \frac{31}{9} &
\end{array}$$

Cociente: $\frac{2}{3}x^2 + \frac{1}{3}x - \frac{11}{9}$

Resto: $-\frac{4}{3}x - \frac{31}{9}$

+ AL-JWARIZMI

El **álgebra** es la disciplina matemática que se ocupa, fundamentalmente, de resolver ecuaciones, inecuaciones y sistemas. Es la gran disciplina matemática, puesto que, además de tener entidad por sí misma, es una herramienta de la que se sirven todas las demás: geometría, análisis, combinatoria, etc. La palabra *álgebra* proviene del árabe y deriva de un tratado matemático escrito por Muhammad ibn Musa al-Jwarizmi en el que explicaba, por primera vez, cómo resolver ecuaciones sumando términos semejantes y cambiando términos de miembro. Siendo rigurosos, hay que decir que el álgebra estudia las estructuras, las relaciones y las cantidades.

03 Regla de Ruffini. Aplicaciones

La **regla de Ruffini** es una regla matemática que permite calcular la división de cualquier polinomio entre el binomio $(x \pm a)$, donde a es un número real.

EJEMPLO 1

Dados los polinomios $P(x) = 2x^3 - 5x^2 + 7x - 1$, $Q(x) = x - 2$ y $S(x) = x + 1$, halla $P(x) : Q(x)$ y $P(x) : S(x)$.

$P(x) : Q(x)$

	2	−5	7	−1
2		4	−2	10
	2	−1	5	9

Cociente: $2x^2 - x + 5$

Resto: 9

$P(x) : S(x)$

	2	−5	7	−1
−1		−2	7	−14
	2	−7	14	−15

Cociente: $2x^2 - 7x + 14$

Resto: −15

EJEMPLO 2

Dados los polinomios $P(x) = 2x^3 - 15$ y $Q(x) = x - 2$, halla $P(x) : Q(x)$.

Como puede verse, el polinomio $P(x)$ no está completo, lo que obliga a añadir los términos que faltan con ceros como coeficientes de los mismos.

	2	0	0	−15
2		4	8	16
	2	4	8	1

Cociente: $2x^2 + 4x + 8$ Resto: 1

También se puede usar la regla de Ruffini para divisores del tipo $(ax \pm b)$ con $a \neq 1$, si previamente se saca al binomio divisor factor común a, es decir: $(ax \pm b) = a \cdot \left(x \pm \frac{b}{a}\right)$.

EJEMPLO 3

Dados los polinomios $P(x) = 2x^3 - 5x^2 + 7x - 1$ y $Q(x) = 2x - 3$, halla $P(x) : Q(x)$.

Como $2x - 3 = 2 \cdot \left(x - \frac{3}{2}\right)$, se puede realizar la regla de Ruffini con $\left(x - \frac{3}{2}\right)$, para luego dividir de nuevo el cociente resultante entre 2. El resto se mantiene tal y como resulte de la regla de Ruffini.

$(2x^3 - 5x^2 + 7x - 1) : (2x - 3)$ equivale a $(2x^3 - 5x^2 + 7x - 1) : \left(x - \frac{3}{2}\right) \cdot 2$

	2	−5	7	−1
3/2		3	−3	6
	2	−2	4	5

Cociente: $\frac{2x^2 - 2x + 4}{2} = x^2 - x + 2$

Resto: 5

+ PAOLO RUFFINI (VALENTANO, 1765 - MÓDENA, 1822)

Matemático y médico italiano. Estudió Medicina, pero dedicó su vida a la investigación matemática. Es conocido como descubridor del método que lleva su nombre: un caso especial de división sintética, es decir, una división en donde el divisor es un factor lineal. Sin embargo, esta no fue sino otra más de sus contribuciones al desarrollo de esta disciplina. Hacia 1805 elaboró una demostración de la imposibilidad de hallar una solución general de las ecuaciones algebraicas de grados quinto y superiores. Cometió, eso sí, algunas inexactitudes en este desarrollo que más tarde serían corregidas por el matemático noruego Niels Henrik Abel.

03.1 Teorema del resto

» El **teorema del resto** nos dice que el resto de la división de un polinomio, P (x), entre (x – a) coincide con el valor numérico del polinomio P (x) para x = a, es decir:

$$\text{Resto } [P(x) : (x - a)] = P(a)$$

Por tanto, este teorema permite determinar el resto de una división de polinomios cuyo divisor sea del tipo (x – a) sin tener que realizar dicha división.

EJEMPLO 4

Dados los polinomios $P(x) = 2x^3 - 5x^2 + 7x - 1$, $Q(x) = x - 2$ y $S(x) = x + 1$, halla el resto de las divisiones $P(x) : Q(x)$ y $P(x) : S(x)$ sin efectuarlas.

El resto de $P(x) : Q(x) = P(2) = 2 \cdot (2)^3 - 5 \cdot (2)^2 + 7 \cdot (2) - 1 = 16 - 20 + 14 - 1 = 9$

El resto de $P(x) : S(x) = P(-1) = 2 \cdot (-1)^3 - 5 \cdot (-1)^2 + 7 \cdot (-1) - 1 = -2 - 5 - 7 - 1 = -15$

Si al dividir un polinomio, P (x), entre otro, Q (x), el resto resultante es cero, se dice que el polinomio P (x) es **divisible** entre el polinomio Q (x).

EJEMPLO 5

Comprueba si el polinomio $P(x) = x^3 - 5x^2 + 3x + 1$ es divisible entre $Q(x) = x - 1$ y $S(x) = x + 2$.

- P (x) es divisible entre Q (x), ya que, si se efectúa la división P (x) : Q (x), el resto resultante es $P(1) = 1 - 5 + 3 + 1 = 0$.
- P (x) no es divisible entre S (x), ya que, si se efectúa la división P (x) : S (x), el resto resultante es $P(-2) = -8 - 20 - 6 + 1 \neq 0$.

EJEMPLO 6

Calcula el valor de *m* para que el polinomio $P(x) = 3x^3 - 2x^2 - 3x - m$ sea divisible entre (x + 1).

Desde un punto de vista matemático, ser divisible es lo mismo que decir que el resto es cero, por lo que, aplicando el teorema del resto, sabemos que el valor numérico del polinomio P (x) para $x = -1$, es cero.

$P(-1) = 3 \cdot (-1)^3 - 2 \cdot (-1)^2 - 3 \cdot (-1) - m = -3 - 2 + 3 - m = -3$; por tanto, $m = -2$.

EJEMPLO 7

Calcula el valor de *m* y *n* en $P(x) = x^3 + mx^2 + nx - 6$, sabiendo que el polinomio es divisible entre (x – 1) y que, al dividirlo entre (x + 2), da de resto –60.

Aplicando el teorema del resto, es decir, conocidos los valores numéricos del polinomio P (x) para 1 y –2, que son 0 y –60, respectivamente, tenemos:

$$\left.\begin{array}{l} P(1) = 1^3 + m + n - 6 = 0 \\ P(-2) = (-2)^3 + m \cdot (-2)^2 + n \cdot (-2) - 6 = -60 \end{array}\right\} \Rightarrow \begin{array}{l} m + n = 5 \\ 4m - 2n = -46 \end{array}$$

Resolviendo el sistema, $m = -6$ y $n = 11$.

04 Factorización de polinomios

Factorizar un polinomio consiste en expresar dicho polinomio como un producto de factores, los cuales son también polinomios, si bien de menor grado o con coeficientes de menor valor. Cuando se factorizan polinomios, se busca el mayor número posible de factores.

EJEMPLO 1

Indica si las siguientes factorizaciones son completas o incompletas:

a. $x^3 - x = (x^2 + x) \cdot (x - 1) = x \cdot (x^2 - 1)$ b. $x^3 - x = x \cdot (x - 1) \cdot (x + 1)$

a. Se trata de una factorización incompleta, ya que no aparece en ella el mayor número de factores.

b. Es una factorización completa, pues en ella están todos los factores posibles.

Factor de un polinomio

Dados los polinomios P (x) y Q (x), se dice que Q (x) es factor de P (x) si P (x) es divisible entre Q (x).

Que Q (x) fuera un binomio del tipo $(x - a)$ implicaría que $(x - a)$ es factor de P (x) si P (a) = 0. Esta definición da lugar al teorema del factor.

04.1 Teorema del factor

El teorema del factor afirma que, si $x = a$ es raíz de un polinomio, P (x), entonces el binomio $(x - a)$ es factor de P (x).

EJEMPLO 2

Comprueba si Q $(x) = x - 1$ y S $(x) = x + 2$ son factores del polinomio siguiente:

$$P(x) = x^3 - 5x^2 + 3x + 1$$

- Como P (1) = 0, entonces Q (x) es factor de P (x), ya que $x = 1$ sí es raíz de P (x).
- Como P (–2) ≠ 0, entonces S (x) no es factor de P (x), ya que $x = -2$ no es raíz de P (x).

04.2 Factorización de polinomios

Para factorizar un polinomio, se realizan los siguientes pasos:

1. Se observa la posibilidad de sacar factor común o encontrar productos notables.
2. Se buscan las posibles raíces de P (x). (Divisores del término independiente).
3. Si $x = a$ es una raíz, entonces $(x - a)$ es uno de los factores (teorema del factor).
4. Si $(x - a)$ es un factor, se divide, por Ruffini, P (x) entre $(x - a)$. El cociente será un nuevo factor. En ese cociente recién calculado se siguen buscando nuevos factores. (Se vuelve al paso 1).

EJEMPLO 3

Factoriza el polinomio $P(x) = 2x^4 + 2x^3 - 8x^2 - 8x$.

- Se saca $2x$ factor común: $P(x) = 2x^4 + 2x^3 - 8x^2 - 8x = 2x \cdot (x^3 + x^2 - 4x - 4)$.
- Se buscan las raíces de $(x^3 + x^2 - 4x - 4)$ entre los divisores de ± 4, que son $\{\pm 1, \pm 2, \pm 4\}$.

  Como $P(1) \neq 0$, $x = 1$ no es raíz y, por tanto, $(x - 1)$ no es uno de los factores buscados.

  Como $P(-1) = 0$, $x = -1$ sí es raíz y, por tanto, $(x + 1)$ es uno de los factores buscados.
- Ahora, por la regla de Ruffini, se divide $(x^3 + x^2 - 4x - 4)$ entre $(x + 1)$.

  El cociente resultante es $(x^2 - 4)$, y el resto, 0.
- Como $(x^2 - 4)$ es un producto notable, se sabe que $(x^2 - 4) = (x + 2) \cdot (x - 2)$, por lo que:

$$P(x) = 2x^4 + 2x^3 - 8x^2 - 8x = 2x \cdot (x + 1) \cdot (x + 2) \cdot (x - 2)$$

Si el polinomio, o alguno de los factores, es de segundo grado, será más fácil calcular sus raíces resolviendo la ecuación de segundo grado que resulta de $P(x) = 0$, y la factorización del polinomio sería:

$$P(x) = ax^2 + bx + c = a \cdot (x - s_1) \cdot (x - s_2)$$

donde s_1 y s_2 son las soluciones de la ecuación, y a, el coeficiente principal.

Si tiene una única solución doble, la factorización será:

$$P(x) = ax^2 + bx + c = a \cdot (x - s_1)^2$$

EJEMPLO 4

Factoriza el polinomio $P(x) = 2x^2 - 8x + 6$.

Si se resuelve la ecuación $2x^2 - 8x + 6 = 0$, se ve que sus soluciones son $x = 1$ y $x = 3$.

$$x = \frac{8 \pm \sqrt{64 - 48}}{4} = \frac{8 \pm \sqrt{16}}{4} = \frac{8 \pm 4}{4} = \begin{cases} \frac{12}{4} = 3 \\ \frac{4}{4} = 1 \end{cases}$$

Luego: $P(x) = 2x^2 - 8x + 6 = 2 \cdot (x - 1) \cdot (x - 3)$.

No hay que olvidar el coeficiente principal, 2.

Si el polinomio es de grado n y se conocen sus n raíces, entonces la factorización del mismo sería:

$$P(x) = a \cdot (x - r_1) \cdot (x - r_2) \cdot \ldots \cdot (x - r_n)$$

donde $r_1, r_2, \ldots, r_n$ son las raíces, y a, el coeficiente principal de $P(x)$.

EJEMPLO 5

Factoriza el polinomio $P(x) = 2x^3 - x^2 - 2x + 1$, cuyas raíces son $x = 1$, $x = -1$ y $x = \frac{1}{2}$.

La factorización queda: $P(x) = 2x^3 - x^2 - 2x + 1 = 2 \cdot (x - 1) \cdot (x + 1) \cdot \left(x - \frac{1}{2}\right)$.

No hay que olvidar el coeficiente principal, 2.

05 Fracciones algebraicas

» Una **fracción algebraica** es una expresión del tipo $\frac{P(x)}{Q(x)}$, en la que P (x) y Q (x) son polinomios, con grado de Q (x) ≥ 1.

Son fracciones algebraicas $\frac{x^2-3x+5}{2x+3}$, $\frac{x-3}{5x}$ y $\frac{2}{x+1}$.

05.1 Fracciones algebraicas equivalentes

» Dos fracciones algebraicas, $\frac{P(x)}{Q(x)}$ y $\frac{R(x)}{S(x)}$, son **equivalentes** si cumplen que $P(x) \cdot S(x) = Q(x) \cdot R(x)$.

EJEMPLO 1

Comprueba si las fracciones $\frac{2x+4}{x^2+3x+2}$ y $\frac{2x-2}{x^2-1}$ son equivalentes.

Para que sean equivalentes:

$(2x+4)\cdot(x^2-1) = (x^2+3x+2)\cdot(2x-2)$

$(2x+4)\cdot(x^2-1) = 2x^3+4x^2-2x-4$

$(x^2+3x+2)\cdot(2x-2) = 2x^3+4x^2-2x-4$

Por tanto, como los productos coinciden, las fracciones son, en efecto, equivalentes.

05.2 Simplificación de fracciones algebraicas

» Simplificar fracciones algebraicas consiste en hallar fracciones equivalentes, pero con polinomios más «simples». En otras palabras, los polinomios que forman la fracción algebraica han de ser de menor grado o tener coeficientes más pequeños.

Para poder simplificar fracciones algebraicas, estas deben tener factores comunes en los polinomios del numerador y el denominador. Por tanto, para simplificarlas, será necesario factorizar primero los polinomios del numerador y del denominador y simplificar luego los factores que ambos puedan tener repetidos.

EJEMPLO 2

Simplifica la fracción $\frac{x^3-x}{x^3-3x^2+2x}$.

Primero se factorizan los polinomios del numerador y el denominador:

$$\frac{x^3-x}{x^3-3x^2+2x} = \frac{x\cdot(x^2-1)}{x\cdot(x^2-3x+2)} = \frac{x\cdot(x+1)\cdot(x-1)}{x\cdot(x-1)\cdot(x-2)}$$

Las raíces de la ecuación x^2-3x+2 son $x=1$ y $x=2$.

A continuación, se simplifica: $\frac{x^3-x}{x^3-3x^2+2x} = \frac{x\cdot(x+1)\cdot(x-1)}{x\cdot(x-1)\cdot(x-2)} = \frac{x+1}{x-2}$

Para que dos polinomios tengan factores iguales, es necesario que tengan raíces iguales. De este modo, una vez halladas las raíces de uno de los polinomios de la fracción, se sabrá si la fracción es simplificable con solo comprobar si tienen alguna raíz en común.

EJEMPLO 3

Simplifica la fracción $\dfrac{x^2 - 4x + 3}{x^4 - 5x^2 + 4}$.

Se factoriza en principio solo el numerador: $(x^2 - 4x + 3) = (x - 1) \cdot (x - 3)$.

Luego, sus raíces son $x = 1$ y $x = 3$.

Se comprueba si estas raíces lo son también del denominador. Como P (1) = 0, pero P (3) ≠ 0, son simplificables solo entre $(x - 1)$ y, por tanto, no es necesario buscar más factores en el denominador.

$$\frac{x^2 - 4x + 3}{x^4 - 5x^2 + 4} = \frac{(x-1)\cdot(x-3)}{(x-1)\cdot(x^3 + x^2 - 4x - 4)} = \frac{x-3}{x^3 + x^2 - 4x - 4}$$

EJEMPLO 4

Simplifica la fracción $\dfrac{x^3 - 4x}{x^3 - x^2 - 4x + 4}$.

Se factoriza primero el numerador: $x^3 - 4x = x \cdot (x^2 - 4) = x \cdot (x + 2) \cdot (x - 2)$.

Así, sus raíces son $x = 0$, $x = -2$ y $x = 2$.

Se comprueba si alguna de estas raíces es también raíz del polinomio del denominador.

Sea $Q(x) = x^3 - x^2 - 4x + 4$; como Q (2) = 0 y Q (−2) = 0, entonces $x = -2$ y $x = 2$ son raíces de Q (x).

Se factoriza ahora el denominador: $\dfrac{x \cdot (x+2) \cdot (x-2)}{(x-2)\cdot(x+2)\cdot(x-1)}$.

Ya se pueden simplificar los factores comunes: $\dfrac{x \cdot (x+2) \cdot (x-2)}{(x-2)\cdot(x+2)\cdot(x-1)} = \dfrac{x}{x-1}$.

EJEMPLO 5

Simplifica la fracción $\dfrac{x^3 + 3x^2 - 4x - 12}{x^2 - 1}$.

Podemos comprobar que es más fácil factorizar el polinomio del denominador que el del numerador, y sus raíces resultan también más fáciles de deducir:

$x^2 - 1 = (x + 1) \cdot (x - 1)$, por lo que sus raíces son $x = -1$ y $x = 1$.

Comprobamos si alguna de estas raíces es también raíz del polinomio del numerador.

Sea $Q(x) = x^3 + 3x^2 - 4x - 12$; como Q (1) ≠ 0 y Q (−1) ≠ 0, entonces $x = -1$ y $x = 1$ no son raíces de Q (x).

Por tanto, sin necesidad de factorizar el polinomio del numerador, cabe deducir que esta fracción no tiene factores comunes, por lo que se trata de una fracción irreducible.

Cuando dos polinomios no tienen factores comunes, se dice que son **primos entre sí.**

En el ejemplo anterior, numerador y denominador son polinomios primos entre sí.

06 Operaciones con fracciones algebraicas

Para operar con fracciones algebraicas, es necesario recordar el cálculo del mínimo común múltiplo (m.c.m.) de polinomios. Una vez factorizados los polinomios, el mínimo común múltiplo es el producto de los factores que son comunes a todos ellos y los factores no comunes. Estos factores deben ir elevados al mayor exponente con el que aparezcan factorizados.

EJEMPLO 1

Halla el mínimo común múltiplo de los siguientes polinomios:

$$P(x) = 2x - 2,\ Q(x) = x^2 - 2x + 1 \text{ y } R(x) = x^2 - 1$$

Primero se factoriza cada polinomio:

$$P(x) = 2x - 2 = 2 \cdot (x - 1)$$

$$Q(x) = x^2 - 2x + 1 = (x - 1)^2$$

$$R(x) = x^2 - 1 = (x + 1) \cdot (x - 1)$$

Se toman los factores comunes, $(x - 1)$, al mayor exponente, 2, y los no comunes, 2 y $(x + 1)$.

El mínimo común múltiplo será, pues:

$$\text{m.c.m.}\,[P(x), Q(x), R(x)] = 2 \cdot (x + 1) \cdot (x - 1)^2$$

06.1 Suma y resta de fracciones algebraicas

Para sumar o restar fracciones algebraicas, se sigue el mismo procedimiento que se aplica a las fracciones numéricas:

$$\frac{P(x)}{Q(x)} \pm \frac{R(x)}{S(x)} = \frac{\dfrac{\text{m.c.m.}\,[Q(x), S(x)] \cdot P(x)}{Q(x)} \pm \dfrac{\text{m.c.m.}\,[Q(x), S(x)] \cdot R(x)}{S(x)}}{\text{m.c.m.}\,[Q(x), S(x)]}$$

EJEMPLO 2

Realiza las siguientes operaciones entre fracciones algebraicas:

a. $\dfrac{2}{x^2 + x} + \dfrac{2}{x^2 - x}$

$$\frac{2}{x^2 + x} + \frac{2}{x^2 - x} = \frac{2}{x \cdot (x + 1)} + \frac{2}{x \cdot (x - 1)} = \frac{2 \cdot (x - 1)}{x \cdot (x + 1) \cdot (x - 1)} + \frac{2 \cdot (x + 1)}{x \cdot (x + 1) \cdot (x - 1)} =$$

$$= \frac{2x - 2 + 2x + 2}{x \cdot (x + 1) \cdot (x - 1)} = \frac{4x}{x \cdot (x + 1) \cdot (x - 1)} = \frac{4}{(x + 1) \cdot (x - 1)}$$

b. $\dfrac{4x}{x^2 - 1} - \dfrac{2}{x - 1}$

$$\frac{4x}{x^2 - 1} - \frac{2}{x - 1} = \frac{4x}{(x + 1) \cdot (x - 1)} - \frac{2}{x - 1} = \frac{4x}{(x + 1) \cdot (x - 1)} - \frac{2 \cdot (x + 1)}{(x + 1) \cdot (x - 1)} =$$

$$= \frac{4x - 2x - 2}{(x + 1) \cdot (x - 1)} = \frac{2x - 2}{(x + 1) \cdot (x - 1)} = \frac{2 \cdot (x - 1)}{(x + 1) \cdot (x - 1)} = \frac{2}{x + 1}$$

06.2 Multiplicación de fracciones algebraicas

Para multiplicar fracciones algebraicas, se opera de igual manera que con fracciones numéricas:

$$\frac{P(x)}{Q(x)} \cdot \frac{R(x)}{S(x)} = \frac{P(x) \cdot R(x)}{Q(x) \cdot S(x)}$$

EJEMPLO 3

Efectúa la multiplicación $\frac{x^2-4}{x^2+3x} \cdot \frac{x^2-9}{x^2-2x}$.

$$\frac{x^2-4}{x^2+3x} \cdot \frac{x^2-9}{x^2-2x} = \frac{(x+2)\cdot(x-2)}{x\cdot(x+3)} \cdot \frac{(x+3)\cdot(x-3)}{x\cdot(x-2)} =$$

$$= \frac{(x+2)\cdot(x-2)\cdot(x+3)\cdot(x-3)}{x\cdot(x+3)\cdot x\cdot(x-2)} = \frac{(x+2)\cdot(x-3)}{x^2}$$

06.3 División de fracciones algebraicas

Igualmente, el procedimiento para dividir fracciones algebraicas es el mismo que el seguido en el caso de las fracciones numéricas:

$$\frac{P(x)}{Q(x)} : \frac{R(x)}{S(x)} = \frac{P(x) \cdot S(x)}{Q(x) \cdot R(x)}$$

EJEMPLO 4

Realiza la división $\frac{x^2+4x}{x^2-25} : \frac{x^2-16}{2x-10}$.

$$\frac{x^2+4x}{x^2-25} : \frac{x^2-16}{2x-10} = \frac{x\cdot(x+4)}{(x+5)\cdot(x-5)} : \frac{(x+4)\cdot(x-4)}{2\cdot(x-5)} =$$

$$= \frac{x\cdot(x+4)\cdot 2\cdot(x-5)}{(x+5)\cdot(x-5)\cdot(x+4)\cdot(x-4)} = \frac{2x}{(x+5)\cdot(x-4)}$$

EJEMPLO 5

Opera y simplifica esta expresión: $\left(\frac{x}{x+2} \cdot \frac{x+3}{x-2}\right) - \left(\frac{1}{x+2} : \frac{x}{x+1}\right)$.

$$\left(\frac{x}{x+2} \cdot \frac{x+3}{x-2}\right) - \left(\frac{1}{x+2} : \frac{x}{x+1}\right) = \frac{x\cdot(x+3)}{(x+2)\cdot(x-2)} - \frac{x+1}{x\cdot(x+2)} = \frac{x^2\cdot(x+3)}{x\cdot(x+2)\cdot(x-2)} - \frac{(x+1)\cdot(x-2)}{x\cdot(x+2)\cdot(x-2)} =$$

$$= \frac{x^3+3x^2-x^2+x+2}{x\cdot(x+2)\cdot(x-2)} = \frac{x^3+2x^2+x+2}{x\cdot(x+2)\cdot(x-2)} = \frac{(x+2)\cdot(x^2+1)}{x\cdot(x+2)\cdot(x-2)} = \frac{x^2+1}{x\cdot(x-2)}$$

EJEMPLO 6

Opera y simplifica las siguientes fracciones: $\left(\frac{x+5}{x+1} \cdot \frac{x}{x-1}\right) - \left(\frac{1}{x} : \frac{x-1}{x+2}\right)$.

$$\left(\frac{x+5}{x+1} \cdot \frac{x}{x-1}\right) - \left(\frac{1}{x} : \frac{x-1}{x+2}\right) = \frac{(x+5)\cdot x}{(x+1)\cdot(x-1)} - \frac{x+2}{x\cdot(x-1)} = \frac{(x+5)\cdot x^2}{x\cdot(x+1)\cdot(x-1)} - \frac{(x+1)\cdot(x+2)}{x\cdot(x+1)\cdot(x-1)} =$$

$$= \frac{x^3+5x^2-x^2-3x-2}{x\cdot(x+1)\cdot(x-1)} = \frac{x^3+4x^2-3x-2}{x\cdot(x+1)\cdot(x-1)} = \frac{(x-1)\cdot(x^2+5x+2)}{x\cdot(x+1)\cdot(x-1)} = \frac{(x^2+5x+2)}{x\cdot(x+1)}$$

ELABORA TU PROYECTO

EN BUSCA DEL LENGUAJE UNIVERSAL: LA NOTACIÓN MATEMÁTICA

Desde que el mundo es mundo una de las dificultades con las que se enfrenta el hombre para compartir conocimiento y saberes es el lenguaje. Ni siquiera la traducción alcanza en ocasiones la completa transmisión. La buena traducción consiste justamente en eso: conseguir que el mensaje apenas pierda los matices originarios en la nueva lengua.

Filósofos y pensadores se han esforzado en ello y, a pesar de los esfuerzos, hoy en día no existe una lengua supranacional para la comunicación, pues es posible que esta sea una idea forzada y artificial. Sin embargo, y a pesar de todo lo dicho, existe un lenguaje universal, y este no es otro que el de las matemáticas.

La expresión $2x + 1 = 0$ es, en Grecia, Nueva Zelanda o Kenia, una ecuación polinómica de primer grado, y ello es así gracias a la eficacia de las expresiones algebraicas. En general, el lenguaje matemático es preciso e inequívoco. No está ligado a la semántica y, por tanto, carece de matices; muy por el contrario, la información es concreta.

Prepara una exposición oral o escrita, individual o en grupo, sobre el álgebra y el uso de la notación matemática esencial para su desarrollo.

Leonhard Euler.

Pautas para la elaboración del proyecto

1	Detalla el planteamiento y objetivo a desarrollar. Distingue entre idioma y lenguajes simbólicos.
2	Define qué elementos hacen de la matemática un lenguaje.
3	Diserta sobre la eficacia de los lenguajes simbólicos: lenguaje morse, musical, de programación, la notación matemática, entre otros.
4	Busca información sobre la figura y obra de Leonhard Euler, al que se debe bastante sobre la terminología y la notación matemática de las que hacemos uso hoy.

Recursos

- → http://www2.uah.es/jmmartinezmediano/mate0/CIM%20Tema%201%2001%20Lenguaje%20y%20objetos%20matemaicos.pdf
- → http://www-ma2.upc.es/sxd/Essays/UnLenguajeLlamadoMatematicas.pdf
- → http://gaussianos.com/las-aportaciones-de-euler-a-la-notacion-matematica/

ELABORA TU ORGANIZADOR VISUAL

Realiza un mapa conceptual en el que recojas los contenidos fundamentales estudiados en esta unidad. Puedes partir de esta propuesta:

POLINOMIOS

- Definiciones
- Operaciones
- Factorización
- Fracciones algebraicas

EVALUACIÓN

1 Sean dos polinomios: uno de grado siete y otro de grado cuatro.

a. ¿Qué se puede afirmar del grado de la suma de ambos?

b. ¿Qué se puede afirmar del grado de la resta?

c. ¿Qué se puede afirmar del grado del producto?

d. ¿Qué se puede afirmar del grado del cociente y el resto si el dividendo es el polinomio de grado siete?

2 ¿Cuántos polinomios de segundo grado existen con las raíces – 1 y 2?

3 Un polinomio de segundo grado no tiene factorización. ¿Tiene raíces? ¿Y factores? ¿Es irreducible?

4 Un polinomio de segundo grado no tiene factorización. ¿Qué puede asegurarse de la gráfica de la función asociada a dicha expresión algebraica?

5 Las siguientes gráficas pertenecen a sendas funciones polinómicas de grado tres. Ofrece una posible expresión algebraica para dichas funciones.

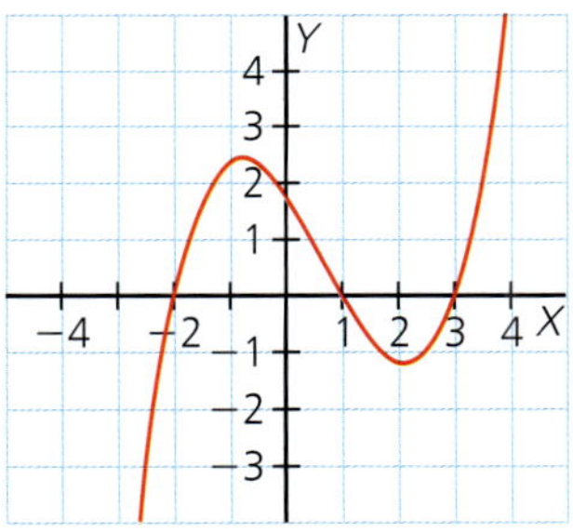

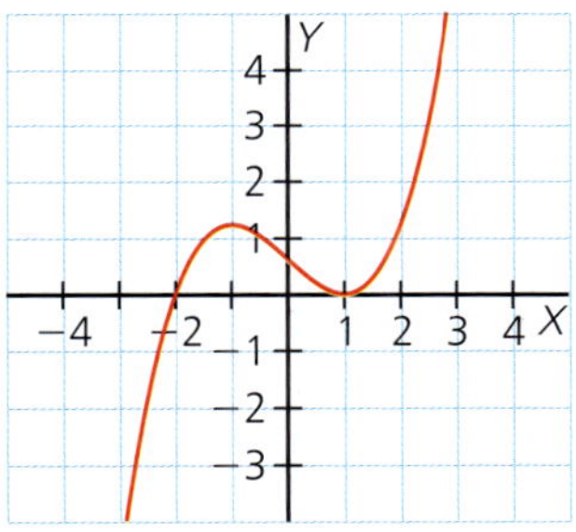

6 Un polinomio ha podido factorizarse completamente en polinomios de primer grado, obteniéndose dos raíces dobles y una raíz triple. ¿Qué grado tiene el polinomio?

7 Un polinomio responde a la expresión:

$$P(x) = 2 \cdot (x^2 + 3) \cdot (x + 3)^2$$

a. ¿Cuántas raíces tiene?

b. ¿Cuántos factores tiene?

c. ¿De qué grado es el polinomio?

8 Para factorizar polinomios de grado mayor a dos, hay que buscar, de entre los divisores del término independiente, alguna posible raíz. ¿Es, por tanto, obligatorio que las raíces de un polinomio sean divisores del término independiente? Pon algún ejemplo.

9 ¿Cómo es posible que polinomios como $P(x) = x^2 + x - 6$ y $S(x) = \frac{x^2}{3} + \frac{x}{3} - 2$, aparentemente distintos, tengan las mismas raíces? ¿Tienen igual factorización?

10 Sin efectuar la división, indica razonadamente si $5x^3 - 5$ es divisible entre $(x + 1)$.

11 Calcula el máximo común divisor y el mínimo común múltiplo de los polinomios $x^3 - x$ y $x^2 + x - 2$.

12 Calcula el valor de *a* para que $9x^3 - (3a + 3)x^2 - x + 1$ sea divisible entre $\left(x - \frac{1}{3}\right)$.

13 El cuadrado de un polinomio es $x^4 - 4x^3 + 6x^2 - 4x + 1$; calcula dicho polinomio.

14 Descompón en factores el siguiente polinomio:

$$P(a) = \frac{a^3}{2} + a^2 - \frac{3}{2}a$$

15 Factoriza la siguiente expresión:

$$\frac{x^4 - 4x^3 - x^2 + 16x - 12}{3x^3 - 18x^2 + 33x - 18}$$

16 Opera y simplifica: $x + \cfrac{(-2)}{1 + \cfrac{(-2)}{1 + \cfrac{(-2)}{1 + \cfrac{(-2)}{1 + \cfrac{(-2)}{x}}}}}$.

17 Calcula la diagonal de un rectángulo cuyos lados verifican:

a. Que son iguales y valen *x*.

b. Que uno es la tercera parte del otro.

18 Calcula la diagonal de un prisma rectangular cuyas dimensiones son las siguientes: ancho de la base, *x*; largo de la base, 3*x*; altura del prisma, 5*x*.

19 Una pequeña fábrica tiene unos ingresos mensuales, en función de las unidades vendidas, que responden a la expresión $I(x) = x^2 - 15x + 150$. Por otro lado, afronta unos gastos, expresados también en función de las unidades vendidas, que se determinan según esta otra fórmula: $G(x) = 190 + 20x$. Calcula:

a. La expresión de la ganancia en función de las unidades de producto vendidas.

b. El número de unidades necesarias a partir del cual hay ganancias.

c. El beneficio obtenido si se venden 150 unidades.

03 ECUACIONES Y SISTEMAS DE ECUACIONES

01 Ecuaciones de primer grado

Una **ecuación** es una igualdad entre dos expresiones algebraicas formadas por letras (las incógnitas) y números, relacionados entre sí por operaciones aritméticas. Una ecuación polinómica es aquella en la que únicamente intervienen polinomios. Su **grado** es el máximo grado de los polinomios que la determinan.

La **solución** de una ecuación es el conjunto de valores que pueden tomar las incógnitas, de manera que, al sustituir estas por dichos valores, la igualdad se convierte en verdadera. Dos ecuaciones son **equivalentes** si tienen la misma solución. Resolver una ecuación consiste en calcular todas las posibles soluciones de la misma.

Las ecuaciones de primer grado, también llamadas **ecuaciones lineales**, pueden tener una solución, ninguna o infinitas. Cuando una ecuación tiene infinitas soluciones, se denomina **identidad.** Ello significa que los dos miembros de la ecuación son equivalentes; por tanto, la igualdad es cierta siempre, sea cual sea el valor de las incógnitas.

Cuando una ecuación no tiene solución, se dice que es **incompatible** o absurda. Esto significa que los dos miembros de la igualdad son distintos siempre; en consecuencia, no hay ningún valor que puedan tomar las incógnitas que hagan cierta la igualdad.

EJEMPLO 1

Resuelve las siguientes ecuaciones:

a. $2x - \frac{x}{3} - 1 = 2 \cdot (x - 1)$

Esta ecuación equivale a $6x - x - 3 = 6x - 6$, es de primer grado y tiene por solución $x = 3$:

$$6x - x - 3 = 6x - 6 \Rightarrow 6x - x - 6x = -6 + 3 \Rightarrow$$
$$\Rightarrow -x = -3 \Rightarrow x = 3$$

Si sustituimos la x por 3, comprobamos que se cumple la igualdad: $2 \cdot (3) - \frac{3}{3} - 1 = 2 \cdot (3 - 1) \Rightarrow 4 = 4$.

b. $2 \cdot (x - 2) + \frac{x}{2} = \frac{5x - 8}{2}$

Esta ecuación equivale a $4x - 8 + x = 5x - 8$ y es una identidad porque la igualdad se cumple para cualquier valor que tome la incógnita x. Se dice entonces que la solución es $\forall x \in \mathbb{R}$ (todos los números reales):

$$4x - 8 + x = 5x - 8 \Rightarrow 5x - 8 = 5x - 8$$

c. $3x - \frac{x - 1}{3} = \frac{8x}{3} - 1$

Esta ecuación equivale a $9x - x + 1 = 8x - 3$ y es incompatible porque no existe ningún valor posible que pueda tomar la incógnita x para que la igualdad sea cierta:

$$9x - x + 1 = 8x - 3 \Rightarrow 9x - x - 8x = -3 - 1 \Rightarrow 0 = -4$$

Resolución gráfica

Es posible relacionar los conceptos de función y ecuación. Dada la función $y = f(x)$, cabe asegurar que los cortes de la función con el eje de abscisas coincidirán con las soluciones de la ecuación $f(x) = 0$.

Por ejemplo, $y = 2x + 3$ tiene como representación una recta cuyo corte con el eje X, abscisas, coincide con la solución de la ecuación $2x + 3 = 0 \Rightarrow x = -\frac{3}{2}$.

El punto de corte de la recta con el eje X sería el $\left(-\frac{3}{2}, 0\right)$.

02 Ecuaciones de segundo grado

» Las **ecuaciones de segundo grado** pueden reducirse a la expresión $ax^2 + bx + c = 0$.

Las soluciones de estas ecuaciones resultan de la fórmula $x = \dfrac{-b \pm \sqrt{b^2 - 4ac}}{2a}$.

Las ecuaciones de segundo grado pueden tener dos soluciones, una o ninguna, dependiendo del valor que tome el discriminante de la ecuación. Recibe el nombre de **discriminante** de la ecuación el radicando de la fórmula anterior y se simboliza mediante Δ.

$\Delta = b^2 - 4ac$
- Si $\Delta > 0$, la ecuación tendrá dos soluciones.
- Si $\Delta = 0$, la ecuación tendrá una solución.
- Si $\Delta < 0$, no tendrá soluciones, ya que la raíz de un número negativo no existe en el campo de los números reales.

Si x_1 y x_2 son las soluciones de una ecuación de segundo grado, estas deben cumplir que:

$$x_1 + x_2 = -\frac{b}{a} \qquad x_1 \cdot x_2 = \frac{c}{a}$$

EJEMPLO 1

Halla las soluciones de la ecuación $2x^2 - 3x + 1 = 0$.

La ecuación $2x^2 - 3x + 1 = 0$ tiene por soluciones:

$$x = \frac{3 \pm \sqrt{9-8}}{4} = \frac{3 \pm 1}{4} = \begin{cases} x = 1 \\ x = \frac{1}{2} \end{cases}, \text{ y se cumple que } \begin{cases} 1 + \frac{1}{2} = -\frac{(-3)}{2} \Rightarrow \frac{3}{2} = \frac{3}{2} \\ 1 \cdot \frac{1}{2} = \frac{1}{2} \Rightarrow \frac{1}{2} = \frac{2}{2} \end{cases}$$

Ecuaciones de segundo grado incompletas

Se denominan así aquellas ecuaciones de segundo grado, en las que los coeficientes b y/o c son nulos, es decir, no aparecen. En estos casos es recomendable no utilizar la fórmula anterior y seguir un procedimiento más eficaz.

- Si $b = 0 \Rightarrow ax^2 + c = 0 \Rightarrow x = \pm\sqrt{-\frac{c}{a}}$

EJEMPLO 2

Resuelve la ecuación $4x^2 - 9 = 0$.

$$4x^2 - 9 = 0 \Rightarrow 4x^2 = 9 \Rightarrow x^2 = \frac{9}{4} \Rightarrow x = \pm\sqrt{\frac{9}{4}} = \pm\frac{3}{2}$$

- Si $c = 0 \Rightarrow ax^2 + bx = 0$:

  En este caso se extrae factor común x. A continuación, los dos factores obtenidos se igualan a cero y sus raíces son las soluciones de la ecuación:

$$ax^2 + bx = 0 \Rightarrow x \cdot (ax + b) = 0 \Rightarrow \begin{cases} x = 0 \\ ax + b = 0 \Rightarrow x = -\frac{b}{a} \end{cases}$$

EJEMPLO 3

Resuelve la ecuación $2x^2 + 5x = 0$.

$$x \cdot (2x + 5) = 0 \Rightarrow$$
$$\Rightarrow \begin{cases} x = 0 \\ 2x + 5 = 0 \Rightarrow x = -\frac{5}{2} \end{cases}$$

+

Si se representa la función $f(x) = 2x^2 + 5x$, cabe observar que los cortes de la parábola con el eje de abscisas coinciden con las soluciones obtenidas para la ecuación $2x^2 + 5x = 0$.

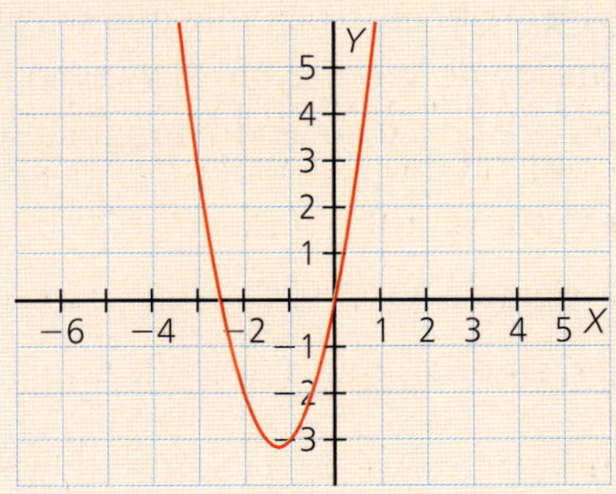

03 Ecuaciones de grado igual o mayor que 3

Las soluciones de una ecuación polinómica de la forma P $(x) = 0$ coinciden con las raíces del polinomio P (x). Para resolver este tipo de ecuaciones, P $(x) = 0$, es necesario que encontremos al menos una de las raíces del polinomio P (x), para poder así factorizarlo mediante el teorema del factor. Para ello, hay que seguir estos pasos:

- Se expresa la ecuación de la forma P $(x) = 0$.
- Se halla una raíz, $x = a$, de P (x) y se factoriza P $(x) = (x - a) \cdot Q(x)$ [recuerda que Q (x) se obtiene dividiendo por Ruffini P (x) entre $(x - a)$].
- Se resuelven por separado las ecuaciones $(x - a) \cdot Q(x) = 0 \Rightarrow \begin{cases} x - a = 0 \\ Q(x) = 0 \end{cases}$.
- Si el grado de Q (x) es mayor que 2, se repite el proceso con Q (x) de nuevo desde el primer paso.

+

Si f $(x) = x^3 - x$, los cortes con el eje de abscisas se corresponden con las tres soluciones de la ecuación $x^3 - x = 0$, que son $x = 1$, $x = -1$ y $x = 0$.

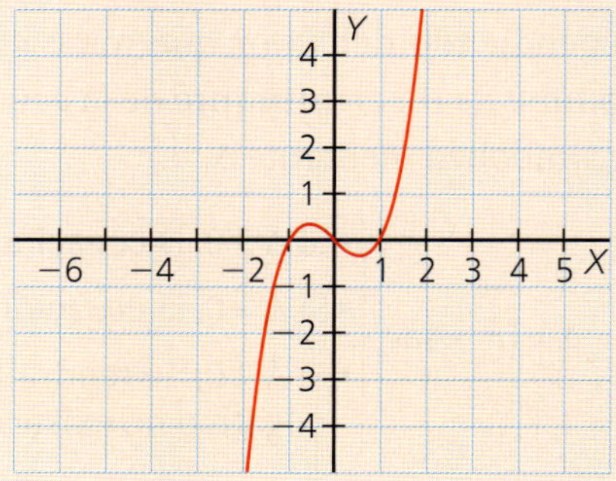

EJEMPLO 1

Resuelve la ecuación $x^3 - x^2 - 4x + 4 = 0$.

Se define P $(x) = x^3 - x^2 - 4x + 4$, y se buscan posibles raíces entre los valores $\{\pm1, \pm2, \pm4\}$.

Se halla P $(1) = 1 - 1 - 4 + 4 = 0$; luego, $x = 1$ es raíz y, por tanto, una de las soluciones.

Se aplica la regla de Ruffini y se divide P $(x) : (x - 1)$:

	1	−1	−4	4
1		1	0	−4
	1	0	−4	0

Se obtiene de cociente $x^2 - 4$. Se factoriza y se resuelve por separado (cada factor se iguala a cero).

$$P(x) = (x - 1) \cdot (x^2 - 4) = 0 \Rightarrow \begin{cases} x - 1 = 0 \Rightarrow x = 1 \\ x^2 - 4 = 0 \Rightarrow x = \sqrt{4} = \pm 2 \end{cases}$$

Si en P $(x) = 0$, P (x) tiene grado n y se conocen n raíces de P (x), entonces esas n raíces son las n soluciones de la ecuación y no es necesario realizar ninguna factorización.

Evidentemente, cada raíz que se conozca equivale a una solución de la ecuación. Si P (x) no tiene raíces reales, entonces P $(x) = 0$ no tendrá ninguna solución.

EJEMPLO 2

Resuelve la ecuación $x^4 - x^3 + 12 = 13x^2 - x$.

Se define el polinomio P $(x) = x^4 - x^3 - 13x^2 + x^2 + 12$, y se buscan posibles raíces entre los valores $\{\pm1, \pm2, \pm3, \pm4, \pm6, \pm12\}$.

Se halla P $(1) = 1 - 1 - 13 + 1 + 12 = 0$; luego, $x = 1$ es raíz y, por tanto, una de las soluciones.

Se aplica la regla de Ruffini y se divide P $(x) : (x - 1)$:

	1	−1	−13	1	12
1		1	0	−13	−12
	1	0	−13	−12	0

Se obtiene de cociente, Q $(x) = x^3 - 13x - 12$. Al ser una ecuación de grado 3, se sigue factorizando Q (x).

Se halla Q $(1) = 1 - 13 - 12 \neq 0$ ($x = 1$ no es raíz) y Q $(-1) = -1 + 13 - 12 = 0$ ($x = -1$ sí es raíz).

Se aplica nuevamente la regla Ruffini y se divide Q $(x) : (x + 1)$.

	1	0	−13	12
−1		−1	1	12
	1	−1	−12	0

Se obtiene de cociente Q $(x) = x^2 - x - 12$. Se factoriza y se resuelve por separado:

$$P(x) = (x - 1) \cdot (x + 1) \cdot (x^2 - x - 12) = 0 \Rightarrow$$

$$\Rightarrow \begin{cases} x - 1 = 0 \Rightarrow x = 1 \\ x + 1 = 0 \Rightarrow x = -1 \\ x^2 - x - 12 = 0 \Rightarrow x = \dfrac{1 \pm \sqrt{1 + 48}}{2} = \dfrac{1 \pm 7}{2} = \begin{cases} x = 4 \\ x = -3 \end{cases} \end{cases}$$

04 Ecuaciones bicuadradas

Las **ecuaciones bicuadradas** son un caso particular de las ecuaciones polinómicas de cuarto grado, con la salvedad de que solo tienen términos de grado par. Es decir, se denomina **ecuación bicuadrada** a aquella que puede expresarse de la forma:

$$ax^4 + bx^2 + c = 0$$

Una ecuación bicuadrada puede tener desde cero soluciones hasta un máximo de cuatro soluciones.

Para resolverlas, se utiliza un cambio de variable siguiendo estos pasos:

- Se realiza un cambio de variable que consiste en sustituir x^2 por y, lo que implica que $x^4 = y^2$. La ecuación resultante es de segundo grado, pero con la incógnita y en vez de la x.
- Se resuelve la ecuación de segundo grado resultante.
- Se deshace el cambio de variable, es decir, una vez halladas las soluciones de y, se calculan las de x al despejar x en la igualdad $x^2 = y \Rightarrow x = \pm\sqrt{y}$, siempre y cuando $y \geq 0$.

EJEMPLO 1

Resuelve la ecuación $x^4 - 8x^2 - 9 = 0$.

Se realiza el cambio de variable $x^2 = y \Rightarrow x^4 = y^2$, de lo que resulta $y^2 - 8y - 9 = 0$.

Se resuelve la ecuación de segundo grado: $y = \dfrac{8 \pm \sqrt{64+36}}{2} = \dfrac{8 \pm \sqrt{100}}{2} = \dfrac{8 \pm 10}{2} = \begin{cases} y = 9 \\ y = -1 \end{cases}$

Se deshace el cambio de variable: $\begin{cases} y = 9 \Rightarrow x^2 = 9 \Rightarrow x = \sqrt{9} = \pm 3 \\ y = -1 \Rightarrow x^2 = -1 \Rightarrow x = \sqrt{-1}; \text{ no existe.} \end{cases}$ $\Rightarrow$ Las soluciones son $x = 3$ y $x = -3$.

Si la ecuación es incompleta, se puede resolver sin necesidad de realizar ningún cambio de variable.

EJEMPLO 2

Resuelve la ecuación $x^4 - 4x^2 = 0$.

Sacando factor común:

$$x^2 \cdot (x^2 - 4) = 0 \Rightarrow \begin{cases} x^2 = 0 \Rightarrow x = 0 \\ x^2 - 4 = 0 \Rightarrow x = \sqrt{4} = \pm 2 \end{cases}$$

EJEMPLO 3

Resuelve la ecuación $16x^4 - 81 = 0$.

Despejando directamente:

$$16x^4 = 81 \Rightarrow x^4 = \frac{81}{16} \Rightarrow x = \sqrt[4]{\frac{81}{16}} \Rightarrow x = \pm\frac{3}{2}$$

Por este procedimiento también se pueden resolver ecuaciones del tipo $ax^{2p} + bx^p + c = 0$, si se realiza el cambio $y = x^p$.

EJEMPLO 4

Resuelve la ecuación $x^6 - 7x^3 - 8 = 0$.

Se realiza el cambio de variable $x^3 = y \Rightarrow x^6 = y^2$, de lo que resulta $y^2 - 7y - 8 = 0 \Rightarrow \begin{cases} y = 8 \\ y = -1 \end{cases}$.

Se deshace el cambio: $\begin{cases} y = 8 \Rightarrow x^3 = 8 \Rightarrow x = \sqrt[3]{8} = 2 \\ y = -1 \Rightarrow x^3 = -1 \Rightarrow x = \sqrt[3]{-1} = -1 \end{cases}$. Las soluciones son $x = 2$ y $x = -1$.

05 Ecuaciones racionales

» Las **ecuaciones racionales** son aquellas en las que aparecen fracciones algebraicas.

EJEMPLO 1

Resuelve la ecuación $\frac{x}{2}+\frac{x}{3}-3=\frac{x+2}{4}$.

Se multiplican todos los términos por el m.c.m. (2, 3, 4) = 12.

$$12\cdot\left(\frac{x}{2}+\frac{x}{3}-3\right)=12\cdot\left(\frac{x+2}{4}\right)\Rightarrow 6x+4x-36=3x+6\Rightarrow 7x=42\Rightarrow x=6$$

Para resolver ecuaciones racionales, se realizarán los siguientes pasos:

- Se halla el m.c.m. de todos los denominadores que aparecen en la ecuación y se multiplican todos los términos de la ecuación por el m.c.m. obtenido.
- Al operar y simplificar el paso anterior, deben quedar suprimidos todos los denominadores. Se resuelve la ecuación resultante.
- Se comprueba si las soluciones resultantes son válidas para la ecuación inicial. Puede ocurrir que aparezcan soluciones que den lugar a fracciones inexistentes, por lo que no serían válidas.

EJEMPLO 2

Resuelve la ecuación $\frac{2}{x}+\frac{1}{x-1}=2$.

Se halla el m.c.m. de los denominadores, que es $x\cdot(x-1)$, y se multiplican todos los términos de la ecuación por él:

$$x\cdot(x-1)\cdot\frac{2}{x}+x\cdot(x-1)\cdot\frac{1}{x-1}=2\cdot x\cdot(x-1)\Rightarrow(x-1)\cdot 2+x=2\cdot x\cdot(x-1)$$

Se opera: $2x-2+x=2x^2-2x\Rightarrow 2x^2-5x+2=0\Rightarrow x=\frac{5\pm\sqrt{25-16}}{4}=\frac{5\pm 3}{4}=\begin{cases}x=2\\ x=\frac{1}{2}\end{cases}$

Se comprueba la validez de las soluciones: $\begin{cases}\text{Para } x=2\Rightarrow\frac{2}{2}+\frac{1}{1}=2\Rightarrow 2=2;\text{ sí es solución.}\\ \text{Para } x=\frac{1}{2}\Rightarrow\frac{2}{\frac{1}{2}}+\frac{1}{-\frac{1}{2}}=2\Rightarrow 2=2;\text{ sí es solución.}\end{cases}$

EJEMPLO 3

Resuelve la ecuación $\frac{x^2}{x-1}-\frac{3x+1}{x}=\frac{1}{x^2-x}$.

Se halla el m.c.m., que es $x\cdot(x-1)$, y se multiplican todos los términos de la ecuación por él:

$$x\cdot(x-1)\cdot\frac{x^2}{x-1}-x\cdot(x-1)\cdot\frac{3x+1}{x}=x\cdot(x-1)\cdot\frac{1}{x^2-x}\Rightarrow x\cdot x^2-(x-1)\cdot(3x+1)=1$$

Se opera: $x^3-3x^2-x+3x+1=1\Rightarrow x^3-3x^2+2x=0\Rightarrow x\cdot(x^2-3x+2)=0$

Se resuelve: $\begin{cases}x=0\\ x^2-3x+2=0\Rightarrow x=\frac{3\pm\sqrt{9-8}}{2}=\frac{3\pm 1}{2}=\begin{cases}x=2\\ x=1\end{cases}\end{cases}\Rightarrow$ La única solución válida es $x=2$.

06 Ecuaciones con radicales

» Las **ecuaciones con radicales** son aquellas en las que la incógnita aparece dentro de un radical.

Para resolverlas, se llevan a cabo los siguientes pasos:

- En caso de que haya un solo radical, se aísla en uno de los miembros de la ecuación. Si existen varios radicales, se aíslan uno o dos en un mismo miembro (las dos opciones son válidas).
- Se elevan los dos miembros de la ecuación al cuadrado.
- Si han desaparecido ya los radicales, se resuelve la ecuación resultante. Si aún queda algún radical se repiten los pasos anteriores.
- Se comprueba que todas las soluciones sean válidas para la ecuación inicial. Puede ocurrir que aparezcan soluciones que den lugar a radicales inexistentes o simplemente que no cumplan la igualdad inicial. Recuerda que, al operar con raíces de índice par, solo es válida la solución positiva.

EJEMPLO 1

Resuelve la ecuación $\sqrt{x^2+3} - x = 1$.

Se aísla el radical, se elevan los dos miembros al cuadrado, se ordena y se resuelve:

$$\left(\sqrt{x^2+3}\right)^2 = (1+x)^2 \Rightarrow x^2+3 = 1+2x+x^2 \Rightarrow 2x = 2 \Rightarrow x = 1$$

Se comprueba si la solución es válida: $\sqrt{1^2+3} - 1 = \sqrt{4} - 1 = 2 - 1 = 1$; sí es válida.

EJEMPLO 2

Resuelve la ecuación $\sqrt{x+2} + \sqrt{x-2} - \sqrt{2x} = 0$.

Como hay varios radicales, se dejan dos en un miembro y uno en el otro, y después se elevan los dos miembros al cuadrado:

$$\left(\sqrt{x+2}+\sqrt{x-2}\right)^2 = \left(\sqrt{2x}\right)^2 \Rightarrow (x+2)+(x-2)+2\cdot\sqrt{(x+2)\cdot(x-2)} = 2x \Rightarrow 2x+2\cdot\sqrt{x^2-4} = 2x \Rightarrow 2\cdot\sqrt{x^2-4} = 0$$

Como la ecuación resultante tiene, esta vez, un solo radical, se elevan de nuevo los dos miembros al cuadrado y se resuelve:

$$\left(2\cdot\sqrt{x^2-4}\right)^2 = 0^2 \Rightarrow 4\cdot(x^2-4) = 0 \Rightarrow x^2-4 = 0 \Rightarrow x = \sqrt{4} = \pm 2$$

Se comprueba la validez de las soluciones:

$$\left.\begin{cases}\text{Para } x = 2 \Rightarrow \sqrt{4}+\sqrt{0}-\sqrt{4} = 0; \text{ sí es válida.}\\ \text{Para } x = -2 \Rightarrow \sqrt{0}+\sqrt{-4}-\sqrt{-4}; \text{ no es válida porque } \sqrt{-4} \text{ no existe.}\end{cases}\right. \Rightarrow \text{Solo es válida la solución } x = 2.$$

EJEMPLO 3

Resuelve la ecuación $x + \sqrt{x} = 2$.

Se aísla el radical, se elevan los dos miembros al cuadrado, se ordena y se resuelve:

$$\left(\sqrt{x}\right)^2 = (2-x)^2 \Rightarrow x = 4-4x+x^2 \Rightarrow x^2-5x+4 = 0 \Rightarrow x = \frac{5\pm\sqrt{25-16}}{2} = \frac{5\pm 3}{2} = \begin{cases}x = 4\\ x = 1\end{cases}$$

Se comprueba la validez de las soluciones:

$$\left.\begin{cases}\text{Para } x = 4 \Rightarrow 4+\sqrt{4} = 4+2 \neq 2; \text{ no es válida.}\\ \text{Para } x = 1 \Rightarrow 1+\sqrt{1} = 2; \text{ sí es válida.}\end{cases}\right. \Rightarrow \text{Por tanto, } x = 1 \text{ es la única solución válida.}$$

07 Ecuaciones exponenciales

Las **ecuaciones exponenciales** son aquellas en las que la incógnita figura en el exponente.

Las ecuaciones exponenciales que se estudian en esta unidad se pueden agrupar en dos tipos.

Primer tipo. Se incluyen aquí las que solo tienen dos términos distintos de cero: $a^{f(x)} - a^{g(x)} = 0$, o lo que es lo mismo, $a^{f(x)} = a^{g(x)}$.

- Como se puede observar, es necesario que las bases sean iguales. Cuando así sea, se aplicará la siguiente propiedad: si $a^{f(x)} = a^{g(x)}$, entonces $f(x) = g(x)$.
- Si las bases no coinciden, se deben resolver aplicando la definición de logaritmo: si $b^x = a$, entonces $x = \log_b a$.

EJEMPLO 1

Resuelve estas ecuaciones con términos de la misma base:

a. $2^{x-1} = \frac{1}{4} \Rightarrow 2^{x-1} = 2^{-2} \Rightarrow x - 1 = -2 \Rightarrow x = -1$

b. $3^{2x} = \sqrt{27} \Rightarrow 3^{2x} = 3^{\frac{3}{2}} \Rightarrow 2x = \frac{3}{2} \Rightarrow x = \frac{3}{4}$

c. $5^{x-1} = 1 \Rightarrow 5^{x-1} = 5^0 \Rightarrow x - 1 = 0 \Rightarrow x = 1$

EJEMPLO 2

Resuelve las siguientes ecuaciones con términos de distinta base:

a. $5^{x-1} = 2 \Rightarrow x - 1 = \log_5 2 \Rightarrow x = 1 + \log_5 2$

b. $2^{2x+2} = 9 \Rightarrow 2x + 2 = \log_2 9 \Rightarrow 2x = -2 + \log_2 3^2 \Rightarrow$

$$\Rightarrow x = \frac{-2 + 2\log_2 3}{2} = -1 + \log_2 3$$

Segundo tipo. Esta categoría agrupa a las que tienen más de dos términos distintos de cero.

- Es necesario que todos los términos exponenciales tengan la misma base.
- Se realiza el cambio de variable, $y = ax$, tras el cual resultará una ecuación no exponencial.
- Se resuelve la ecuación resultante.
- Al deshacer el cambio de variable, aparecen nuevas ecuaciones exponenciales, pero esta vez del tipo 1. Se resuelven según el procedimiento antes explicado.

EJEMPLO 3

Resuelve la ecuación $2^{x+1} - 2^{x-1} = 6$.

Se realiza el cambio de variable: $2^x = y$, de donde se deduce que $\begin{cases} 2^{x+1} = 2^x \cdot 2 = 2y \\ 2^{x-1} = \frac{2^x}{2} = \frac{y}{2} \end{cases}$.

La ecuación queda así:

$$2y - \frac{y}{2} = 6 \Rightarrow 4y - y = 12 \Rightarrow 3y = 12 \Rightarrow y = 4$$

Se deshace el cambio de variable:

$$y = 4 \Rightarrow 2^x = 4 \Rightarrow 2^x = 2^2 \Rightarrow x = 2$$

EJEMPLO 4

Resuelve la ecuación $9^x - 10 \cdot 3^x + 9 = 0$.

Se realiza el cambio de variable:

$$3^x = y \Rightarrow 9^x = (3^2)^x = 3^{2x} = (3^x)^2 = y^2$$

La ecuación queda del siguiente modo:

$$y^2 - 10y + 9 = 0 \Rightarrow y = 1, y = 9$$

Se deshace el cambio de variable:

$$\begin{cases} y = 9 \Rightarrow 3^x = 9 \Rightarrow 3^x = 3^2 \Rightarrow x = 2 \\ y = 1 \Rightarrow 3^x = 1 \Rightarrow 3^x = 3^0 \Rightarrow x = 0 \end{cases}$$

08 Ecuaciones logarítmicas

» Las **ecuaciones logarítmicas** son aquellas en las que la incógnita figura en un logaritmo.

Pueden agruparse en dos tipos:

Primer tipo. Se incluyen aquí las que solo tienen dos términos distintos de cero. Hay que realizar los siguientes pasos:

- Se pueden presentar dos casos diferentes de ecuación, según se encuentre la incógnita en la característica o en la base del logaritmo:

$$\log_b f(x) = n \;\text{ y }\; \log_{f(x)} a = n$$

- Se aplica la definición de logaritmo, si $\log_b a = n \Rightarrow b^n = a$, y se resuelve la ecuación que resulta.
- Se comprueba si las soluciones son válidas. Puede ocurrir que den lugar a logaritmos inexistentes.

Segundo tipo. Agrupa a las que tienen dos o más términos distintos de cero. Se siguen estos pasos:

- Es necesario que todos los términos sean logaritmos y que no tengan ningún factor que los multiplique. Para ello, se utilizarán estas dos propiedades:

$$n = \log_b b^n \;\text{ y }\; n \cdot \log_b a = \log_b a^n$$

- Los logaritmos se deberán agrupar hasta que solo queden dos, uno en cada miembro de la ecuación. Para ello, se utilizarán estas dos propiedades:

$$\log_b a + \log_b c = \log_b (a \cdot c) \qquad \log_b a - \log_b c = \log_b \frac{a}{c}$$

- Se aplica la siguiente propiedad: si $\log_b f(x) = \log_b g(x)$, entonces $f(x) = g(x)$.
- Una vez anulados los logaritmos, se resuelve la ecuación resultante.
- Se comprueba si las soluciones son válidas para la ecuación inicial. Puede ocurrir que aparezcan soluciones que den lugar a logaritmos inexistentes.

+

Las ecuaciones exigen, obviamente un reconocimiento, por simple inspección de su tipología y, por tanto, de la metodología necesaria. Es también fundamental la comprobación de las soluciones que se han obtenido. Algunos procedimientos modifican el grado de la ecuación y, en consecuencia, no todas las soluciones tendrán sentido. Las ecuaciones logarítmicas exigen, como se sabe, que la característica sea positiva, y de ahí que solo valgan aquellas soluciones que así lo verifiquen.

EJEMPLO 1

Resuelve las siguientes ecuaciones:

a. $\log_2 (x + 2) = 3 \Rightarrow x + 2 = 2^3 \Rightarrow$
$\Rightarrow x = 8 - 2 \Rightarrow x = 6$

b. $\log_{x-2} 9 = 2 \Rightarrow 9 = (x - 2)^2 \Rightarrow$
$\Rightarrow x^2 - 4x - 5 = 0 \Rightarrow x = 5$

($x = -1$, no es válida la base)

EJEMPLO 2

Resuelve las siguientes ecuaciones logarítmicas:

a. $\log (2x + 3) + \log 2 - \log x = 1$

Como todos los términos deben ser logaritmos, se aplica que $1 = \log 10$. En consecuencia:

$\log (2x + 3) + \log 2 - \log x = \log 10 \Rightarrow \log [(2x + 3) \cdot 2] = \log 10 + \log x \Rightarrow \log [(2x + 3) \cdot 2] = \log (10x)$

Se igualan las características y se resuelve la ecuación resultante: $4x + 6 = 10x \Rightarrow 6x = 6 \Rightarrow x = 1$

Se comprueba la validez de la solución: $\log 5 + \log 2 - \log 1 = (\log 10) - 0 = 1$; es válida.

b. $2 \log x + \log 25 = 2$

$2 \log x + \log 25 = 2 \Rightarrow \log x^2 + \log 25 = \log 10^2 \Rightarrow \log 25x^2 = \log 100 \Rightarrow 25x^2 = 100 \Rightarrow x^2 = 4 \Rightarrow x = \sqrt{4} = \pm 2$

Para $x = 2 \Rightarrow 2 \log 2 + \log 25 = \log 4 + \log 25 = \log 100 = 2$; es válida.
Para $x = -2 \Rightarrow 2 \log (-2) + \log 25 \neq 2$; no es válida, porque $\log (-2)$, no existe.

09 Ecuaciones con valores absolutos

» Son ecuaciones en las que la incógnita se encuentra dentro de un valor absoluto.

Para su resolución, se procede del siguiente modo:

- La expresión valor absoluto se aísla en uno de los miembros de la ecuación.
- Se aplica la siguiente propiedad: si $|f(x)| = n$, entonces $\begin{cases} f(x) = n \\ f(x) = -n \end{cases}$. En consecuencia, habrá dos posibles soluciones.
- Se comprueban las soluciones de las ecuaciones planteadas, pues solo serán correctas en determinadas condiciones, es decir:

Si $|f(x)| = n$, entonces $\begin{cases} f(x) = n \text{ si } x \text{ cumple que } f(x) \geq 0 \\ f(x) = -n \text{ si } x \text{ cumple que } f(x) \leq 0 \end{cases}$

EJEMPLO 1

Resuelve la ecuación $|2x - 4| - 6 = 0$.

$|2x - 4| = 6 \Rightarrow \begin{cases} 2x - 4 = 6 \Rightarrow 2x = 10 \Rightarrow x = 5 \\ 2x - 4 = -6 \Rightarrow 2x = -2 \Rightarrow x = -1 \end{cases}$

Si $x = 5 \Rightarrow |2 \cdot 5 - 4| - 6 = 0$ es válida.

Si $x = -1 \Rightarrow |2 \cdot (-1) - 4| - 6 = 0$ es válida.

EJEMPLO 2

Resuelve la ecuación $2 + |2x - 7| - x = 0$.

$|2x - 7| = x - 2 \Rightarrow \begin{cases} 2x - 7 = x - 2 \Rightarrow x = 5 \\ 2x - 7 = -x + 2 \Rightarrow 3x = 9 \Rightarrow x = 3 \end{cases}$

Si $x = 5 \Rightarrow 2 + |2 \cdot 5 - 7| - 5 = 0 \Rightarrow 2 + 3 - 5 = 0$ es válida.

Si $x = 3 \Rightarrow 2 + |2 \cdot 3 - 7| - 3 = 0 \Rightarrow 2 + |-1| - 3 = 0$ es válida.

EJEMPLO 3

Resuelve la ecuación $|3x - 2| + 5x - 6 = 0$.

$|3x - 2| + 5x - 6 = 0 \Rightarrow |3x - 2| = 6 - 5x \Rightarrow$

$\Rightarrow \begin{cases} 3x - 2 = 6 - 5x \Rightarrow 8x = 8 \Rightarrow x = 1 \\ 3x - 2 = -6 + 5x \Rightarrow 2x = 4 \Rightarrow x = 2 \end{cases}$

Si $x = 1 \Rightarrow |3 \cdot 1 - 2| + 5 - 6 = 0 \Rightarrow 1 + 5 - 6 = 0$ es válida.

Si $x = 2 \Rightarrow |3 \cdot 2 - 2| + 5 \cdot 2 - 6 = 0 \Rightarrow 4 + 10 - 6 \neq 0$; luego, $x = 2$ no es válida.

EJEMPLO 4

Resuelve la ecuación $7 - 2x + |3x - 3| = 0$.

$7 - 2x + |3x - 3| = 0 \Rightarrow |3x - 3| = 2x - 7 \Rightarrow$

$\Rightarrow \begin{cases} 3x - 3 = 2x - 7 \Rightarrow x = -4 \\ 3x - 3 = -2x + 7 \Rightarrow 5x = 10 \Rightarrow x = 2 \end{cases}$

Si $x = -4 \Rightarrow 7 - 2 \cdot (-4) + |3 \cdot (-4) - 3| = 0 \Rightarrow 7 + 8 + |-15| \neq 0 \Rightarrow$

$\Rightarrow 7 + 8 + 15 \neq 0$; luego, $x = -4$ no es válida.

Si $x = 2 \Rightarrow 7 - 2 \cdot 2 + |3 \cdot 2 - 3| = 0 \Rightarrow 7 - 4 + |3| \neq 0 \Rightarrow 3 + 3 \neq 0$; por tanto, $x = 2$ no es válida.

Cabe concluir, pues, que esta ecuación no tiene solución.

+

Es en Mesopotamia donde se inicia no solo el uso de la expresión escrita, (escritura cuneiforme), sino el de los sistemas de numeración, la aritmética, el álgebra y la geometría. Se han encontrado tablillas que recogen la resolución de ejercicios de transacciones comerciales, préstamos, almacenaje y cálculos de áreas y volúmenes. En una de las tablillas halladas se muestra la resolución, escrita en lengua sumerio (época de Hammurabi, del 1792 al 1750 a.C.), de ecuaciones de primer grado. No utiliza los métodos de hoy en día, pero constituye el primer vestigio en la historia del uso del lenguaje abstracto y poderoso del álgebra.

10 Sistemas lineales. Discusión

Un **sistema** de m ecuaciones lineales (ecuaciones de primer grado) con n incógnitas es un conjunto formado por m igualdades de la forma:

$$\begin{cases} a_{11}x_1 + a_{12}x_2 + a_{13}x_3 + \ldots + a_{1n}x_n = b_1 \\ a_{21}x_1 + a_{22}x_2 + a_{23}x_3 + \ldots + a_{2n}x_n = b_2 \\ \ldots \\ a_{m1}x_1 + a_{m2}x_2 + a_{m3}x_3 + \ldots + a_{mn}x_n = b_m \end{cases}$$

donde a_{ij} son los coeficientes; b_i, los términos independientes, y x_i, las incógnitas.

Resolver un sistema es encontrar todas sus soluciones. La solución de un sistema es una n-tupla $(s_1, s_2, \ldots, s_n)$ que verifica todas las ecuaciones del sistema. Dependiendo de sus soluciones, los sistemas de ecuaciones lineales se clasifican en:

Sistemas de ecuaciones lineales
- **Compatibles** (tienen solución)
  - **Determinados** (tienen una única solución)
  - **Indeterminados** (tienen infinitas soluciones)
- **Incompatibles** (no tienen solución)

Discutir un sistema consiste en averiguar el número de soluciones que va a tener, es decir, en clasificarlo dentro de una de las categorías anteriores.

Dos sistemas de ecuaciones son **equivalentes** si tienen las mismas soluciones.

EJEMPLO 1

Transforma los siguientes sistemas en otros equivalentes, modificando sus ecuaciones hasta encontrar las soluciones y su correspondiente discusión:

a. $\begin{cases} x + y = 2 \\ x - y = 0 \end{cases} \Rightarrow \begin{cases} x + y = 2 \\ 2x = 2 \ \ (E_1 + E_2) \end{cases} \Rightarrow \begin{cases} x = 1 \\ y = 1 \end{cases}$

Tiene una única solución. El sistema es compatible determinado.

b. $\begin{cases} x + y = 2 \\ 2x + 2y = 4 \end{cases} \Rightarrow \begin{cases} x + y = 2 \\ 0 = 0 \ \ (2E_1 - E_2) \end{cases} \Rightarrow (*) \begin{cases} x = \lambda \\ y = 2 - \lambda \end{cases} \Rightarrow \lambda \in \mathbb{R}$

Tiene infinitas soluciones. El sistema es compatible indeterminado.

c. $\begin{cases} x + y = 2 \\ 2x + 2y = 2 \end{cases} \Rightarrow \begin{cases} x + y = 2 \\ 0 = 2 \ \ (2E_1 - E_2) \end{cases}$

La segunda ecuación es incompatible; luego, el sistema es incompatible, es decir, no existen valores de x ni de y que cumplan, a la vez, las ecuaciones planteadas.

+

(*) En el próximo curso se verá con más detalle el procedimiento que hay que seguir para resolver sistemas compatibles indeterminados. Adelantemos aquí que, para resolver sistemas en los que resultan más incógnitas que ecuaciones «independientes», se han de expresar las incógnitas en función de parámetros, esto es, de letras que pueden tomar el valor de cualquier número real, de ahí que se diga que tienen infinitas soluciones.

Son **sistemas homogéneos** aquellos sistemas que tienen todos sus términos independientes nulos, es decir, $(b_i = 0)$, y tienen la propiedad de ser siempre compatibles, ya que una de sus soluciones siempre será la solución trivial:

$$x = 0, y = 0, z = 0, \ldots \ (x_i = 0, \forall_i)$$

EJEMPLO 2

Resuelve el sistema $\begin{cases} x + 3y = 0 \\ 2x - y = 0 \end{cases}$.

$\begin{cases} x + 3y = 0 \\ 2x - y = 0 \end{cases} \Rightarrow \begin{cases} x + 3y = 0 \\ 7y = 0 \ \ (2E_1 - E_2) \end{cases} \Rightarrow \begin{cases} x = 0 \\ y = 0 \end{cases}$

Tiene una única solución. El sistema es compatible determinado.

11 Método de Gauss

El método de Gauss es un método muy eficaz para resolver sistemas lineales sea cual sea el número de ecuaciones e incógnitas. Consiste en ir eliminando incógnitas de cada una de las ecuaciones propuestas, de forma que al final se obtenga una ecuación con todas las incógnitas presentes, otra con una incógnita menos, otra con dos incógnitas menos, y así sucesivamente, de tal manera que en la última ecuación aparezca una sola incógnita. El sistema resultante es denominado **sistema triangular.** Finalmente, se resuelve el sistema de forma escalonada. Otra denominación que recibe este procedimiento es la de método de **triangulación** o de **cascada.**

> En realidad, el método de Gauss constituye una variante del método de reducción, ya que, para ir transformando el sistema, no se hace otra cosa que reducir incógnitas, combinando las ecuaciones igual que si del método de reducción se tratara.

$$\begin{cases} a_{11}x + a_{12}y + a_{13}z = b_1 \\ a_{21}x + a_{22}y + a_{23}z = b_2 \\ a_{31}x + a_{32}y + a_{33}z = b_3 \end{cases} \xrightarrow{\text{Método de Gauss}} \begin{cases} a_{11}x + a_{12}y + a_{13}z = b_1 \\ a'_{22}y + a'_{23}z = b'_2 \\ a'_{33}z = b'_3 \end{cases} \text{(Sistema triangular)}$$

Se llega a este sistema triangular de la manera siguiente:

- Se elige como primera ecuación y primera incógnita la más conveniente, es decir, aquella cuyos coeficientes sean más cómodos de combinar para reducir incógnitas.
- Se elimina por reducción la primera incógnita del resto de ecuaciones.
- Se elimina por reducción, usando la segunda ecuación, la segunda incógnita del resto de ecuaciones (3.ª y sucesivas).
- Se resuelve en orden inverso: primero la última ecuación, después la penúltima, etc.

EJEMPLO 1

Resuelve el siguiente sistema por el método de Gauss:

$$\begin{cases} 2x + 3y - z = 1 \\ 3x + y + z = 6 \\ 4x + y - z = 11 \end{cases} \Rightarrow \begin{cases} z + 3x + y = 6 \\ -z + 2x + 3y = 1 \\ -z + 4x + y = 11 \end{cases} \Rightarrow \begin{cases} z + 3x + y = 6 \\ 5x + 4y = 7 \quad (E_1 + E_2) \\ 7x + 2y = 17 \quad (E_1 + E_3) \end{cases} \Rightarrow \overset{\text{sistema triangular}}{\begin{cases} z + y + 3x = 6 \\ 4y + 5x = 7 \\ 9x = 27 \quad (-E_2 + 2E_3) \end{cases}} \Rightarrow$$

$$\Rightarrow \begin{cases} x = 3 \\ 4y + 15 = 7 \\ z + y + 9 = 6 \end{cases} \Rightarrow \begin{cases} x = 3 \\ 4y = -8 \\ z + y = -3 \end{cases} \Rightarrow \begin{cases} x = 3 \\ y = -2 \\ z + (-2) = -3 \end{cases} \Rightarrow \begin{cases} x = 3 \\ y = -2 \\ z = -1 \end{cases} \text{Se comprueba la solución: } \begin{cases} 2 \cdot (3) + 3 \cdot (-2) - (-1) = 1 \\ 3 \cdot (3) + (-2) + (-1) = 6 \\ 4 \cdot (3) + (-2) - (-1) = 11 \end{cases}$$

Se puede **discutir** un sistema aplicando el método de Gauss (u otro):

- Si una ecuación es incompatible ($0 = 25$), el sistema será incompatible, pues una de las ecuaciones ya no puede cumplirse.
- Si se obtiene una ecuación identidad ($x + 7 = x + 7 \Rightarrow 0 = 0$), esa ecuación se puede suprimir, ya que no aporta ninguna información.
- Si el número de ecuaciones independientes (ecuaciones útiles) coincide con el número de incógnitas, entonces el sistema será compatible determinado.
- Si, finalmente, el número de ecuaciones independientes (ecuaciones útiles) es menor que el número de incógnitas, el sistema será compatible indeterminado.

El sistema del ejemplo es un sistema compatible determinado.

> Para que un sistema de *n* ecuaciones con *n* incógnitas tenga una solución única, todas las ecuaciones que aparecen deben ser independientes, es decir, ha de haber tantas ecuaciones independientes como número de incógnitas.

12 Sistemas no lineales

Los **sistemas de ecuaciones no lineales** son todos aquellos que contienen al menos una ecuación no lineal, es decir, una ecuación que no es polinómica de primer grado. La forma más eficaz de resolver estos sistemas es, en la mayoría de las ocasiones, mediante el método de sustitución.

EJEMPLO 1

Resuelve el sistema $\begin{cases} x^2 + y^2 = 5 \\ 2x + y = 4 \end{cases}$.

Se despeja y en la ecuación más sencilla y se sustituye en la otra: $y = 4 - 2x \Rightarrow x^2 + (4 - 2x)^2 = 5$.

Se resuelve la ecuación: $x^2 + 16 + 4x^2 - 16x = 5 \Rightarrow 5x^2 - 16x + 11 = 0 \Rightarrow x = \frac{16 \pm \sqrt{256 - 220}}{10} = \frac{16 \pm 6}{10} = \begin{cases} x = 1 \\ x = \frac{22}{10} = \frac{11}{5} \end{cases}$

Las soluciones son: $\begin{cases} x = 1,\ y = 2 \\ x = \frac{11}{5},\ y = -\frac{2}{5} \end{cases}$

EJEMPLO 2

Resuelve el sistema $\begin{cases} 2^x \cdot 2^y = 1 \\ 3^{2x} \cdot 3^y = 9 \end{cases}$.

Se aplican las propiedades de las potencias y se buscan ecuaciones más sencillas:

$\begin{cases} 2^{x+y} = 2^0 \\ 3^{2x+y} = 3^2 \end{cases} \Rightarrow \begin{cases} x + y = 0 \\ 2x + y = 2 \end{cases} \Rightarrow$ Se resuelve por reducción $(E_2 - E_1) \Rightarrow x = 2,\ y = -2$.

EJEMPLO 3

Resuelve el sistema $\begin{cases} \log x + \log y = 5 \\ \log x - \log y = 1 \end{cases}$.

Se aplican las propiedades de los logaritmos y se buscan ecuaciones más sencillas:

$$\begin{cases} \log x + \log y = 5 \\ \log x - \log y = 1 \end{cases} \Rightarrow \begin{cases} \log (xy) = \log 10^5 \\ \log \left(\frac{x}{y}\right) = \log 10 \end{cases} \Rightarrow \begin{cases} xy = 10^5 \\ \frac{x}{y} = 10 \end{cases}$$

El sistema resultante no es lineal. Se despeja la x en la segunda ecuación y se sustituye en la primera:

$$x = 10y \Rightarrow 10y^2 = 10^5 \Rightarrow y^2 = 10^4 \Rightarrow y = \sqrt{10^4} = \pm 100 \Rightarrow \begin{cases} y = 100,\ x = 1000 \\ y = -100,\ x = -1000 \end{cases}$$

Como se trata de ecuaciones logarítmicas, hay que comprobar la validez de las soluciones:

$\begin{cases} \text{Si } y = 100,\ x = 1000 \Rightarrow \log 1000 + \log 100 = 3 + 2 = 5; \text{ es válida.} \\ \text{Si } y = -100,\ x = -1000 \Rightarrow \log (-1000) + \log (-100) \neq 5; \text{ no es valida, porque } \log (-1\,000) \text{ y } \log (-100) \text{ no existen.} \end{cases}$

Este último ejemplo también podría resolverse por reducción:

$$\begin{cases} \log x + \log y = 5 \\ \log x - \log y = 1 \end{cases} \Rightarrow \begin{cases} (E_1 + E_2) \\ 2 \log x = 6 \\ \log x = 3 \\ x = 10^3 \end{cases} \Rightarrow \begin{cases} (E_1 - E_2) \\ 2 \log y = 4 \\ \log y = 2 \\ y = 10^2 \end{cases}$$

Se obtiene la solución $x = 1\,000$ e $y = 100$ de un modo más rápido.

13 Aplicaciones

Algunas recomendaciones útiles a la hora de enfrentarse a los problemas:

- Lee el problema completo e identifica datos e incógnitas, distinguiendo entre unos y otras.
- Expresa algebraicamente (esto es, mediante ecuaciones) la relación existente entre los datos.
- Simplifica las ecuaciones para que estas queden expresadas de la forma más cómoda posible antes de operar. Es decir, elimina decimales, fracciones, paréntesis, etc.
- Resuelve y comprueba si los resultados son válidos en el contexto del problema. No se trata de comprobar si las soluciones verifican el sistema (podría estar bien calculado, pero mal planteado), sino de ver si cumplen las condiciones del enunciado.

Relaciones algebraicas que no debes confundir	Ecuación
La cantidad x es el doble que la cantidad y.	$x = 2y$
La cantidad x es 2 unidades más que la cantidad y.	$x = y + 2$
La cantidad x es 3 veces mayor que la cantidad y.	$x = 3y$
La cantidad x es la mitad que la cantidad y.	$x = \frac{y}{2}$
La cantidad x es 3 unidades menos que la cantidad y.	$x = y - 3$
Hace 2 años, la edad x era el triple que la edad y.	$x - 2 = 3 \cdot (y - 2)$
Dentro de 5 años, las edades x e y sumarán 20 años.	$(x + 5) + (y + 5) = 20$
Entre mis monedas de 20 cts. (x) y de 50 cts. (y), tengo 5 €.	$20x + 50y = 500$
Tres números consecutivos suman 15.	$x + (x + 1) + (x + 2) = 15$
El producto de tres números pares consecutivos es 48.	$(x - 2) \cdot x \cdot (x + 2) = 48$
Si pasamos dos bolas de la caja x a la caja y, ambas cajas tienen el mismo número de bolas.	$x - 2 = y + 2$
El cuadrado de la suma de dos números coincide con la diferencia de sus cuadrados.	$(x + y)^2 = x^2 - y^2$
Si intercambiamos las cifras de un número de dos cifras, xy, su valor aumenta en 9 unidades.	$10x + y = 10y + x - 9$

EJEMPLO 1

Ignacio va a la compra y paga el total de la misma con un billete cuyo valor sextuplicado coincide con su cuadrado aumentado en 5; ¿cuánto ha pagado si no le han devuelto nada?

Llamando x al coste de la compra: $6x = x^2 + 5 \Rightarrow x^2 - 6x + 5 = 0 \Rightarrow \begin{cases} x = 5 \\ x = 1 \end{cases}$

Al comprobar ambas soluciones teniendo en cuenta los datos del enunciado, se observa que solo $x = 5$ es válida, ya que no existen billetes de 1 €.

Y, efectivamente, $x = 5$ € cumple que, sextuplicado (30 €), coincide con su cuadrado aumentado en cinco ($25 + 5 = 30$).

En la resolución de problemas las soluciones han de tener coherencia. Es ilógico responder a un problema de edades con valores negativos o fraccionarios. Compruébese, no sólo que las soluciones verifican las ecuaciones propuestas, sino que los resultados son coherentes.

EJEMPLO 2

La base de un rectángulo de $18\ \text{cm}^2$ de área mide el doble que la altura. Halla las medidas del rectángulo.

$$\begin{cases} x\text{: base} \\ y\text{: altura} \end{cases} \Rightarrow \begin{cases} 18\ \text{cm}^2 \text{ de área: } x \cdot y = 18 \\ \text{doble base que altura: } x = 2y \end{cases} \Rightarrow \begin{cases} x \cdot y = 18 \\ x - 2y = 0 \end{cases} \Rightarrow \begin{cases} x = 2y \\ 2y \cdot y = 18 \end{cases} \Rightarrow$$

$$\Rightarrow \begin{cases} 2y^2 = 18 \\ y^2 = 9 \\ y = \sqrt{9} = \pm 3 \end{cases} \Rightarrow \begin{cases} \text{Si } y = 3,\ x = 6 \\ \text{Si } y = -3,\ x = -6 \end{cases}$$

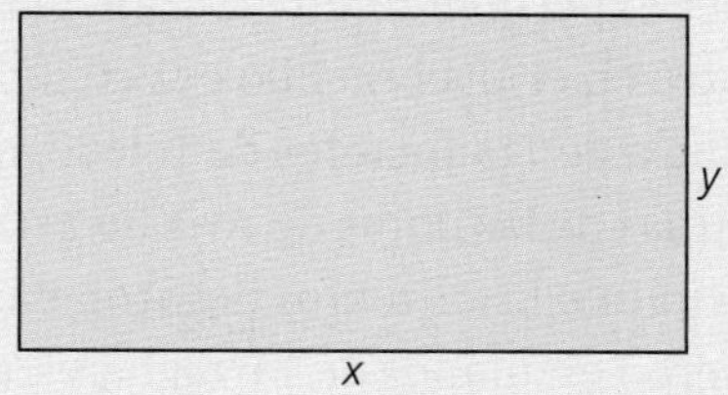

Se comprueba la solución:

$$\begin{cases} \text{Si } y = 3,\ x = 6 \ \Rightarrow \ \text{La solución es correcta, pues las medidas son válidas para un rectángulo de } 18\ \text{cm}^2 \text{ de área.} \\ \text{Si } y = -3,\ x = -6 \ \Rightarrow \ \text{La solución no es correcta, pues las medidas no son válidas para este rectángulo.} \end{cases}$$

EJEMPLO 3

Jaime tiene 7 € en el bolsillo repartidos en 18 monedas de 50 cts., 20 cts. y 10 cts. Si el número de monedas de 50 cts. es el doble que el de las de 20 cts. y 10 cts. juntas, calcula las monedas que tiene Jaime de cada tipo.

$$\begin{cases} x = \text{monedas de 50 cts.} \\ y = \text{monedas de 20 cts.} \\ z = \text{monedas de 10 cts.} \end{cases} \Rightarrow \begin{cases} \text{Tiene 7 €: } 50x + 20y + 10z = 700 \\ \text{Tiene 18 monedas: } x + y + z = 18 \\ \text{Las de 50 cts. son el doble que las demás juntas: } x = 2 \cdot (y + z) \end{cases} \Rightarrow$$

$$\Rightarrow \begin{cases} 5x + 2y + z = 70 \\ x + y + z = 18 \\ x - 2y - 2z = 0 \end{cases} \Rightarrow \begin{cases} 2E_2 + E_3 \\ 3x = 36 \\ x = 12 \end{cases} \Rightarrow \begin{cases} x = 12 \\ 2y + z = 10 \\ y + z = 6 \end{cases} \Rightarrow \begin{cases} x = 12 \\ y = 4 \\ z = 2 \end{cases}$$

Se comprueban las respuestas:

$$\begin{cases} \text{Tiene 7 €} \ \Rightarrow \ 0{,}50 \cdot (12) + 0{,}20 \cdot (4) + 0{,}10 \cdot (2) = 7. \text{ Es válida.} \\ \text{Tiene 18 monedas} \ \Rightarrow \ 12 + 4 + 6 = 18. \text{ Es válida.} \\ \text{Las de 50 cts. son el doble que las demás juntas} \ \Rightarrow \ 12 = 2 \cdot (4 + 2). \text{ Es válida.} \end{cases}$$

EJEMPLO 4

La familia García tiene tres hijos. Dentro de dos años, la suma de las edades de los dos hermanos mayores será el triple que la del menor. Hace 4 años, la suma de las edades de los dos hermanos pequeños coincidía con la del mayor. Actualmente, la edad del mediano es la mitad que la suma de las edades de sus hermanos. Calcula las edades actuales de los tres hermanos.

$$\begin{cases} x = \text{edad del mayor} \\ y = \text{edad del mediano} \\ z = \text{edad del menor} \end{cases} \Rightarrow \begin{cases} \text{Dentro de 2 años, } x \text{ e } y \text{ sumarán el triple que } z \ \Rightarrow \ x + 2 + y + 2 = 3 \cdot (z + 2) \\ \text{Hace 4 años, } y \text{ y } z \text{ sumaban lo mismo que } x \ \Rightarrow \ y - 4 + z - 4 = x - 4 \\ y \text{ es la mitad de la suma de } x \text{ y } z \ \Rightarrow \ y = \dfrac{x + z}{2} \end{cases}$$

$$\begin{cases} x + y - 3z = 2 \\ x - y - z = -4 \\ x - 2y + z = 0 \end{cases} \Rightarrow \begin{cases} E_1 + E_2;\ 2E_1 + E_3 \\ 2x - 4z = -2 \\ 3x - 5z = 4 \end{cases} \Rightarrow \begin{cases} 6x - 12z = -6 \\ -6x + 10z = -8 \end{cases} \Rightarrow \begin{cases} z = 7 \\ x = 13 \\ y = 10 \end{cases}$$

Se comprueban las respuestas:

$$\begin{cases} \text{Dentro de 2 años} \ \Rightarrow \ (13 + 2) + (10 + 2) = 3 \cdot (7 + 2). \text{ Es válida.} \\ \text{Hace 4 años} \ \Rightarrow \ (10 - 4) + (7 - 4) = 13 - 4. \text{ Es válida.} \\ \text{Actualmente} \ \Rightarrow \ 10 = \dfrac{13 + 7}{2}. \text{ Es válida.} \end{cases}$$

ELABORA TU PROYECTO

TARTAGLIA, CARDANO, UN JURAMENTO Y EL ÁLGEBRA MODERNA

En el ámbito matemático, el álgebra moderna arranca con la resolución de la ecuación cúbica.

En el Renacimento, época en la que la batalla por el saber experimentó un resurgir, la matemática se centró en el álgebra. Ello es debido en gran parte a la Escuela de Traductores de Toledo, que dio a conocer algunas de las obras de Al-Khwarizmi, el padre de esta disciplina. Estos textos llegaron hasta Italia, donde cayeron en manos de Tartaglia y Cardano, protagonistas de nuestra historia.

Gerolamo Cardano (1501-1576), médico, matemático, astrónomo y filósofo, nació en Pavía y estudió en su universidad, donde se licenció en Medicina. Una de sus grandes pasiones eran las matemáticas. En 1539 publicó un libro sobre aritmética, pero es en 1545 cuando ve la luz su gran obra, *Ars magna*. En este libro mostraba las **soluciones a ecuaciones polinómicas de tercer y cuarto grado**, lo que constituía un paso más allá de lo aprendido de Al-Khwarizmi, de quien era un fiel seguidor. La historia quedaría aquí si no fuera porque Cardano había jurado solemnemente a Niccolo Fontana, más conocido como Tartaglia, no desvelar la resolución de esas ecuaciones, que habían llegado a su conocimiento precisamente de mano del propio Tartaglia.

En principio, el silencio se impuso, pero cuando Cardano siguió recibiendo información al respecto, proveniente de otras fuentes, seguramente las mismas que inspiraron a Tartaglia (Scipione del Ferro) y previas al juramento, se sintió libre de este y decidió publicar sus trabajos.

Prepara una exposición oral o escrita, individual o en grupo para introducir la historia de las matemáticas.

Pautas para la elaboración del proyecto

1. Investiga sobre la Escuela de Traductores de Toledo y las obras de Al-Khwarizmi, para, a partir de ahí, exponer la razón del resurgir del álgebra en este momento histórico.
2. Desarrolla las figuras de Cardano y Tartaglia, explicando el nexo que los unía, pieza fundamental de este relato.
3. Añade información sobre otro matemático, Viète, que completaría el trabajo de los italianos y cerraría exitosamente una época de extraordinario avance matemático.

Recursos

→ http://www.portalplanetasedna.com.ar/disputas_matematicas.htm

→ http://www.historiasdelaciencia.com/?p=153

ELABORA TU ORGANIZADOR VISUAL

Realiza un mapa conceptual en el que recojas los contenidos fundamentales estudiados en esta unidad. Puedes partir de esta propuesta:

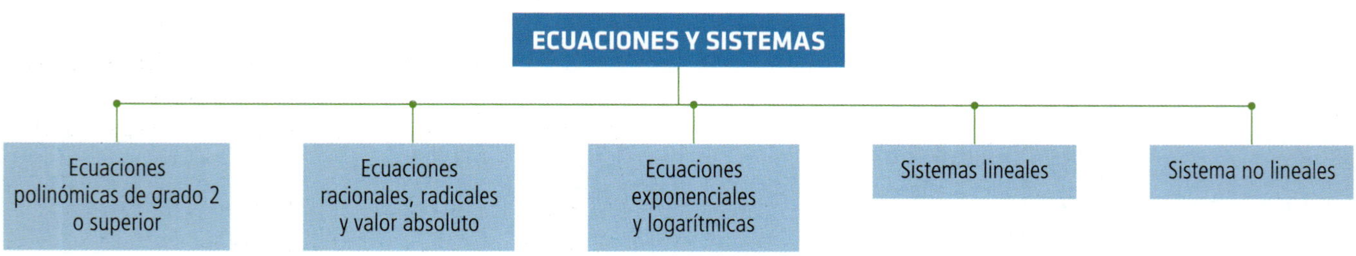

EVALUACIÓN

1 Escribe una ecuación que tenga como soluciones $\sqrt{2}$, $-\sqrt{2}$, 1 y 0.

2 Dada la ecuación $x^2 - ax + b = 0$, ¿qué relación existe entre los valores *a* y *b* si la solución de la ecuación es única y doble?

3 Demuestra que $x = \log_2 3$ es solución de la ecuación $4^{x+1} - 14 \cdot 2^x + 6 = 0$.

4 ¿Puede una ecuación de tercer grado tener una sola solución? Pon un ejemplo.

5 Indica a qué se debe que ecuaciones de coeficientes tan dispares como las siguientes tengan las mismas soluciones:

$$x^2 - 5x + 6 = 0 \text{ y } -\frac{x^2}{3} + \frac{5x}{3} - 2 = 0$$

6 Crea una ecuación cuyas soluciones sean $x = -\frac{7}{2}$ y $x = 3$ doble.

7 Observa la gráfica de la función $f(x) = (x-1) \cdot (x+1) \cdot (x-2)^2$ e indica cuántas soluciones tienen las siguientes ecuaciones:

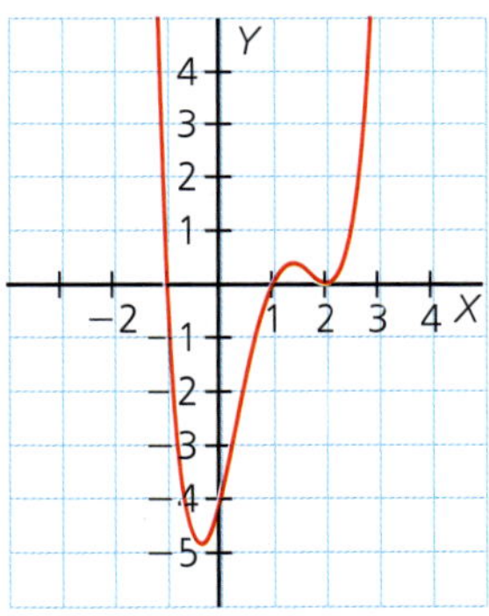

a. $(x-1) \cdot (x+1) \cdot (x-2)^2 = 0$

b. $(x-1) \cdot (x+1) \cdot (x-2)^2 = -5$

c. $(x-1) \cdot (x+1) \cdot (x-2)^2 = 5$

d. $(x-1) \cdot (x+1) \cdot (x-2)^2 = 0{,}1$

8 Si una ecuación polinómica no tiene soluciones, ¿qué se puede asegurar de la factorización del polinomio asociado a dicha expresión?

9 Resuelve las siguientes ecuaciones:

a. $|2x+1| = 2$

b. $\log(2x+1) = 2$

c. $e^{2x+1} = 2$

d. $\dfrac{2 - \frac{2x+1}{2}}{2 - \frac{2x+1}{2}} = 2$

e. $\dfrac{1 - \frac{1}{x}}{1 - \frac{1}{1 - \frac{1}{1-x}}} = 2$

f. $\log(x+1) - 2\log x = 1 - \log 5$

10 Resuelve las siguientes ecuaciones:

a. $\sqrt{1 + \sqrt{4 + \sqrt{9 + \sqrt{16x}}}} = 2$

b. $\log_3 \dfrac{9^x \cdot 27^2}{3^{6x}} = 2$

11 Razona cómo obtener un sistema de tres ecuaciones con tres incógnitas que sea compatible indeterminado.

12 Un sistema de dos ecuaciones con dos incógnitas es incompatible. ¿Qué representación gráfica describe dicha situación?

13 Dado el sistema $\begin{cases} 2x + y - 3z = 0 \\ x - y = -1 \end{cases}$, añade una tercera ecuación para que el sistema sea:

a. Compatible indeterminado.

b. Incompatible.

c. Compatible determinado.

14 Resuelve el siguiente sistema: $\begin{cases} 1 + \sqrt{x+6} = y + 4 \\ \log x - \log y = 1 \end{cases}$.

15 Resuelve el sistema: $\begin{cases} z^2 - y^2 = 5 \\ 3x + y = 5 \\ x^2 + z^2 = 10 \end{cases}$.

16 Un equipo de fútbol compra calcetas, pantalones y camisetas. Las calcetas son tantas como las camisetas y pantalones juntos y hay el doble de camisetas que de pantalones. Sabiendo que el precio de las calcetas, camisetas y pantalones es 3 €, 24 € y 12 €, respectivamente, y que el total de la compra asciende a 1 518 €, ¿cuántas prendas de cada clase se han adquirido?

17 Dos ciclistas parten al mismo tiempo y desde el mismo lugar hacia un pueblo distante 50 km del punto de partida. Uno de los ciclistas lleva una velocidad 5 kilómetros por hora superior a la del otro y tarda media hora menos. ¿A qué velocidad circulaban ambos ciclistas?

18 La ecuación de posición de un movimiento rectilíneo uniformemente acelerado responde a la expresión $e = e_0 + v_0 t + \frac{1}{2} a t^2$, donde e_0 es la posición inicial respecto al origen del sistema de referencia; v_0, la velocidad del móvil al inicio del movimiento, y *a*, la aceleración constante en todo el movimiento. El tiempo, *t*, se mide en segundos, y la posición, en metros. Se sabe que a los 2 s el móvil está a 7 m; a los 6 s, a 63 m, y al inicio, a 3 m. Calcula la ecuación de posición.

04 INECUACIONES Y SISTEMAS DE INECUACIONES

01 Inecuaciones

» Una **inecuación** es una desigualdad entre dos expresiones formadas por letras, las incógnitas, y números, relacionados mediante operaciones aritméticas. Los símbolos de desigualdad son los siguientes: $\leq$, $<$, $\geq$, $>$.

La **solución** de una inecuación es el conjunto de valores que pueden tomar las incógnitas, de manera que, al sustituirlas en la inecuación, se cumpla la desigualdad. Una inecuación tiene infinitas soluciones (solución por intervalos).

» Dos inecuaciones son **equivalentes** cuando tienen las mismas soluciones.

Es frecuente expresar las soluciones de inecuaciones en forma de intervalo o de manera gráfica.

Inecuación	Intervalo	Gráfico
$x > a$	$x \in (a, \infty)$	
$x < a$	$x \in [a, \infty)$	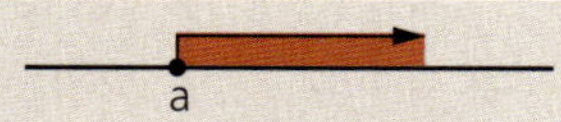
$x \leq a$	$x \in (-\infty, a)$	
$x \geq a$	$x \in (-\infty, a]$	
$a < x < b$	$x \in (a, b)$	
$a \leq x \leq b$ Equivale a dos inecuaciones: $x \geq a$ y $x \leq b$	$x \in [a, b]$	

Para resolver inecuaciones, se utilizan procedimientos muy similares a los empleados en el caso de las ecuaciones; sin embargo, cabe señalar alguna diferencia:

- Si se suma o resta un mismo número a los dos miembros de una desigualdad, la solución no varía.
- Si se multiplican o dividen los dos miembros de una desigualdad por un número positivo, la solución no varía.
- Si se multiplican o dividen los dos miembros de una desigualdad por un número negativo, la desigualdad cambia de sentido.

+

La inecuación $5x - 7 > 2x + 8$ es equivalente a $3x > 15$, porque a los dos miembros se les ha sumado 7 y restado $2x$:

$(5x - 7) + 7 - 2x > (2x + 8) + 7 - 2x \Rightarrow$

$\Rightarrow 3x > 15$

La expresión anterior es, a su vez, equivalente a $x > 5$, porque los dos miembros de la inecuación han sido divididos entre 3.

$$\frac{3x}{3} > \frac{15}{3} \Rightarrow x > 5$$

+

Como –3 es un número negativo, para que la equivalencia sea correcta, se ha tenido que cambiar el sentido de la inecuación de > a <.

La inecuación $2x - 7 > 5x + 8$ es equivalente a $-3x > 15$, porque a los dos miembros se les ha sumado 7 y restado 5x:

$(2x - 7) + 7 - 5x > (5x + 8) + 7 - 5x \Rightarrow$

$\Rightarrow -3x > 15$

La expresión anterior es, a su vez, equivalente a $x < -5$, porque los dos miembros de la inecuación han sido divididos entre –3.

$$\frac{-3x}{-3} > \frac{15}{-3} \Rightarrow x < -5$$

02 Inecuaciones de primer grado con una incógnita

» Una **inecuación lineal de primer grado con una incógnita** es aquella que puede reducirse a alguna de estas expresiones:

$$ax + b > 0,\ ax + b < 0,\ ax + b \geq 0,\ ax + b \leq 0, \text{ donde } a \text{ y } b \in \mathbb{R} \text{ y } a \neq 0$$

Se resuelven igual que las ecuaciones, salvo si se aplican propiedades en las que se necesiten productos o cocientes con números negativos, lo que implicaría el cambio de sentido de la inecuación.

Una vez despejada la incógnita, si fuera necesario, se expresa la solución en forma de intervalo.

+

Seguimos moviéndonos en el ámbito del álgebra y, por tanto, hay que interpretar las inecuaciones como expresiones algebraicas que permiten describir situaciones reales cuyo comportamiento es necesario estudiar. Las respuestas obtenidas al resolver una inecuación abren un abanico de posibilidades menos limitado que el encontrado en el campo de las ecuaciones.

EJEMPLO 1

Resuelve $2 \cdot (x - 9) + 4 > 3 \cdot (x - 2) - 5x$.

$2x - 18 + 4 > 3x - 6 - 5x \Rightarrow 2x - 14 > -2x - 6 \Rightarrow 4x > 8 \Rightarrow x > \frac{8}{4} \Rightarrow x > 2$

Si se quiere expresar en forma de intervalo, $x > 2$ equivale a $(2, \infty)$.

EJEMPLO 2

Resuelve $\frac{x}{2} - (x - 3) \leq \frac{x-1}{4} - \frac{x-2}{6}$.

Si se multiplican todos los términos de la inecuación por 12 [m.c.m. (2 , 4 , 6) = 12], y se simplifican las fracciones:

$$12 \cdot \frac{x}{2} - 12 \cdot (x - 3) \leq 12 \cdot \frac{x-1}{4} - 12 \cdot \frac{x-2}{6} \Rightarrow 6x - 12x + 36 \leq 3x - 3 - 2x + 4 \Rightarrow$$

$$\Rightarrow -7x \leq -35 \Rightarrow 7x \geq 35 \Rightarrow x \geq \frac{35}{7} \Rightarrow x \geq 5$$

En forma de intervalo, $x \geq 5$ equivale a $[5, \infty)$.

Al cambiar los signos en $-7x \leq -35$ y pasar a $7x \geq 35$, la inecuación cambia de sentido, dado que se multiplican los dos miembros por un número negativo, -1.

Inecuaciones incompatibles e indeterminadas

Si en la resolución de una inecuación se elimina la incógnita, entonces la expresión resultante es, o bien una desigualdad correcta, o bien una desigualdad falsa. En caso de que la desigualdad sea correcta, la inecuación tiene por solución $\mathbb{R}$, es decir, todos los número reales; por el contrario, en caso de que la desigualdad sea falsa, la inecuación carece de solución.

EJEMPLO 3

Resuelve $2 \cdot (x + 1) + \frac{x}{2} < \frac{5x+8}{2}$.

Si se multiplican todos los términos por 2 y se simplifica:

$$4x + 4 + x < 5x + 8 \Rightarrow 4 < 8 \text{ o } 0 < 4$$

Como la expresión resultante es una desigualdad correcta, la solución es $\mathbb{R}$, es decir, todos los números reales.

EJEMPLO 4

Resuelve $2 \cdot (x + 1) + \frac{x}{2} \geq \frac{5x+8}{2}$.

Si se multiplican todos los términos por 2 y se simplifica:

$$4x + 4 + x \geq 5x + 8 \Rightarrow 4 \geq 8 \text{ o } 0 \geq 4$$

Como la expresión resultante es una desigualdad falsa, la inecuación no tiene solución.

03 Inecuaciones de segundo grado con una incógnita

Una inecuación de segundo grado con una incógnita es aquella que puede reducirse a la expresión $ax^2 + bx + c > 0$, donde $a \neq 0$ (supónganse los demás casos posibles: <, ≤, ≥). Resolver estas inecuaciones consiste en determinar el signo que puede tomar el polinomio $P(x) = ax^2 + bx + c$.

Si la inecuación es...	La solución es...
$ax^2 + bx + c > 0$	Los intervalos positivos de $P(x)$.
$ax^2 + bx + c < 0$	Los intervalos negativos de $P(x)$.
$ax^2 + bx + c \geq 0$	Los intervalos positivos de $P(x)$ y las raíces de $P(x)$.
$ax^2 + bx + c \leq 0$	Los intervalos negativos de $P(x)$ y las raíces de $P(x)$.

Puede determinarse el signo de $P(x)$ analítica y gráficamente.

Método analítico

Para resolver una inecuación de segundo grado, se siguen estos pasos:

- Se resuelve la ecuación de segundo grado $P(x) = 0$ y se sitúan las soluciones en la recta real.
- Se determinan los intervalos que resulten entre $-\infty$ e ∞ y las soluciones. Si la ecuación no tuviera soluciones, se tendría un único intervalo: $(-\infty, \infty)$.
- Se mira el signo de cada intervalo. Para ello, se escoge un valor de cada intervalo, se sustituye en $P(x)$ y se registra el signo del resultado.
- Se toman como solución los intervalos cuyo signo se corresponda con la inecuación.
- Hay que tener en cuenta si en la solución deben estar incluidas o no las raíces de $P(x)$. En inecuaciones del tipo > y < no se incluyen; en las del tipo ≥ y ≤, por el contrario, sí se incluyen.

EJEMPLO 1

Resuelve la inecuación $x^2 - 4x + 3 > 0$.

Se resuelve la ecuación:

$$x^2 - 4x + 3 = 0 \Rightarrow x = 1, x = 3$$

Se sitúan las soluciones en la recta real y se determina el signo de cada intervalo:

$P(0) = 3 > 0$, $P(2) = -1 < 0$, $P(4) = 3 > 0$

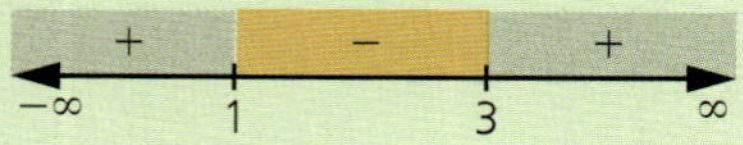

Como la inecuación pide los intervalos positivos (>0), la solución es $(-\infty, 1) \cup (3, \infty)$. Los extremos [raíces de $P(x)$] quedan excluidos.

EJEMPLO 2

Resuelve la inecuación $-x^2 - 2x - 1 \geq 0$.

Se multiplican por -1 todos los términos y se resuelve la ecuación:

$$x^2 + 2x + 1 = 0 \Rightarrow x = -1$$

Se sitúan las soluciones en la recta real y se determina el signo de cada intervalo:

$P(-2) = 1 > 0$, $P(0) = 1 > 0$

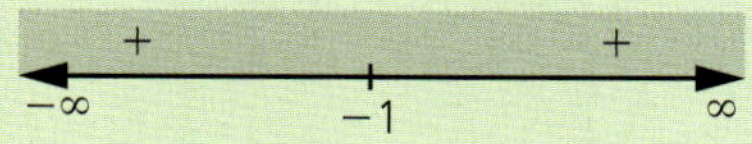

Puesto que la inecuación pide los intervalos negativos (≤0), la solución es $x = -1$, ya que esta vez la raíz sí está incluida.

EJEMPLO 3

Resuelve la inecuación $x^2 + 1 > 0$.

Se procede a resolver la ecuación propuesta:

$x^2 + 1 = 0 \Rightarrow x = \sqrt{-1} \Rightarrow$ no existen soluciones.

Al no existir soluciones, se tiene un único intervalo $(-\infty, \infty)$.

Como $P(0) = 1 > 0$.

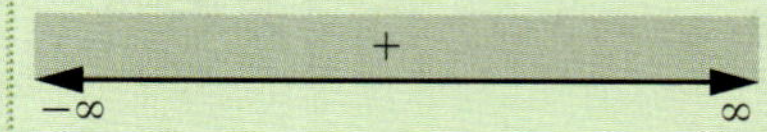

Dado que la inecuación pide los intervalos positivos (> 0), la solución es $(-\infty, \infty)$.

+ Siempre que se resuelva una inecuación de segundo grado, interesa que el coeficiente principal, *a*, sea positivo. Si no es así, se cambia el signo de toda la inecuación y, con ello, el sentido de la desigualdad.

Método gráfico

Se efectúan los siguientes pasos:

- Se representa la gráfica de la parábola P $(x) = ax^2 + bx + c$. Recuerda que los cortes con el eje X se obtienen al resolver P $(x) = 0$, y que la parábola es convexa (∪) si $a > 0$, y cóncava (∩) si $a < 0$.
- Se interpreta la gráfica de forma que los tramos que estén por encima del eje X sean los intervalos donde P (x) es positivo, mientras que los que estén por debajo del eje X sean los intervalos donde P (x) es negativo. Los cortes con el eje X son los valores donde P $(x) = 0$.
- Son solución los intervalos cuyo signo se corresponda con la inecuación.
- En la solución deben estar presentes o no los cortes con los ejes. En inecuaciones del tipo > y < no se incluyen; en las del tipo ≥ y ≤ sí se incluyen.

EJEMPLO 4

Resuelve la inecuación $x^2 - 4x + 3 > 0$.

Para representar la parábola $y = x^2 - 4x + 3$, se hallan los cortes con los ejes:

$x^2 - 4x + 3 = 0 \Rightarrow \begin{cases} x = 1 \\ x = 3 \end{cases}$. Como $a > 0$, la parábola es convexa (∪).

Como la inecuación pide los intervalos positivos (> 0), la solución la forman los tramos de la parábola situados encima del eje X, es decir: $(-\infty, 1) \cup (3, \infty)$.

Los cortes [raíces de P (x)] quedan excluidos, al no cumplir la inecuación. Por tanto, la solución es $x \in (-\infty, 1) \cup (3, \infty)$.

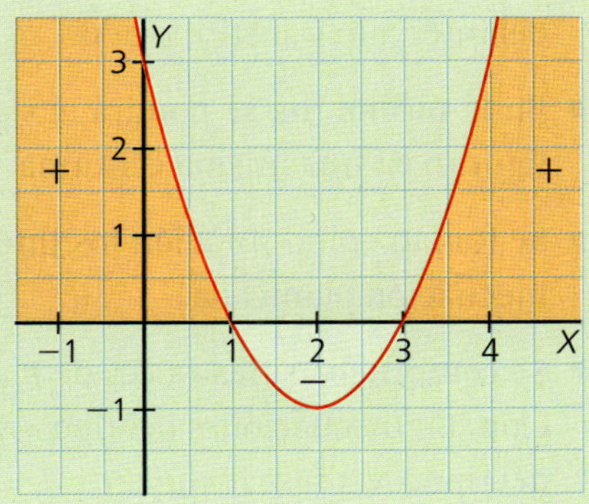

EJEMPLO 5

Resuelve la inecuación $-x^2 - 2x - 1 \geq 0$.

Se multiplican por –1 todos los términos: $x^2 + 2x + 1 \leq 0$

Para representar la parábola $y = x^2 + 2x + 1$, se hallan los cortes con los ejes, resolviendo $x^2 + 2x + 1 = 0 \Rightarrow x = -1$. Como $a > 0$, la parábola es convexa.

Dado que la inecuación pide los intervalos negativos (≤ 0), la solución la forman los tramos de la parábola situados debajo del eje X; luego, de momento, no hay ningún intervalo solución.

El corte con el eje X [raíces de P (x)] sí está incluido porque sí cumple la inecuación. Por tanto, la solución se encuentra únicamente en el corte $x = -1$.

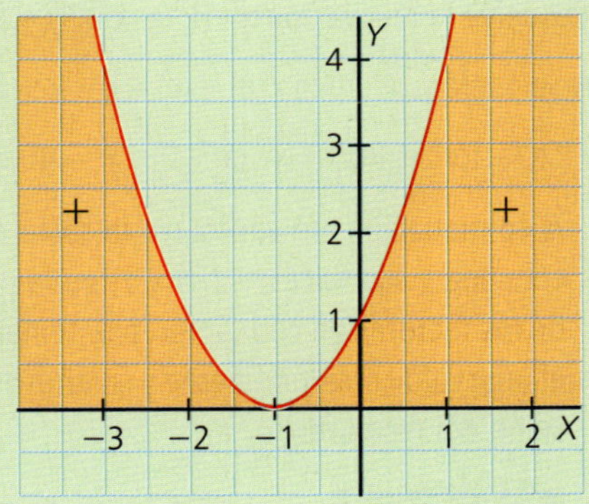

EJEMPLO 6

Resuelve la inecuación $x^2 + 1 > 0$.

Para representar la parábola $y = x^2 + 1$, se hallan los cortes con los ejes; $x^2 + 1 = 0$. Como esta ecuación no tiene soluciones, la parábola no corta al eje X. El vértice está en el punto $(0, 1)$. Como $a > 0$, la parábola es convexa.

Puesto que la inecuación pide los intervalos positivos (> 0), la solución la forman los tramos de la parábola situados encima del eje X, es decir, $(-\infty, \infty)$, ya que toda la gráfica se encuentra sobre el eje X.

Al no haber cortes con los ejes, no hay que preocuparse por los extremos del intervalo. La solución es $x \in \mathbb{R}$.

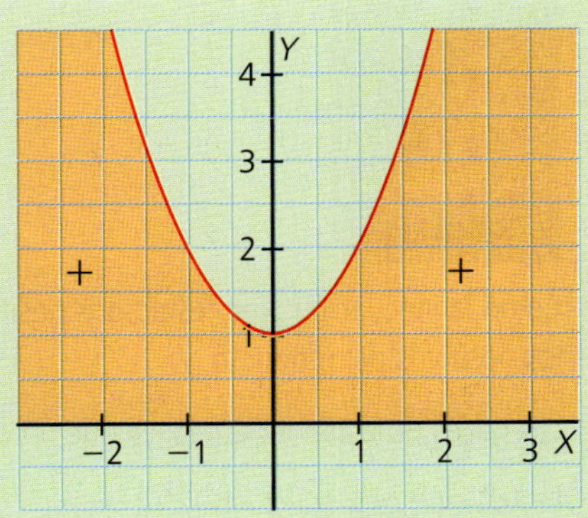

04 Inecuaciones polinómicas de grado 3 o mayor que 3

Para resolver estas inecuaciones, se puede elaborar una tabla de signos de la forma que sigue:

- Se reduce la inecuación a la expresión P $(x) > 0$ (o los demás casos posibles: $<$, $\leq$, $\geq$). A continuación, se factoriza el polinomio P (x).
- Se construye una tabla y se disponen todos los factores en la primera columna y las raíces en la primera fila, ordenadas de menor a mayor entre $-\infty$ e ∞, de tal manera que determinen los diferentes intervalos en los que quedará dividida la recta real. Si algún polinomio no puede ser factorizado, se incluirá como tal en la primera columna, sin añadir raíz alguna a la fila superior.
- Se determina el signo de cada factor en cada intervalo, tomando un valor del intervalo y sustituyendo.
- En la última fila se pondrá el signo del producto de todos los signos que figuran en una misma columna.
- Se toman como solución los intervalos cuyo signo se corresponda con la inecuación planteada.
- Se comprueba si las raíces de P (x) deben estar incluidas o no en la solución. En inecuaciones del tipo $>$ y $<$ no se incluyen; por el contrario, en las del tipo $\geq$ y $\leq$ sí se incluyen.

EJEMPLO 1

Resuelve la inecuación $x \cdot (x^2 + x + 1) - 2 > 2 \cdot (x^2 - 3) + 5x$.

Se opera y se ordena: $x^3 + x^2 + x - 2 > 2x^2 - 6 + 5x \Rightarrow x^3 - x^2 - 4x + 4 > 0$.

Se factoriza: $P(x) = x \cdot (x - 1) \cdot (x^2 - 4) \Rightarrow P(x) = (x - 1) \cdot (x + 2) \cdot (x - 2)$.

A continuación, se construye la tabla de signos con los tres factores en la primera columna y sus raíces, -2, 1 y 2, en la primera fila, y se calcula el signo de cada uno de los factores en cada intervalo, tomando un valor para x que esté comprendido en el intervalo correspondiente y sustituyendo en la x del factor; finalmente, se anota el signo del resultado.

Factores	$-\infty$ $x = -3$ -2	$x = 0$ 1	$x = \frac{3}{2}$ 2	$x = 3$ ∞
$x - 1$	−	−	+	+
$x + 2$	−	+	+	+
$x - 2$	−	−	−	+
Producto	−	+	−	+

Como la inecuación pide resultados positivos (> 0), se toman como solución los intervalos positivos del producto.

Las raíces no están incluidas, ya que no cumplen la inecuación.

La solución es $x \in (-2, 1) \cup (2, \infty)$.

EJEMPLO 2

Resuelve la inecuación $x^3 - 2x^2 - 3x \geq 0$.

Se factoriza $P(x) = x \cdot (x^2 - 2x + 3)$.

Se construye la tabla con esos dos factores y con la raíz $x = 0$ y se calculan los signos correspondientes.

Factores	$-\infty$ 0	∞
	−	+
$x^2 - 2x + 3$	+	+
Producto	−	+

Puesto que la inecuación pide resultados negativos (≤ 0), se toma como solución el intervalo negativo del producto.

Las raíces sí están incluidas, ya que cumplen la inecuación.

De este modo la solución de la ecuación es:

$$x \in (-\infty, 0]$$

05 Inecuaciones con fracciones algebraicas

Para resolver este tipo de inecuaciones, se elabora una tabla de signos de la forma que sigue:

- Se reduce la inecuación a la expresión $\frac{P(x)}{Q(x)} > 0$ (o los demás casos posibles: $<$, $\leq$, $\geq$) y se factorizan los polinomios $P(x)$ y $Q(x)$.
- Se construye una tabla y se disponen todos los factores de ambos polinomios en la primera columna y sus raíces en la primera fila, ordenadas de menor a mayor entre $-\infty$ e ∞, de tal manera que determinen los diferentes intervalos en los que quedará dividida la recta real. Si algún polinomio no puede ser factorizado, se incluye como tal en la primera columna, sin añadir raíz alguna a la fila superior.
- Se determina el signo de cada factor en cada intervalo, tomando un valor del intervalo y sustituyendo. En la última fila se coloca el signo del producto de todos los signos que figuran en una misma columna. Se toman como solución los intervalos cuyo signo se corresponda con la inecuación planteada.
- Se comprueba si las raíces del numerador, $P(x)$, deben estar incluidas o no en la solución. Las raíces de todos los denominadores que hayan aparecido en la inecuación estarán **siempre** excluidas, ya que en ningún caso cumplirán la inecuación. En inecuaciones del tipo $>$ y $<$ no se incluyen tampoco las de $P(x)$; en las del tipo $\geq$ y $\leq$, por el contrario, sí se incluyen.

EJEMPLO 1

Resuelve la inecuación $\frac{x^2-9}{x^2-x-2} \leq 0$.

Se factorizan numerador y denominador:

$$(x^2-9) = (x+3)\cdot(x-3) \text{ y } (x^2-x-2) = (x-2)\cdot(x+1)$$

Se construye la tabla de signos con los cuatro factores y sus raíces, −3, −1, 2 y 3, y se calculan los signos correspondientes:

Factores	$-\infty$ −4 −3	−2 −1	0 2	5/2 3	4 ∞
x + 3	−	+	+	+	+
x − 3	−	−	−	−	+
x − 2	−	−	−	+	+
x + 1	−	−	+	+	+
Producto	+	−	+	−	+

Como la inecuación pide resultados negativos (≤ 0), se toman como solución los intervalos negativos del producto. Las raíces del denominador no están incluidas (no existe la división entre cero), pero las del numerador sí, porque la inecuación da como válidos los casos en los que el resultado de la división es cero.

La solución es $x \in [-3, -1) \cup (2, 3]$.

EJEMPLO 2

Resuelve la siguiente inecuación:

$$\frac{x-1}{x^2-9} \geq \frac{x+1}{x^2+3x} \Rightarrow \frac{x-1}{x^2-9} - \frac{x+1}{x^2+3x} \geq 0$$

$$\frac{x-1}{(x+3)\cdot(x-3)} - \frac{x+1}{x\cdot(x+3)} \geq 0 \Rightarrow$$

$$\Rightarrow \frac{(x^2-x)-(x^2-2x-3)}{x\cdot(x+3)\cdot(x-3)} \geq 0 \Rightarrow \frac{x+3}{x\cdot(x+3)\cdot(x-3)} \geq 0 \Rightarrow$$

$$\Rightarrow \frac{1}{x\cdot(x-3)} \geq 0$$

Como la inecuación pide resultados positivos (≥ 0), se toman como solución los intervalos positivos del producto. Las raíces del denominador no están incluidas, pero las del numerador sí, pues la inecuación da como válidos los casos en los que el resultado de la división es cero.

Factores	$-\infty$ −1 0	1 3	4 ∞
x	−	+	+
x − 3	−	−	+
Producto	+	−	+

Si se retoma la inecuación inicial, se constata que una de las raíces del denominador es $x = -3$, por lo que esa raíz debe quedar excluida de la solución.

Así, la solución es $x \in (-\infty, 0) \cup (3, \infty) - \{-3\}$.

06 Inecuaciones lineales con dos incógnitas

Una **inecuación lineal con dos incógnitas** es aquella que puede reducirse a la expresión $ax + by + c > 0$, donde a y $b \neq 0$ (o los demás casos posibles: $<$, $\leq$, $\geq$).

Este tipo de inecuaciones se resuelven gráficamente, ya que la solución es una de las regiones del plano en las que queda dividido este al trazar en él la recta de ecuación $ax + by + c = 0$.

Los pasos que hay que seguir para su resolución se exponen a continuación:

- Se representa la recta de ecuación $ax + by + c = 0$.
- Se toma un punto de coordenadas sencillas que no esté contenido en la recta; si es posible, el punto (0 , 0).
- Se comprueba si ese punto cumple o no la inecuación. Es decir, se sustituyen las coordenadas x e y del punto escogido en la inecuación. Si la inecuación se convierte en una desigualdad correcta, el punto sí cumple la inecuación, y si la desigualdad resulta ser falsa, el punto no cumple la inecuación.
- En caso de que el punto escogido cumpla la inecuación, la solución de la misma es el semiplano que contiene dicho punto. En caso contrario, la solución de la inecuación es el semiplano que no contiene el punto.
- Se comprueba si la recta debe estar incluida en la solución. Si la inecuación es del tipo $>$ o $<$, la recta no está incluida y debe trazarse en forma de línea discontinua; sin embargo, si la inecuación es del tipo $\geq$ o $\leq$, la recta sí está incluida en la solución y debe trazarse de forma continua.

EJEMPLO 1

Resuelve la inecuación $3x + 2y + 5 \leq 0$.

Se representa la recta $3x + 2y + 5 = 0$ sobre unos ejes de coordenadas. Para ello, se elabora una tabla de valores:

x	0	1	−1
y	−5/2	−4	−1

Se toma un punto cualquiera, por ejemplo el punto (0 , 0).

Se comprueba si verifica la inecuación: $3 \cdot 0 + 2 \cdot 0 + 5 \leq 0$ (falso).

La solución es el semiplano que no contiene el punto (0 , 0), es decir, la zona de la figura que aparece coloreada.

La recta se representa mediante una línea continua, porque sí forma parte de la solución.

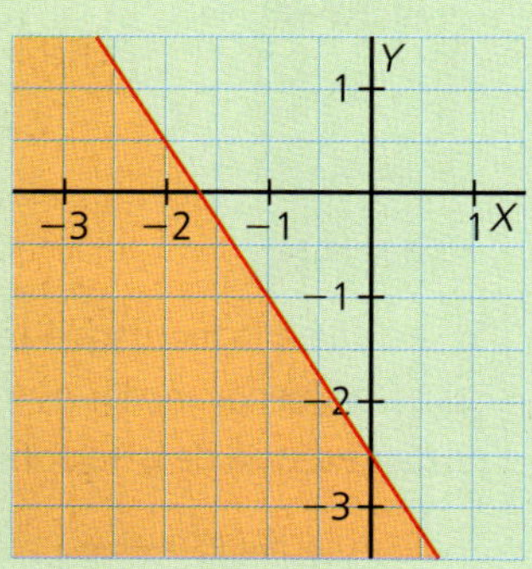

EJEMPLO 2

Resuelve $2x - y > 0$.

Se representa la recta $2x - y = 0$ sobre unos ejes de coordenadas. Para ello, se elabora una tabla de valores:

x	0	1	−1
y	0	2	−2

Se toma un punto cualquiera, por ejemplo el punto (1 , 0).

Se comprueba si verifica o no la inecuación: $2 \cdot 1 - 0 > 0$ (correcto).

La solución es el semiplano que contiene el punto (1 , 0), es decir, la zona de la figura que aparece coloreada.

La recta se representa mediante una línea discontinua, porque no forma parte de la solución.

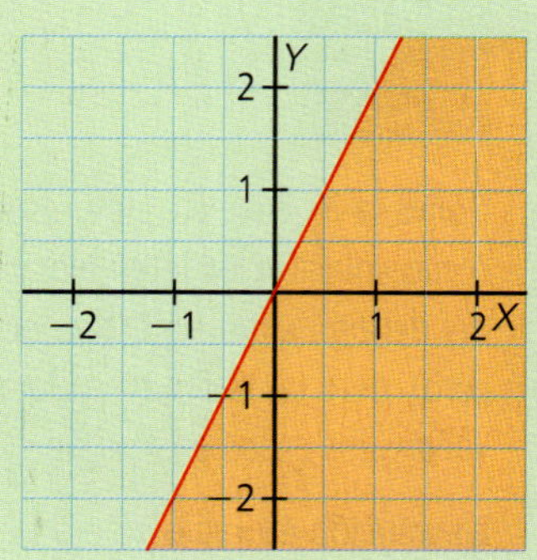

07 Sistemas de inecuaciones lineales con una incógnita

Los pasos que deben seguirse para la resolución de sistemas de inecuaciones lineales con una incógnita son los siguientes:

- Se resuelve cada inecuación del sistema por separado y se obtiene como solución de cada una de ellas un subconjunto de la recta real.
- Se representan todas las soluciones de las inecuaciones en una misma recta.
- La solución del sistema es el intervalo que tengan en común todos estos subconjuntos.

EJEMPLO 1

Resuelve el sistema $\begin{cases} 2\cdot(x+3) > x+7 \\ 3x-5 \le 2\cdot(x+1) \\ 4\cdot(x+4)+2x > 5\cdot(x+3)-1 \end{cases}$.

Se resuelve cada inecuación:

$\begin{cases} x > 1 \\ x \le 7 \\ x > -2 \end{cases}$, y se representa:

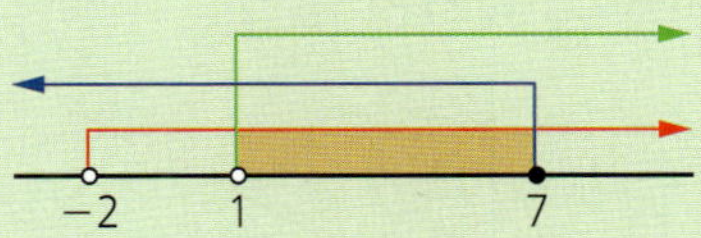

La solución del sistema es el intervalo común a las tres soluciones: $x \in (1\ ,\ 7]$.

EJEMPLO 2

Resuelve el sistema $\begin{cases} 2x-3 \le x \\ x^2+4x-5 > 0 \end{cases}$.

Se resuelve cada inecuación: $\begin{cases} x \le 3 \\ x = \dfrac{-4 \pm \sqrt{16+20}}{2} = \begin{cases} x = 1 \\ x = -5 \end{cases} \Rightarrow \begin{cases} x > 1 \\ x < -5 \end{cases} \end{cases}$

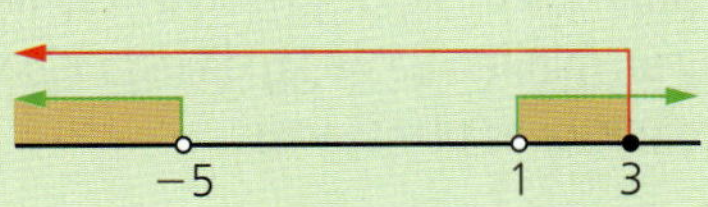

La solución del sistema es el intervalo común a las dos soluciones: $x \in (-\infty\ ,\ -5) \cup (1\ ,\ 3]$.

EJEMPLO 3

Resuelve el sistema $\begin{cases} 2\cdot(x+3) > x+7 \\ 3x-5 \le 2\cdot(x-1) \\ 4\cdot(x+3) > 5\cdot(x+3)+2 \end{cases}$.

Se resuelve cada ecuación: $\begin{cases} x > 1 \\ x \le 3 \\ -x > 5 \Rightarrow x < -5 \end{cases}$

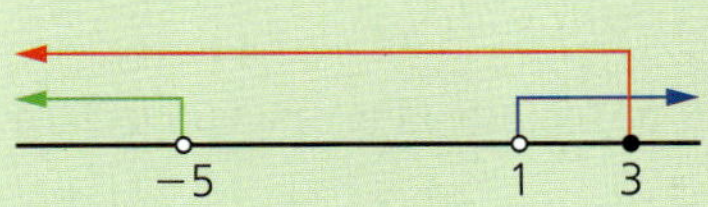

La solución del sistema es el intervalo común a las tres soluciones. Se puede ver que no hay ningún punto común a las tres, ya que las inecuaciones primera y tercera son incompatibles. Por tanto, no existe solución.

THOMAS HARRIOT (OXFORD, 1560 - LONDRES, 1621)

Thomas Harriot fue un astrónomo y matemático creador de los símbolos algebraicos, mayor que y menor que. Su contribución a la ciencia y a la matemática es difícil de precisar, pues no publicaba sus hallazgos, de manera que muchos de sus logros siguen inéditos. Se cree que fue el primero en enunciar las leyes de la refracción, que 20 años después sí publicaría el matemático holandés Willebrord Snell.

08 Sistemas de inecuaciones lineales con dos incógnitas

Los pasos incluidos en el procedimiento para la resolución de sistemas de inecuaciones lineales con dos incógnitas son los mismos que en la resolución de sistemas con una incógnita, pero cambia la dimensión de la solución.

- Se resuelven las inecuaciones del sistema por separado y se obtiene como solución de cada una de ellas un semiplano.
- Se representan todas las soluciones de las inecuaciones en los mismos ejes cartesianos.
- La solución del sistema es la región del plano que tengan en común todos estos semiplanos.

EJEMPLO 1

Resuelve el sistema $\begin{cases} 2x - y \geq 0 \\ x + y \leq 3 \\ x - 2y < 3 \end{cases}$.

Se representan las tres rectas, $2x - y = 0$, $x + y = 3$ y $x - 2y = 3$, y se eliminan los semiplanos que no son solución de cada una de ellas. El recinto que queda (triángulo ABC) constituye la solución del sistema.

El lado $\overline{AB}$ debería trazarse en línea discontinua por pertenecer a una inecuación del tipo <.

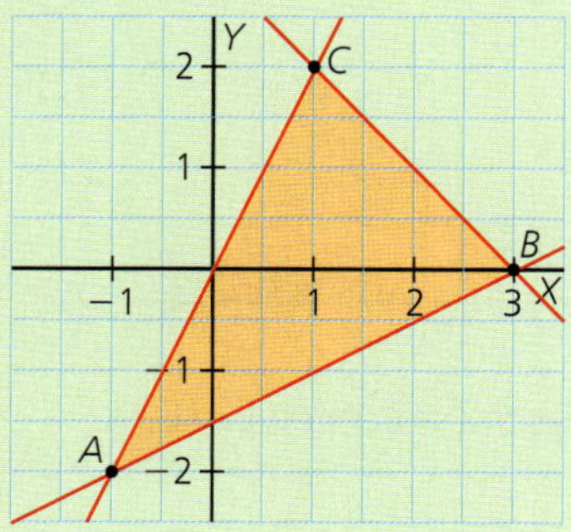

Programación lineal

Una aplicación de los sistemas de inecuaciones lineales con dos incógnitas es la programación lineal, que consiste en plantear problemas de optimización (búsqueda de máximos y mínimos) a través de un sistema de inecuaciones que representa las condiciones (llamadas restricciones) del problema. La solución del sistema da lugar a una región que recibe la denominación de **conjunto factible**, en cuyos vértices se encontrarán las soluciones óptimas del problema.

En este apartado se estudiará únicamente cómo se determinan los conjuntos factibles, dejando para más adelante el cálculo de las soluciones óptimas.

EJEMPLO 2

Un ganadero prepara pienso para sus animales mezclando dos tipos de pienso, A y B. El pienso A contiene cereales en un 30 % de su peso y leguminosas en un 20 %. Por su parte, el pienso B incluye cereales en un 20 % de su peso y en un 30 % leguminosas. El ganadero necesita un mínimo de 200 kg de pienso a la semana con un contenido máximo de 60 kg de cereales y un mínimo de 48 kg de leguminosas. Determina el conjunto factible que cumple las condiciones planteadas.

Sean $\begin{cases} x = \text{kilogramos de pienso tipo A} \\ y = \text{kilogramos de pienso tipo B} \end{cases}$

Las restricciones del problema son: $\begin{cases} x + y \geq 200 \\ \frac{30}{100}x + \frac{20}{100}y \leq 60 \\ \frac{20}{100}x + \frac{30}{100}y \geq 48 \\ x \geq 0 \\ y \geq 0 \end{cases} \Rightarrow \begin{cases} x + y \geq 200 \\ 3x + 2y \leq 600 \\ 2x + 3y \geq 480 \\ x \geq 0 \\ y \geq 0 \end{cases}$

Se representa el conjunto factible:

Cualquier punto del conjunto factible cuyas coordenadas sean números enteros será una opción válida para las restricciones del problema.

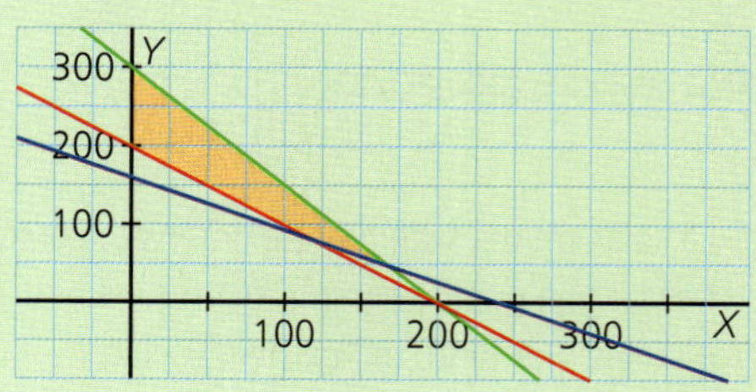

09 Aplicaciones

En la unidad anterior vimos cómo una ecuación o un sistema de ecuaciones podían expresar y resolver situaciones de la vida real; en esta unidad veremos que esto también puede aplicarse a las inecuaciones.

EJEMPLO 1

Un alumno ha obtenido en sus tres primeros exámenes las siguientes notas: 4, 3 y 6. ¿Qué nota deberá sacar en el próximo examen para que la media sea un aprobado?

Se define x como la nota del próximo examen.

Dado que para obtener un aprobado la media debe ser igual o mayor que 5, se plantea y resuelve la siguiente inecuación:

$$\frac{4+3+6+x}{4} \geq 5 \Rightarrow \frac{13+x}{4} \geq 5 \Rightarrow 13+x \geq 20 \Rightarrow x \geq 7$$

Por tanto, la nota esperada debe ser igual o mayor que 7.

EJEMPLO 2

Un empleado de una compañía de seguros tiene un sueldo fijo de 600 € mensuales más una comisión de 25 € por cada cliente que contrate para la empresa. ¿Cuántos clientes debe conseguir si aspira a ganar más de 1 000 € mensuales?

Si es x el número de clientes contratados, el sueldo será $600 + 25x$.

Por tanto, la inecuación que debe plantearse es $600 + 25x > 1\,000$.

Simplificando, $24 + x > 40 \Rightarrow x > 16$

El empleado ganará más de 1 000 €, cuando supere los 16 clientes contratados.

EJEMPLO 3

Un profesor está muy contento con su clase, por lo que decide repartir entre sus alumnos una bolsa de 100 caramelos. Si le da tres a cada uno, aún le sobran caramelos; sin embargo, si reparte cuatro por alumno, entonces no tiene suficientes caramelos. ¿Cuántos alumnos hay en clase?

Si es x el número de alumnos, se obtiene el siguiente sistema:

$$\begin{cases} 3x < 100 \\ 4x > 100 \end{cases} \Rightarrow \begin{cases} x < \dfrac{100}{3} \\ x > 25 \end{cases} \Rightarrow$$

$$\Rightarrow x \in \left(25, \frac{100}{3}\right)$$

Como en este contexto, x debe ser un número entero, la clase tendrá entre 26 y 33 alumnos.

EJEMPLO 4

Un *parking* dispone únicamente de plazas para coches y motos. Por otro lado, el recinto del aparcamiento, que solo tiene licencia para 50 vehículos, cuenta con una superficie de 120 m². Si las motos ocupan 2 m² y los coches 3 m², determina el conjunto factible que representa las distintas opciones de completar el *parking*.

Sean x el número de coches e y el número de motos; en este caso, las restricciones del problema serían:

$$\begin{cases} x + y \leq 50 \\ 3x + 2y \leq 120 \\ x \geq 0 \\ y \geq 0 \end{cases}$$

La figura muestra el conjunto factible.

Por tanto, cualquier punto del conjunto factible cuyas coordenadas sean números enteros será una opción válida que se ajusta a las restricciones del *parking*.

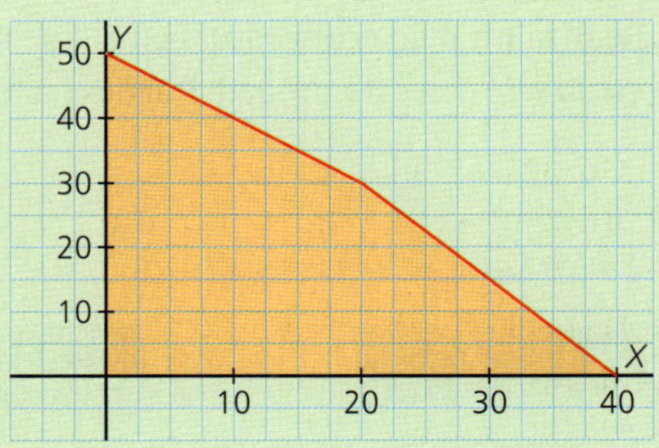

ELABORA TU PROYECTO

¿POR QUÉ NO HAY PREMIOS NOBEL DE MATEMÁTICAS?

Los premios Nobel se entregan cada año en Estocolmo el 10 de diciembre, fecha en la que murió Alfred Nobel (1833-1896).

Alfred Nobel.

Nobel, químico, ingeniero, inventor y empresario, nació en una familia de inventores e ingenieros y recibió una esmerada formación. Registró durante su vida más de 350 patentes, entre ellas la de la dinamita. Hasta tal punto su contribución ha sido objeto de respeto y homenaje por parte de la comunidad científica que llevan su nombre un asteroide, un elemento químico (el nobelio), un cráter lunar y, por supuesto, su galardón.

En 1873, a la edad de 40 años, Alfred Nobel había creado un imperio industrial mundial y era millonario. El rasgo más acusado de este personaje polifacético fue la versatilidad.

Poeta y hombre de gran cultura, hablaba fluidamente varios idiomas; la filosofía y la literatura ocupaban su tiempo de ocio, y, a pesar de mantener una frenética actividad para el sostenimiento de su entorno empresarial, era una persona de carácter melancólico e idealista, además de un pacifista convencido, lo que provocaba extrañeza a la sociedad de la época.

> *La totalidad de lo que resta de mi fortuna quedará dispuesta del modo siguiente: el capital, invertido en valores seguros por mis testamentarios, constituirá un fondo cuyos intereses serán distribuidos cada año en forma de premios entre aquellos que durante el año precedente hayan realizado el mayor beneficio a la humanidad.*
>
> Fragmento del testamento de Alfred Nobel

Hoy en día los premios que la Academia Sueca entrega incluyen áreas como la física, la química, la medicina, la literatura, la promoción de la paz y la economía, este último desde 1968.

Pautas de presentación del trabajo

1. Investiga sobre la vida de Alfred Nobel: biografía, estudios y formación, patentes, razones de su pacifismo.
2. Incluye en tu exposición las categorías de estos premios y algunos de los galardonados por su importante contribución. Indica alguna razón para la no inclusión de las matemáticas.
3. Añade información sobre algunos matemáticos que hayan recibido el Nobel a pesar de no existir esta categoría: Forbes Nash, Bertrand Russell, José Echegaray, Hendrik Lorentz, Paul Dirac, Leonid Kantoróvich y Robert Aumann.

Recursos

→ http://www.youbioit.com/es/article/biography/19775/biografia-de-alfred-nobel

→ http://gaussianos.com/%C2%BFpor-que-no-hay-premio-nobel-de-matematicas/

ELABORA TU ORGANIZADOR VISUAL

Realiza un mapa conceptual en el que recojas los contenidos fundamentales estudiados en esta unidad. Puedes partir de esta propuesta:

INECUACIONES
- Características
- Inecuaciones de primer y segundo grado
- Inecuaciones con productos o cocientes
- Sistemas

EVALUACIÓN

1 Indica si es verdadera o falsa la siguiente afirmación: «La solución de una inecuación lineal con una incógnita es siempre una semirrecta».

2 Ofrece tres soluciones al sistema de inecuaciones:

$$\begin{cases} 2x + y > 0 \\ x - y > 1 \end{cases}$$

3 Escribe una inecuación cuya solución sea $\mathbb{R}$.

4 Dada la ecuación $x^2 - ax + a = 0$, calcula los valores de *a:*

a. Para que no haya solución.

b. Para que la solución sea única y doble.

c. Para que la solución sean dos valores reales.

5 Resuelve la siguiente inecuación:

$$\frac{1}{x+1} > 1$$

6 Dados los números reales *m* y *p*, tales que m > p, resuelve la inecuación $\frac{x^2 + m^2}{x^2 - p^2} \leq 0$.

7 Resuelve este sistema de inecuaciones y representa sus soluciones:

$$\begin{cases} x \geq 2 \\ x^3 \geq x \end{cases}$$

8 Representa gráficamente el conjunto de soluciones del sistema de inecuaciones $\begin{cases} \frac{x}{2} > 1 \\ x^2 - 4 < y \end{cases}$.

9 Crea una inecuación cuya solución sea un segmento y una semirrecta.

10 Expresa mediante un sistema de inecuaciones la región sombreada de la gráfica.

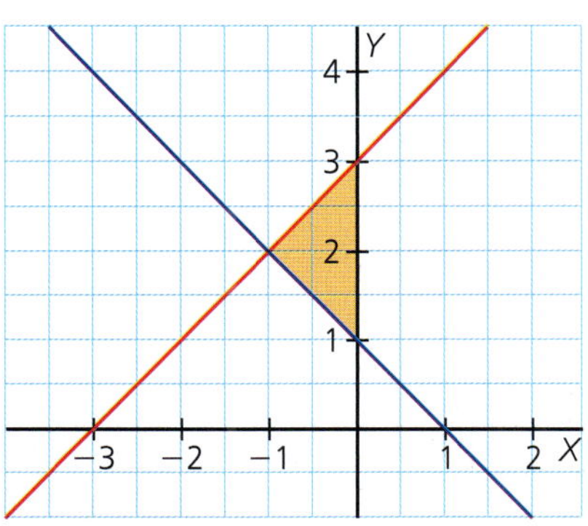

11 Indica si la equivalencia $x > -2 \Leftrightarrow x < 2$ es correcta. En caso de no serlo, corrígela.

12 Indica si las soluciones verifican o no la inecuación.

a. $x = 2$ en la inecuación $x^2 - 5x + 6 > 0$.

b. $x = 2$ en la inecuación $x + y > 2$.

c. $x = 2$ en la inecuación $\frac{x+2}{x^2-4} < 0$.

d. (0 , −2) en la inecuación $x + y < 2$.

13 Indica cuál es la solución de la inecuación $y + x > 2$.

a. La recta $y = -x + 2$.

b. La región del plano que se halla por encima de la recta.

c. Cualquier número real.

14 Sea f (*x* , *y*) la región del plano definida por las siguientes condiciones:

$$x \geq 0\ ;\ y \geq 0\ ;\ y - x \leq 2\ ;\ 2x - y \leq 2\ ;\ 3x + y \leq 5$$

Según esto:

a. Dibuja la región utilizando Wiris.

b. Determina los vértices de la región y los puntos en los que f (*x* , *y*) = $2x + 3y$ alcanza el máximo y el mínimo.

15 Resuelve las siguientes inecuaciones:

a. $x + 1 > x - 1$

b. $\sqrt{x+1} > \sqrt{x-1}$

16 El precio de fabricación de un producto, en miles de euros, responde a la expresión $x^2 - 119x + 280 < 400$, donde x representa el número de unidades. ¿Cuántas unidades pueden llegar a fabricarse si la partida inicial de gasto es de 400 000 €?

17 Expresa mediante inecuaciones las siguientes afirmaciones:

a. El perímetro de un triángulo equilátero es menor de 20.

b. El perímetro de un rectángulo es menor de 20.

c. El área de un cuadrado es mayor de 20.

d. El área de un cubo es menor de 20.

18 Resuelve el siguiente sistema de inecuaciones:

$$\begin{cases} \frac{x+1}{2} - x < 1 \\ -x^2 + 2x \leq 0 \\ x^3 - x > 0 \end{cases}$$

05 TRIGONOMETRÍA

01 Razones trigonométricas

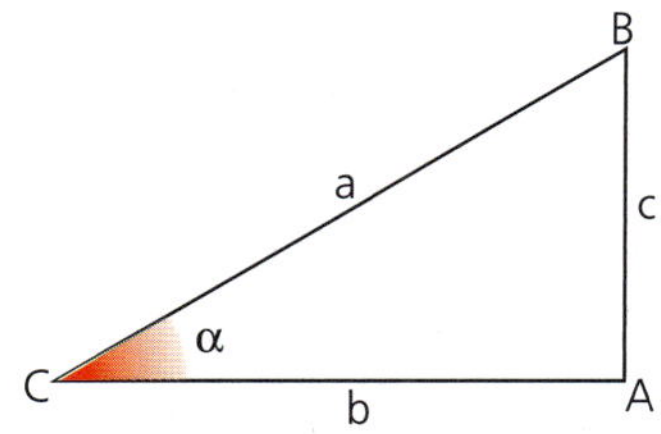

Las **razones trigonométricas** son expresiones matemáticas que determinan las relaciones entre las longitudes de los lados de un triángulo rectángulo.

- El **seno** de un ángulo, **(sen α)**, es la razón entre el cateto opuesto al ángulo y la hipotenusa. La inversa de esta razón es la **cosecante, (cosec α):**

$$\text{sen}\ \alpha = \frac{\text{cateto opuesto}}{\text{hipotenusa}} = \frac{c}{a} \qquad \text{cosec}\ \alpha = \frac{1}{\text{sen}\ \alpha} = \frac{\text{hipotenusa}}{\text{cateto opuesto}} = \frac{a}{c}$$

- El **coseno** de un ángulo, **(cos α)**, es la razón entre el cateto contiguo al ángulo y la hipotenusa. La inversa de esta razón es la **secante, (sec α):**

$$\cos \alpha = \frac{\text{cateto contiguo}}{\text{hipotenusa}} = \frac{b}{a} \qquad \sec \alpha = \frac{1}{\cos \alpha} = \frac{\text{hipotenusa}}{\text{cateto contiguo}} = \frac{a}{b}$$

- La **tangente** de un ángulo, **(tg α)**, es la razón entre el cateto opuesto al ángulo y el cateto contiguo. La inversa de esta razón es la **cotangente, (cotg α):**

$$\text{tg}\ \alpha = \frac{\text{cateto opuesto}}{\text{cateto contiguo}} = \frac{c}{b} \qquad \text{cotg}\ \alpha = \frac{1}{\text{tg}\ \alpha} = \frac{\text{cateto contiguo}}{\text{cateto opuesto}} = \frac{b}{c}$$

De lo anterior podemos deducir que $\text{tg}\ \alpha = \frac{\text{sen}\ \alpha}{\cos \alpha}$ y $\text{cotg}\ \alpha = \frac{\cos \alpha}{\text{sen}\ \alpha}$.

EJEMPLO 1

Dado el triangulo rectángulo ABC, cuyos catetos miden b = 3 cm y c = 4 cm, halla las razones trigonométricas del ángulo $\widehat{C}$.

Por el teorema de Pitágoras: $a^2 = 3^2 + 4^2 \Rightarrow a = \sqrt{25} = 5$ cm

$$\text{sen}\ \widehat{C} = \frac{4}{5};\ \cos \widehat{C} = \frac{3}{5};\ \text{tg}\ \widehat{C} = \frac{4}{3};\ \sec \widehat{C} = \frac{5}{3};\ \text{cosec}\ \widehat{C} = \frac{5}{4};\ \text{cotg}\ \widehat{C} = \frac{3}{4}$$

+

Las unidades habituales para medir los ángulos son los grados sexagesimales y los radianes. Un **radián** es la medida de un ángulo central, contenido en una circunferencia, cuyo arco tiene de longitud el radio de la circunferencia (1 rad ≈ 57,3°). La circunferencia completa tiene 360° y 2π rad $\Rightarrow$ 180° = π rad.

+

Más abajo se indica cómo se miden las razones trigonométricas en cada uno de los cuadrantes y qué signo tienen. Para ello, se utiliza una circunferencia que tenga por radio la unidad, denominada circunferencia **goniométrica.**

Teniendo en cuenta que el radio de la circunferencia goniométrica es 1, se puede deducir que el seno y el coseno tomarán como máximo el valor 1 y como mínimo el valor –1:

$$-1 \leq \text{sen}\ \alpha \leq 1 \ \text{ y } \ -1 \leq \cos \alpha \leq 1$$

1.er cuadrante	2.º cuadrante	3.er cuadrante	4.º cuadrante
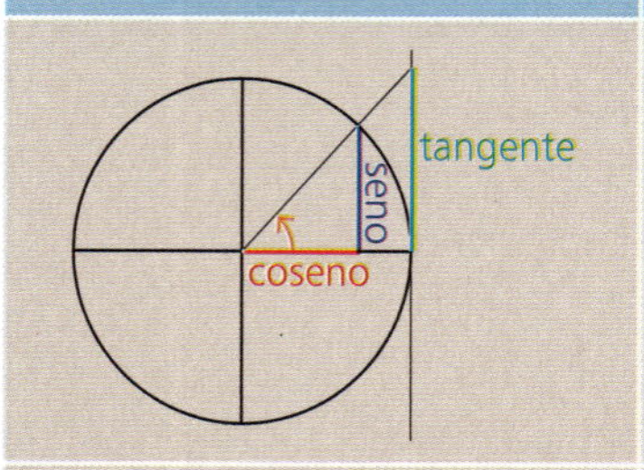	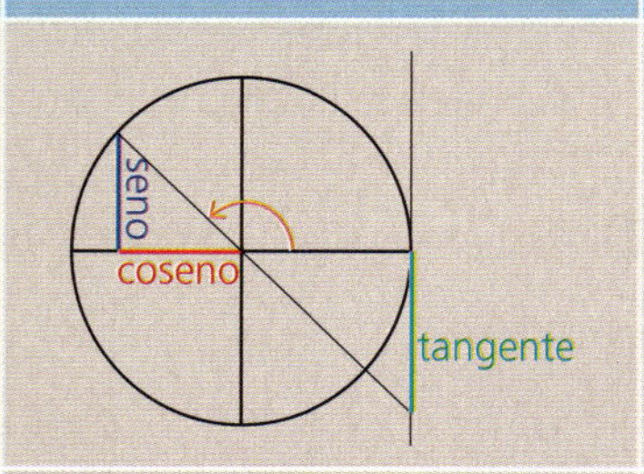	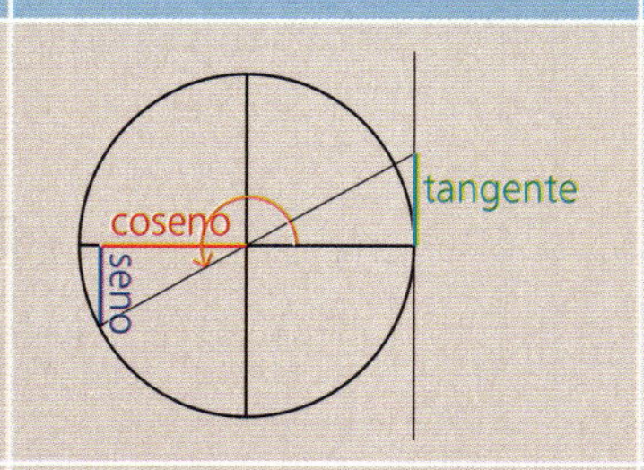	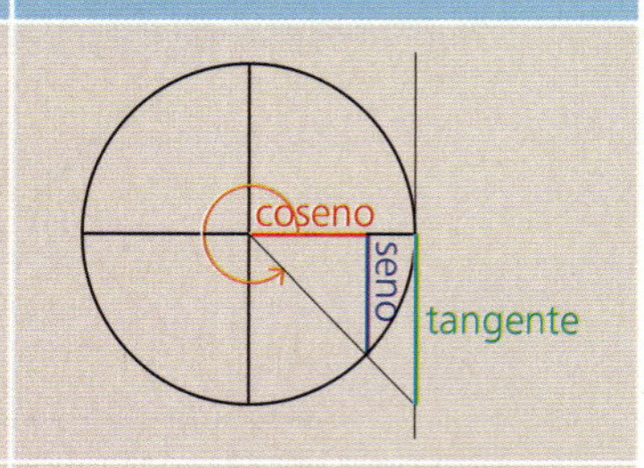
sen (+), cos (+), tg (+)	sen (+), cos (–), tg (–)	sen (–), cos (–), tg (+)	sen (–), cos (+), tg (–)

02 Relaciones entre razones trigonométricas

Las seis razones trigonométricas están relacionadas por la relación fundamental de la trigonometría que se obtiene con el teorema de Pitágoras y las definiciones del seno y el coseno de un ángulo:

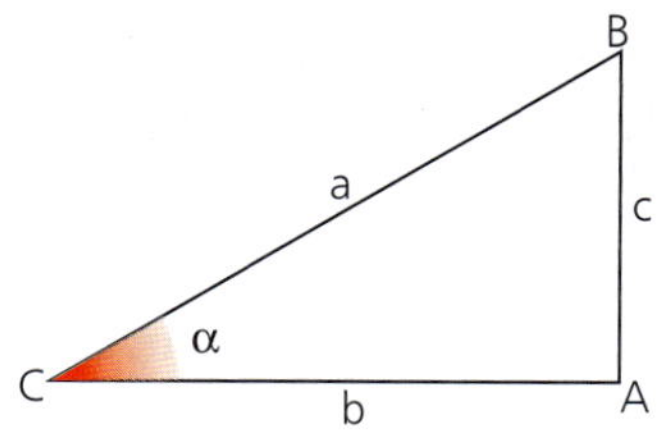

$$a^2 = b^2 + c^2 \qquad c^2 = a^2 \operatorname{sen}^2 \alpha \qquad b^2 = a^2 \cos^2 \alpha$$

$$\operatorname{sen}^2 \alpha + \cos^2 \alpha = 1$$

de la que se derivan, dividiendo por $\cos^2 \alpha$ y $\operatorname{sen}^2 \alpha$, respectivamente:

$$1 + \operatorname{tg}^2 \alpha = \sec^2 \alpha \qquad 1 + \operatorname{cotg}^2 \alpha = \operatorname{cosec}^2 \alpha$$

Conociendo una de las razones trigonométricas de un ángulo, es posible calcular las cinco razones trigonométricas restantes.

Al hallar algunas de las razones trigonométricas, nos encontraremos con dos posibles soluciones; no obstante, dependiendo de la localización del ángulo, solo una será correcta.

+ Ten en cuenta que:

$\operatorname{sen}^2 \alpha = (\operatorname{sen} \alpha)^2$, $\cos^2 \alpha = (\cos \alpha)^2$, $\operatorname{tg}^2 \alpha = (\operatorname{tg} \alpha)^2$, y así sucesivamente.

EJEMPLO 1

Sabiendo que un determinado ángulo, x, situado en el segundo cuadrante, cumple que $\operatorname{sen} x = \frac{5}{13}$, halla el resto de razones trigonométricas.

Por la relación fundamental, $\operatorname{sen}^2 x + \cos^2 x = 1$, se obtiene el coseno:

$$\left(\frac{5}{13}\right)^2 + \cos^2 x = 1 \Rightarrow \cos x = \pm\sqrt{1 - \frac{25}{169}} = \pm\sqrt{\frac{144}{169}} = \pm\frac{12}{13}$$

Como x pertenece al segundo cuadrante, la solución es negativa. Por tanto, $\cos x = -\frac{12}{13}$.

$$\operatorname{tg} x = \frac{\operatorname{sen} x}{\cos x} \Rightarrow \operatorname{tg} x = \frac{\frac{5}{13}}{-\frac{12}{13}} = -\frac{5}{12}; \ \sec x = -\frac{13}{12}; \ \operatorname{cosec} x = \frac{13}{5}; \ \operatorname{cotg} x = -\frac{12}{5}$$

EJEMPLO 2

Sea x un ángulo tal que $180° < x < 270°$ y, además, $\operatorname{tg} x = 2$. Halla el resto de sus razones trigonométricas.

La inecuación $180° < x < 270°$ indica que el ángulo x está en el tercer cuadrante.

$1 + \operatorname{tg}^2 x = \sec^2 x \Rightarrow \sec x = \pm\sqrt{1+2^2} = \pm\sqrt{5} \Rightarrow \sec x = -\sqrt{5}$ (x está en el 3.er cuadrante)

Por tanto: $\cos x = \frac{1}{\sec x} = \frac{1}{-\sqrt{5}} = -\frac{\sqrt{5}}{5}$

$$\operatorname{tg} x = \frac{\operatorname{sen} x}{\cos x} \Rightarrow \operatorname{sen} x = \operatorname{tg} x \cdot \cos x = 2 \cdot \left(-\frac{\sqrt{5}}{5}\right) = -\frac{2\sqrt{5}}{5}$$

Finalmente, cosec x y cotg x son las inversas de sen x y tg x, respectivamente:

$$\operatorname{cosec} x = -\frac{5}{2\sqrt{5}} = -\frac{5\sqrt{5}}{2 \cdot 5} = -\frac{\sqrt{5}}{2}; \ \operatorname{cotg} x = \frac{1}{2}$$

03 Ángulos notables y equivalentes

Existe una serie de ángulos que se usan con más frecuencia que el resto, tanto en matemáticas como en otras ciencias. A estos ángulos se los denomina **ángulos notables.** Existen cinco de estos ángulos en el primer cuadrante y hasta un total de 16, si añadimos sus equivalentes en los demás cuadrantes, en la circunferencia completa, es decir, entre 0° y 360°.

Debido a su relevancia, es importante conocer el valor exacto de sus razones trigonométricas:

	$0° = 0$ rad	$30° = \frac{\pi}{6}$ rad	$45° = \frac{\pi}{4}$ rad	$60° = \frac{\pi}{3}$ rad	$90° = \frac{\pi}{2}$ rad
Seno	0	$\frac{1}{2}$	$\frac{\sqrt{2}}{2}$	$\frac{\sqrt{3}}{2}$	1
Coseno	1	$\frac{\sqrt{3}}{2}$	$\frac{\sqrt{2}}{2}$	$\frac{1}{2}$	0
Tangente	0	$\frac{\sqrt{3}}{3}$	1	$\sqrt{3}$	No existe

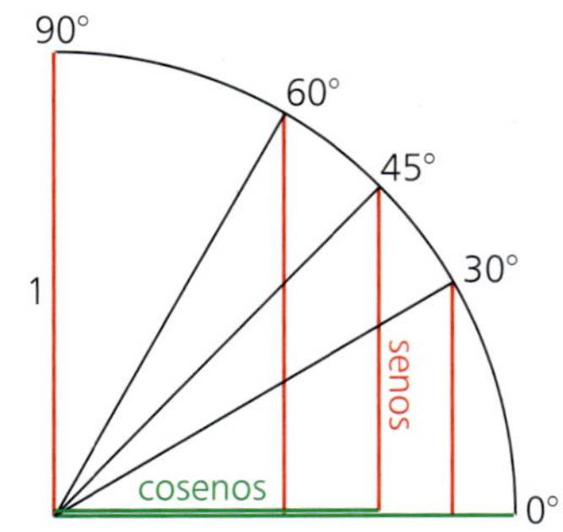

En cuanto al resto de ángulos situados en los demás cuadrantes, se puede observar, a través de las ilustraciones de los ejemplos, que manifiestan una relación de equivalencia con los ángulos notables del primer cuadrante. Sus razones trigonométricas coinciden en tamaño, pero no siempre en el signo.

EJEMPLO 1

Representa y calcula las razones trigonométricas de 120°.

$\text{sen } 120° = \text{sen } 60° = \frac{\sqrt{3}}{2}$

$\cos 120° = -\cos 60° = -\frac{1}{2}$

$\text{tg } 120° = -\text{tg } 60° = -\sqrt{3}$

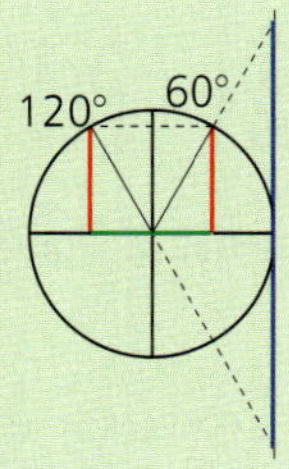

EJEMPLO 2

Representa y calcula las razones trigonométricas de 225°.

$\text{sen } 225° = -\text{sen } 45° = -\frac{\sqrt{2}}{2}$

$\cos 225° = -\cos 45° = -\frac{\sqrt{2}}{2}$

$\text{tg } 225° = \text{tg } 45° = 1$

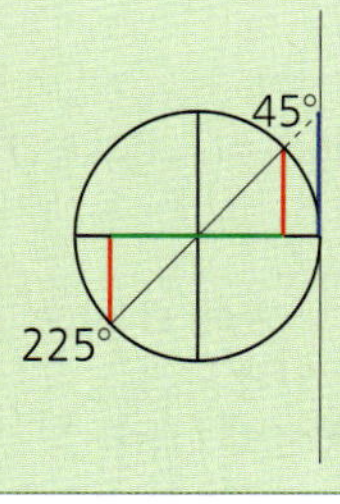

EJEMPLO 3

Representa y calcula las razones trigonométricas de 330°.

$\text{sen } 330° = -\text{sen } 30° = -\frac{1}{2}$

$\cos 330° = \cos 30° = \frac{\sqrt{3}}{2}$

$\text{tg } 330° = -\text{tg } 30° = -\frac{\sqrt{3}}{3}$

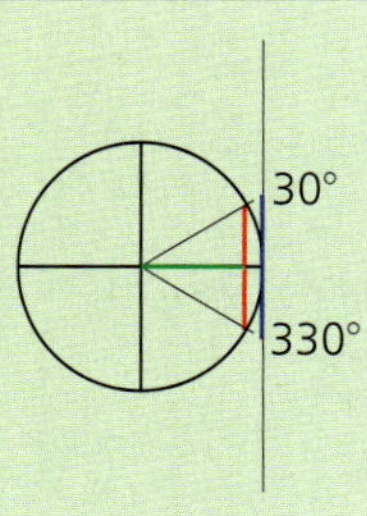

04 Reducción de las razones trigonométricas al primer cuadrante

Reducir una razón trigonométrica de un ángulo al primer cuadrante es encontrar otra razón trigonométrica con el mismo valor que la dada, pero que esté referida a un ángulo del primer cuadrante.

Ángulos del segundo cuadrante

Sea α un ángulo del segundo cuadrante; se puede observar en la figura que mantiene una relación evidente con el ángulo $(180° - \alpha)$ del primer cuadrante:

$\text{sen}\,\alpha = \text{sen}\,(180° - \alpha)$

$\cos\alpha = -\cos\,(180° - \alpha)$

$\text{tg}\,\alpha = -\text{tg}\,(180° - \alpha)$

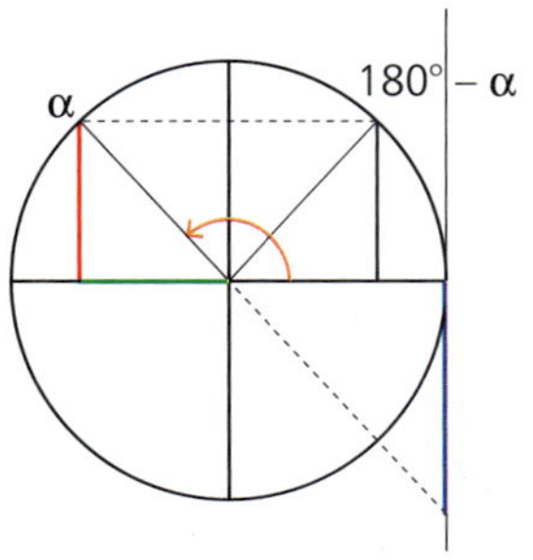

EJEMPLO 1

Representa y reduce al primer cuadrante las razones trigonométricas de 127°.

- $\text{sen}\,127° = \text{sen}\,53°$

  $\cos 127° = -\cos 53°$

  $\text{tg}\,127° = -\text{tg}\,53°$

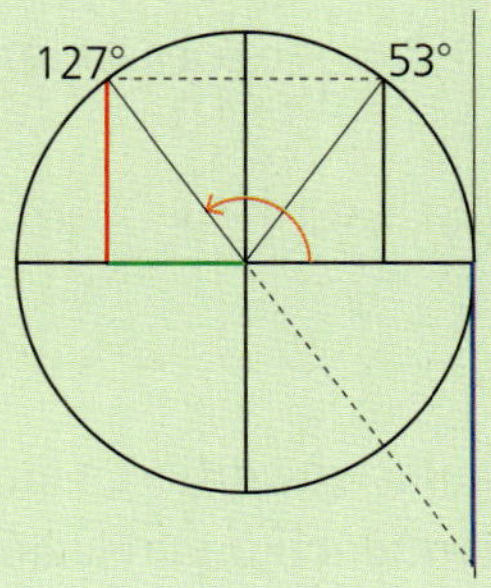

Ángulos del tercer cuadrante

Sea α un ángulo del tercer cuadrante; se puede observar en la figura que mantiene una relación evidente con el ángulo $(\alpha - 180°)$ del primer cuadrante:

$\text{sen}\,\alpha = -\text{sen}\,(\alpha - 180°)$

$\cos\alpha = -\cos\,(\alpha - 180°)$

$\text{tg}\,\alpha = \text{tg}\,(\alpha - 180°)$

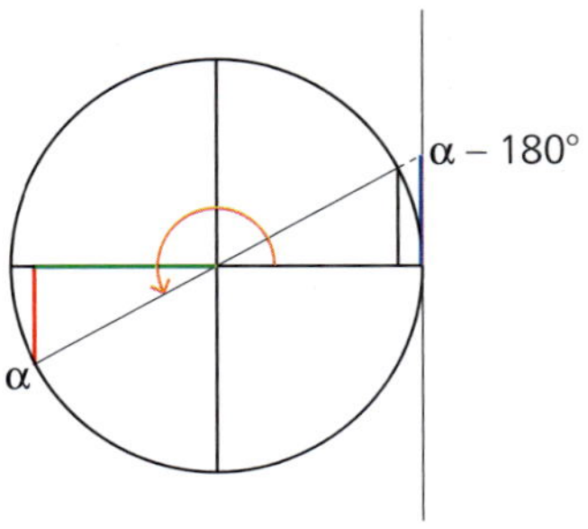

EJEMPLO 2

Representa y reduce al primer cuadrante las razones trigonométricas de 205°.

- $\text{sen}\,205° = -\text{sen}\,25°$

  $\cos 205° = -\cos 25°$

  $\text{tg}\,205° = \text{tg}\,25°$

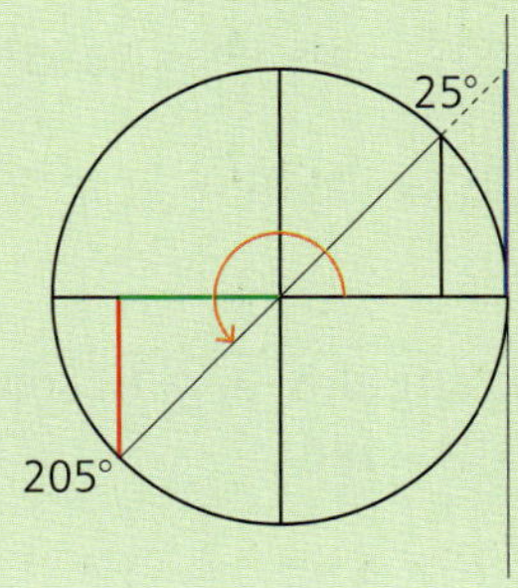

Ángulos del cuarto cuadrante

Sea α un ángulo del cuarto cuadrante; se puede observar en la figura que mantiene una relación evidente con el ángulo $(360° - \alpha)$ del primer cuadrante:

$\text{sen}\,\alpha = -\text{sen}\,(360° - \alpha)$

$\cos\alpha = \cos\,(360° - \alpha)$

$\text{tg}\,\alpha = -\text{tg}\,(360° - \alpha)$

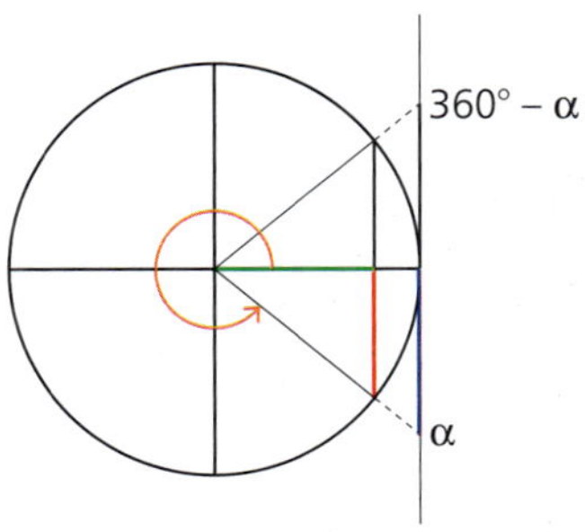

EJEMPLO 3

Representa y reduce al primer cuadrante las razones trigonométricas de 312°.

- $\text{sen}\,312° = -\text{sen}\,48°$

  $\cos 312° = \cos 48°$

  $\text{tg}\,312° = -\text{tg}\,48°$

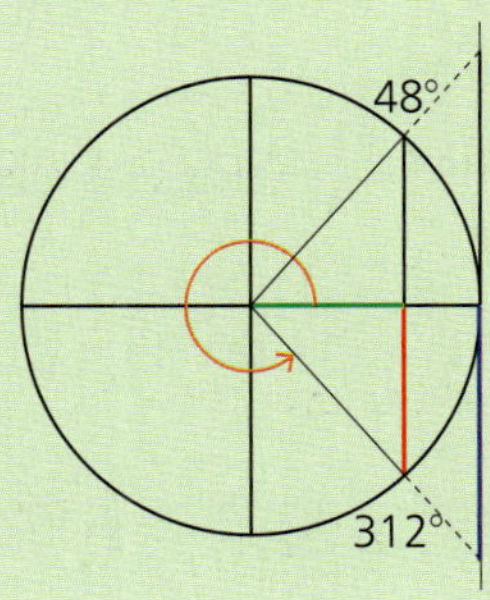

05 Ángulos complementarios y suplementarios

» Dos ángulos, $\widehat{A}$ y $\widehat{B}$, son **complementarios** cuando suman 90°. Es decir: $\widehat{A} + \widehat{B} = 90°$.

Observando la figura, se constata que las razones de ambos cumplen la siguiente relación:

$\text{sen } \widehat{A} = \cos \widehat{B} \Rightarrow \text{sen } \widehat{A} = \cos (90° - \widehat{A})$ $\qquad$ $\text{tg } \widehat{A} = \text{cotg } \widehat{B} = \text{cotg } (90° - \widehat{A})$

$\cos \widehat{A} = \text{sen } \widehat{B} \Rightarrow \cos \widehat{A} = \text{sen } (90° - \widehat{A})$ $\qquad$ $\text{cotg } \widehat{A} = \text{tg } \widehat{B} = \text{tg } (90° - \widehat{A})$

Ángulos complementarios

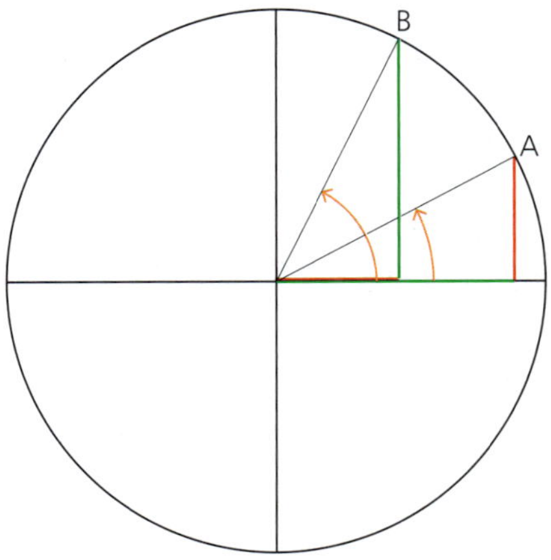

EJEMPLO 1

Si sen $15° \approx \frac{1}{4}$, calcula las razones trigonométricas de 75°.

$\cos 75° = \text{sen } 15° = \frac{1}{4}$; $\text{sen } 75° = \sqrt{1 - \frac{1}{16}} = \sqrt{\frac{15}{16}} = \frac{\sqrt{15}}{4}$; $\text{tg } 75° = \frac{\frac{\sqrt{15}}{4}}{\frac{1}{4}} = \sqrt{15}$

Los ángulos que difieren en 90°, es decir, $\widehat{B} - \widehat{A} = 90°$, no son complementarios, pero mantienen una relación muy similar a la de los complementarios:

$\text{sen } \widehat{A} = -\cos \widehat{B} \Rightarrow \text{sen } \widehat{A} = -\cos (90° + \widehat{A})$ $\qquad$ $\text{tg } \widehat{A} = -\text{cotg } \widehat{B} = -\text{cotg } (90° + \widehat{A})$

$\cos \widehat{A} = \text{sen } \widehat{B} \Rightarrow \cos \widehat{A} = \text{sen } (90° + \widehat{A})$ $\qquad$ $\text{cotg } \widehat{A} = -\text{tg } \widehat{B} = -\text{tg } (90° + \widehat{A})$

Ángulos que difieren en 90°

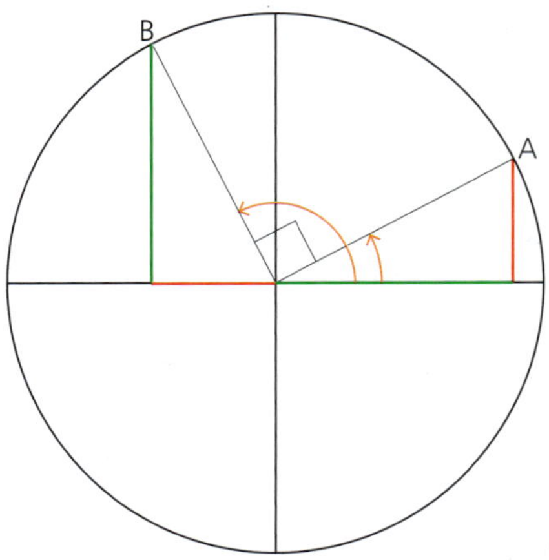

EJEMPLO 2

Si sen $15° \approx \frac{1}{4}$, calcula las razones trigonométricas de 105°.

$\text{sen } 105° = \text{sen } 75° = \cos 15° = \frac{\sqrt{15}}{4}$; $\cos 105° = -\cos 75° = -\text{sen } 15° = -\frac{1}{4}$

$\text{tg } 105° = -\text{tg } 75° = -\text{cotg } 15° = -\sqrt{15}$

» Dos ángulos, $\widehat{A}$ y $\widehat{B}$, son **suplementarios** cuando suman 180°. Es decir: $\widehat{A} + \widehat{B} = 180°$.

$\text{sen } \widehat{A} = \text{sen } \widehat{B} \Rightarrow \text{sen } \widehat{A} = \text{sen } (180° - \widehat{A})$

$\cos \widehat{A} = -\cos \widehat{B} \Rightarrow \cos \widehat{A} = -\cos (180° - \widehat{A})$

$\text{tg } \widehat{A} = -\text{tg } \widehat{B} \Rightarrow \text{tg } \widehat{A} = -\text{tg } (180° - \widehat{A})$

Se constata que esta relación es exactamente la misma que mantienen los ángulos del segundo cuadrante con sus equivalentes del primero.

Ángulos suplementarios

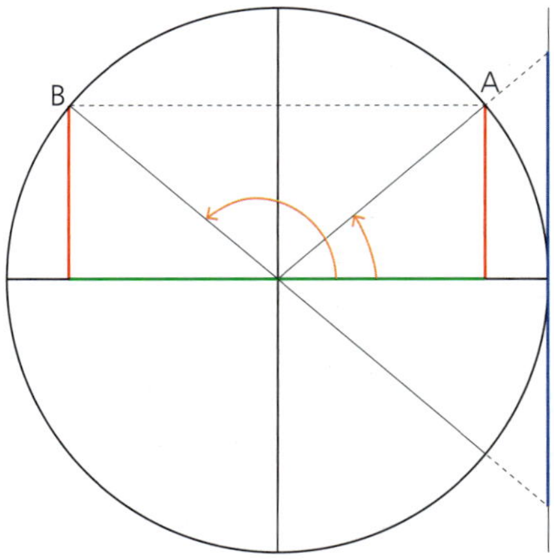

EJEMPLO 3

Si sen $15° \approx \frac{1}{4}$, calcula las razones trigonométricas de 165°.

$\cos 15° = \sqrt{1 - \text{sen}^2 15} = \sqrt{1 - \frac{1}{16}} = \sqrt{\frac{15}{16}} = \frac{\sqrt{15}}{4}$

$\text{sen } 165° = \text{sen } 15° = \frac{1}{4}$; $\cos 165° = -\cos 15° = -\frac{\sqrt{15}}{4}$; $\text{tg } 165° = -\text{tg } 15° = -\frac{\sqrt{15}}{15}$

06 Ángulos negativos y ángulos mayores de 360°

06.1 Ángulos negativos

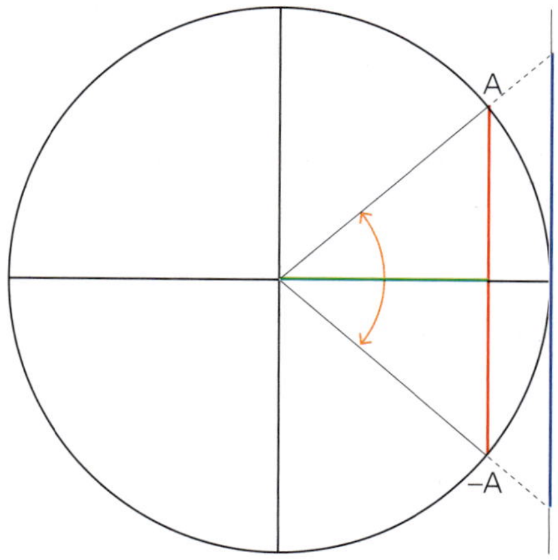

Son aquellos que van en el mismo sentido en el que giran las agujas de un reloj. Observando la figura, se comprueba que las razones de los ángulos negativos cumplen la siguiente relación:

$$\text{sen}(-\widehat{A}) = -\text{sen}\,\widehat{A} \qquad \cos(-\widehat{A}) = \cos\widehat{A} \qquad \text{tg}(-\widehat{A}) = -\text{tg}\,\widehat{A}$$

Esta relación es exactamente la misma que mantienen los ángulos del cuarto cuadrante con sus equivalentes del primero.

EJEMPLO 1

Representa y calcula las razones trigonométricas de (–60°).

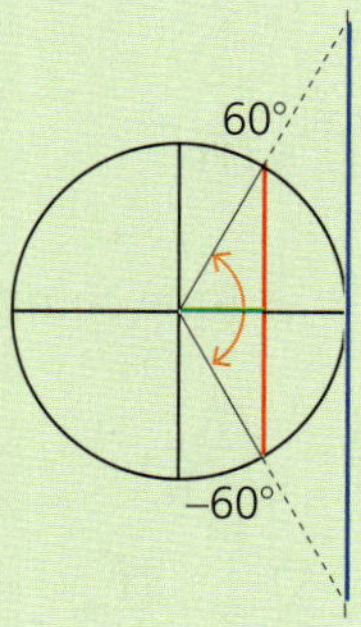

$\text{sen}(-60°) = -\text{sen}\,60° = -\frac{\sqrt{3}}{2}$

$\cos(-60°) = \cos 60° = \frac{1}{2}$

$\text{tg}(-60°) = -\text{tg}\,60° = -\sqrt{3}$

06.2 Ángulos mayores de 360°

Si el ángulo $\widehat{A}$ es mayor de 360°, para poder representar sus razones trigonométricas, se debe buscar un ángulo comprendido entre 0° y 360° que tenga las mismas razones trigonométricas que $\widehat{A}$. Con este fin, basta con restarle las vueltas completas que contiene. La forma más rápida de hacerlo es dividiendo $\widehat{A}$ entre 360°: el cociente nos indica el número de vueltas, y el resto, el ángulo buscado.

EJEMPLO 2

Representa y calcula las razones trigonométricas de 2 010°.

Al dividir 2 010 entre 360, es muy frecuente simplificar la fracción: $\frac{2010}{360} = \frac{201}{36}$; el cociente seguirá siendo el mismo, luego no se errará al determinar el número de vueltas, pero el resto ya no será el mismo (ha quedado también simplificado), por lo que es muy probable equivocarse al establecer el valor del ángulo equivalente: $\frac{2010}{360}$ tiene de resto 210, mientras que $\frac{201}{36}$ tiene de resto 21.

Se recomienda, pues, calcularlo así: $\frac{2010}{360} = \frac{201}{36} = 5,58\widehat{3}$, lo que supone 5 vueltas completas:

5 vueltas = 5 · 360° = 1 800°. Por tanto, el ángulo buscado es 2 010° – 1 800° = 210°.

Ahora ya se puede representar y deducir la relación existente con el primer cuadrante:

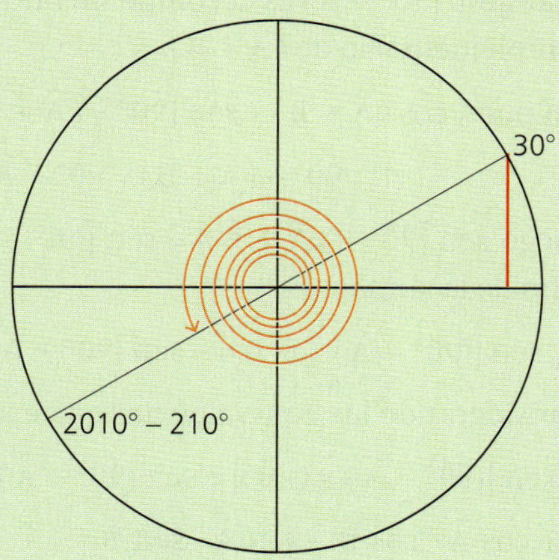

$\text{sen}\,2010° = \text{sen}\,210° = -\text{sen}\,30° = -\frac{1}{2}$

$\cos 2010° = \cos 210° = -\cos 30° = -\frac{\sqrt{3}}{2}$ $\qquad$ $\text{tg}\,2010° = \text{tg}\,210° = \text{tg}\,30° = \frac{\sqrt{3}}{3}$

07 Razones trigonométricas de la suma de ángulos

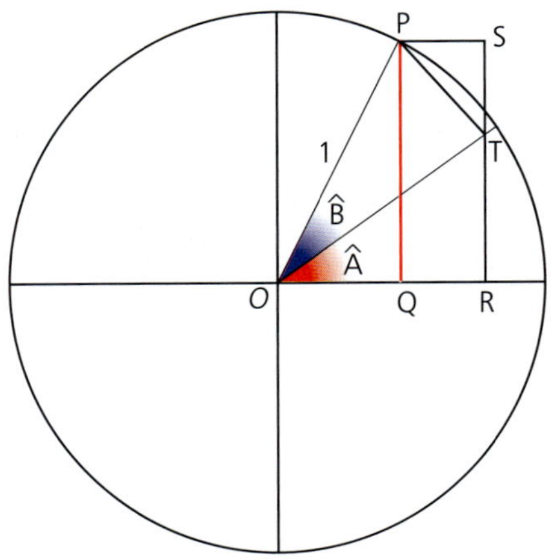

Se quiere hallar el valor de sen $(\hat{A} + \hat{B})$. Para ello, se representa el ángulo $(\hat{A} + \hat{B})$ dentro de una circunferencia cuyo radio sea la unidad, tal y como muestra la figura. En color rojo se ve el valor del seno que se quiere calcular: sen $(\hat{A} + \hat{B}) = \overline{PQ}$.

Se puede observar que $\overline{PQ} = \overline{SR} = \overline{ST} + \overline{TR}$.

Los triángulos ORT y PST son rectángulos y semejantes; eso implica que el ángulo del vértice T coincide con el ángulo $\hat{A}$.

Aplicando la definición de seno y coseno al ángulo $\hat{B}$:

$$\text{sen } \hat{B} = \frac{\text{cateto opuesto}}{\text{hipotenusa}} = \frac{\overline{PT}}{1} = \overline{PT}$$

$$\cos \hat{B} = \frac{\text{cateto contiguo}}{\text{hipotenusa}} = \frac{\overline{OT}}{1} = \overline{OT}$$

Aplicando la definición de seno y coseno al ángulo $\hat{A}$ (que coincide con $\hat{T}$):

$$\text{sen } \hat{A} = \frac{\text{cateto opuesto}}{\text{hipotenusa}} = \frac{\overline{TR}}{\overline{OT}} = \frac{\overline{TR}}{\cos \hat{B}}$$

$$\cos \hat{A} = \cos \hat{T} = \frac{\text{cateto contiguo}}{\text{hipotenusa}} = \frac{\overline{ST}}{\overline{PT}} = \frac{\overline{ST}}{\text{sen } \hat{B}}$$

Despejando $\overline{TR}$ y $\overline{ST}$ en estas dos últimas expresiones: $\overline{TR} = \text{sen } \hat{A} \cdot \cos \hat{B}$; $ST = \cos \hat{A} \cdot \text{sen } \hat{B}$.

Por tanto: sen $(\hat{A} + \hat{B}) = \overline{PQ} = \overline{SR} = \overline{ST} + \overline{TR} = \text{sen } \hat{A} \cdot \cos \hat{B} + \cos \hat{A} \cdot \text{sen } \hat{B}$.

$$\textbf{sen } (\hat{A} + \hat{B}) = \textbf{sen } \hat{A} \cdot \cos \hat{B} + \cos \hat{A} \cdot \textbf{sen } \hat{B}$$

Para hallar el valor de cos $(\hat{A} + \hat{B})$, se utilizan las equivalencias entre la razones de ángulos complementarios:

$$\text{sen } \hat{A} = \cos (90° - \hat{A})$$

$$\cos \hat{A} = \text{sen } (90° - \hat{A})$$

El ángulo $(90° - \hat{A})$ es el complementario de $\hat{A}$ y, por tanto, $[90° - (\hat{A} + \hat{B})]$ es el complementario de $(\hat{A} + \hat{B})$.

Así pues, cos $(\hat{A} + \hat{B}) = \text{sen } [90° - (\hat{A} + \hat{B})]$, y reorganizando:

$$90° - (\hat{A} + \hat{B}) = 90° - \hat{A} - \hat{B} = (90° - \hat{A}) + (-\hat{B})$$

Luego sen $[90° - (\hat{A} + \hat{B})] = \text{sen } [(90° - \hat{A}) + (-\hat{B})]$, y aplicando la fórmula del seno de la suma:

$$\text{sen } [(90° - \hat{A}) + (-\hat{B})] = \text{sen } (90° - \hat{A}) \cdot \cos (-\hat{B}) + \cos (90° - \hat{A}) \cdot \text{sen } (-\hat{B})$$

Considerando las equivalencias entre ángulos complementarios y opuestos:

$$\text{sen } [(90° - \hat{A}) + (-\hat{B})] = \text{sen } (90° - \hat{A}) \cdot \cos (-\hat{B}) + \cos (90° - \hat{A}) \cdot \text{sen } (-\hat{B}) =$$

$$= \cos \hat{A} \cdot \cos \hat{B} - \text{sen } \hat{A} \cdot \text{sen } \hat{B}$$

$$\cos (\hat{A} + \hat{B}) = \cos \hat{A} \cdot \cos \hat{B} - \textbf{sen } \hat{A} \cdot \textbf{sen } \hat{B}$$

Para hallar el valor de tg $(\widehat{A} + \widehat{B})$, se ha de tener en cuenta que:

$$\text{tg}\,(\widehat{A} + \widehat{B}) = \frac{\text{sen}\,(\widehat{A} + \widehat{B})}{\cos\,(\widehat{A} + \widehat{B})}$$

$$\text{tg}\,(\widehat{A} + \widehat{B}) = \frac{\text{sen}\,(\widehat{A} + \widehat{B})}{\cos\,(\widehat{A} + \widehat{B})} = \frac{\text{sen}\,\widehat{A} \cdot \cos\widehat{B} + \cos\widehat{A} \cdot \text{sen}\,\widehat{B}}{\cos\widehat{A} \cdot \cos\widehat{B} - \text{sen}\,\widehat{A} \cdot \text{sen}\,\widehat{B}}$$

Dividiendo numerador y denominador por $\cos\widehat{A} \cdot \cos\widehat{B}$:

$$\text{tg}\,(\widehat{A} + \widehat{B}) = \frac{\dfrac{\text{sen}\,\widehat{A} \cdot \cos\widehat{B}}{\cos\widehat{A} \cdot \cos\widehat{B}} + \dfrac{\cos\widehat{A} \cdot \text{sen}\,\widehat{B}}{\cos\widehat{A} \cdot \cos\widehat{B}}}{\dfrac{\cos\widehat{A} \cdot \cos\widehat{B}}{\cos\widehat{A} \cdot \cos\widehat{B}} - \dfrac{\text{sen}\,\widehat{A} \cdot \text{sen}\,\widehat{B}}{\cos\widehat{A} \cdot \cos\widehat{B}}} = \frac{\dfrac{\text{sen}\,\widehat{A}}{\cos\widehat{A}} + \dfrac{\text{sen}\,\widehat{B}}{\cos\widehat{B}}}{1 - \dfrac{\text{sen}\,\widehat{A} \cdot \text{sen}\,\widehat{B}}{\cos\widehat{A} \cdot \cos\widehat{B}}} = \frac{\text{tg}\,\widehat{A} + \text{tg}\,\widehat{B}}{1 - \text{tg}\,\widehat{A} \cdot \text{tg}\,\widehat{B}}$$

$$\mathbf{tg}\,(\widehat{A} + \widehat{B}) = \frac{\text{tg}\,\widehat{A} + \text{tg}\,\widehat{B}}{1 - \text{tg}\,\widehat{A} \cdot \text{tg}\,\widehat{B}}$$

EJEMPLO 1

Si $\cos 30° = \frac{\sqrt{3}}{2}$ halla las razones trigonométricas del ángulo de 75°.

$\text{sen}\,75° = \text{sen}\,(30° + 45°) = \text{sen}\,30° \cdot \cos 45° + \cos 45° \cdot \text{sen}\,45° =$

$= \frac{1}{2} \cdot \frac{\sqrt{2}}{2} + \frac{\sqrt{3}}{2} \cdot \frac{\sqrt{2}}{2} = \frac{\sqrt{2} + \sqrt{6}}{4}$

$\cos 75° = \cos\,(30° + 45°) = \cos 30° \cdot \cos 45° - \text{sen}\,45° \cdot \cos 45° =$

$= \frac{\sqrt{3}}{2} \cdot \frac{\sqrt{2}}{2} - \frac{1}{2} \cdot \frac{\sqrt{2}}{2} = \frac{\sqrt{6} - \sqrt{2}}{4}$

$\text{tg}\,75° = \text{tg}\,(30° + 45°) = \frac{\text{tg}\,30° + \text{tg}\,45°}{1 - \text{tg}\,30° \cdot \text{tg}\,45°} = \frac{\sqrt{3} + 3}{3 - \sqrt{3}} = 2 + \sqrt{3}$

EJEMPLO 2

Si $\text{sen}\,37° \approx \frac{3}{5}$, halla las razones trigonométricas del ángulo de 67°.

$\text{sen}^2\,37° + \cos^2 37° = 1 \Rightarrow \cos 37° = \sqrt{1 - \text{sen}^2\,37°} = \sqrt{1 - \left(\frac{3}{5}\right)^2} = \sqrt{\frac{16}{25}} = \frac{4}{5}$

Luego: $\text{tg}\,37° = \frac{\text{sen}\,37°}{\cos 37°} = \frac{3}{4}$

Se trata de obtener el ángulo de 67° a partir de la suma del ángulo de 37° con otro ángulo cuyas razones sean conocidas. En este caso: 67° = 30° + 37°

Y utilizando las expresiones de las razones trigonométricas de la suma de ángulos:

$\text{sen}\,67° = \text{sen}\,(30° + 37°) = \text{sen}\,30° \cdot \cos 37° + \cos 30° \cdot \text{sen}\,37° =$

$= \frac{1}{2} \cdot \frac{4}{5} + \frac{\sqrt{3}}{2} \cdot \frac{3}{5} = \frac{4 + 3\sqrt{3}}{10}$

$\cos 67° = \cos\,(30° + 37°) = \cos 30° \cdot \cos 37° - \text{sen}\,30° \cdot \text{sen}\,37° =$

$= \frac{\sqrt{3}}{2} \cdot \frac{4}{5} - \frac{1}{2} \cdot \frac{3}{5} = \frac{4\sqrt{3} - 3}{10}$

$\text{tg}\,67° = \text{tg}\,(30° + 37°) = \frac{48 + 25\sqrt{3}}{39}$

08 Razones trigonométricas de la diferencia de ángulos

Las coordenadas de los puntos P y Q son P $(\cos \widehat{A}\ , \operatorname{sen} \widehat{A})$ y Q $(\cos \widehat{B}\ , \operatorname{sen} \widehat{B})$ y O (0 , 0). Los vectores $\overrightarrow{OP}$ y $\overrightarrow{OQ}$ tienen como coordenadas $\overrightarrow{OP} = (\cos \widehat{A}\ , \operatorname{sen} \widehat{A})$ y $\overrightarrow{OQ} = (\cos \widehat{B}\ , \operatorname{sen} \widehat{B})$.

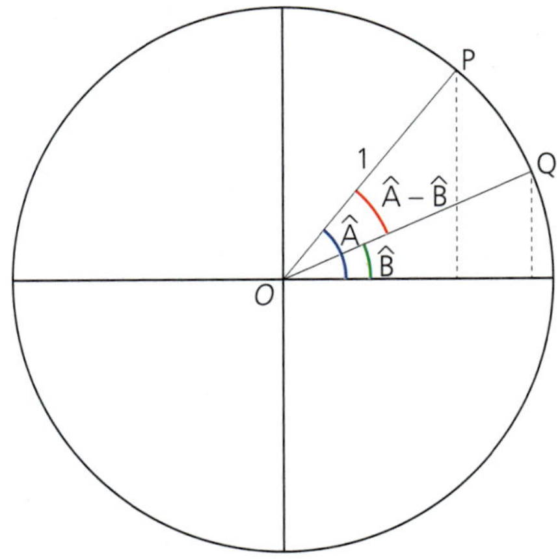

Empleando la fórmula del producto escalar del margen a partir del ángulo $(\widehat{A} - \widehat{B})$ y los vectores $\overrightarrow{OP}$ y $\overrightarrow{OQ}$:

$$\cos(\widehat{A} - \widehat{B}) = \frac{\overrightarrow{OP} \cdot \overrightarrow{OQ}}{|\overrightarrow{OP}| \cdot |\overrightarrow{OQ}|} = \frac{\cos \widehat{A} \cdot \cos \widehat{B} + \operatorname{sen} \widehat{A} \cdot \operatorname{sen} \widehat{B}}{1 \cdot 1} =$$

$$= \cos \widehat{A} \cdot \cos \widehat{B} + \operatorname{sen} \widehat{A} \cdot \operatorname{sen} \widehat{B}$$

$$\mathbf{\cos(\widehat{A} - \widehat{B}) = \cos \widehat{A} \cdot \cos \widehat{B} + \operatorname{sen} \widehat{A} \cdot \operatorname{sen} \widehat{B}}$$

Utilizando el ángulo opuesto de $\widehat{B}$, se transforma la resta en una suma, es decir: $\widehat{A} - \widehat{B} = \widehat{A} + (-\widehat{B})$.

Se sabe que $\operatorname{sen}(-\widehat{B}) = -\operatorname{sen} \widehat{B}$ y que $\cos(-\widehat{B}) = \cos \widehat{B}$. Por tanto:

$$\operatorname{sen}(\widehat{A} - \widehat{B}) = \operatorname{sen}[\widehat{A} + (-\widehat{B})] = \operatorname{sen} \widehat{A} \cdot \cos(-\widehat{B}) + \cos \widehat{A} \cdot \operatorname{sen}(-\widehat{B})$$

$$\mathbf{\operatorname{sen}(\widehat{A} - \widehat{B}) = \operatorname{sen} \widehat{A} \cdot \cos \widehat{B} - \cos \widehat{A} \cdot \operatorname{sen} \widehat{B}}$$

De igual manera se hubiera llegado a la expresión del coseno de la resta.

Y la tangente es: $\operatorname{tg}(\widehat{A} - \widehat{B}) = \dfrac{\operatorname{sen}(\widehat{A} - \widehat{B})}{\cos(\widehat{A} - \widehat{B})} = \dfrac{\operatorname{sen} \widehat{A} \cdot \cos \widehat{B} - \cos \widehat{A} \cdot \operatorname{sen} \widehat{B}}{\cos \widehat{A} \cdot \cos \widehat{B} + \operatorname{sen} \widehat{A} \cdot \operatorname{sen} \widehat{B}}$.

Dividiendo numerador y denominador por $\cos \widehat{A} \cdot \cos \widehat{B}$:

$$\operatorname{tg}(\widehat{A} - \widehat{B}) = \frac{\dfrac{\operatorname{sen} \widehat{A} \cdot \cos \widehat{B}}{\cos \widehat{A} \cdot \cos \widehat{B}} - \dfrac{\cos \widehat{A} \cdot \operatorname{sen} \widehat{B}}{\cos \widehat{A} \cdot \cos \widehat{B}}}{\dfrac{\cos \widehat{A} \cdot \cos \widehat{B}}{\cos \widehat{A} \cdot \cos \widehat{B}} + \dfrac{\operatorname{sen} \widehat{A} \cdot \operatorname{sen} \widehat{B}}{\cos \widehat{A} \cdot \cos \widehat{B}}} = \frac{\dfrac{\operatorname{sen} \widehat{A}}{\cos \widehat{A}} - \dfrac{\operatorname{sen} \widehat{B}}{\cos \widehat{B}}}{1 + \dfrac{\operatorname{sen} \widehat{A} \cdot \operatorname{sen} \widehat{B}}{\cos \widehat{A} \cdot \cos \widehat{B}}} = \frac{\operatorname{tg} \widehat{A} - \operatorname{tg} \widehat{B}}{1 + \operatorname{tg} \widehat{A} \cdot \operatorname{tg} \widehat{B}}$$

$$\mathbf{\operatorname{tg}(\widehat{A} - \widehat{B}) = \frac{\operatorname{tg} \widehat{A} - \operatorname{tg} \widehat{B}}{1 + \operatorname{tg} \widehat{A} \cdot \operatorname{tg} \widehat{B}}}$$

EJEMPLO 1

Si $\operatorname{sen} 37° \approx \frac{3}{5}$, halla las razones trigonométricas del ángulo de 8°.

Por tanto: $\cos 37° = \sqrt{1 - \left(\frac{3}{5}\right)^2} = \sqrt{\frac{16}{25}} = \frac{4}{5}$; $\operatorname{tg} 37° = \frac{3}{4}$

Se trata de obtener el ángulo de 8° a partir de la resta del ángulo de 37° con otro ángulo cuyas razones sean conocidas: 8° = 45° – 37°.

$\operatorname{sen} 8° = \operatorname{sen}(45° - 37°) = \operatorname{sen} 45° \cdot \cos 37° - \cos 45° \cdot \operatorname{sen} 37° = \frac{\sqrt{2}}{2} \cdot \frac{4}{5} - \frac{\sqrt{2}}{2} \cdot \frac{3}{5} = \frac{\sqrt{2}}{10}$

$\cos 8° = \cos(45° - 37°) = \frac{7\sqrt{2}}{10}$ $\qquad$ $\operatorname{tg} 8° = \operatorname{tg}(45° - 37°) = \frac{1}{7}$

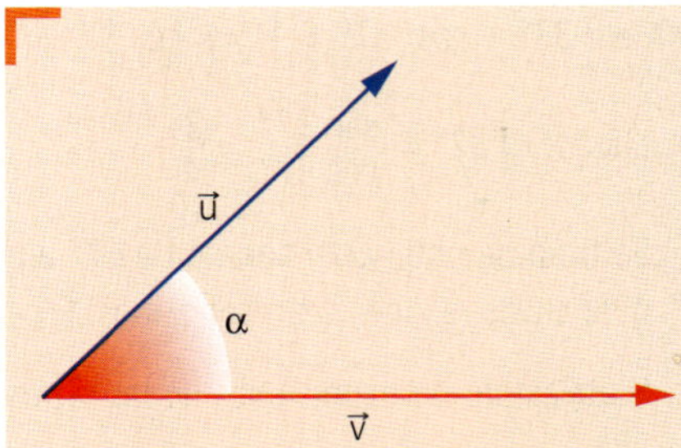

Dados dos vectores $\vec{u} = (u_1, u_2)$ y $\vec{v} = (v_1, v_2)$, el producto escalar de $\vec{u} \cdot \vec{v}$ se define como $\vec{u} \cdot \vec{v} = |\vec{u}| \cdot |\vec{v}| \cdot \cos \widehat{\alpha}$ (donde $\widehat{\alpha}$ es el ángulo formado por los vectores $\vec{u}$ y $\vec{v}$) o también como $\vec{u} \cdot \vec{v} = u_1 \cdot v_1 + u_2 \cdot v_2$.

De ahí se puede deducir que:

$$\cos \widehat{a} = \frac{\vec{u} \cdot \vec{v}}{|\vec{u}| \cdot |\vec{v}|} = \frac{u_1 \cdot v_1 + u_2 \cdot v_2}{|\vec{u}| \cdot |\vec{v}|}$$

09 Razones trigonométricas del ángulo doble y del ángulo mitad

Se pueden hallar las razones trigonométricas del ángulo doble, $2\widehat{A}$, a partir de las de la suma de ángulos. Basta con reparar en que $2\widehat{A} = \widehat{A} + \widehat{A}$ y aplicar el ángulo suma:

$$\text{sen}\,(\widehat{A} + \widehat{A}) = \text{sen}\,\widehat{A} \cdot \cos\widehat{A} + \cos\widehat{A} \cdot \text{sen}\,\widehat{A} \Rightarrow \boxed{\text{sen}\,(2\widehat{A}) = 2 \cdot \text{sen}\,\widehat{A} \cdot \cos\widehat{A}}$$

$$\cos(\widehat{A} + \widehat{A}) = \cos\widehat{A} \cdot \cos\widehat{A} - \text{sen}\,\widehat{A} \cdot \text{sen}\,\widehat{A} \Rightarrow \boxed{\cos(2\widehat{A}) = \cos^2\widehat{A} - \text{sen}^2\,\widehat{A}}$$

$$\text{tg}\,(\widehat{A} + \widehat{A}) = \frac{\text{tg}\,\widehat{A} + \text{tg}\,\widehat{A}}{1 - \text{tg}\,\widehat{A} \cdot \text{tg}\,\widehat{A}} \Rightarrow \boxed{\text{tg}\,(2\widehat{A}) = \frac{2\text{tg}\,\widehat{A}}{1 - \text{tg}^2\,\widehat{A}}}$$

Para hallar las razones trigonométricas del ángulo mitad, $\left(\frac{\widehat{A}}{2}\right)$, se parte de la fórmula fundamental de la trigonometría y del $\cos(2\widehat{A})$:

$$\begin{cases} \text{sen}^2\left(\frac{\widehat{A}}{2}\right) + \cos^2\left(\frac{\widehat{A}}{2}\right) = 1 \\ \cos\left(2 \cdot \frac{\widehat{A}}{2}\right) = \cos^2\left(\frac{\widehat{A}}{2}\right) - \text{sen}^2\left(\frac{\widehat{A}}{2}\right) \end{cases} \Rightarrow \begin{cases} \text{sen}^2\left(\frac{\widehat{A}}{2}\right) + \cos^2\left(\frac{\widehat{A}}{2}\right) = 1 \\ \cos^2\left(\frac{\widehat{A}}{2}\right) - \text{sen}^2\left(\frac{\widehat{A}}{2}\right) = \cos\widehat{A} \end{cases}$$

Sumando las dos ecuaciones: $2\cos^2\left(\frac{\widehat{A}}{2}\right) = 1 + \cos\widehat{A} \Rightarrow \boxed{\cos\left(\frac{\widehat{A}}{2}\right) = \pm\sqrt{\frac{1 + \cos\widehat{A}}{2}}}$

Restando las dos ecuaciones: $2\text{sen}^2\left(\frac{\widehat{A}}{2}\right) = 1 - \cos\widehat{A} \Rightarrow \boxed{\text{sen}\left(\frac{\widehat{A}}{2}\right) = \pm\sqrt{\frac{1 - \cos\widehat{A}}{2}}}$

De este modo: $\text{tg}\left(\frac{\widehat{A}}{2}\right) = \frac{\text{sen}\left(\frac{\widehat{A}}{2}\right)}{\cos\left(\frac{\widehat{A}}{2}\right)} = \frac{\pm\sqrt{\frac{1 - \cos\widehat{A}}{2}}}{\pm\sqrt{\frac{1 + \cos\widehat{A}}{2}}} \Rightarrow \boxed{\text{tg}\left(\frac{\widehat{A}}{2}\right) = \pm\sqrt{\frac{1 - \cos\widehat{A}}{1 + \cos\widehat{A}}}}$

EJEMPLO 1

Si sen 37° ≈ $\frac{3}{5}$, halla las razones trigonométricas de los ángulos de 74° y 18,5°.

$\cos 37° = \sqrt{1 - \text{sen}^2\,37°} = \sqrt{1 - \left(\frac{3}{5}\right)^2} = \sqrt{\frac{16}{25}} = \frac{4}{5}$ $\qquad$ $\text{tg}\,37° = \frac{\text{sen}\,37°}{\cos 37°} = \frac{3}{4}$

En este caso: $\text{sen}\,74° = \text{sen}\,(2 \cdot 37°) = 2\text{sen}\,37° \cdot \cos 37° = 2 \cdot \frac{3}{5} \cdot \frac{4}{5} = \frac{24}{25}$

$\cos 74° = \cos(2 \cdot 37°) = \cos^2 37° - \text{sen}^2\,37° = \frac{16}{25} - \frac{9}{25} = \frac{7}{25}$

$\text{tg}\,74° = \text{tg}\,(2 \cdot 37°) = \frac{24}{7}$

$\text{sen}\,18{,}5° = \text{sen}\left(\frac{37°}{2}\right) = \sqrt{\frac{1 - \cos 37°}{2}} = \sqrt{\frac{1 - \frac{4}{5}}{2}} = \sqrt{\frac{\frac{1}{5}}{2}} = \sqrt{\frac{1}{10}} = \frac{\sqrt{10}}{10}$

$\cos 18{,}5° = \cos\left(\frac{37°}{2}\right) = \sqrt{\frac{1 + \cos 37°}{2}} = \frac{3\sqrt{10}}{10}$

$\text{tg}\,18{,}5° = \text{tg}\left(\frac{37°}{2}\right) = \sqrt{\frac{1 - \cos 37°}{1 + \cos 37°}} = \frac{1}{3}$

10 Fórmulas de transformaciones trigonométricas

En algunas ocasiones resulta muy útil cambiar una suma de razones trigonométricas por un producto de otras, y viceversa.

Transformaciones de sumas en productos

A partir del seno de la suma y de la resta se forma el siguiente sistema:

$$\begin{cases} \text{sen}(\alpha+\beta) = \text{sen}\,\alpha \cdot \cos\beta + \text{sen}\,\beta \cdot \cos\alpha \\ \text{sen}(\alpha-\beta) = \text{sen}\,\alpha \cdot \cos\beta - \text{sen}\,\beta \cdot \cos\alpha \end{cases}$$

Si se suman ambas igualdades: $\text{sen}(\alpha+\beta) + \text{sen}(\alpha-\beta) = 2 \cdot \text{sen}\,\alpha \cdot \cos\beta$ (*)

Si se realiza el siguiente cambio de variables: $\begin{cases} \widehat{A} = \alpha+\beta \\ \widehat{B} = \alpha-\beta \end{cases}$ y se despeja, a continuación, α y β, el resultado es: $\begin{cases} \alpha = \dfrac{\widehat{A}+\widehat{B}}{2} \\ \beta = \dfrac{\widehat{A}-\widehat{B}}{2} \end{cases}$

De donde se deduce finalmente que: $\mathbf{\text{sen}\,\widehat{A} + \text{sen}\,\widehat{B} = 2 \cdot \text{sen}\,\dfrac{\widehat{A}+\widehat{B}}{2} \cdot \cos\dfrac{\widehat{A}-\widehat{B}}{2}}$

Si en vez de sumar las igualdades, se hubieran restado, manteniendo los mismos cambios de variable, se obtendría:

$$\text{sen}\,\widehat{A} - \text{sen}\,\widehat{B} = 2 \cdot \cos\frac{\widehat{A}+\widehat{B}}{2} \cdot \text{sen}\,\frac{\widehat{A}-\widehat{B}}{2}$$

A partir de las fórmulas del coseno de la suma y de la resta, es posible plantear otro sistema que si se combina de forma análoga al anterior, se puede obtener:

$$\cos\widehat{A} + \cos\widehat{B} = 2 \cdot \cos\frac{\widehat{A}+\widehat{B}}{2} \cdot \cos\frac{\widehat{A}-\widehat{B}}{2}$$

$$\cos\widehat{A} - \cos\widehat{B} = -2 \cdot \text{sen}\,\frac{\widehat{A}+\widehat{B}}{2} \cdot \text{sen}\,\frac{\widehat{A}-\widehat{B}}{2}$$

Transformaciones de productos en sumas

A partir de los sistemas anteriores y de la relación (*) es posible obtener también:

$$\text{sen}\,\alpha \cdot \cos\beta = \frac{1}{2} \cdot \left(\text{sen}(\alpha+\beta) + \text{sen}(\alpha-\beta)\right)$$
$$\cos\alpha \cdot \cos\beta = \frac{1}{2} \cdot \left(\cos(\alpha+\beta) + \cos(\alpha-\beta)\right)$$
$$\cos\alpha \cdot \text{sen}\,\beta = \frac{1}{2} \cdot \left(\text{sen}(\alpha+\beta) - \text{sen}(\alpha-\beta)\right)$$
$$\text{sen}\,\alpha \cdot \text{sen}\,\beta = -\frac{1}{2} \cdot \left(\cos(\alpha+\beta) - \cos(\alpha-\beta)\right)$$

EJEMPLO 1

Transforma en un producto y calcula: sen 75° – sen 15°

$\text{sen}\,75° - \text{sen}\,15° = 2 \cdot \cos\dfrac{75°+15°}{2} \cdot \text{sen}\,\dfrac{75°-15°}{2} =$

$= 2 \cdot \cos 45° \cdot \text{sen}\,30° = 2 \cdot \dfrac{\sqrt{2}}{2} \cdot \dfrac{1}{2} = \dfrac{\sqrt{2}}{2}$

EJEMPLO 2

Transforma en una suma el siguiente producto:

$\cos 30° \cdot \text{sen}\,45° = \dfrac{1}{2} \cdot [\text{sen}(30°+45°) - \text{sen}(30°-45°)] =$

$= \dfrac{1}{2} \cdot [\text{sen}\,75° - \text{sen}(-15°)] = \dfrac{1}{2} \cdot (\text{sen}\,75° + \text{sen}\,15°)$

11 Identidades trigonométricas

Se llaman **identidades trigonométricas** aquellas igualdades entre razones trigonométricas que se verifican sea cual sea el valor que tomen la variable o variables que aparecen en ellas.

Para comprobar la veracidad de una identidad trigonométrica, es necesario demostrar que la expresión del primer miembro coincide exactamente con la del segundo miembro. Hay dos alternativas:

- Partir de la expresión de uno de los miembros de la igualdad, el más complejo, y realizar las sustituciones y simplificaciones necesarias hasta obtener la expresión del otro miembro.
- Aplicar las sustituciones y simplificaciones necesarias a los dos miembros, hasta que se llegue a una misma expresión en ambos o, al menos, a una igualdad ya conocida.

En los dos casos es fundamental simplificar al máximo las expresiones trigonométricas que aparecen en la igualdad. Con este fin, se recomienda reducir las expresiones a ángulos sencillos y a razones trigonométricas básicas.

+

La igualdad $\text{sen } x = \cos (90 - x)$ es una identidad trigonométrica, porque se cumple siempre, sea cual sea el valor de x.

Por el contrario, $\text{sen } x = \cos x$, no es una identidad trigonométrica, ya que existen valores de x para los que no se cumple.

EJEMPLO 1

Simplifica la siguiente expresión:

$$(\cos^4 x - \text{sen}^4 x) \cdot \sec 2x$$

Pasando la secante a coseno y el ángulo doble a sencillo:

$$(\cos^4 x - \text{sen}^4 x) \cdot \frac{1}{\cos 2x} = \frac{\cos^4 x - \text{sen}^4 x}{\cos^2 x - \text{sen}^2 x}$$

Tanto el numerador como el denominador son productos notables; factorizando y simplificando:

$$\frac{\cos^4 x - \text{sen}^4 x}{\cos^2 x - \text{sen}^2 x} = \frac{(\cos^2 x + \text{sen}^2 x) \cdot (\cos^2 x - \text{sen}^2 x)}{\cos^2 x - \text{sen}^2 x} =$$

$$= \cos^2 x + \text{sen}^2 x = 1$$

EJEMPLO 2

Demuestra si es cierta la igualdad $\text{sen } 3x = 3\text{sen } x - 4\text{sen}^3 x$.

Se desarrolla la expresión del primer miembro, $\text{sen } 3x$, que, en principio, es más compleja.

Como $3x = 2x + x$, se aplica la fórmula del seno de la suma y la del ángulo doble:

$$\text{sen } 3x = \text{sen } (2x + x) = \text{sen } (2x) \cdot \cos x + \cos (2x) \cdot \text{sen } x =$$

$$= (2\text{sen } x \cdot \cos x) \cdot \cos x + (\cos^2 x - \text{sen}^2 x) \cdot \text{sen } x =$$

$$= 2\text{sen } x \cdot \cos^2 x + \cos^2 x \cdot \text{sen } x - \text{sen}^3 x =$$

$$= 3\text{sen } x \cdot \cos^2 x - \text{sen}^3 x = 3\text{sen } x \cdot (1 - \text{sen}^2 x) - \text{sen}^3 x =$$

$$= 3\text{sen } x - 3\text{sen}^3 x - \text{sen}^3 x = 3\text{sen } x - 4\text{sen}^3 x$$

Se ha llegado a la expresión del segundo miembro; luego, la identidad es correcta.

EJEMPLO 3

Demuestra si es cierta la igualdad $\cos x - \text{tg } x \cdot \text{sen } x = \frac{\text{sen } 2x}{\text{tg } 2x} \cdot \sec x$.

En este caso resulta más conveniente desarrollar los dos miembros por separado:

$$\cos x - \text{tg } x \cdot \text{sen } x = \cos x - \frac{\text{sen } x}{\cos x} \cdot \text{sen } x = \cos x - \frac{\text{sen}^2 x}{\cos x} = \frac{\cos^2 x - \text{sen}^2 x}{\cos x}$$

$$\frac{\text{sen } 2x}{\text{tg } 2x} \cdot \sec x = \frac{\text{sen } 2x}{\frac{\text{sen } 2x}{\cos 2x}} \cdot \frac{1}{\cos x} = \frac{\text{sen } 2x \cdot \cos 2x}{\text{sen } 2x \cdot \cos x} = \frac{\cos 2x}{\cos x} = \frac{\cos^2 x - \text{sen}^2 x}{\cos x}$$

Ambos resultados coinciden; luego, la identidad es correcta.

12 Ecuaciones trigonométricas

» Una **ecuación trigonométrica** es una igualdad entre razones trigonométricas que se verifica para determinados valores de la incógnita, que en este caso representa un ángulo desconocido.

A la hora de resolver ecuaciones trigonométricas, se recomienda proceder siguiendo estos pasos:

- Todas las razones trigonométricas que aparezcan deben reducirse al mismo ángulo.
- Todas las expresiones trigonométricas deben reducirse a la misma razón, salvo que se pueda factorizar la ecuación. En tal caso, cada uno de los factores debe reducirse a una misma razón.
- Se despeja la razón trigonométrica. En ocasiones, puede ser útil hacer el cambio de variable: $y = \text{sen}\, x$ o $y = \cos x$, según sea una u otra la razón escogida en el segundo paso.
- Se despeja el ángulo utilizando las funciones inversas:
  $\text{sen}\, x = \text{N} \Rightarrow x = \text{arcsen N}$, $\cos x = \text{N} \Rightarrow x = \text{arccos N}$, $\text{tg}\, x = \text{N} \Rightarrow x = \text{arctg N}$, etc.

  De esta operación siempre resultan dos soluciones, excepto para arcsen ±1 y arccos ±1. Si no se especifican las unidades, estas pueden darse indistintamente en grados o radianes.
- Se comprueba la validez de las soluciones, sustituyendo siempre en la ecuación inicial.
- Se añade a las soluciones los posibles ángulos, superiores a 360°, que también sean solución.

EJEMPLO 1

Resuelve la ecuación $\cos 2x - 3\cos x + 2 = 0$.

Se reduce el ángulo $2x$ a x, aplicando la fórmula del coseno del ángulo doble: $\cos 2x = \cos^2 x - \text{sen}^2\, x$, y se sustituye en la ecuación:

$\cos^2 x - \text{sen}^2\, x - 3\cos x + 2 = 0$

Se pasan los senos a cosenos, aplicando $\text{sen}^2\, x = 1 - \cos^2 x$: $\cos^2 x - (1 - \cos^2 x) - 3\cos x + 2 = 0 \Rightarrow 2\cos^2 x - 3\cos x + 1 = 0$

Se trata de una ecuación de segundo grado en $\cos x$.

Se hace el cambio de variable, $y = \cos x \Rightarrow 2y^2 - 3y + 1 = 0$:

$$\cos x = \frac{3 \pm \sqrt{9-8}}{4} = \frac{3 \pm 1}{4} = \begin{cases} \cos x = 1 \\ \cos x = \frac{1}{2} \end{cases} \Rightarrow \begin{cases} \cos x = 1 \Rightarrow \arccos 1 = 0° \\ \cos x = \frac{1}{2} \Rightarrow x = \arccos \frac{1}{2} = \begin{cases} 60° \\ 300° \end{cases} \end{cases}$$

Se comprueba si son válidas:

$$\begin{cases} x = 0° \Rightarrow \cos 0° - 3\cos 0° + 2 = 1 - 3 + 2 = 0;\ \text{es válida.} \\ x = 60° \Rightarrow \cos 120° - 3\cos 60° + 2 = -\frac{1}{2} - 3 \cdot \frac{1}{2} + 2 = 0;\ \text{es válida.} \\ x = 300° \Rightarrow \cos 600° - 3\cos 300° + 2 = -\frac{1}{2} - 3 \cdot \frac{1}{2} + 2 = 0;\ \text{es válida.} \end{cases}$$

Se añaden las soluciones mayores de 360°: $x = 0° + 360°k$, $x = 60° + 360°k$ y $x = 300° + 360°k$, $\forall k \in \mathbb{N}$.

EJEMPLO 2

Resuelve la ecuación sen $2x - \cos x = 0$.

Se reduce el ángulo $2x$ a x, mediante el seno del ángulo doble: $\text{sen } 2x = 2\text{sen } x \cdot \cos x$, y se sustituye en la ecuación:

$$2\text{sen } x \cdot \cos x - \cos x = 0$$

Se factoriza y se resuelve:

$$\cos x \cdot (2\text{sen } x - 1) = 0 \Rightarrow \begin{cases} \cos x = 0 \Rightarrow x = \arccos 0 = \begin{cases} 90° \\ 270° \end{cases} \\ 2\text{sen } x - 1 = 0 \Rightarrow \text{sen } x = \frac{1}{2} \Rightarrow x = \text{arcsen } \frac{1}{2} = \begin{cases} 30° \\ 150° \end{cases} \end{cases}$$

A continuación, se comprueba que efectivamente son válidas:

$$\begin{cases} x = 30° \Rightarrow \cos 30° \cdot (2\text{sen } 30° - 1) = \frac{\sqrt{3}}{2} \cdot \left(2 \cdot \frac{1}{2} - 1\right) = 0; \text{ es válida.} \\ x = 90° \Rightarrow \cos 90° \cdot (2\text{sen } 90° - 1) = 0 \cdot (2 \cdot 1 - 1) = 0; \text{ es válida.} \\ x = 150° \Rightarrow \cos 150° \cdot (2\text{sen } 150° - 1) = -\frac{\sqrt{3}}{2} \cdot \left(2 \cdot \frac{1}{2} - 1\right) = 0; \text{ es válida.} \\ x = 270° \Rightarrow \cos 270° \cdot (2\text{sen } 270° - 1) = 0 \cdot [2 \cdot (-1) - 1] = 0; \text{ es válida.} \end{cases}$$

Se añaden las soluciones mayores de 360°:

$x = 30° + 360°k$, $x = 90° + 360°k$, $x = 150° + 360°k$, $x = 270° + 360°k$, $\forall k \in N$

Cuando dos de las soluciones difieran en 180°, estas se pueden expresar como una sola.

Las soluciones $\begin{cases} x = 90° + 360°k \\ x = 270° + 360°k \end{cases}$, del ejemplo anterior equivalen a $x = 90° + 180°K$.

EJEMPLO 3

Resuelve la ecuación sen $x + \sqrt{3} \cos x = 2$.

Se pasan los cosenos a senos mediante $\cos x = \sqrt{1 - \text{sen}^2 x}$:

$\text{sen } x + \sqrt{3} \cdot \sqrt{1 - \text{sen}^2 x} = 2 \Rightarrow \sqrt{3} \cdot \sqrt{1 - \text{sen}^2 x} = 2 - \text{sen } x$

Se elevan al cuadrado los dos miembros: $\left(\sqrt{3} \cdot \sqrt{1 - \text{sen}^2 x}\right)^2 = (2 - \text{sen } x)^2$

$3 \cdot (1 - \text{sen}^2 x) = 4 - 4\text{sen } x + \text{sen}^2 x \Rightarrow 4\text{sen}^2 x - 4\text{sen } x + 1 = 0$

Se despeja sen x (se trata de una ecuación de segundo grado, si $y = \text{sen } x \Rightarrow$ $\Rightarrow 4y^2 - 4y + 1 = 0$):

$$\text{sen } x = \frac{4 \pm \sqrt{16 - 16}}{8} = \frac{4 \pm 0}{8} \Rightarrow \text{sen } x = \frac{1}{2} \Rightarrow x = \text{arcsen } \frac{1}{2} = \begin{cases} 30° \\ 150° \end{cases}$$

Se comprueba la validez de las soluciones:

$$\begin{cases} x = 30° \Rightarrow \text{sen } 30° + \sqrt{3} \cdot \cos 30° = \frac{1}{2} + \sqrt{3} \cdot \frac{\sqrt{3}}{2} = 2; \text{ es válida.} \\ x = 150° \Rightarrow \text{sen } 150° + \sqrt{3} \cdot \cos 3150° = \frac{1}{2} + \sqrt{3} \cdot \left(\frac{-\sqrt{3}}{2}\right) = -1; \text{ no es válida.} \end{cases}$$

Se añaden las soluciones mayores de $360° \Rightarrow 30° + 360°k$

13 Sistemas de ecuaciones trigonométricas

En la resolución de los sistemas de ecuaciones trigonométricas se utilizan los habituales métodos de sustitución o reducción, según el caso.

EJEMPLO 1

Resuelve el sistema $\begin{cases} x + y = 90 \\ \text{sen } x + \cos y = \sqrt{2} \end{cases}$.

Se despeja *y* en la primera ecuación y se sustituye en la segunda:

$$\begin{cases} y = 90 - x \\ \text{sen } x + \cos(90 - x) = \sqrt{2} \end{cases}$$

Por las equivalencias de ángulos complementarios, se sabe que $\cos(90 - x) = \text{sen } x$; luego:

$$\text{sen } x + \text{sen } x = \sqrt{2} \Rightarrow 2\text{sen } x = \sqrt{2} \Rightarrow \text{sen } x = \frac{\sqrt{2}}{2} \Rightarrow x = \text{arcsen } \frac{\sqrt{2}}{2} = \begin{cases} 45° \\ 135° \end{cases}$$

Se calcula *y*; luego se comprueba:

$$\begin{cases} \text{si } x = 45° \Rightarrow y = 45° \begin{cases} 45° + 45° = 90°\text{; es válida.} \\ \text{sen } 45° + \cos 45° = \sqrt{2}\text{; es válida.} \end{cases} \\ \text{si } x = 135° \Rightarrow y = -45° \begin{cases} 135° + (-45°) = 90°\text{; es válida.} \\ \text{sen } 135° + \cos(-45°) = \sqrt{2}\text{; es válida.} \end{cases} \end{cases}$$

Esta vez, a las soluciones no se les añade los ángulos mayores de 360°, porque no se cumpliría la primera ecuación. Luego, las soluciones definitivas son (45° , 45°) y (135° , −45°).

Se podrían incluir los ángulos mayores de 360° si se respeta la primera ecuación; es decir, si a las soluciones de *x* se les suma 360°, a las de *y* se les debe restar.

$(45° + 360°k , 45° - 360°k)$ y $(135° + 360°k , -45° - 360°k)$, $\forall k \in N$

EJEMPLO 2

Resuelve el sistema $\begin{cases} \text{sen } x + \cos y = 1 \\ \text{sen } x - \cos y = 0 \end{cases}$.

Se suman las ecuaciones: $2\text{sen } x = 1 \Rightarrow \text{sen } x = \frac{1}{2} \Rightarrow x = \text{arcsen } \frac{1}{2} = \begin{cases} 30° \\ 150° \end{cases}$

Se restan las ecuaciones: $2\cos y = 1 \Rightarrow \cos y = \frac{1}{2} \Rightarrow y = \text{arccos } \frac{1}{2} = \begin{cases} 60° \\ 300° \end{cases}$

Combinando las posibles parejas de soluciones y comprobando:

Si $x = 30°, y = 60°$: $\begin{cases} \text{sen } 30 + \cos 60 = \frac{1}{2} + \frac{1}{2} = 1 \\ \text{sen } 30 - \cos 60 = \frac{1}{2} - \frac{1}{2} = 0 \end{cases}$; si $x = 30°, y = 300°$: $\begin{cases} \text{sen } 30 + \cos 300 = \frac{1}{2} + \frac{1}{2} = 1 \\ \text{sen } 30 - \cos 300 = \frac{1}{2} - \frac{1}{2} = 0 \end{cases}$

Si $x = 150°, y = 60°$: $\begin{cases} \text{sen } 150 + \cos 60 = \frac{1}{2} + \frac{1}{2} = 1 \\ \text{sen } 150 - \cos 60 = \frac{1}{2} - \frac{1}{2} = 0 \end{cases}$; si $x = 150°, y = 300°$: $\begin{cases} \text{sen } 150 + \cos 300 = \frac{1}{2} + \frac{1}{2} = 1 \\ \text{sen } 150 - \cos 300 = \frac{1}{2} - \frac{1}{2} = 0 \end{cases}$

Se cumplen todas las ecuaciones; luego, hay cuatro soluciones:

$(30° + 360°k , 60° + 360°k)$, $(30° + 360°k , 300° + 360°k)$, $(150° + 360°k , 60° + 360°k)$ y $(150° + 360°k , 300° + 360°k)$, $\forall k \in N$.

14 Triángulos rectángulos

Un triángulo rectángulo es aquel que contiene entre sus ángulos un ángulo recto, es decir, un ángulo de 90°. Los dos lados que forman el ángulo recto se denominan catetos, y el lado opuesto a dicho ángulo recibe el nombre de hipotenusa.

En la resolución de triángulos rectángulos se pueden utilizar las siguientes relaciones:

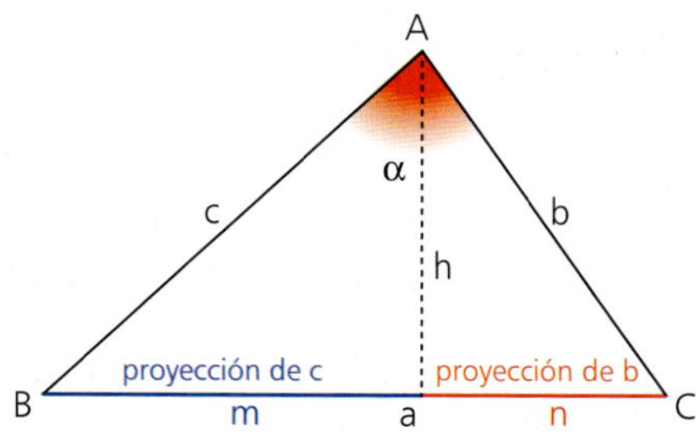

- Las definiciones de las razones trigonométricas:

$$\text{sen}\ \alpha = \frac{\text{cateto opuesto}}{\text{hipotenusa}}$$

$$\cos \alpha = \frac{\text{cateto contiguo}}{\text{hipotenusa}}$$

$$\text{tg}\ \alpha = \frac{\text{cateto opuesto}}{\text{cateto contiguo}}$$

- El teorema de Pitágoras: la hipotenusa al cuadrado es igual a la suma de los cuadrados de los catetos:

$$a^2 = b^2 + c^2$$

- El teorema del cateto: cualquier cateto al cuadrado es igual al producto de la hipotenusa por la proyección de dicho cateto sobre ella:

$$b^2 = a \cdot n \qquad\qquad c^2 = a \cdot m$$

- El teorema de la altura: el cuadrado de la altura sobre la hipotenusa es igual al producto de las proyecciones de los catetos sobre la hipotenusa:

$$h^2 = m \cdot n$$

- La propiedad que cumplen los ángulos de cualquier triángulo: la suma de los tres ángulos de un triángulo es 180°:

$$\widehat{A} + \widehat{B} + \widehat{C} = 180°$$

Si no hay certeza de que el triángulo sea rectángulo, las cuatro primeras relaciones no podrán utilizarse.

En los ejercicios sobre triángulos se recomienda realizar un dibujo para anotar en él los datos del problema e identificarlos más fácilmente.

EJEMPLO 1

La escalera de un tobogán mide 2 m y está completamente vertical. Si el ángulo que forma la escalera con la rampa del tobogán es de 60°, halla la longitud de la rampa.

A partir del dibujo se observa que se forma un triángulo rectángulo.

Aplicando la definición del coseno, y teniendo en cuenta que $\cos 60° = \frac{1}{2}$:

$$\cos 60° = \frac{\text{cateto contiguo}}{\text{hipotenusa}} \Rightarrow \frac{1}{2} = \frac{2}{x} \Rightarrow x = 4$$

La rampa tiene una longitud de 4 m.

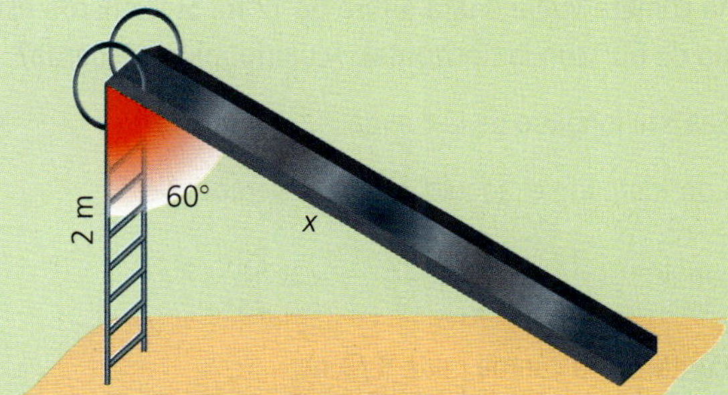

Triángulos rectángulos (continuación)

EJEMPLO 2

Las dimensiones de una caja de zapatos correspondientes al ancho, largo y alto son $30 \times 40 \times 50$ cm, respectivamente. Halla la longitud de la diagonal de la caja y el ángulo que forma esta con la base.

Sea x la diagonal de la caja. Se observa que forma un triángulo rectángulo con la arista que actúa como altura y con la diagonal de la base.

Se calcula la diagonal de la base, d, que nuevamente forma un triángulo rectángulo con las aristas de 30 cm y 40 cm.

$$d^2 = 30^2 + 40^2 \Rightarrow d = \sqrt{900 + 1600} = \sqrt{2500} = 50 \text{ cm}$$

Se halla x aplicando el teorema de Pitágoras:

$$x^2 = d^2 + 50^2 \Rightarrow x = \sqrt{2500 + 2500} = \sqrt{5000} = 50\sqrt{2} \text{ cm}$$

Para hallar el ángulo α se recurre a la definición de tangente:

$$\text{tg } \alpha = \frac{\text{cateto opuesto}}{\text{cateto contiguo}} = \frac{50}{50} = 1 \Rightarrow \alpha = \text{arctg } 1 = 45°$$

La diagonal mide $50\sqrt{2}$ cm, y el ángulo que forma esta con la base es de 45°.

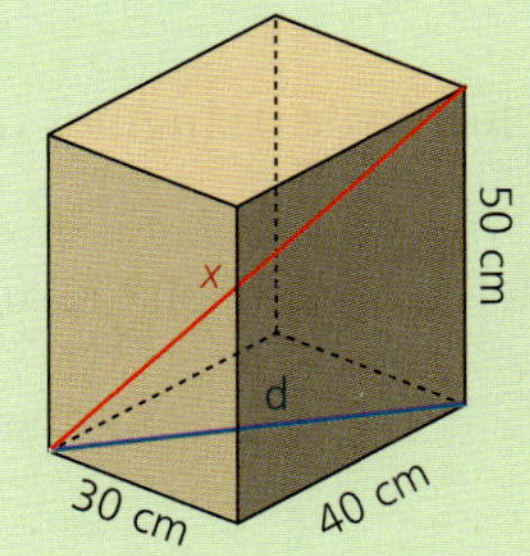

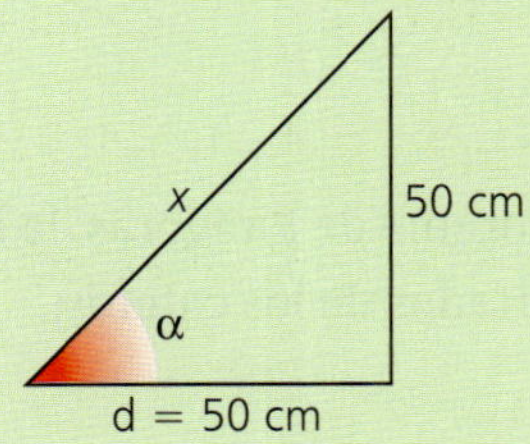

EJEMPLO 3

Una estatua está colocada sobre un pedestal que mide 2 m de altura. Desde un punto del suelo se ve el punto más alto del pedestal bajo un ángulo de 30° y la parte más elevada de la estatua bajo un ángulo de 45°. Calcula la altura de la estatua.

Sea x la altura de la estatua e y la distancia al pedestal.

A partir del ángulo de 45° resulta:

$$\text{tg } 45° = \frac{2 + x}{y} \Rightarrow 1 = \frac{2 + x}{y} \Rightarrow y = 2 + x$$

A partir del ángulo de 30° se obtiene:

$$\text{tg } 30° = \frac{2}{y} \Rightarrow \frac{\sqrt{3}}{3} = \frac{2}{y} \Rightarrow y = \frac{6}{\sqrt{3}} = 2\sqrt{3}$$

E igualando: $2 + x = 2\sqrt{3} \Rightarrow x = 2\sqrt{3} - 2$

Por tanto, la estatua mide $(2\sqrt{3} - 2)$ m.

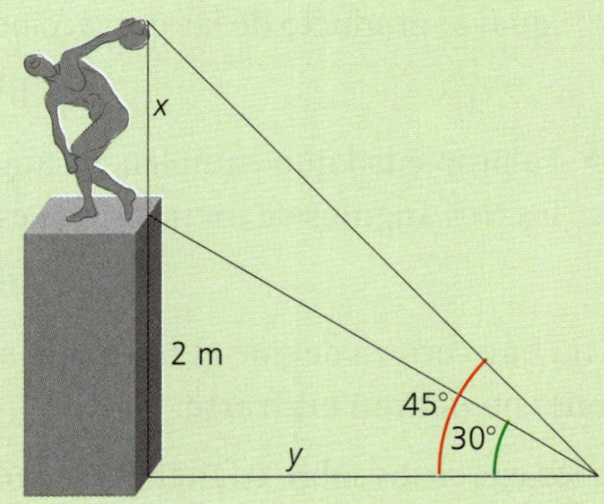

EJEMPLO 4

Una cometa vuela a una altura de 12 m. Si la cuerda está fija en el suelo y forma un ángulo de 60° con la horizontal, ¿cuánto mide la cuerda?

Sea x la longitud de la cuerda.

Considerando el ángulo de 60°, tenemos que:

$$\text{sen } 60° = \frac{12}{x} \Rightarrow \frac{\sqrt{3}}{2} = \frac{12}{x} \Rightarrow x = \frac{24}{\sqrt{3}} = 8\sqrt{3}$$

Por tanto, la cuerda mide $8\sqrt{3}$ m.

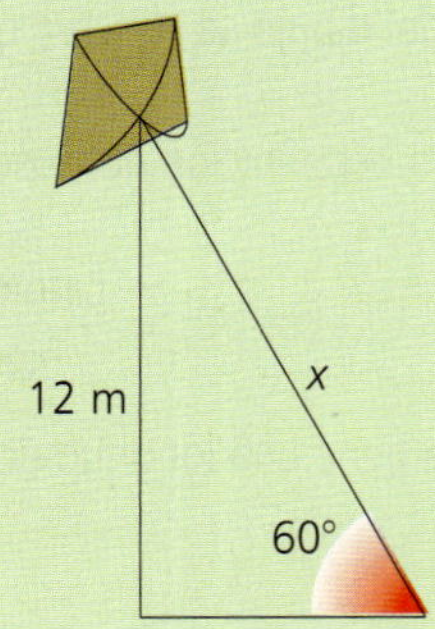

15 Teorema del seno

» El **teorema del seno** afirma que los lados de cualquier triángulo son proporcionales a los senos de sus ángulos opuestos:

$$\frac{a}{\text{sen}\,\widehat{A}} = \frac{b}{\text{sen}\,\widehat{B}} = \frac{c}{\text{sen}\,\widehat{C}}$$

Demostración del teorema del seno:

Sea *h* la altura sobre el lado $\overline{AB}$. El triángulo ADC es rectángulo y por tanto sen $\widehat{A} = \frac{h}{b}$; luego: $h = b \cdot \text{sen}\,\widehat{A}$.

El triángulo BDC es rectángulo y, por tanto, sen $\widehat{B} = \frac{h}{a}$; luego: $h = a \cdot \text{sen}\,\widehat{B}$.

De las dos igualdades se deduce que $b \cdot \text{sen}\,\widehat{A} = a \cdot \text{sen}\,\widehat{B}$.

Si expresamos esta relación en forma de proporción: $\frac{a}{\text{sen}\,\widehat{A}} = \frac{b}{\text{sen}\,\widehat{B}}$.

De forma análoga, considerando la altura sobre el lado $\overline{CB}$, se obtendría la relación $\frac{c}{\text{sen}\,\widehat{C}} = \frac{b}{\text{sen}\,\widehat{B}}$.

Por tanto, queda demostrado que $\frac{a}{\text{sen}\,\widehat{A}} = \frac{b}{\text{sen}\,\widehat{B}} = \frac{c}{\text{sen}\,\widehat{C}}$.

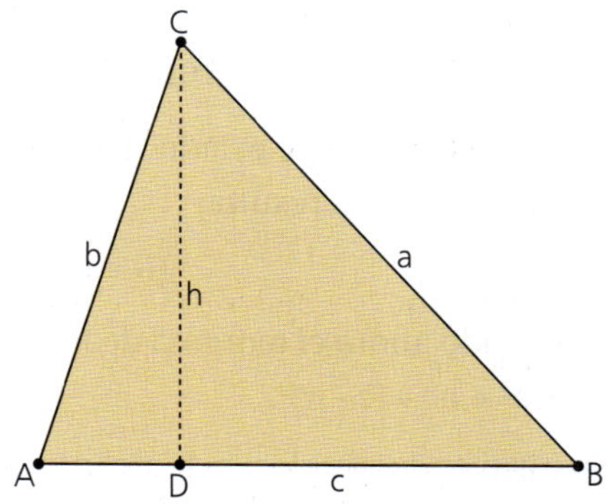

Consecuencia del teorema del seno

Si un triángulo, ABC, se encuentra inscrito en una circunferencia de radio *r*, entonces la constante de proporcionalidad del teorema del seno coincide con 2*r*. Es decir:

$$\frac{a}{\text{sen}\,\widehat{A}} = \frac{b}{\text{sen}\,\widehat{B}} = \frac{c}{\text{sen}\,\widehat{C}} = 2r$$

EJEMPLO 1

Calcula el radio de la circunferencia circunscrita a un triángulo equilátero de 3 cm de lado.

$\widehat{A} + \widehat{B} + \widehat{C} = 180°$; como $\widehat{A} = \widehat{B} = \widehat{C} \Rightarrow 3\,\widehat{A} = 180° \Rightarrow \widehat{A} + \widehat{B} + \widehat{C} = 60°$

Aplicando la consecuencia anterior del teorema del seno: $\frac{3}{\text{sen}\,60°} = 2 \cdot \text{radio}$

Luego, $2r = \frac{3}{\frac{\sqrt{3}}{2}} \Rightarrow r = \frac{3}{\sqrt{3}} = \sqrt{3}$.

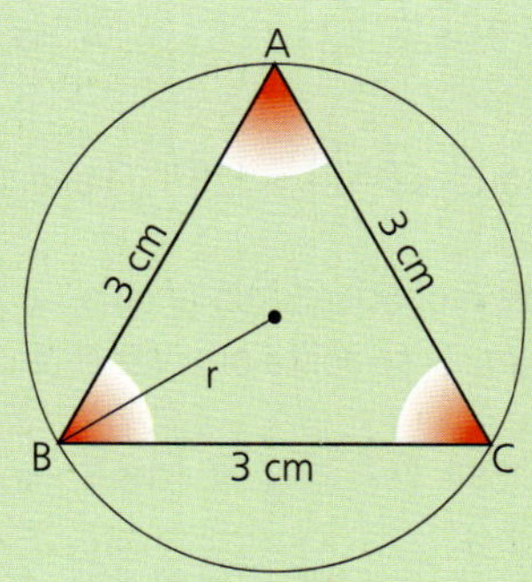

Otra forma de resolver el ejercicio sería aplicar el teorema del seno directamente:

$$\frac{3}{\text{sen}\,120°} = \frac{r}{\text{sen}\,30°}$$

$$r = \frac{3\text{sen}\,30°}{\text{sen}\,120°} = \frac{3 \cdot \frac{1}{2}}{\frac{\sqrt{3}}{2}} = \frac{3}{\sqrt{3}} = \sqrt{3}\text{ cm}$$

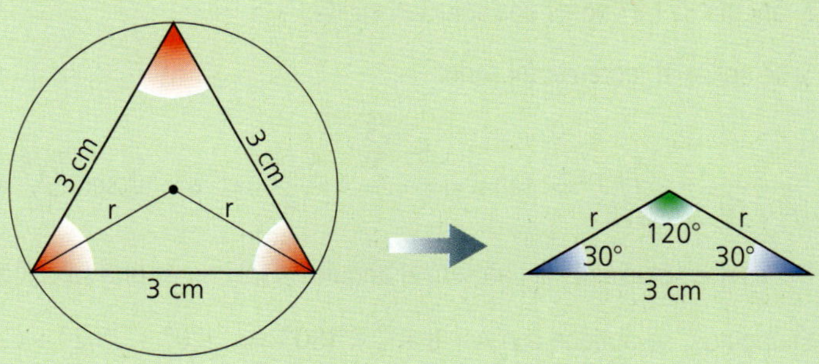

16 Teorema del coseno

» El **teorema del coseno** afirma que el cuadrado de uno de los lados de cualquier triángulo es igual a la suma de los cuadrados de los otros dos lados menos el doble del producto de dichos lados por el coseno del ángulo que forman:

$a^2 = b^2 + c^2 - 2bc \cdot \cos \widehat{A}$ $\quad b^2 = a^2 + c^2 - 2ac \cdot \cos \widehat{B}$ $\quad c^2 = a^2 + b^2 - 2ab \cdot \cos \widehat{C}$

Demostración del teorema del coseno

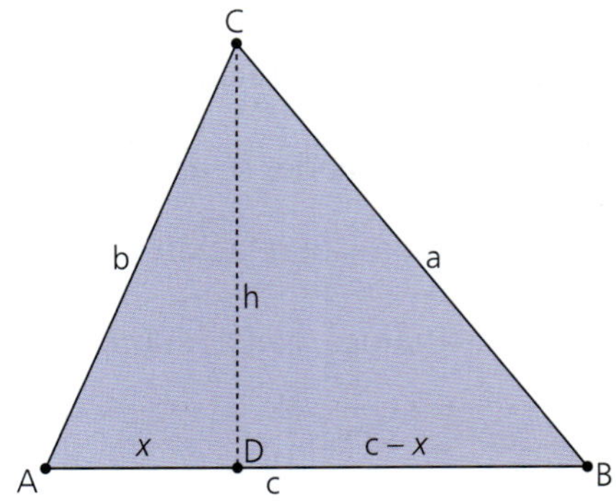

Sea h la altura sobre el lado $\overline{AB}$. Aplicando el teorema de Pitágoras al triángulo rectángulo ADC, resulta:

$$b^2 = x^2 + h^2 \Rightarrow h^2 = b^2 - x^2$$

Aplicando ahora el teorema de Pitágoras al triángulo rectángulo BDC, tenemos que: $a^2 = h^2 + (c - x)^2$.

Sustituyendo el valor de h^2 del primer triángulo se obtiene que:

$$a^2 = (b^2 - x^2) + (c - x)^2 = b^2 - x^2 + c^2 + x^2 - 2cx = b^2 + c^2 - 2cx$$

Como $\cos \widehat{A} = \frac{x}{b} \Rightarrow x = b \cdot \cos \widehat{A}$. Sustituyendo en $a^2 = b^2 + c^2 - 2cx$, se tiene que: $a^2 = b^2 + c^2 - 2cb \cdot \cos \widehat{A}$, con lo que queda demostrada la primera versión del teorema. Las otras dos fórmulas se demuestran de forma análoga tomando las otras dos alturas.

Para poder aplicar este teorema, es necesario conocer, o bien dos lados del triángulo y el ángulo que forman, o bien los tres lados.

EJEMPLO 1

Halla los ángulos de un triángulo cuyos lados miden 3 cm, 5 cm y 7 cm.

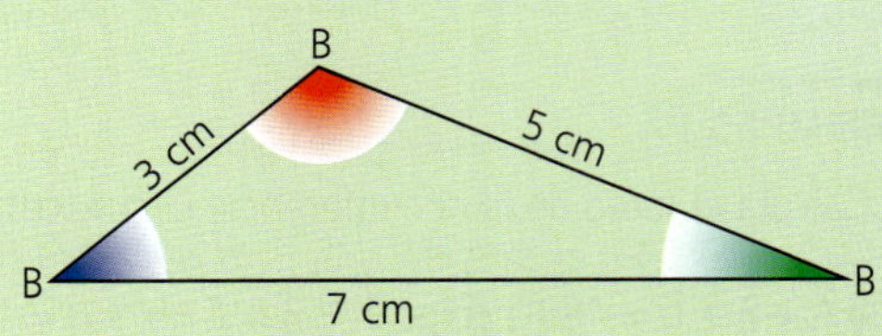

Como se conocen los tres lados, es necesario usar el teorema del coseno:

$$7^2 = 3^2 + 5^2 - 2 \cdot 3 \cdot 5 \cdot \cos \widehat{A} \Rightarrow \cos \widehat{A} = \frac{34 - 49}{30} = -\frac{15}{30} = -\frac{1}{2}$$

$\widehat{A} = \text{arccos}\left(-\frac{1}{2}\right) = 120°$ (El ángulo 240° no es una solución válida).

Ahora, conociendo un ángulo, se puede aplicar tanto el teorema del seno como el del coseno. Si se aplica otra vez el teorema del coseno:

$$5^2 = 3^2 + 7^2 - 2 \cdot 3 \cdot 7 \cdot \cos \widehat{B} \Rightarrow \cos \widehat{B} = \frac{58 - 25}{42} = \frac{33}{42} = \frac{11}{14} \Rightarrow \widehat{B} = \text{arccos}\frac{11}{14} \approx 38,2°$$

El ángulo 321,8° no es una solución válida.

Si se aplica el teorema del seno:

$$\frac{7}{\text{sen}\,120°} = \frac{5}{\text{sen}\,\widehat{B}} \Rightarrow \text{sen}\,\widehat{B} = \frac{5 \cdot \frac{\sqrt{3}}{2}}{7} = \frac{5\sqrt{3}}{14} \Rightarrow \widehat{B} = \text{arcsen}\frac{5\sqrt{3}}{14} \approx \begin{cases} 38,2° \\ 141,8° \end{cases}$$

De las dos soluciones del arcsen, el ángulo 141,8° no es una solución válida, ya que, $\widehat{A}$ y $\widehat{B}$ sumarían más de 180°.

El ángulo $\widehat{C}$ se obtiene con $\widehat{A} + \widehat{B} + \widehat{C} = 180° \Rightarrow 120° + 38,2° + \widehat{C} = 180° \Rightarrow \widehat{C} = 21,8°$.

17 Teorema de la tangente

En trigonometría, el teorema de la tangente es una fórmula que relaciona las longitudes de los lados de un triángulo y las tangentes de sus ángulos.

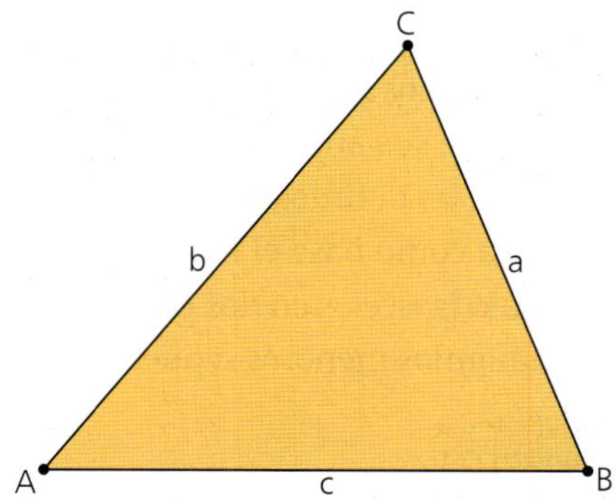

En la figura, *a*, *b*, y *c* son las longitudes de los tres lados del triángulo, y $\widehat{A}$, $\widehat{B}$ y $\widehat{C}$ son, respectivamente, los ángulos opuestos a estos tres lados. El teorema de la tangente establece que:

$$\frac{a-b}{a+b}=\frac{\operatorname{tg}\left(\frac{\widehat{A}-\widehat{B}}{2}\right)}{\operatorname{tg}\left(\frac{\widehat{A}+\widehat{B}}{2}\right)}$$

El teorema de la tangente se puede utilizar en cualquiera de los casos donde se conocen dos lados y un ángulo o cuando se conocen dos ángulos y un lado.

Para demostrar el teorema de la tangente, se utiliza el teorema del seno:

$$\frac{a}{\operatorname{sen}\widehat{A}}=\frac{b}{\operatorname{sen}\widehat{B}}$$

Llamando *q* al resultado de este cociente, se obtiene que:

$$\frac{a}{\operatorname{sen}\widehat{A}}=\frac{b}{\operatorname{sen}\widehat{B}}=q \Rightarrow \begin{cases} a=q\cdot\operatorname{sen}\widehat{A} \\ b=q\cdot\operatorname{sen}\widehat{B} \end{cases}\text{, por tanto:}$$

$$\frac{a-b}{a+b}=\frac{q\cdot\operatorname{sen}\widehat{A}-q\cdot\operatorname{sen}\widehat{B}}{q\cdot\operatorname{sen}\widehat{A}+q\cdot\operatorname{sen}\widehat{B}}=\frac{\operatorname{sen}\widehat{A}-\operatorname{sen}\widehat{B}}{\operatorname{sen}\widehat{A}+\operatorname{sen}\widehat{B}}$$

Utilizando las fórmulas de las transformaciones de sumas en productos:

$$\frac{a-b}{a+b}=\frac{2\operatorname{sen}\left(\frac{\widehat{A}-\widehat{B}}{2}\right)\cdot\cos\left(\frac{\widehat{A}+\widehat{B}}{2}\right)}{2\operatorname{sen}\left(\frac{\widehat{A}+\widehat{B}}{2}\right)\cdot\cos\left(\frac{\widehat{A}-\widehat{B}}{2}\right)}=\frac{\operatorname{tg}\left(\frac{\widehat{A}-\widehat{B}}{2}\right)}{\operatorname{tg}\left(\frac{\widehat{A}+\widehat{B}}{2}\right)}$$

EJEMPLO 1

A 1 m de distancia de un árbol vemos la copa de este con un ángulo de 75°, ¿Qué altura tiene el árbol?

Podíamos usar la definición de la tangente de 75°, pero al no ser notable, optamos por el teorema de la tangente:

$$\frac{x-1}{x+1}=\frac{\operatorname{tg}\frac{75°-15°}{2}}{\operatorname{tg}\frac{75°+15°}{2}} \Rightarrow \frac{x-1}{x+1}=\frac{\operatorname{tg}30°}{\operatorname{tg}45°} \Rightarrow$$

$$\Rightarrow \frac{x-1}{x+1}=\frac{\sqrt{3}}{3} \Rightarrow 3x-3=\sqrt{3}x+\sqrt{3} \Rightarrow$$

$$\Rightarrow x=\frac{3+\sqrt{3}}{3-\sqrt{3}}=\frac{12+6\sqrt{3}}{6} \Rightarrow 2+\sqrt{3}$$

El árbol tiene una altura de $2+\sqrt{3}$ m.

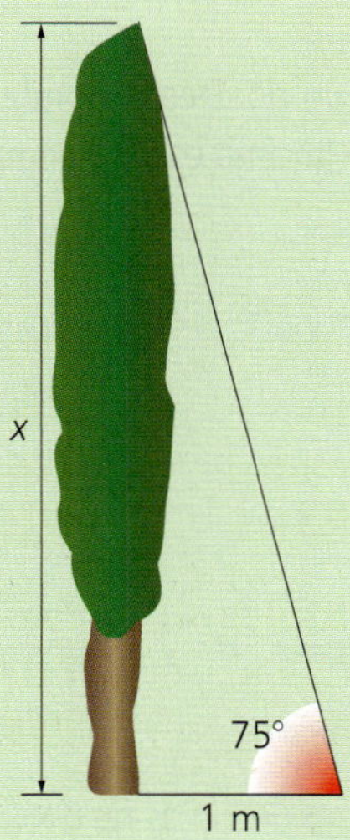

18 Aplicaciones

Triángulos isósceles

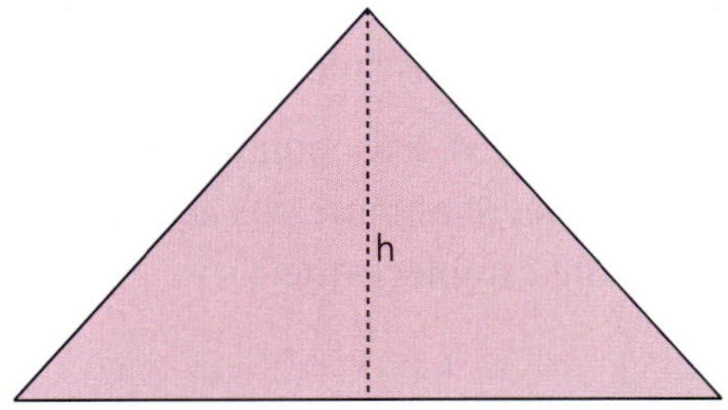

Son triángulos isósceles los que tienen iguales dos de sus lados y, por tanto, también dos de sus ángulos. Pueden no ser rectángulos, y, en principio, no es posible aplicarles las definiciones de las razones ni el teorema de Pitágoras; no obstante si se coloca como base el lado desigual y desde ahí se traza la altura, esta divide el triángulo isósceles en dos triángulos iguales, los cuales sí son rectángulos. En estos triángulos menores sí pueden usarse las relaciones anteriores.

EJEMPLO 1

Un octógono regular de 4 cm de lado se encuentra inscrito en una circunferencia. ¿Cuál es la longitud de su radio?

El octógono puede dividirse en ocho triángulos isósceles iguales. El ángulo central será de $\frac{360°}{8} = 45°$. Si se toma uno de esos ocho triángulos y se traza la altura, tal como muestra la figura, se obtienen dos triángulos rectángulos.

En el triángulo rectángulo $\text{sen } 22{,}5° = \frac{2}{R} \Rightarrow R = \frac{2}{\text{sen } 22{,}5°}$.

Por otra parte: $\text{sen } 22{,}5° = \text{sen } \frac{45°}{2} = \sqrt{\frac{1-\cos 45°}{2}} = \sqrt{\frac{1-\frac{\sqrt{2}}{2}}{2}} = \sqrt{\frac{2-\sqrt{2}}{4}} = \frac{\sqrt{2-\sqrt{2}}}{2}$

Por tanto: $R = \frac{2}{\frac{\sqrt{2-\sqrt{2}}}{2}} = \frac{4}{\sqrt{2-\sqrt{2}}}$

$$R = \frac{4\sqrt{2-\sqrt{2}}}{2-\sqrt{2}} = \frac{\left(4\sqrt{2-\sqrt{2}}\right)\cdot\left(2+\sqrt{2}\right)}{\left(2-\sqrt{2}\right)\cdot\left(2+\sqrt{2}\right)} = \frac{4\sqrt{\left(2-\sqrt{2}\right)\cdot\left(2+\sqrt{2}\right)^2}}{2} = 2\sqrt{2\cdot\left(2+\sqrt{2}\right)} \text{ cm}$$

El radio tiene una longitud de 5,23 cm, aproximadamente.

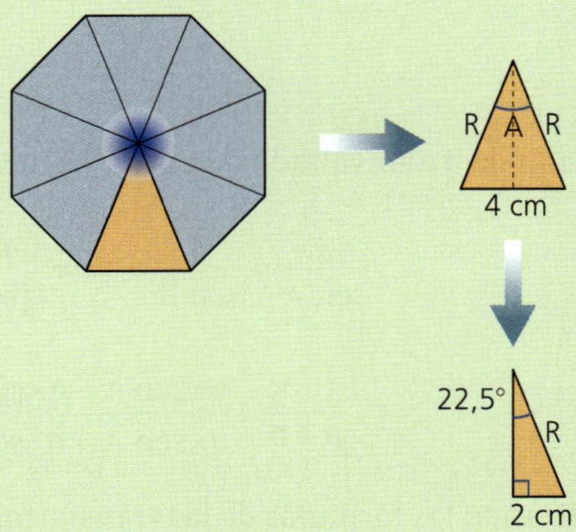

Cálculo de la altura con el pie inaccesible

Desde dos puntos, P y Q, que están en la horizontal y cuya distancia es conocida, se miden los ángulos $\widehat{A}$ y $\widehat{B}$, bajo los cuales se divisa la cima que se quiere medir. En este tipo de problemas aparecen varios triángulos representados, por lo que el método recomendable es resolverlos planteando un sistema de ecuaciones.

EJEMPLO 2

Un faro y un turista se hallan en las orillas opuestas de un río. Desde donde se encuentra, el turista ve la cima del faro bajo un ángulo de 60°; sin embargo, si se aleja del río 2 m, entonces ve la cima con un ángulo de 45°. Determina la altura del faro y la anchura del río.

Sea x la altura del faro e y la anchura del río.

Aplicando la definición de tangente a los ángulos de 45° y 60°:

$$\begin{cases} \text{tg } 60° = \frac{x}{y} \\ \text{tg } 45° = \frac{x}{y+2} \end{cases} \Rightarrow \begin{cases} \sqrt{3} = \frac{x}{y} \\ 1 = \frac{x}{y+2} \end{cases} \Rightarrow \begin{cases} x = \sqrt{3}y \\ x = y+2 \end{cases}$$

Resolviendo por igualación: $\sqrt{3}y = y+2 \Rightarrow y\left(\sqrt{3}-1\right) = 2 \Rightarrow y = \frac{2}{\sqrt{3}-1} = \frac{2\left(\sqrt{3}+1\right)}{2} = \sqrt{3}+1$

Sustituyendo en la otra ecuación: $x = y+2 \Rightarrow x = \sqrt{3}+3$

El faro está a una altura aproximada de 4,73 m, y el ancho del río es de unos 2,73 m.

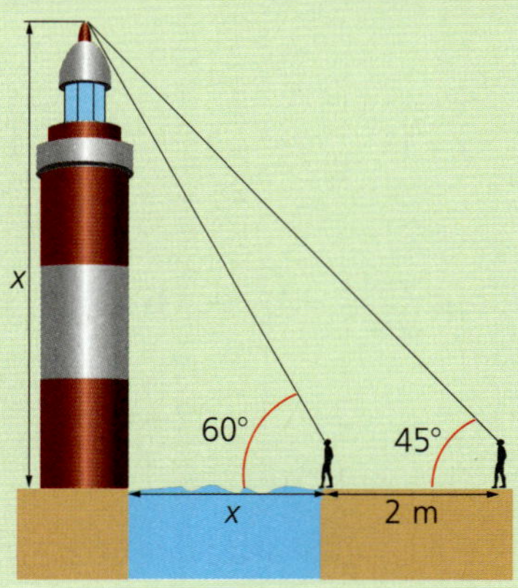

Cálculo del área de un triángulo

Cualquiera de los lados de un triángulo puede actuar como base, pero la altura debe ser siempre perpendicular a la base, y su valor es la distancia entre la base y el vértice opuesto.

Casos	Procedimiento
El triángulo es rectángulo.	$\text{Área} = \dfrac{(\text{cateto 1}) \cdot (\text{cateto 2})}{2}$
Se conocen dos lados, *a* y *b*, y el ángulo que forman, $\widehat{C}$.	$\text{Área} = \dfrac{a \cdot b \cdot \text{sen}\,\widehat{C}}{2}$
Se conocen un lado, *a*, y los tres ángulos.	$\text{Área} = \dfrac{a^2 \cdot \text{sen}\,\widehat{B} \cdot \text{sen}\,\widehat{C}}{2\text{sen}\,\widehat{A}}$ (Esta fórmula es consecuencia de la aplicación del teorema del seno).
Se conocen los tres lados, *a*, *b* y *c*. Semiperímetro $= p = \dfrac{a+b+c}{2}$	Fórmula de Herón: $\text{Área} = \sqrt{p \cdot (p-a) \cdot (p-b) \cdot (p-c)}$

EJEMPLO 3

Halla el área de un triángulo del que se sabe que tiene un lado que mide 4 cm y que los dos ángulos que en él se apoyan valen 45° y 75°. $\left(\text{Puedes tomar como dato que sen } 15° = \dfrac{1}{4}\right)$.

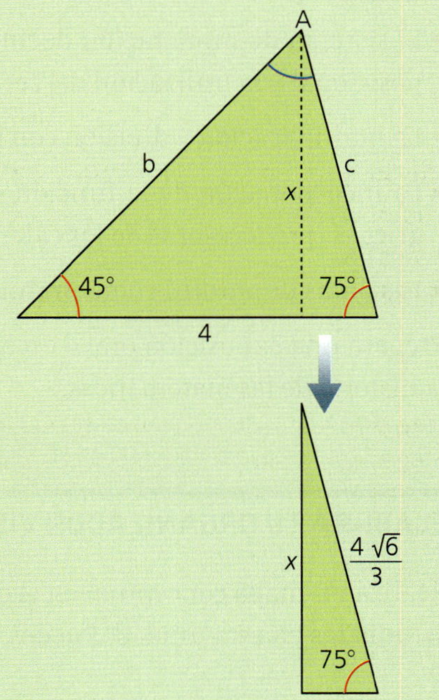

Se calcula el ángulo que falta: $45° + 75° + \widehat{A} = 180° \Rightarrow \widehat{A} = 180° - 120° = 60°$.

Se aplica el teorema del seno:

$$\frac{4}{\text{sen}\,120°} = \frac{c}{\text{sen}\,45°} \Rightarrow c = \frac{4 \cdot \text{sen}\,45°}{\text{sen}\,120°} = \frac{4 \cdot \frac{\sqrt{2}}{2}}{\frac{\sqrt{3}}{2}} = \frac{4\sqrt{2}}{\sqrt{3}} = \frac{4\sqrt{6}}{3}\ \text{cm}$$

Si se traza la altura del triángulo, se obtiene un triángulo rectángulo, y aplicando la definición de seno: $\text{sen}\,75° = \dfrac{x}{\frac{4\sqrt{6}}{3}}$.

Para hallar el sen 75°, se tiene en cuenta que $\text{sen}\,75° = \cos 15° = \sqrt{1 - \dfrac{1}{16}} = \dfrac{\sqrt{15}}{4}$.

Despejando *x*, se tiene que $x = \dfrac{\sqrt{15}}{4} \cdot \dfrac{4\sqrt{6}}{3} = \dfrac{3\sqrt{10}}{3} = \sqrt{10}$ cm (altura del triángulo).

Por su parte, el área vale $A = \dfrac{\text{base} \cdot \text{altura}}{2} = \dfrac{4 \cdot \sqrt{10}}{2} = 2\sqrt{10}\ \text{cm}^2$.

Este planteamiento coincidiría con la fórmula del área:

$$\text{Área} = \frac{a^2 \cdot \text{sen}\,\widehat{B} \cdot \text{sen}\,\widehat{C}}{2\text{sen}\,\widehat{A}} = \frac{16 \cdot \frac{\sqrt{2}}{2} \cdot \frac{\sqrt{15}}{4}}{2 \cdot \frac{\sqrt{3}}{2}} = \frac{2\sqrt{30}}{\sqrt{3}} = 2\sqrt{10}$$

ELABORA TU PROYECTO

MATEMÁTICA HINDÚ. OTRA MIRADA A LA HISTORIA DE LAS MATEMÁTICAS

Nuestro conocimiento de la historia de las matemáticas se centra en el mundo egipcio, babilonio, grecorromano y las posteriores aportaciones de distintos matemáticos europeos. Pero hubo civilizaciones más antiguas que también hicieron sus aportaciones a nuestra disciplina.

Así, se han llevado a cabo excavaciones arqueológicas que demuestran la existencia de una civilización con un alto nivel cultural en la India, que datan de la época de la construcción de las grandes pirámides.

Aryabhata.

Aunque no quedan vestigios del conocimiento matemático de aquel entonces, sí que cabe situar en tiempos de la caída del Imperio romano el nacimiento de Aryabhata (476-550 d. C.), astrónomo y matemático indio, autor de varios tratados que abordan, entre otros asuntos, la trigonometría plana y la esférica.

Encontramos en sus escritos la idea del seno de un ángulo agudo en un triángulo rectángulo, y puede decirse que toda la trigonometría que desarrollaron los matemáticos de la época estaba basada en esta idea, trabajada ampliamente en esta unidad.

Las aportaciones del mundo hindú también incluyen:

- El sistema de numeración decimal: basado en diez dígitos, con notación posicional y la utilización del cero.
- La multiplicación y división con numerosos dígitos.
- La incorporación de la función seno para sustituir las tablas de cuerdas griegas (predecesoras de los cálculos trigonométricos)
- Las obras de autores como Brahmagupta y Bhaskara.

Prepara una exposición oral o escrita, individual o en grupo para introducir la historia de las matemáticas.

Pautas de presentación del trabajo

1	Desarrolla las distintas aportaciones de la matemática hindú.
2	Incluye en tu exposición los trabajos de los tres matemáticos que menciona el texto.

Recursos

→ http://www.matematicas.net/paraiso/historia.php?id=in_mate

→ http://matematicas.uclm.es/ita-cr/web_matematicas/trabajos/4/4_matematica_india.pdf

→ http://www.mat.uson.mx/depto/publicaciones/apuntes/pdf/2-1-1-india.pdf

ELABORA TU ORGANIZADOR VISUAL

Realiza un mapa conceptual en el que recojas los contenidos fundamentales estudiados en esta unidad. Puedes partir de esta propuesta:

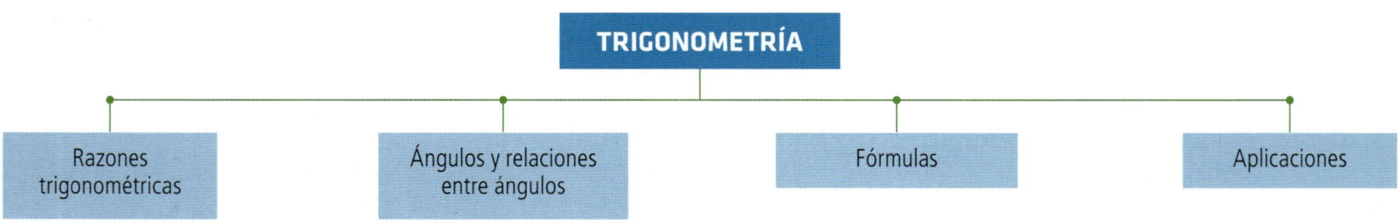

EVALUACIÓN

1 Indica los rangos de valores que alcanzan el seno, el coseno y la tangente de un ángulo.

2 ¿Qué diferencia existe entre una identidad y una ecuación? Pon ejemplos algebraicos y trigonométricos que ilustren tu respuesta.

3 Demuestra la identidad y resuelve la ecuación.

a. $\text{tg } x + \text{cotg } x = \dfrac{1}{\text{sen } x \cdot \cos x}$

b. $\cos 2x = \text{sen } (x + 180°)$

4 Teniendo en cuenta los datos de la figura, calcula la medida de $\overline{EB}$ si $\overline{AB}$ es tangente a la circunferencia de centro C, $\overline{AC}$ toma el valor 3a y $\overline{AB} = 2a\sqrt{10}$.

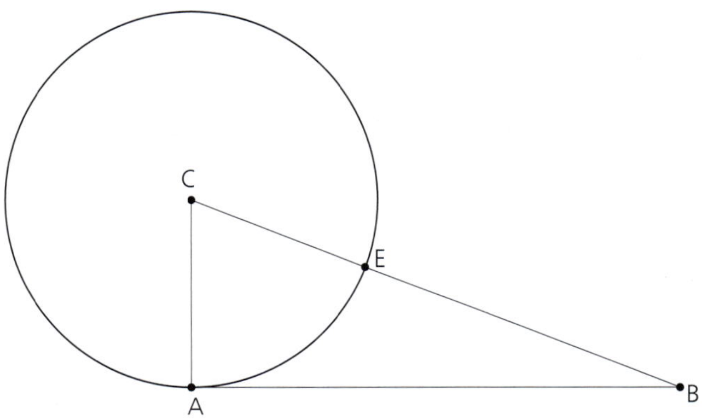

5 Demuestra la fórmula del coseno de la diferencia a partir del coseno de la suma.

6 Calcula el ángulo al que hay que inclinar una cinta transportadora de 18 m de longitud para que eleve la carga hasta una altura de 10 m.

7 Observa la figura y calcula, m, n, α y β.

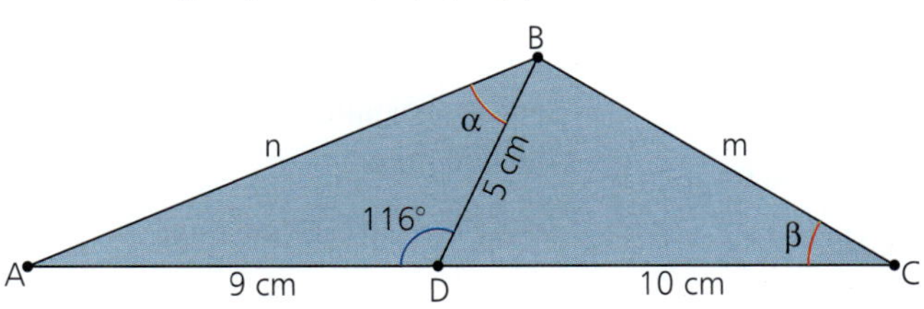

8 Resuelve el siguiente sistema: $\begin{cases} \cos (x + y) = 0 \\ \cos (x - y) = 0 \end{cases}$

9 Dos circunferencias secantes tienen radios de 9 cm y 11 cm. Si sus tangentes comunes forman un ángulo de 48°, calcula la distancia entre sus centros.

10 Sabiendo que es $\widehat{a}$ un ángulo del primer cuadrante y $\text{sen } \widehat{a} = \dfrac{1}{4}$, calcula $\text{tg } 2\widehat{a}$.

11 Aceptando que $\text{sen } 41° = \dfrac{2}{3}$, calcula:

a. tg 184°

b. sec 109°

12 Comprueba si las siguientes identidades son ciertas:

a. $\dfrac{\cos^4 x - \text{sen}^4 x}{\text{cotg } x} = \text{sen } x \cdot \sec x \cdot \cos 2x$

b. $1 - \text{tg}^2 x = \dfrac{\text{sen } 2x}{\text{tg } 2x} \cdot \sec^2 x$

13 Simplifica estas expresiones:

a. $\cos (60 + x) \cdot \cos (60 - x) - \text{sen } (60 + x) \cdot \text{sen } (60 - x)$

b. $\text{sen } (x + 60) \cdot \cos (x - 30) - \text{sen } (x - 30) \cdot \cos (x + 60)$

14 Resuelve las ecuaciones.

a. $3\text{sen } x - \cos 2x + 2 = 0$

b. $\text{sen } 2x - \text{tg } x = 0$

c. $\text{sen } x + \cos x = \sqrt{2}$

15 Demuestra la fórmula $\text{sen } 3x = 3\text{sen } x - 4\text{sen}^3 x$.

16 Las agujas de un reloj, minutero y horario, miden 5 cm y 3 cm, respectivamente, y su extremos distan entre sí 7 cm. Sabiendo que el minutero se encuentra sobre el número 12, halla:

a. La hora que marca el reloj.

b. El área del triángulo formado por las agujas del reloj y el segmento que une sus extremos libres.

17 De un edificio de 7 plantas que está ardiendo han salido todos los vecinos salvo los de la 2.ª y la 5.ª planta.

Los bomberos colocan una escalera de 6 m desde el suelo hasta la 2.ª planta para evacuar a los inquilinos de la misma, de modo que la escalera forma un ángulo de 60° con el edificio.

Para rescatar a las personas que permanecen en la 5.ª planta del edificio, sitúan en el mismo punto de apoyo que la anterior una segunda escalera que asciende hasta dicha planta.

Sabiendo que la distancia entre la 2.ª y la 5.ª planta es de 10 m, halla:

a. La longitud de la segunda escalera.

b. La distancia entre el pie de las escaleras y el edificio.

c. La altura a la que se encuentra la 2.ª planta.

06 NÚMEROS COMPLEJOS

01 Números complejos. Forma binómica

En el conjunto de los **números complejos**, $\mathbb{C}$, están contenidos, además de los números reales, las raíces cuadradas de los números negativos, denominadas **números imaginarios.**

Fue el matemático Leonard Euler el que definió como unidad imaginaria a la $\sqrt{-1}$ y la expresó con el símbolo **i.** En el conjunto de los números complejos, todos los números que contengan raíces cuadradas negativas se expresarán en función de *i*, donde $i = \sqrt{-1}$. Para expresar el resto de radicales con radicandos negativos (distintos de –1), usamos la siguiente propiedad: $\sqrt{-a} = \sqrt{-1} \cdot \sqrt{a} = i \cdot \sqrt{a}$.

EJEMPLO 2

Resuelve las siguientes ecuaciones:

a. $x^2 + 4 = 0 \Rightarrow x^2 = -4 \Rightarrow x = \pm\sqrt{-4} = \pm\sqrt{4}\,i \Rightarrow x = \pm 2i$

b. $x^2 - 2x + 2 = 0 \Rightarrow x = \dfrac{2 \pm \sqrt{4-8}}{2} = \dfrac{2 \pm \sqrt{-4}}{2} = \dfrac{2 \pm 2i}{2} = \begin{cases} x_1 = 1 + i \\ x_2 = 1 - i \end{cases}$

c. $x^4 - 1 = 0 \Rightarrow (x^2 - 1) \cdot (x^2 + 1) = 0 \Rightarrow \begin{cases} x^2 - 1 = 0 \Rightarrow x = \pm\sqrt{1} \Rightarrow x = \pm 1 \\ x^2 + 1 = 0 \Rightarrow x = \pm\sqrt{-1} \Rightarrow x = \pm i \end{cases}$

Forma binómica de un número complejo

» Un número complejo, **z**, está en forma binómica cuando está expresado en forma de binomio: $\mathbf{z = a + bi}$, donde **a** es la parte real, y **b**, la parte imaginaria.

- Si a = 0, el número complejo se denomina **número imaginario puro.**
- Si b = 0, el número complejo recibe el nombre de **número real.**

Dos números complejos, $z_1 = a + bi$ y $z_2 = c + di$, son **iguales** si sus partes reales e imaginarias coinciden: $\mathbf{z_1 = z_2 \Leftrightarrow a = c}$ y $\mathbf{b = d}$.

Dos números complejos, $z_1 = a + bi$ y $z_2 = c + di$, son **opuestos** si sus partes reales e imaginarias son opuestas: $\mathbf{z_1 = -z_2 \Leftrightarrow a = -c}$ y $\mathbf{b = -d}$.

Dos números complejos, $z_1 = a + bi$ y $z_2 = c + di$, son **conjugados** (el conjugado de *z* se expresa $\bar{z}$) si sus partes reales coinciden y sus partes imaginarias son opuestas: $\mathbf{z_1 = \bar{z}_2 \Leftrightarrow a = c}$ y $\mathbf{b = -d}$.

EJEMPLO 1

Expresa en función de *i* los siguientes radicales: $\sqrt{-4}$ y $\sqrt{-5}$.

a. $\sqrt{-4} = \sqrt{-1} \cdot \sqrt{4} = i \cdot \sqrt{4} = 2i$

b. $\sqrt{-5} = \sqrt{-1} \cdot \sqrt{5} = i \cdot \sqrt{5} = \sqrt{5}\,i$

+

En el conjunto de los números reales, las ecuaciones **a** y **b** del ejemplo 2 no tienen solución, pero en el conjunto de los números complejos sí la tienen, ya que dicho conjunto incluye las raíces cuadradas de los números negativos.

Por su parte, la ecuación **c**, en el conjunto de los números reales, tendría solamente dos soluciones, pero en el conjunto de los números complejos tiene cuatro.

EJEMPLO 3

Determina la parte real e imaginaria de los siguientes números complejos. Calcula su opuesto y su conjugado e indica si alguno de ellos es real o imaginario puro:

a. $z = -1 + i \Rightarrow$ parte real: –1; parte imaginaria: $1 \Rightarrow -z = 1 - i \Rightarrow \Rightarrow \bar{z} = -1 - i$

b. $z = -2i$ (imaginario puro) $\Rightarrow$ parte real: 0; parte imaginaria: $-2 \Rightarrow \Rightarrow -z = 2i \Rightarrow \bar{z} = 2i$

c. $z = 5$ (número real) $\Rightarrow$ parte real: 5; parte imaginaria: $0 \Rightarrow -z = -5 \Rightarrow \Rightarrow \bar{z} = 5$

02 Representación gráfica de números complejos

Un número complejo, z = a + bi, se representa gráficamente en los ejes cartesianos mediante un vector que tiene por origen el punto (0 , 0) y por extremo el punto P (a , b). El punto P (a , b) es denominado **afijo** del número complejo *z*.

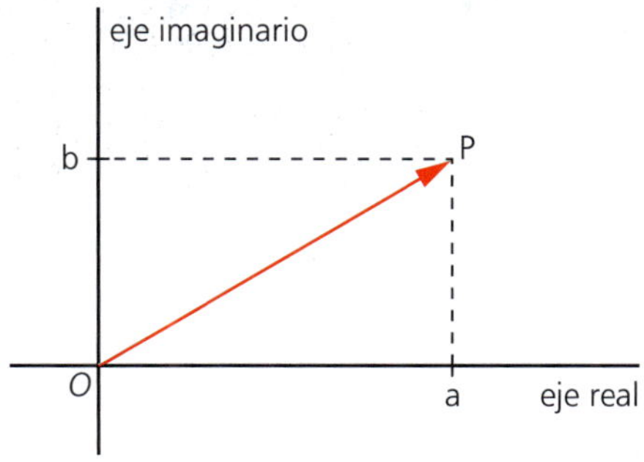

EJEMPLO 1

Representa gráficamente los siguientes números complejos, indicando sus afijos:

a. z = −1 + i

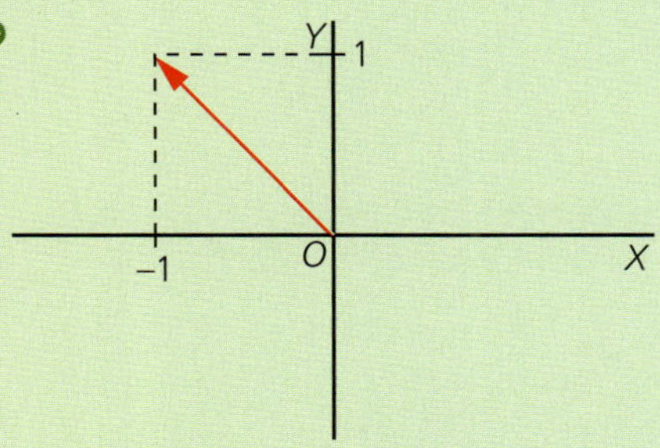

b. z = −2i

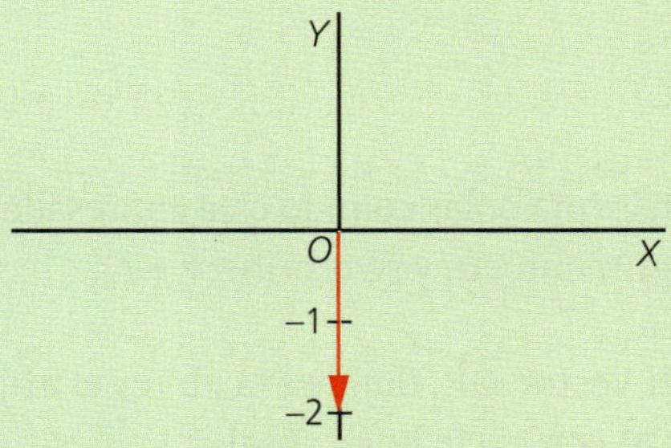

c. z = 5

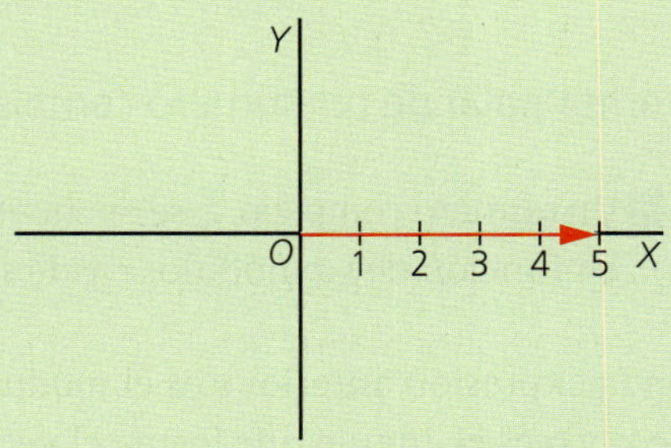

a. Afijo: (−1 , 1)

b. Afijo: (0 , −2)

c. Afijo: (5 , 0)

Se puede observar gráficamente que:

- El conjugado de un número complejo es simétrico respecto del eje *X*.
- El opuesto de un número complejo es simétrico respecto del origen.

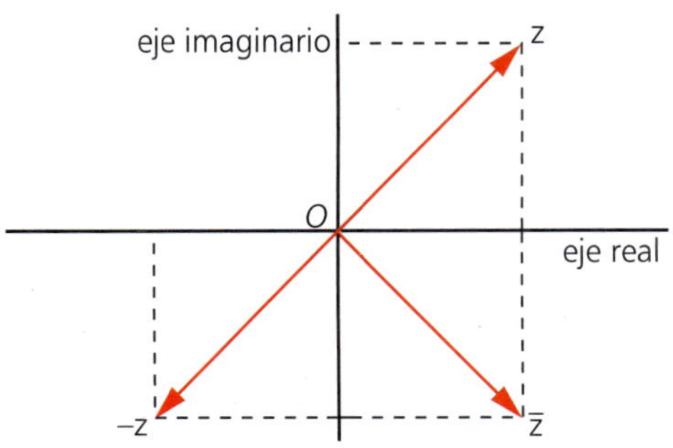

EJEMPLO 2

Representa gráficamente z = 3 + 2i, su conjugado y su opuesto.

Conjugado: $\bar{z} = 3 - 2i$

Opuesto: $-z = -3 - 2i$

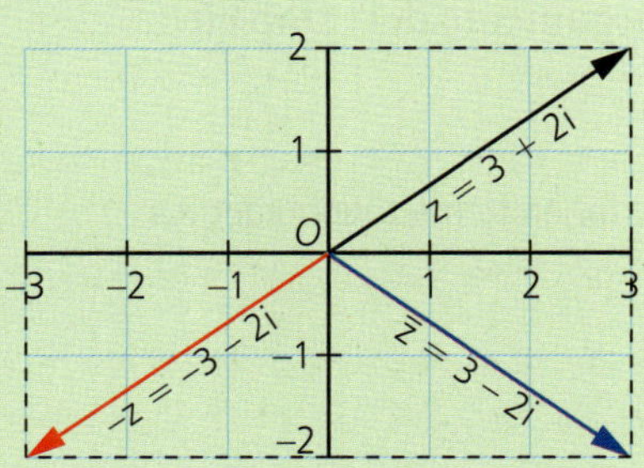

03 Forma polar y trigonométrica de un número complejo

Dado un número complejo, $z = a + bi$, se llama **módulo** de z, y se representa por **r**, a la expresión:

$$r = \sqrt{a^2 + b^2}$$

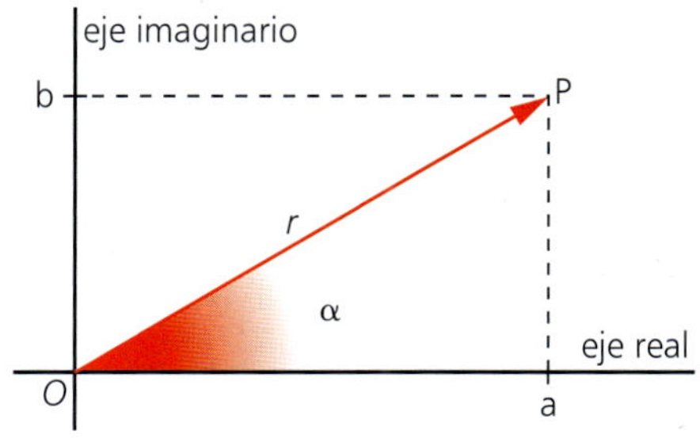

Se denomina **argumento** de z, y se representa por **α**, al ángulo que forma el vector que representa al número complejo con la parte positiva del eje *X:*

$$\text{tg}\ \alpha = \frac{b}{a} \Rightarrow \alpha = \text{arctg}\ \frac{b}{a}$$

Además de la forma binómica y de la gráfica, existen otras dos formas de representar un número complejo: la forma polar y la trigonométrica.

Forma polar de un número complejo

» Un número complejo, z, se encuentra en forma polar cuando está expresado en función de su módulo, r, y de su argumento, α, y se escribe: $\mathbf{z = r_{\alpha}}$.

En la expresión anterior r es el módulo del vector $\overrightarrow{OP}$, donde P(a , b) es el afijo de z, y α es el ángulo que forma el vector $\overrightarrow{OP}$ con el eje horizontal.

EJEMPLO 1

Expresa los siguientes números complejos en forma polar:

a. $z = -1 + i \Rightarrow z = \sqrt{2}_{135°}$ Aplicando el teorema de Pitágoras:

$r = \sqrt{1^2 + 1^2} = \sqrt{2}$; $\alpha = \text{arctg}\ \frac{-1}{1} = 135°$

b. $z = -2i \Rightarrow z = 2_{270°}$ $(r = 2, \alpha = 270°)$ $r = \sqrt{(-2)^2} = 2$; $\alpha = \text{arctg}\ \frac{-2}{0} = 270°$

c. $z = 5 \Rightarrow z = 5_{0°}$ $(r = 5, \alpha = 0°)$ $r = \sqrt{(5)^2} = 5$; $\alpha = \text{arctg}\ \frac{0}{5} = 0°$

Forma trigonométrica de un número complejo

» Un número complejo, z, se halla en forma trigonométrica cuando está expresado en función de las razones trigonométricas seno y coseno, y se escribe: $\mathbf{z = r\ (\cos \alpha + i\,\text{sen}\ \alpha)}$.

Donde r es el módulo del complejo z, y α el argumento del complejo z.

EJEMPLO 2

Expresa los números complejos del ejemplo anterior en forma trigonométrica.

a. $z = -1 + i \Rightarrow z = \sqrt{2}(\cos 135° + i\ \text{sen}\ 135°)$

b. $z = -2i \Rightarrow z = 2\ (\cos 270° + i\ \text{sen}\ 270°)$

c. $z = 5 \Rightarrow z = 5\ (\cos 0° + i\ \text{sen}\ 0°)$

+

En la expresión del número complejo en forma trigonométrica no se debe operar aunque se trate de ángulos notables, porque, de lo contrario, dejarían de estar en forma trigonométrica para pasar a tener forma binómica.

04 Relaciones entre las formas de un número complejo

Forma polar a partir de la forma binómica. Si se representa el número complejo $z = a + bi$ de forma gráfica, es posible comprobar que $r^2 = a^2 + b^2$ y $\text{tg}\ \alpha = \frac{b}{a}$.

Forma polar: $z = r_\alpha \Rightarrow$ módulo: $r = \sqrt{a^2 + b^2}$; argumento: $= \text{arctg}\ \frac{b}{a}$ (hay dos posibles soluciones; es necesario ver la representación de *z* para determinar cuál de las dos es la correcta).

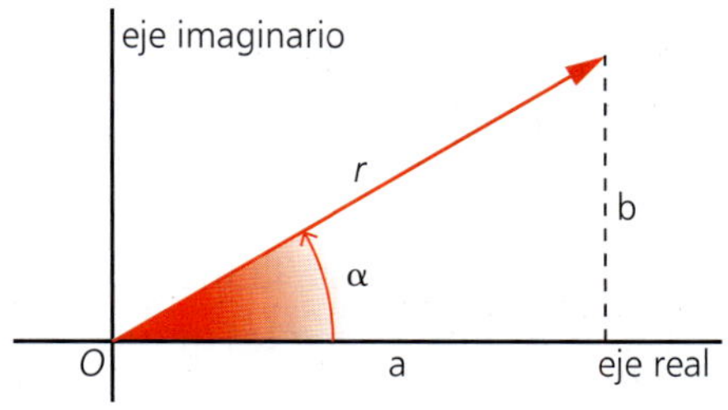

EJEMPLO 1

Pasa a forma polar los siguientes números complejos:

a. $z = -1 + i = \begin{cases} r = \sqrt{(-1)^2 + 1^2} = \sqrt{2} \\ \alpha = \text{arctg}\ \frac{1}{-1} = \text{arctg}\ (-1) = \begin{cases} 135° \\ 315°\ \text{(no válida)} \end{cases} \end{cases} \Rightarrow z = \sqrt{2}_{135°}$ [el afijo (−1 , 1) está en el 2.° cuadrante].

b. $z = -2i = \begin{cases} r = \sqrt{0^2 + (-2)^2} = \sqrt{4} = 2 \\ \alpha = \text{arctg}\ \frac{-2}{0} = \begin{cases} 90°\ \text{(no válida)} \\ 270° \end{cases} \end{cases} \Rightarrow z = 2_{270°}$ [el afijo (0 , −2) se encuentra en 270°].

c. $z = 5 = \begin{cases} r = \sqrt{5^2 + 0^2} = \sqrt{25} = 5 \\ \alpha = \text{arctg}\ \frac{0}{5} = \text{arctg}\ 0 = \begin{cases} 0° \\ 180°\ \text{(no válida)} \end{cases} \end{cases} \Rightarrow z = 5_{0°}$ [el afijo (5 , 0) se encuentra en 0°].

Forma binómica a partir de la forma trigonométrica. Hay que calcular las razones y operar:

$$z = r\,(\cos \alpha + i\ \text{sen}\ \alpha) \Rightarrow z = (r \cdot \cos \alpha) + i\,(r \cdot \text{sen}\ \alpha)$$

Forma binómica a partir de la forma polar. Para relacionar estas expresiones, se utiliza la forma trigonométrica y se opera:

$$z = r_\alpha \Rightarrow z = r\,(\cos \alpha + i\ \text{sen}\ \alpha) \begin{cases} \text{parte real: } a = r \cdot \cos \alpha \\ \text{parte imaginaria: } b = r \cdot \text{sen}\ \alpha \end{cases} \Rightarrow z = a + bi$$

EJEMPLO 2

Pasa a forma binómica los siguientes números complejos:

a. $z = \sqrt{2}_{135°} \Rightarrow z = \sqrt{2}\ (\cos 135° + i\ \text{sen}\ 135°) = \sqrt{2} \cdot \left(\frac{-\sqrt{2}}{2} + i\frac{\sqrt{2}}{2}\right) = -1 + i$

b. $z = 2_{270°} \Rightarrow z = 2\ (\cos 270° + i\ \text{sen}\ 270°) = 2 \cdot [0 + i\,(-1)] = -2i$

Forma trigonométrica a partir de la forma polar, y viceversa. Solo hay que cambiar el formato de la expresión: $z = r_\alpha \Rightarrow z = r\,(\cos \alpha + i\ \text{sen}\ \alpha)$.

Forma trigonométrica a partir de la forma binómica. Para establecer esta relación, se calcula primero la forma polar:

$$z = a + bi \Rightarrow z = r_\alpha \Rightarrow z = r\,(\cos \alpha + i\ \text{sen}\ \alpha)$$

Forma binómica a partir de la forma trigonométrica. Hay que calcular las razones y operar: $z = r\,(\cos \alpha + i\ \text{sen}\ \alpha) \Rightarrow z = (r \cdot \cos \alpha) + i\,(r \cdot \text{sen}\ \alpha)$

05 Operaciones con números complejos

Las operaciones con los números complejos no siempre se pueden realizar en todas sus formas. Así, con la suma y la resta solo es posible operar en forma binómica y en forma gráfica, y en el caso de la raíz sería excesivamente complicado proceder en forma binómica, por lo que se recomienda hacerlo en forma polar.

Con la suma, la resta, la multiplicación y la división de números complejos se utilizan las mismas reglas que se aplican en las operaciones con números reales.

Suma y resta de números complejos

Dados dos números complejos, $z_1 = a + bi$ y $z_2 = c + di$, la suma y la resta en forma binómica de los mismos se define, respectivamente, como:

$$z_1 + z_2 = (a + bi) + (c + di) = (a + c) + (b + d)i$$

$$z_1 - z_2 = (a + bi) - (c + di) = (a - c) + (b - d)i$$

EJEMPLO 1

Dados los números complejos $z_1 = 2 + 5i$ y $z_2 = 3 - 2i$, halla $z_1 + z_2$ y $z_1 - z_2$.

$z_1 + z_2 = (2 + 5i) + (3 - 2i) = (2 + 3) + (5 - 2)i = 5 + 3i$

$z_1 - z_2 = (2 + 5i) - (3 - 2i) = (2 - 3) + [5 - (-2)]i = -1 + 7i$

Para realizar la suma de números complejos gráficamente, se suman los vectores que los representan en el plano.

EJEMPLO 2

Efectúa gráficamente las operaciones $z_1 + z_2$ y $z_1 - z_2$ con los números complejos del ejemplo 1.

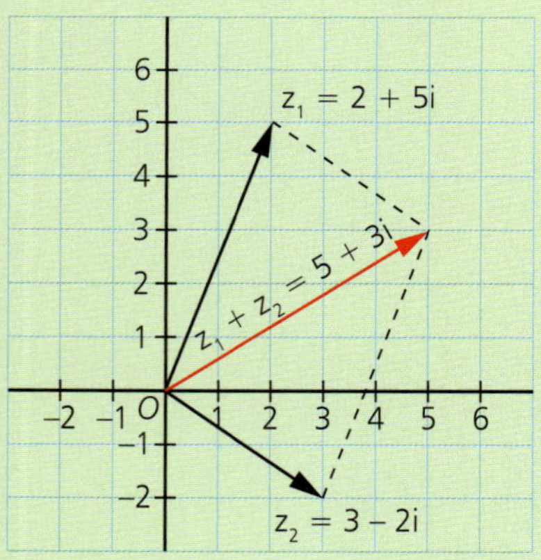

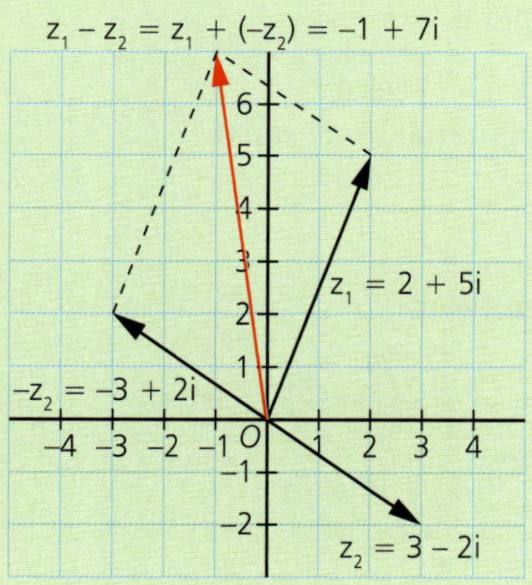

EJEMPLO 3

Dados $z_1 = a + 4i$ y $z_2 = 6 + bi$, calcula *a* y *b* para que $z_1 + z_2 = 8 + i$.

Realizando la suma, se tiene que $z_1 + z_2 = (a + 6) + (4 + b)i = 8 + i$ e, igualando, se obtiene:

$a + 6 = 8 \Rightarrow a = 2 \qquad 4 + b = 1 \Rightarrow b = -3$

Multiplicación de números complejos

Se puede realizar la multiplicación en forma binómica y en forma polar. Hay que tener en cuenta que $i^2 = \left(\sqrt{-1}\right)^2 = -1$.

- **En forma binómica:** $z_1 \cdot z_2 = (a + bi) \cdot (c + di) = ac + adi + bci + bdi^2 =$
  $= (ac - bd) + (ad + bc)i$

EJEMPLO 4

Dados los números complejos $z_1 = 2 + 5i$ y $z_2 = 3 - 2i$, halla $z_1 \cdot z_2$.

$z_1 \cdot z_2 = (2 + 5i) \cdot (3 - 2i) = 6 - 4i + 15i - 10i^2 = 6 + 11i - 10 \cdot (-1) =$
$= 6 + 11i + 10 = 16 + 11i$

- **En forma polar:** $z_1 \cdot z_2 = r_\alpha \cdot s_\beta = (r \cdot s)_{\alpha + \beta}$

  El resultado es otro número complejo en forma polar que tiene por módulo el producto de los módulos y por argumento la suma de los argumentos.

EJEMPLO 5

Dados los números complejos $z_1 = 6_{60°}$ y $z_2 = 3_{45°}$, halla $z_1 \cdot z_2$.

$z_1 \cdot z_2 = (6_{60°}) \cdot (3_{45°}) = (6 \cdot 3)_{60° + 45°} = 18_{105°}$

División de números complejos

La división también se puede efectuar en forma binómica y en forma polar:

- **En forma binómica:** para dividir, se ha de eliminar la *i* del denominador, por lo que es necesario racionalizar la fracción multiplicando numerador y denominador por el conjugado del denominador:

$$\frac{z_1}{z_2} = \frac{a + bi}{c + di} = \frac{(a + bi) \cdot (c - di)}{(c + di) \cdot (c - di)} = \frac{(ac + bd) + (bc - ad)i}{c^2 + d^2}$$

EJEMPLO 6

Dados los números complejos $z_1 = 2 + 5i$ y $z_2 = 3 - 2i$, halla $\frac{z_1}{z_2}$.

Para hallar el cociente $\frac{z_1}{z_2}$ en forma binómica, es necesario que el denominador sea un número real.

Para eliminar la *i*, se debe racionalizar la fracción, ya que *i*, en realidad, sigue siendo un radical ($i = \sqrt{-1}$). Con este fin, se multiplican numerador y denominador por el conjugado del denominador:

$$\frac{z_1}{z_2} = \frac{2 + 5i}{3 - 2i} = \frac{(2 + 5i) \cdot (3 + 2i)}{(3 - 2i) \cdot (3 + 2i)} = \frac{6 + 4i + 15i + 10i^2}{9 - (2i)^2} = \frac{6 + 19i + (-10)}{9 - (-4)} =$$

$$= \frac{-4 + 19i}{13} = -\frac{4}{13} + \frac{19}{13}i$$

- **En forma polar:** $\frac{z_1}{z_2} = \frac{r_\alpha}{s_\beta} = \left(\frac{r}{s}\right)_{\alpha - \beta}$

  Se obtiene otro complejo en forma polar cuyo módulo es el cociente de los módulos y que tiene por argumento la diferencia de los argumentos.

EJEMPLO 7

Dados los complejos $z_1 = 6_{60°}$ y $z_2 = 3_{45°}$, halla $\frac{z_1}{z_2}$.

$\frac{z_1}{z_2} = \frac{6_{60°}}{3_{45°}} = \left(\frac{6}{3}\right)_{60° - 45°} = 2_{15°}$

06 Binomio de Newton. Potencia de un número complejo

Para calcular la potencia de un número complejo en forma binómica, se utiliza la fórmula enunciada por Isaac Newton, denominada **binomio de Newton**, que permite establecer el desarrollo de cualquier potencia cuya base es un binomio y cuyo exponente es *n*, donde $n \in \mathbb{N}$.

$$(a+b)^n = \binom{n}{0} a^n + \binom{n}{1} a^{n-1} \cdot b + \binom{n}{2} a^{n-2} \cdot b^2 + \ldots + \binom{n}{n-1} a \cdot b^{n-1} + \binom{n}{n} b^n$$

En la expresión anterior, los términos $\binom{n}{0}, \binom{n}{1}, \binom{n}{2}, \ldots, \binom{n}{n}$ se denominan números combinatorios y representan las combinaciones de *n* elementos ordenados en grupos de 0, 1, 2, ..., *n* elementos, respectivamente.

Existe otra forma de calcular el valor de los números combinatorios: el triángulo de Pascal, también llamado triángulo de Tartaglia. Esta denominación se debe a la disposición triangular que se produce al determinar los valores de dichos números combinatorios, según se observa en la figura.

La primera fila ($n = 1$) del triángulo la forman dos unos. Cada fila posterior va añadiendo un valor más; es decir, la segunda fila ($n = 2$) contiene tres valores, y así sucesivamente, por lo que la fila enésima tendrá $n + 1$ valores.

Cada fila empieza y termina siempre con un uno y los demás valores se calculan sumando los dos números que se encuentran colocados justo encima: el resultado de esta suma se coloca debajo y en medio de los dos sumandos. Cuando se quiera hallar el valor de los números combinatorios correspondientes al desarrollo de la potencia *n*, solo hay que buscar los números que ocupan la fila *n* (deben resultar $n + 1$ números).

+

Recuerda que $\binom{n}{m} = \dfrac{n!}{m!\,(n-m)!}$ y se lee «ene sobre eme».

Para $m = 0$ y $m = n$, se cumple que:

$$\binom{n}{0} = \binom{n}{n} = 1$$

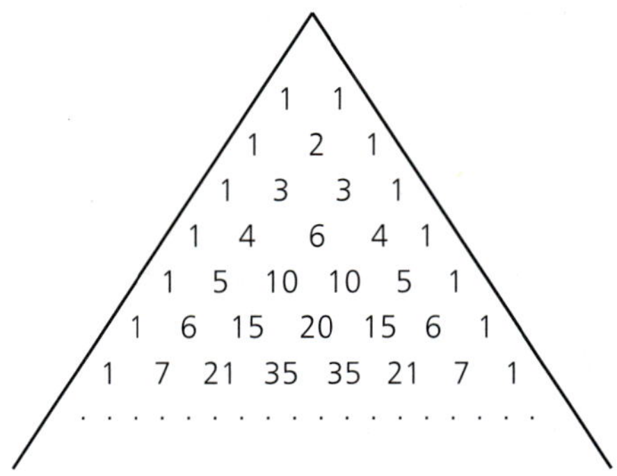

EJEMPLO 1

Calcula $(3 + 2x)^4$.

$$(3+2x)^4 = \binom{4}{0} \cdot 3^4 + \binom{4}{1} \cdot 3^3 \cdot 2x + \binom{4}{2} \cdot 3^2 \cdot (2x)^2 + \binom{4}{3} \cdot 3 \cdot (2x)^3 + \binom{4}{4} \cdot (2x)^4$$

Los números combinatorios son los de la fila cuarta del triángulo: 1, 4, 6, 4 y 1.

$$(3+2x)^4 = 1 \cdot 81 + 4 \cdot 27 \cdot 2x + 6 \cdot 9 \cdot 4x^2 + 4 \cdot 3 \cdot 8x^3 + 1 \cdot 16x^4 = 81 + 216x + 216x^2 + 96x^3 + 16x^4$$

El desarrollo del binomio resta, $(a - b)^n$, puede deducirse de la siguiente relación: $(a - b)^n = [a + (-b)]^n$, colocando en la fórmula anterior $-b$ en lugar de b.

$$(a-b)^n = \binom{n}{0}a^n - \binom{n}{1}a^{n-1} \cdot b + \binom{n}{2}a^{n-2} \cdot b^2 - \binom{n}{3}a^{n-3} \cdot b^3 + \ldots + (-1)^{n-1}\binom{n}{n-1}a \cdot b^{n-1} + (-1)^n\binom{n}{n}b^n$$

EJEMPLO 2

Calcula $(1 - 3x)^5$.

$$(1-3x)^5 = \binom{5}{0} \cdot 1^5 - \binom{5}{1} \cdot 1^4 \cdot 3x + \binom{5}{2} \cdot 1^3 \cdot (3x)^2 - \binom{5}{3} \cdot 1^2 \cdot (3x)^3 + \binom{5}{4} \cdot 1 \cdot (3x)^4 - \binom{5}{5} \cdot (3x)^5$$

Los números combinatorios son los correspondientes a la fila quinta del triángulo: 1, 5, 10, 10, 5 y 1.

$$(1-3x)^5 = 1 \cdot 1 - 5 \cdot 1 \cdot 3x + 10 \cdot 1 \cdot 9x^2 - 10 \cdot 1 \cdot 27x^3 + 5 \cdot 1 \cdot 81x^4 - 1 \cdot 243x^5 = 1 - 15x + 90x^2 - 270x^3 + 405x^4 - 243x^5$$

06.1 Potencia de un número complejo

Para calcular la potencia de un número complejo en **forma binómica**, se emplea el binomio de Newton.

EJEMPLO 1

Dado el complejo $z = 3 + 2i$, calcula z^4.

$$z^4 = (3 + 2i)^4 = \binom{4}{0} \cdot 3^4 + \binom{4}{1} \cdot 3^3 \cdot 2i + \binom{4}{2} \cdot 3^2 \cdot (2i)^2 + \binom{4}{3} \cdot 3 \cdot (2i)^3 + \binom{4}{4} \cdot (2i)^4$$

Los números combinatorios son los de la cuarta fila del triángulo de Tartaglia: 1, 4, 6, 4 y 1.

$$z^4 = (3 + 2i)^4 = 1 \cdot 3^4 + 4 \cdot 3^3 \cdot 2i + 6 \cdot 3^2 \cdot (2i) + 4 \cdot 3 \cdot (2i)^3 + 1 \cdot (2i)^4 =$$
$$= 81 + 216i + 216i^2 + 96i^3 + 16i^4$$

Teniendo en cuenta que $i = \sqrt{-1}$, se aplican las propiedades de las potencias:

$i^2 = (\sqrt{-1})^2 = -1$; $i^3 = i^2 \cdot i = (-1) \cdot i = -i$;

$i^4 = i^3 \cdot i = (-i) \cdot i = -i^2 = -(-1) = 1$; $i^4 = i^2 \cdot i^2 = (-1) \cdot (-1) = 1$

$$z^4 = 81 + 216i + 216i^2 + 96i^3 + 16i^4 = 81 + 216i + 216 \cdot (-1) + 96 \cdot (-i) + 16 =$$
$$= 81 + 216i - 216 - 96i + 16$$

Este resultado, en forma binómica, corresponde a $z^4 = -119 + 120i$.

EJEMPLO 2

Calcula las siguientes potencias de *i*:

a. i^{134}. Al dividir $\frac{134}{4}$, se obtiene de cociente 33 y de resto 2; luego:

$$i^{134} = (i^4)^{33} \cdot i^2 = 1 \cdot i^2 = i^2 = -1$$

b. $i^{-87} = \frac{1}{i^{87}}$. Se halla $i^{87} = i^3 = -i$ y se sustituye: $i^{-87} = \frac{1}{-i} = \frac{-1}{i}$.

Se racionaliza la fracción: $\frac{-1}{i} = \frac{(-1) \cdot i}{i \cdot i} = \frac{-i}{-1} = i$. Por tanto: $i^{87} = i$.

+

Potencias de i. En el ejemplo se han calculado las potencias de *i* de exponente menor o igual que 4. A partir de $i^4 = 1$, es posible deducir que las sucesivas potencias de *i* se irán repitiendo con las anteriores. Es decir, las potencias de *i* formarán un ciclo que se repetirá cada cuatro unidades.

Para calcular la potencia enésima (de exponente *n*) de *i*, bastará con dividir *n* entre 4, y el resto de la división coincidirá con el exponente simplificado. Es decir: $i^n = i^r$, donde *r* es el resto resultante de dividir $\frac{n}{4}$.

$i^1 = i$	$i^9 = i^8 \cdot i = 1 \cdot i = i$
$i^2 = -1$	$i^{10} = i^8 \cdot i^2 = 1 \cdot (-1) = -1$
$i^3 = -i$	$i^{11} = i^8 \cdot i^3 = 1 \cdot (-i) = -i$
$i^4 = 1$	$i^{12} = i^8 \cdot i^4 = 1 \cdot 1 = 1$

$i^5 = i^4 \cdot i = 1 \cdot i = i$

$i^6 = i^4 \cdot i^2 = 1 \cdot (-1) = -1$

$i^7 = i^4 \cdot i^3 = 1 \cdot (-i) = -i$

$i^8 = i^4 \cdot i^4 = 1 \cdot 1 = 1$

Para calcular la potencia de un número complejo en **forma polar:**

$$(z_1)^n = (r_\alpha)^n = r_\alpha \cdot r_\alpha \cdot r_\alpha \cdot \ldots \cdot r_\alpha =$$
$$= (r \cdot r \cdot r \cdot \ldots \cdot r)_{\alpha+\alpha+\alpha+\ldots+\alpha} = (r^n)_{n \cdot \alpha}$$

EJEMPLO 3

Dados los números complejos $z_1 = 6_{60°}$ y $z_2 = 3_{45°}$, halla $(z_1)^4$ y $(z_2)^9$.

$(z_1)^4 = (6_{60°})^4 = (6^4)_{4 \cdot 60°} = 1\,296_{240°}$

$(z_2)^9 = (3_{45°})^9 = (3^9)_{9 \cdot 45°} = 19\,683_{405°} = 19\,683_{45°}$

Como el argumento en este último resultado es superior a 360°, se debe buscar el equivalente inferior a 360°:

$$405° - 360° = 45°$$

Para hallar la **forma trigonométrica**, se aplica la **fórmula de Moivre:**

$$(z)^n = [r\,(\cos\alpha + i\,\text{sen}\,\alpha)]^n = r^n\,(\cos n\alpha + i\,\text{sen}\,n\alpha)$$

EJEMPLO 4

Dado el número complejo $z = 1 - \sqrt{3}i$, halla z^5 en forma polar y trigonométrica.

En forma polar:

$$z = 1 - \sqrt{3}i = \begin{cases} r = \sqrt{1 + (\sqrt{3})^2} = \sqrt{4} = 2 \\ \alpha = \text{arctg}\frac{-\sqrt{3}}{1} = 300° \end{cases}$$

$z = 2_{300} \Rightarrow (2_{300})^5 = 2^5{}_{5 \cdot 300} = 32_{1\,500} = 32_{60}$

Se realiza la comprobación:

$32_{60} = 32\,(\cos 60° + i\,\text{sen}\,60°) = 32\left(\frac{1}{2} + \frac{\sqrt{3}}{2}i\right) = 16 + 16\sqrt{3}i$

En forma trigonométrica: $[2\,(\cos 300 + i\,\text{sen}\,300)]^5 =$
$= 2^5\,(\cos 1\,500 + i\,\text{sen}\,1\,500) = 32\,(\cos 60 + i\,\text{sen}\,60)$

07 Raíz de un número complejo. Representación

Esta operación conviene efectuarla con el número complejo en forma polar. La raíz de índice *n* de $z = r_\alpha$ da como resultado *n* soluciones, todas las cuales tienen por módulo $\sqrt[n]{r}$ y por argumento cada uno de los ángulos que resultan de sustituir *k* por 0, 1, 2, ..., n − 1 en la expresión $\dfrac{\alpha + 360°\,k}{n}$.

La raíz $\sqrt[n]{r_\alpha}$ tiene como resultados $\sqrt[n]{r}_{\frac{\alpha}{n}}$; $\sqrt[n]{r}_{\frac{\alpha+360°}{n}}$; ...; $\sqrt[n]{r}_{\frac{\alpha+360°(n-1)}{n}}$.

EJEMPLO 1

Dado el número complejo $z = -8 + 8\sqrt{3}i$, halla $\sqrt[4]{z}$ y da las respuestas en forma binómica.

- Se pasa *z* a forma polar: $z = -8 + 8\sqrt{3}i = \begin{cases} r = \sqrt{(-8)^2 + (8\sqrt{3})^2} = \sqrt{64+192} = \sqrt{256} = 16 \\ \alpha = \text{arctg}\,\dfrac{8\sqrt{3}}{-8} = \text{arctg}\left(-\sqrt{3}\right) = 120° \end{cases} \Rightarrow z = 16_{120°}$.

$$\sqrt[4]{16_{120°}} = \begin{cases} \sqrt[4]{16}_{\frac{120°}{4}} = 2_{30°} \\ \sqrt[4]{16}_{\frac{120°+360°}{4}} = 2_{120°} \\ \sqrt[4]{16}_{\frac{120°+360°\cdot 2}{4}} = 2_{210°} \\ \sqrt[4]{16}_{\frac{120°+360°\cdot 3}{4}} = 2_{300°} \end{cases} \Rightarrow \begin{cases} 2_{30°} = 2(\cos 30° + i \cdot \text{sen}\,30°) = 2\left(\dfrac{\sqrt{3}}{2} + i\dfrac{1}{2}\right) = \sqrt{3} + i \\ 2_{120°} = 2(\cos 120° + i \cdot \text{sen}\,120°) = 2\left(\dfrac{-\sqrt{3}}{2} + i\dfrac{1}{2}\right) = -\sqrt{3} + i \\ 2_{210°} = 2(\cos 210° + i \cdot \text{sen}\,210°) = 2\left(\dfrac{-\sqrt{3}}{2} + i\left(\dfrac{-1}{2}\right)\right) = -\sqrt{3} - i \\ 2_{300°} = 2(\cos 300° + i \cdot \text{sen}\,300°) = 2\left(\dfrac{\sqrt{3}}{2} + i\left(\dfrac{-1}{2}\right)\right) = \sqrt{3} - i \end{cases}$$

Representación de las raíces de un número complejo

Si se sitúan en los ejes cartesianos los afijos de las *n* soluciones de $\sqrt[n]{r_\alpha}$, se observa que estos puntos forman los *n* vértices de un polígono regular de *n* lados, inscrito en una circunferencia de radio $\sqrt[n]{r}$.

EJEMPLO 2

Representa las raíces del ejemplo anterior: $\sqrt[4]{-8+8\sqrt{3}i} = 2_{30°}, 2_{120°}, 2_{210°}, 2_{300°}$.

- Como se trata de una raíz cuarta, la representación dará lugar a un cuadrado inscrito en una circunferencia de radio 2. Los vértices del cuadrado están situados en los afijos $(\sqrt{3}\,,\,1)$, $(-\sqrt{3}\,,\,1)$, $(-\sqrt{3}\,,\,-1)$ y $(\sqrt{3}\,,\,-1)$. Estos vértices coinciden con los ángulos de 30°, 120°, 210° y 300°, respectivamente.

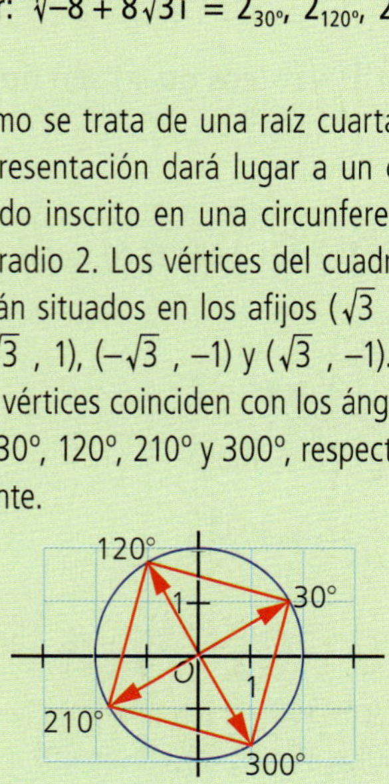

EJEMPLO 3

Sabiendo que una de las raíces sextas de un número complejo, *z*, es $z_1 = -1 - i$, halla las cinco raíces restantes.

- Dado que las raíces sextas tienen todas el mismo módulo, el módulo de z_1 será también el mismo que el de las demás raíces.

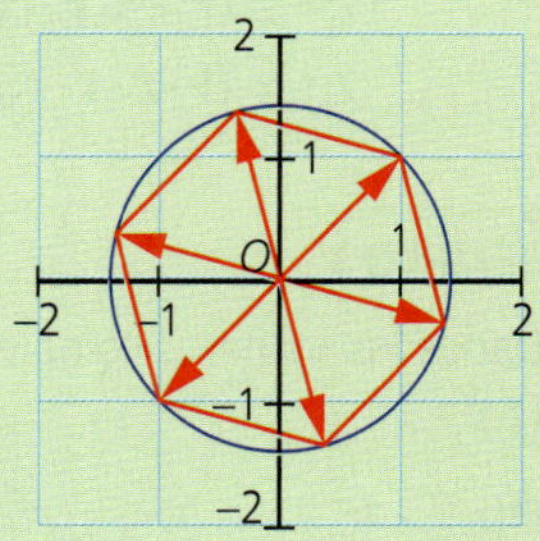

Como se trata de raíces sextas, el polígono que representan será un hexágono regular, por lo que sus vértices estarán separados por $\dfrac{360°}{6} = 60°$; en consecuencia, conociendo el argumento de z_1, es posible deducir los cinco restantes sumando (o restando) 60° a cada solución.

Puesto que $z_1 = -1 - i = \begin{cases} r = \sqrt{(-1)^2 + (-1)^2} = \sqrt{2} \\ \alpha = \text{arctg}\,\dfrac{-1}{-1} = \text{arctg}\,1 = 225° \end{cases} \Rightarrow z = \sqrt{2}_{225°}$,

todas las raíces tienen por módulo $r = \sqrt{2}$, y los argumentos son 225° + 60° = 285°, 285° + 60° = = 345°, 225° − 60° = 165°, 165° − 60° = 105° y 105° − 60° = 45°.

Por tanto, las raíces pedidas son $\sqrt{2}_{45°}$, $\sqrt{2}_{105°}$, $\sqrt{2}_{165°}$, $\sqrt{2}_{225°}$, $\sqrt{2}_{285°}$ y $\sqrt{2}_{345°}$.

08 Resolución de ecuaciones con soluciones complejas

La validez de las raíces cuadradas negativas abre la posibilidad de encontrar nuevas soluciones a ecuaciones que se consideraban incompatibles.

+

Recuerda que los números reales están incluidos en el conjunto de los números complejos.

EJEMPLO 1

Resuelve la ecuación $x^2 - 2x + 2 = 0$.

$$x = \frac{2 \pm \sqrt{4-8}}{2} = \frac{2 \pm \sqrt{-4}}{2} = \frac{2 \pm 2i}{2} = \begin{cases} x_1 = 1 + i \\ x_2 = 1 - i \end{cases}$$

El **teorema fundamental del álgebra** dice que toda ecuación polinómica de grado *n* tiene *n* soluciones complejas.

EJEMPLO 2

Resuelve $x^4 - 5x^2 - 36 = 0$.

Como es una ecuación bicuadrada, se realiza el cambio $y = x^2 \Rightarrow y^2 - 5y - 36 = 0$.

$$y = \frac{5 \pm \sqrt{25+144}}{2} = \frac{5 \pm \sqrt{169}}{2} = \frac{5 \pm 13}{2} = \begin{cases} y = 9 \Rightarrow x^2 = 9 \Rightarrow x = \pm\sqrt{9} = \pm 3 \\ y = -4 \Rightarrow x^2 = -4 \Rightarrow x = \pm\sqrt{-4} = \pm 2i \end{cases}$$

Hay cuatro soluciones: $x_1 = 3$, $x_2 = -3$, $x_3 = 2i$ y $x_4 = -2i$.

EJEMPLO 3

Resuelve la ecuación $x^3 - 8 = 0$.

$$x^3 - 8 = 0 \Rightarrow x^3 = 8 \Rightarrow x = \sqrt[3]{8} = 2$$

En el conjunto de los números reales diríamos que $x = 2$ es la única solución de la ecuación; ahora bien, según el teorema fundamental del álgebra, en el conjunto de los números complejos deben ser tres las soluciones existentes (ya que la ecuación es de grado 3). ¿Cómo hallar las soluciones complejas restantes?

Se expresa $z = 8$ en forma polar (ten en cuenta que $8 = 8 + 0i$):

$$8 + 0i = \begin{cases} r = \sqrt{8^2 + 0^2} = 8 \\ \alpha = \operatorname{arctg}\frac{0}{8} = \operatorname{arctg} 0 = 0° \end{cases} \Rightarrow z = 8_{0°}$$

$$\sqrt[3]{8_{0°}} = \begin{cases} \sqrt[3]{8}_{\frac{0°}{3}} = 2_{0°} = 2(\cos 0° + i \cdot \operatorname{sen} 0°) = 2 \\ \sqrt[3]{8}_{\frac{0° + 360°}{3}} = 2_{120°} = 2(\cos 120° + i \cdot \operatorname{sen} 120°) = 2\left(-\frac{1}{2} + \frac{\sqrt{3}}{2}i\right) = -1 + \sqrt{3}i \\ \sqrt[3]{8}_{\frac{0° + 360° \cdot 2}{3}} = 2_{240°} = 2(\cos 240° + i \cdot \operatorname{sen} 240°) = 2\left(-\frac{1}{2} - \frac{\sqrt{3}}{2}i\right) = -1 - \sqrt{3}i \end{cases}$$

Las soluciones son $x = 2$, $x = -1 + \sqrt{3}i$ y $x = -1 - \sqrt{3}$.

Como puede observarse, en las soluciones no reales de cada una de las tres ecuaciones anteriores siempre se cumple que una es la conjugada de la otra. De este modo, cabe afirmar que en toda ecuación polinómica de coeficientes reales se cumple que, si $x = z$ es una solución no real de la misma, entonces $x = \bar{z}$ también lo es. Por tanto, las soluciones complejas (no reales) de una ecuación vienen siempre por pares.

EJEMPLO 4

¿Puede una ecuación polinómica de grado tres, con coeficientes reales, tener dos soluciones reales? ¿Y carecer de solución?

No puede tener dos soluciones reales, porque ello implicaría tener una o tres soluciones complejas (no reales), lo cual es imposible. La aparición de una solución compleja implica que lo sea también su conjugada. Las soluciones reales deben ser una o tres.

Toda ecuación polinómica de grado impar, con coeficientes reales, ha de tener un número impar de soluciones reales.

ELABORA TU PROYECTO

ABRAHAM DE MOIVRE Y UNA FÓRMULA QUE HERMANA COMPLEJOS Y TRIGONOMETRÍA

Fue Herón de Alejandría (que vivió en la primera mitad del siglo I) el primero en dejar constancia escrita de una raíz cuadrada con radicando negativo: $\sqrt{81-144}$.

El desarrollo de las matemáticas hasta la definición del concepto de número complejo incluye a una gran cantidad de matemáticos. El primero en utilizar la denominación «imaginarios» fue Descartes, y la notación $i = \sqrt{-1}$ se debe a Euler.

En este contexto, cabe destacar la aportación de Abraham de Moivre (1667, Vitry-le-Francois, Francia-1754, Londres, Inglaterra).

Abraham de Moivre.

Este matemático realizó sus primeros estudios en Francia; sin embargo, debido a que era protestante, se vio obligado a huir a Inglaterra, país del que procedían sus padres.

Su amistad con Newton y Halley le permitió acceder a puestos relevantes en el entorno científico y matemático de la Royal Society de Londres. Sus aportaciones son indiscutibles, y aunque ha pasado a la historia como un gran y prolífico matemático, nunca obtuvo plaza como docente en ninguna universidad, por lo que llevó una vida sencilla y privada del éxito económico que cabría esperar de alguien de su valía. Se dice que, al igual que el matemático italiano Gerolamo Cardano, predijo su muerte, acaecida el 27 de noviembre de 1754.

Su fórmula, explicada en esta unidad, es clave en el estudio de la trigonometría y la aritmética de números complejos.

Prepara una exposición oral o escrita, individual o en grupo, para desarrollar ejercicios que visualicen la utilidad de esta fórmula.

Pautas de presentación del trabajo

1 Muestra el cálculo de la potencia de un número complejo en forma binómica, polar y trigonométrica o fórmula de Moivre. Aporta varios ejemplos que pongan de manifiesto la facilidad del cálculo que implica el empleo de la fórmula de Moivre.

2 A partir de la de la fórmula de Moivre obtén la expresión para $\cos 4x$ en función de $\cos x$ y $\operatorname{sen} x$, y de $\sqrt[5]{z}$, con $z = 1$.

Recursos

→ http://www.ugr.es/~eaznar/moivre.htm

→ http://matemolivares.blogia.com/2012/090301-abraham-de-moivre-el-matematico-que-predijo-su-muerte..php

ELABORA TU ORGANIZADOR VISUAL

Realiza un mapa conceptual en el que recojas los contenidos fundamentales estudiados en esta unidad. Puedes partir de esta propuesta:

NÚMEROS COMPLEJOS

- Definiciones
- Formas de expresar un número complejo
- Cambio de forma de número complejo
- Operaciones

EVALUACIÓN

1 ¿En qué ocasiones se cumple que el módulo de un número complejo es negativo?

2 Dado el número complejo $7_{36°}$, calcula en forma polar su opuesto y su conjugado.

3 Resuelve $i^{237} - \frac{1}{(-i^7)} + \frac{1}{(-i)^7} - i^{2354}$.

4 Representa gráficamente los afijos de todos los complejos que verifiquen la expresión $z - \bar{z} = 2i$.

5 Dada una ecuación polinómica de cuarto grado con coeficientes reales, indica cuántas soluciones complejas puede tener si se sabe que una solución es real.

6 Resuelve la siguiente ecuación: $x^4 + 2x^2 + 1 = 0$.

7 El producto de dos números complejos es 3i, y el cubo de uno de ellos dividido por el otro es $\frac{1}{3}$. Calcúlalos.

8 Halla la potencia sexta del número complejo $z = (\sqrt{2} - \sqrt{2}i)$.

9 Un cuadrado con centro en el origen, O, tiene uno de sus vértices en el punto (2 , 3). Determina los demás vértices.

10 El número complejo $z = -1 + \sqrt{3}i$ se gira 30° en el sentido de las agujas del reloj. ¿Cuál es el número complejo resultante?

11 Calcula esta raíz $\sqrt[3]{\left(\frac{6-2i}{1-2i}\right)^4}$ y expresa sus resultados, simplificados, en forma binómica.

12 Realiza la siguiente operación: $\left(\frac{5+\sqrt{3}i}{\sqrt{3}+2i}\right)^4$, y expresa la respuesta en forma binómica.

13 Realiza la siguiente operación: $(4_{75°} + 2_{315°})^2$, y expresa la respuesta en forma binómica.

14 Dada la ecuación $x^3 + 8 = 0$, halla todas sus soluciones y represéntalas gráficamente.

15 Dados los complejos $z_1 = 3\sqrt{2}_{135°}$ y $z_2 = x + 2i$, halla x para que:

a. $\frac{z_1}{z_2}$ sea un número real.

b. $(z_1 + z_2)^2$ sea un número imaginario puro.

16 El complejo $z = \sqrt{3} + i$ es una de las raíces cúbicas de un número. Halla dicho número y el resto de sus raíces cúbicas, expresándolas en forma binómica. Represéntalas gráficamente.

17 Resuelve la ecuación $x^4 + 3i = 3$.

18 Calcula dos números complejos sabiendo que su cociente es 4, que sus argumentos suman 40° y que la suma de sus módulos es 15.

19 Sean los números complejos $z_1 = \frac{3 - i^{15}}{i^{20} + 2i^{33}}$ y $z_2 = x - 2i$:

a. Calcula $(z_1)^4$ y expresa el resultado en forma binómica.

b. Halla el valor de x para que el resultado de $\frac{z_1}{z_2}$ sea un número imaginario puro.

20 Al representar las raíces cuartas de un complejo, se obtiene un cuadrado con uno de sus vértices situado en el punto $(\sqrt{3}, -1)$. Calcula razonadamente las coordenadas del resto de los vértices de la figura.

21 Dados los complejos $z_1 = 2 + 3i$ y $z_2 = x - 2$, halla x para que:

a. $\frac{\bar{z}_1}{z_2}$ sea un número real.

b. $(z_1 \cdot \bar{z}_2)$ sea un número imaginario puro.

22 Dado el número complejo $z = \sqrt{12} - 2i$, calcula:

a. z^4, desarrollando la potencia en forma binómica.

b. z^4, desarrollando la potencia en forma polar.

23 Dada la ecuación $x^5 + 4 = 4i$, halla todas sus soluciones y represéntalas gráficamente. Expresa al menos una de ellas en forma binómica.

24 Halla las soluciones de la ecuación $x^5 + 32 = 0$ e indica si entre ellas hay algunas que sean conjugadas. Señala cuáles y por qué.

25 Sean los números complejos $z_1 = \sqrt{2}_{315}$ y $z_2 = 2\sqrt{3} + 2i$:

a. Calcula $z_1 \cdot z_2$ y expresa el resultado en forma polar.

b. Halla $\frac{z_1}{z_2}$ y expresa el resultado en forma binómica.

26 Dados los números complejos $z_1 = 5 + \sqrt{3}i$, $z_2 = 2\sqrt{3} + 4i$ y $z_3 = \frac{i^{25} - i^{35}}{i^{20} - i^{50}}$, calcula $\left(\frac{z_1}{z_2}\right)^3 \cdot z_3$.

07 GEOMETRÍA

01 Vectores en el plano

» Dados los puntos $A(a_1, a_2)$ y $B(b_1, b_2)$, se denomina **vector fijo,** $\overrightarrow{AB}$, al segmento orientado que tiene como origen el punto A y como extremo el punto B.

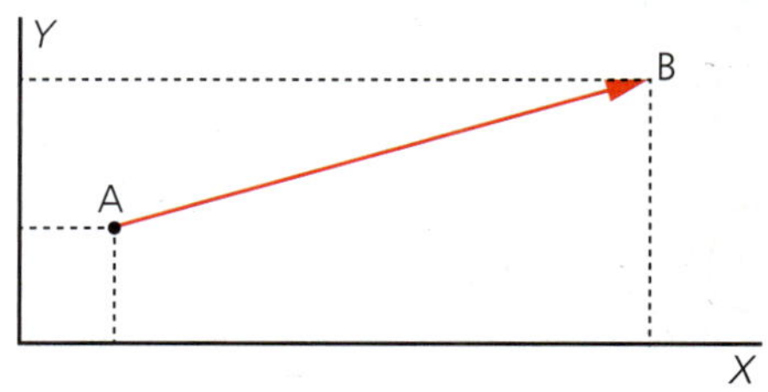

Sus coordenadas se calculan restando a las coordenadas del extremo las del origen:

$$\overrightarrow{AB} = (b_1 - a_1, b_2 - a_2)$$

Los elementos de un vector, $\vec{v} = (v_1, v_2)$, son el módulo, la dirección y el sentido.

- El **módulo** de $\vec{v}$ es la longitud del vector $\vec{v}$, que se indica por $|\vec{v}|$:

$$|\vec{v}| = \sqrt{v_1^2 + v_2^2}$$

- La **dirección** del vector es la dirección de la recta que lo contiene.
- El **sentido** es la orientación del vector, es decir, el sentido del recorrido desde el origen hasta el extremo.

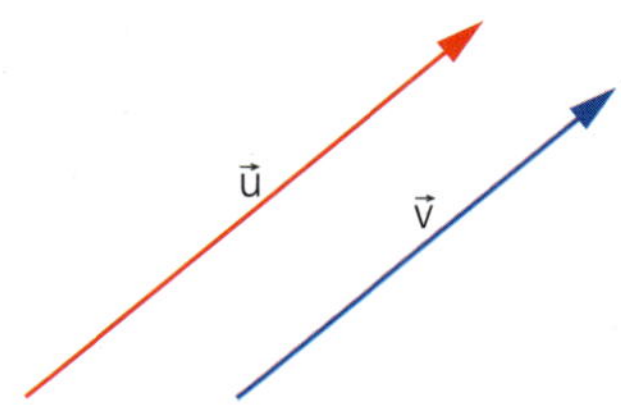

» Dos vectores, $\vec{u} = (u_1, u_2)$ y $\vec{v} = (v_1, v_2)$, son **equipolentes** si tienen el mismo módulo, dirección y sentido, es decir, si $(u_1, u_2) = (v_1, v_2)$.

Llamamos **vector libre,** $\vec{v} = (v_1, v_2)$, al conjunto formado por todos los vectores equipolentes a $\vec{v}$. El conjunto de todos los vectores libres del plano se representa por V^2 (el 2 se debe a que los vectores del plano tienen dos coordenadas).

» Dos vectores, $\vec{u} = (u_1, u_2)$ y $\vec{v} = (v_1, v_2)$, son **opuestos** si tienen el mismo módulo y dirección, pero sentido contrario; es decir, si sus coordenadas son opuestas: $u_1 = -v_1$ y $u_2 = -v_2$.

El opuesto de $\vec{v} = (2, -3)$ es $-\vec{v} = (-2, 3)$.

» Dos vectores, $\vec{u} = (u_1, u_2)$ y $\vec{v} = (v_1, v_2)$, son **paralelos** (se indica mediante ||) si tienen la misma dirección, es decir, si sus coordenadas son proporcionales:

$$\vec{u} \parallel \vec{v} \Leftrightarrow \frac{u_1}{v_1} = \frac{u_2}{v_2}$$

EJEMPLO 1

Dados los puntos A (1 , –2) y B (5 , 1), representa el vector $\overrightarrow{AB}$ y halla su módulo, dirección y sentido.

$\overrightarrow{AB} = B - A = (5 - 1, 1 - (-2)) = (4, 3)$

$|\overrightarrow{AB}| = \sqrt{4^2 + 3^2} = \sqrt{16 + 9} = \sqrt{25} = 5$

La dirección es la de la recta que pasa por A y B, y el sentido es el de la orientación del vector, de A a B.

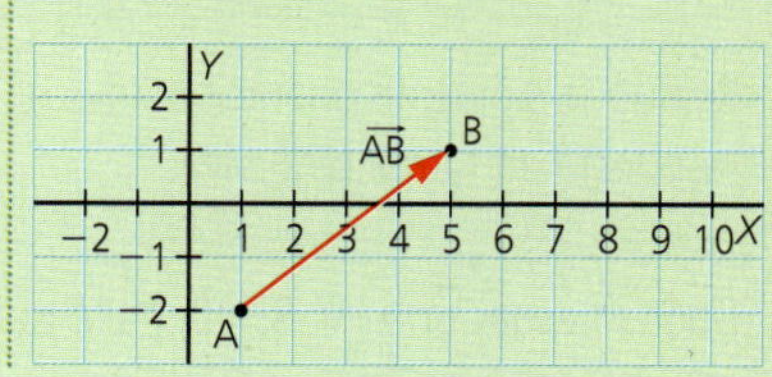

EJEMPLO 2

Comprueba si los vectores $\vec{u} = (2, -3)$ y $\vec{v} = (4, -6)$ son paralelos.

Son paralelos, ya que sus coordenadas son proporcionales: $\frac{2}{4} = \frac{-3}{-6}$.

» Dos vectores, $\vec{u} = (u_1, u_2)$ y $\vec{v} = (v_1, v_2)$, son **perpendiculares u ortogonales** (se indica mediante $\vec{u} \perp \vec{v}$) si el ángulo que forman entre sí es de 90°; esto es, si el producto escalar entre ellos es nulo:

$$\vec{u} \perp \vec{v} \Leftrightarrow u_1v_1 + u_2v_2 = 0$$

EJEMPLO 3

¿Son los vectores $\vec{u} = (2, -3)$ y $\vec{v} = (6, 4)$ perpendiculares?

$\vec{u} \cdot \vec{v} = 2 \cdot 6 + (-3) \cdot 4 = 12 - 12 = 0$

Son perpendiculares; su producto escalar es igual a cero.

Como se verá más adelante, el producto escalar de dos vectores en función de sus coordenadas es:

$$\vec{u} \cdot \vec{v} = u_1v_1 + u_2v_2$$

» Un vector, $\vec{v} = (v_1, v_2)$, es **normal o unitario** si tiene por módulo 1, es decir:

$$|\vec{v}| = \sqrt{v_1^2 + v_2^2} = 1$$

EJEMPLO 4

Indica si el vector $\vec{v} = \left(\frac{3}{5}, \frac{4}{5}\right) = 1$ es normal o unitario.

$$|\vec{v}| = \sqrt{\left(\frac{3}{5}\right)^2 + \left(\frac{4}{5}\right)^2} = \sqrt{\frac{9}{25} + \frac{16}{25}} = 1$$

Es un vector normal o unitario porque su módulo es 1.

» Un vector, $\vec{v} = (v_1, v_2)$, es **nulo** si tiene por módulo 0 y carece de dirección y sentido, o lo que es lo mismo, si sus coordenadas son nulas. Se indica mediante $\vec{0} = (0, 0)$.

EJEMPLO 5

Dado los puntos A (2 , x) y B (5 , 3), halla el valor de x para que el vector $\overrightarrow{AB}$:

a. Sea equipolente al vector (3 , 5).

b. b) Sea paralelo al vector (1 , 3).

c. Sea perpendicular al vector (4 , 1).

d. Tenga módulo 5.

a. Primero se hallan las coordenadas del vector $\overrightarrow{AB}$:

$$\overrightarrow{AB} = (5 - 2, 3 - x) = (3, 3 - x)$$

Para que sean equipolentes, sus coordenadas deben coincidir:

$$5 = 3 - x \Rightarrow x = -2$$

b. Para que sean paralelos, sus coordenadas han de ser proporcionales:

$$\frac{1}{3} = \frac{3}{3 - x} \Rightarrow 3 - x = 9 \Rightarrow x = -6$$

c. Para que sean perpendiculares, el producto escalar de ambos tiene que ser nulo:

$$4 \cdot 3 + 1 \cdot (3 - x) = 0 \Rightarrow 12 + 3 - x = 0 \Rightarrow x = 15$$

d. Para que tenga módulo 5:

$$\sqrt{3^2 + (3 - x)^2} = 5 \Rightarrow 9 + 9 - 6x + x^2 = 25 \Rightarrow x^2 - 6x - 7 = 0 \Rightarrow x = -1 \text{ y } x = 7$$

02 Dependencia e independencia de vectores. Bases

» Un vector, $\vec{u}$, es una **combinación lineal** de dos vectores, $\vec{v}$ y $\vec{w}$, si existen dos números reales, *a* y *b*, tales que:

$$\vec{u} = a \cdot \vec{v} + b \cdot \vec{w}, \text{ donde } a \text{ y } b \in \mathbb{R}$$

EJEMPLO 1

Comprueba si el vector $\vec{u} = (2, 4)$ es combinación lineal de los vectores $\vec{v} = (1, 3)$ y $\vec{w} = (-1, -4)$.

Es preciso comprobar si existen los valores *a* y *b* para que se cumpla que $\vec{u} = a \cdot \vec{v} + b \cdot \vec{w}$.

Se plantea un sistema de dos ecuaciones:

$(2, 4) = a \cdot (1, 3) + b \cdot (-1, -4) \Rightarrow (2, 4) = (a, 3a) + (-b, -4b) \Rightarrow (2, 4) = (a - b, 3a - 4b) \Rightarrow$

$$\Rightarrow \begin{cases} 2 = a - b \\ 4 = 3a - 4b \end{cases} (3E_1 - E_2) \Rightarrow a = 4;\ b = 2$$

Luego, $\vec{u} = 4 \cdot \vec{v} + 2 \cdot \vec{w}$. Por tanto, $\vec{u}$ es combinación lineal de $\vec{v}$ y $\vec{w}$.

» Dos vectores, $\vec{u}$ y $\vec{v}$, son **linealmente dependientes** si uno de ellos es combinación lineal del otro.

En consecuencia, un vector será combinación lineal de otro si ambos son múltiplos o proporcionales, es decir:

$$\vec{u} = a \cdot \vec{v}$$

Por el contrario, dos vectores, $\vec{u}$ y $\vec{v}$, son linealmente independientes si no son múltiplos o proporcionales, es decir, la relación $a \cdot \vec{v} + b \cdot \vec{w} = \vec{0}$ solo se verifica si a = b = 0.

Algunas consecuencias derivadas de esto son:

- En $\mathbb{R}^2$, dos vectores son dependientes si son paralelos.
- En $\mathbb{R}^2$, dos vectores son independientes si no son paralelos.
- En $\mathbb{R}^2$, tres vectores siempre serán linealmente dependientes, es decir, uno de ellos será siempre combinación lineal de los otros dos.

EJEMPLO 2

Comprueba si los siguientes vectores son linealmente independientes.

a. $\vec{u} = (2, 4)$ y $\vec{v} = (1, -3)$.

Son vectores independientes, ya que no son paralelos (no son proporcionales):

$$\frac{2}{1} \neq \frac{4}{-3}$$

b. $\vec{u} = (2, 4)$ y $\vec{v} = (3, 6)$.

Son vectores dependientes, puesto que son paralelos (son proporcionales):

$$\frac{2}{3} = \frac{4}{6}$$

02.1 Bases

» Dos vectores, $\vec{u}$ y $\vec{v}$, forman una **base,** B, de V^2, lo que se expresa mediante $B = \{\vec{u}, \vec{v}\}$, si:

- Los vectores $\vec{u}$ y $\vec{v}$ son linealmente independientes.
- Todo vector de V^2 es combinación lineal de $\vec{u}$ y $\vec{v}$.

Sea $B = \{\vec{u}, \vec{v}\}$ una base de V^2, se dice que:

- $B = \{\vec{u}, \vec{v}\}$ es una **base ortogonal** si $\vec{u}$ y $\vec{v}$ son perpendiculares.
- $B = \{\vec{u}, \vec{v}\}$ es una **base normal** si $\vec{u}$ y $\vec{v}$ son normales (o unitarios).
- $B = \{\vec{u}, \vec{v}\}$ es una **base ortonormal** si $\vec{u}$ y $\vec{v}$ son perpendiculares y unitarios.
- $B = \{\vec{u}, \vec{v}\}$ es la **base canónica** de V^2 si $\vec{u} = (1, 0)$ y $\vec{v} = (0, 1)$.

EJEMPLO 3

Indica el tipo de base que forman los siguientes vectores:

a. $\vec{u} = (2, 4)$ y $\vec{v} = (3, 6)$

Los vectores $\vec{u} = (2, 4)$ y $\vec{v} = (3, 6)$ no forman una base, ya que son vectores dependientes (son proporcionales): $\frac{2}{3} = \frac{4}{6}$.

b. $\vec{u} = (2, 4)$ y $\vec{v} = (6, -3)$

- Los vectores son independientes (no son proporcionales): $\frac{2}{6} \neq \frac{4}{-3}$
- Son perpendiculares, su producto escalar es cero:

$$\vec{u} \cdot \vec{v} = 2 \cdot 6 + 4 \cdot (-3) = 12 - 12 = 0$$

- No son vectores unitarios porque su módulo es distinto de la unidad:

$|\vec{u}| = \sqrt{2^2 + 4^2} = \sqrt{20} \neq 1$ $\qquad$ $|\vec{v}| = \sqrt{6^2 + (-3)^2} = \sqrt{45} \neq 1$

Como los vectores $\vec{u}$ y $\vec{v}$ son perpendiculares y no son unitarios, forman una base ortogonal.

c. $\vec{u} = \left(\frac{4}{5}, \frac{3}{5}\right)$ y $\vec{v} = \left(-\frac{3}{5}, \frac{4}{5}\right)$

- Los vectores son independientes (no son proporcionales):

$$\frac{\frac{4}{5}}{-\frac{3}{5}} \neq \frac{\frac{3}{5}}{\frac{4}{5}}$$

- Son perpendiculares, su producto escalar es cero:

$$\vec{u} \cdot \vec{v} = \frac{4}{5} \cdot \left(-\frac{3}{5}\right) + \frac{3}{5} \cdot \frac{4}{5} = 0$$

- Son vectores unitarios porque su módulo es la unidad:

$|\vec{u}| = \sqrt{\left(\frac{4}{5}\right)^2 + \left(\frac{3}{5}\right)^2} = \sqrt{\frac{25}{25}} = 1$ $\qquad$ $|\vec{v}| = \sqrt{\left(-\frac{3}{5}\right)^2 + \left(\frac{4}{5}\right)^2} = \sqrt{\frac{25}{25}} = 1$

Como los vectores $\vec{u}$ y $\vec{v}$ son perpendiculares y unitarios, forman una base ortonornal.

03 Operaciones con vectores

Dados los vectores $\vec{u} = (u_1 , u_2)$ y $\vec{v} = (v_1 , v_2)$, cabe definir las siguientes operaciones:

Suma y resta de vectores. Se define la suma y resta de vectores como:

$$\vec{u} + \vec{v} = (u_1 + v_1 , u_2 + v_2) \qquad \vec{u} + \vec{v} = (u_1 + v_1 , u_2 + v_2)$$

Si se representan en los ejes cartesianos dos vectores, $\vec{u} = (u_1 , u_2)$ y $\vec{v} = (v_1 , v_2)$, con el mismo origen y se traza un paralelogramo que tenga como lados no paralelos dichos vectores, entonces el **vector suma,** $\vec{u} + \vec{v}$, es el que representa la diagonal del paralelogramo que tiene por origen el origen de los vectores y por extremo el vértice opuesto del paralelogramo.

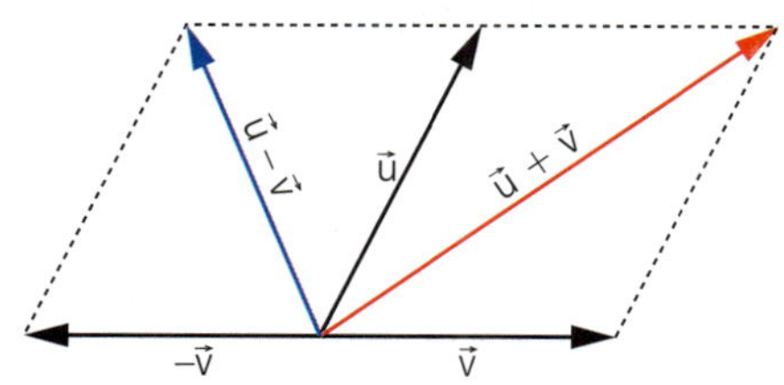

Regla del paralelogramo

Si se quiere representar el **vector diferencia,** $\vec{u} - \vec{v}$, hay que tener en cuenta que $\vec{u} - \vec{v} = \vec{u} + (-\vec{v})$, con lo cual primero se representa el vector opuesto de $\vec{v}$, $(-\vec{v})$, y después se realiza el proceso anterior con los vectores $\vec{u}$ y $-\vec{v}$. El vector opuesto de otro es el mismo vector, pero con sentido contrario.

Multiplicación de un vector por un número real, k. Se define la multiplicación de un vector por un número real, *k*, como:

$$k \cdot \vec{v} = (k \cdot v_1 , k \cdot v_2)$$

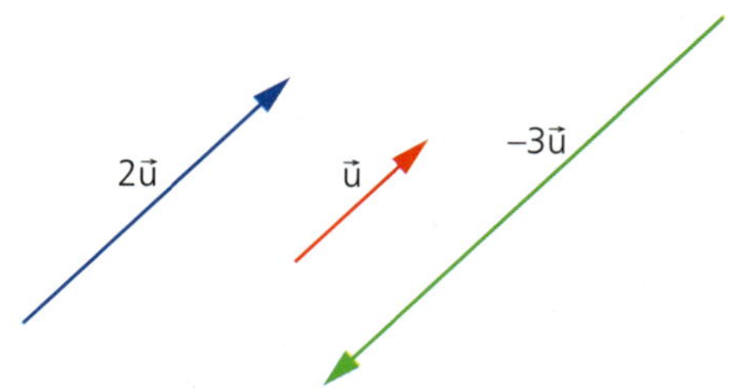

Dado un vector, $\vec{v}$, se representa el vector $k \cdot \vec{v}$ mediante otro vector que tiene la misma dirección, pero cuyo módulo está multiplicado por *k*. Si $k > 0$ el vector mantiene el sentido original; sin embargo, si $k < 0$, el vector cambia de sentido.

Producto escalar de dos vectores. Se define el producto escalar de dos vectores como:

$$\vec{u} \cdot \vec{v} = u_1 \cdot v_1 + u_2 \cdot v_2 \quad \text{o} \quad \vec{u} \cdot \vec{v} = |\vec{u}| \cdot |\vec{v}| \cdot \cos(\widehat{\vec{u}, \vec{v}})$$

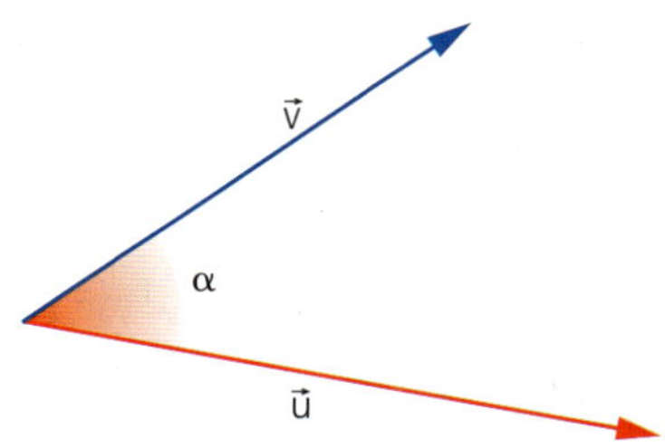

Existen dos formas de hallar el producto escalar de dos vectores. El resultado es un escalar y no un vector, es decir, el resultado es un número.

EJEMPLO 1

Dados los vectores $\vec{u} = (2 , 4)$ y $\vec{v} = (1 , -3)$, halla:

a. $2 \cdot \vec{u} + 3 \cdot \vec{v} \Rightarrow 2 \cdot \vec{u} + 3 \cdot \vec{v} = 2 \cdot (2 , 4) + 3 \cdot (1 , -3) = (4 , 8) + (3 , -9) =$
$= [4 + 3 , 8 + (-9)] = (7 , -1)$

b. $5 \cdot \vec{u} - 2 \cdot \vec{v} \Rightarrow 5 \cdot \vec{u} - 2 \cdot \vec{v} = 5 \cdot (2 , 4) - 2 \cdot (1 , -3) = (10 , 20) - (2 , -6) =$
$= [10 - 2 , 20 - (-6)] = (8 , 26)$

c. $\vec{u} \cdot \vec{v} \Rightarrow \vec{u} \cdot \vec{v} = (2 , 4) \cdot (1 , -3) = 2 \cdot 1 + 4 \cdot (-3) = 2 - 12 = -10$

EJEMPLO 2

Normaliza el vector $\overrightarrow{AB}$, siendo A (3 , 2) y B (7 , 5).

$\overrightarrow{AB} = (4, 3)$ y $|\overrightarrow{AB}| = \sqrt{4^2 + 3^2} =$
$= \sqrt{16 + 9} = 5 \Rightarrow \overrightarrow{AB}_{normal} =$
$= \left(\frac{4}{\sqrt{16+9}}, \frac{3}{\sqrt{16+9}}\right) = \left(\frac{4}{5}, \frac{3}{5}\right)$

Normalizar un vector es hallar otro vector de la misma dirección y sentido, pero de módulo 1. Un vector, $\vec{v} = (v_1, v_2)$, queda normalizado si se multiplica por $\frac{1}{|\vec{v}|}$, es decir, si $\vec{v}_{normal} = \left(\frac{v_1}{|\vec{v}|}, \frac{\nu_2}{|\vec{v}|}\right)$.

Dados dos puntos, A (a_1 , a_2) y B (b_1 , b_2), el **punto medio** del vector $\overrightarrow{AB}$ es $P_m = \left(\frac{a_1 + b_1}{2}, \frac{a_2 + b_2}{2}\right)$.

EJEMPLO 3

Calcula el punto medio del vector $\overrightarrow{AB}$, siendo A (3 , 2) y B (7 , 5).

$P_m = \left(\frac{3+7}{2}, \frac{2+5}{2}\right) = \left(5, \frac{7}{2}\right)$

04 Ángulo entre dos vectores

Se define el **ángulo entre dos vectores,** $\vec{u}$ y $\vec{v}$, como el menor de los dos ángulos que se forman entre dos vectores equipolentes a $\vec{u}$ y a $\vec{v}$ que tengan situado su origen sobre un mismo punto. Se representa mediante $(\widehat{\vec{u}, \vec{v}})$.

Para hallar el ángulo entre dos vectores, se recurre al producto escalar empleando sus dos expresiones:

$$\vec{u} \cdot \vec{v} = u_1 \cdot v_1 + u_2 \cdot v_2 \qquad \vec{u} \cdot \vec{v} = |\vec{u}| \cdot |\vec{v}| \cdot \cos(\widehat{\vec{u}, \vec{v}})$$

Por tanto: $u_1 \cdot v_1 + u_2 \cdot v_2 = |\vec{u}| \cdot |\vec{v}| \cdot \cos(\widehat{\vec{u}, \vec{v}}) \Rightarrow \cos(\widehat{\vec{u}, \vec{v}}) = \dfrac{u_1 \cdot v_1 + u_2 \cdot v_2}{|\vec{u}| \cdot |\vec{v}|}$.

Finalmente: $(\widehat{\vec{u}, \vec{v}}) = \arccos \dfrac{u_1 \cdot v_1 + u_2 \cdot v_2}{|\vec{u}| \cdot |\vec{v}|}$.

De las dos soluciones posibles se debe tomar la correspondiente al ángulo menor.

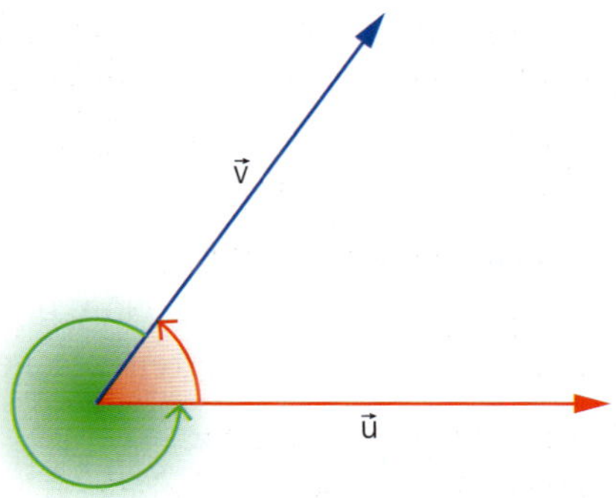

EJEMPLO 1

Determina el ángulo formado por los siguientes pares de vectores:

a. $\vec{u} = (2, 0)$ y $\vec{v} = (1, \sqrt{3})$

$$\cos(\widehat{\vec{u}, \vec{v}}) = \frac{2 \cdot 1 + 0 \cdot \sqrt{3}}{\sqrt{4+0} \cdot \sqrt{1+3}} = \frac{2}{4} = \frac{1}{2} \Rightarrow \alpha = \arccos \frac{1}{2} = 60°$$

b. $\vec{u} = (2, 4)$ y $\vec{v} = (6, -3)$

$$\cos(\widehat{\vec{u}, \vec{v}}) = \frac{2 \cdot 6 + 4 \cdot (-3)}{\sqrt{4+16} \cdot \sqrt{36+9}} = \frac{0}{\sqrt{20} \cdot \sqrt{45}} = 0 \Rightarrow \arccos 0 = 90° \text{ (son perpendiculares)}$$

c. $\vec{u} = (2, 4)$ y $\vec{v} = (2, 1)$

$$\cos(\widehat{\vec{u}, \vec{v}}) = \frac{2 \cdot 2 + 4 \cdot 1}{\sqrt{4+16} \cdot \sqrt{4+1}} = \frac{8}{\sqrt{20} \cdot \sqrt{5}} = \frac{8}{\sqrt{100}} = \frac{4}{5} \Rightarrow \alpha = \arccos \frac{4}{5} \approx 36{,}87°$$

Para este apartado es necesario el uso de calculadora, ya que no se trata de un ángulo notable.

EJEMPLO 2

Halla el valor de x para que el vector $\vec{u} = (x - 1, 3)$ forme un ángulo de 45° con el vector $\vec{v} = (2, 2)$.

$$\cos 45° = \frac{(x-1) \cdot 2 + 3 \cdot 2}{\sqrt{(x-1)^2 + 9} \cdot \sqrt{4+4}} = \frac{2x - 2 + 6}{\sqrt{x^2 - 2x + 10} \cdot \sqrt{8}} = \frac{2x + 4}{\sqrt{x^2 - 2x + 10} \cdot 2\sqrt{2}}$$

$$\frac{\sqrt{2}}{2} = \frac{x+2}{\sqrt{x^2 - 2x + 10} \cdot \sqrt{2}} \Rightarrow \sqrt{2} \cdot \sqrt{x^2 - 2x + 10} \cdot \sqrt{2} = 2 \cdot (x+2) \Rightarrow 2\sqrt{x^2 - 2x + 10} =$$

$$= 2 \cdot (x + 2)$$

Ahora ya se trata de una ecuación con radicales. Se elevan los dos miembros al cuadrado y se resuelve:

$$\left(\sqrt{x^2 - 2x + 10}\right)^2 = (x+2)^2 \Rightarrow x^2 - 2x + 10 = x^2 + 4x + 4 \Rightarrow 6x = 6 \Rightarrow x = 1$$

05 Ecuaciones de la recta

La ecuación de una recta es la condición, expresada en forma de ecuación o sistema, que deben cumplir las coordenadas, (x , y), de todos los puntos que están contenidos en la recta. Si la condición no se cumple, el punto no está contenido en la recta.

Que una recta tenga por ecuación $x + y = 3$ significa que los puntos contenidos en ella deben cumplir que la suma de sus coordenadas, $x + y$, sea 3. Por ejemplo, los puntos P (2 , 1) y Q (4 , −1) sí están contenidos en la recta; sin embargo, los puntos J (3 , 2) y K (1 , 1) no lo están.

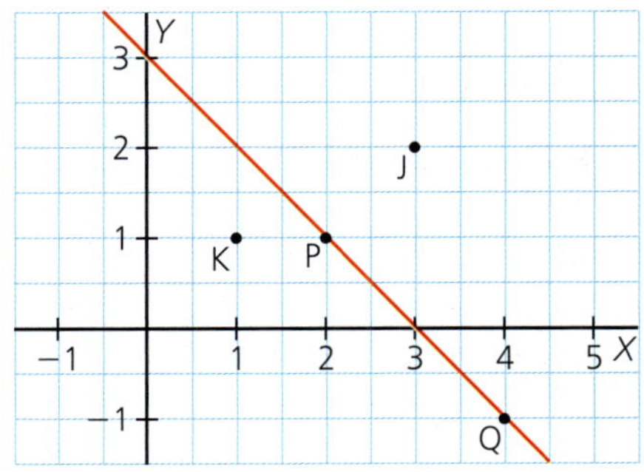

Ecuación vectorial. Una recta queda determinada si se conoce un vector, $\vec{v}\,(v_1 , v_2)$, que tenga su misma dirección, denominado **vector director** de la recta, y un punto, P (p_1 , p_2), que pertenezca a ella:

$$\vec{X} = \vec{P} + \lambda \cdot \vec{v} \text{ con } \lambda \in \mathbb{R} \Rightarrow (x , y) = (p_1 , p_2) + \lambda \cdot (v_1 , v_2)$$

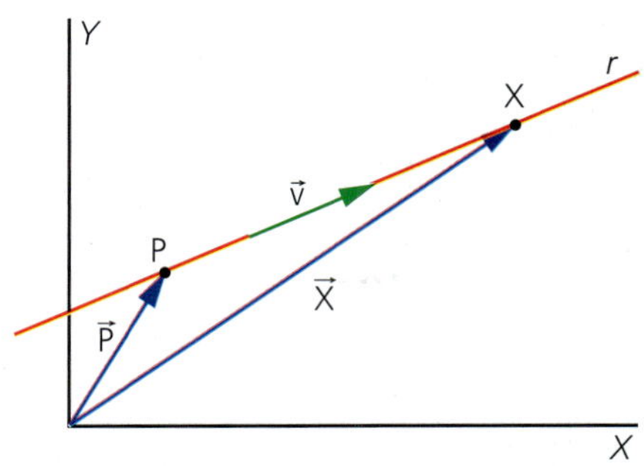

Ecuaciones paramétricas: Igualando las coordenadas en la ecuación vectorial:

$$\begin{aligned} x &= p_1 + \lambda \cdot v_1 \\ y &= p_2 + \lambda \cdot v_2 \end{aligned}$$

Se llaman ecuaciones paramétricas porque vienen expresadas en función del parámetro λ.

Para cada valor de λ se obtiene un punto de la recta.

Ecuación continua. Despejando el parámetro en las ecuaciones paramétricas e igualando, se obtiene la ecuación continua de la recta:

$$\begin{cases} \lambda = \dfrac{x - p_1}{v_1} \\ \lambda = \dfrac{y - p_2}{v_2} \end{cases} \Rightarrow \frac{x - p_1}{v_1} = \frac{y - p_2}{v_2}$$

Ecuación general o implícita. De la ecuación continua se obtiene:

$$v_2 \cdot (x - p_1) = v_1 \cdot (y - p_2)$$

Operando: $v_2 \cdot x - v_2 \cdot p_1 - v_1 \cdot y + v_1 \cdot p_2 = 0$.

Haciendo $A = v_2$, $B = -v_1$ y $C = v_1 \cdot p_2 - v_2 \cdot p_1$, se obtiene la ecuación general:

$$Ax + By + C = 0$$

Ecuación explícita. Despejando y en la ecuación general:

$$y = -\frac{A}{B}x - \frac{C}{B} \Rightarrow y = m \cdot x + n$$

En la expresión anterior, m es la pendiente de la recta, $m = -\frac{A}{B} = \frac{v_2}{v_1}$, y $n = -\frac{C}{B}$ es la ordenada en el origen.

Ecuación punto-pendiente. Multiplicando los dos miembros de la ecuación continua por v_2:

$$y - p_2 = \frac{v_2}{v_1} \cdot (x - p_1) \Rightarrow y - p_2 = m \cdot (x - p_1)$$

+

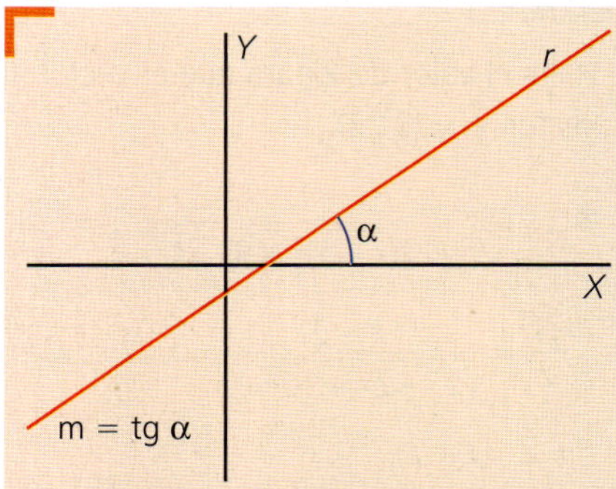

La pendiente de una recta es igual a la tangente del ángulo que forma la recta con el sentido positivo del eje de abscisas. Indica la inclinación de dicha recta.

Ecuación segmentaria o canónica. Partiendo de la ecuación general y considerando $a = -\frac{C}{A}$ y $b = -\frac{C}{B}$, resulta: $\frac{x}{a} + \frac{y}{b} = 1$

Los segmentos *a* y *b* son, respectivamente, las coordenadas no nulas de los cortes de la recta con los ejes *X* e *Y*.

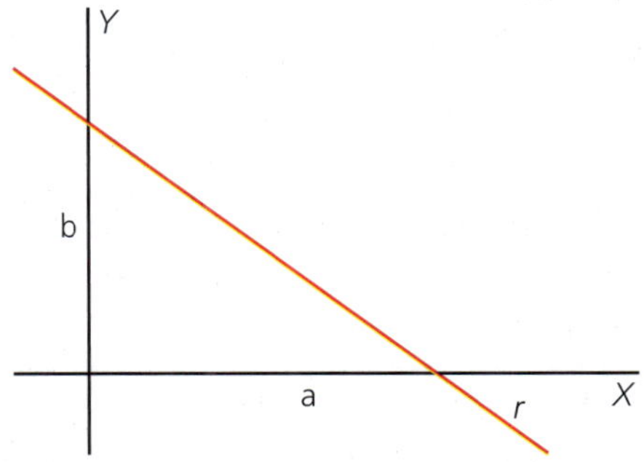

EJEMPLO 1

Halla la ecuación de la recta que pasa por los puntos A (2 , 1) y B (5 , 2) en todas sus formas.

Se precisa un vector director de la recta. Serán válidos tanto el vector $\overrightarrow{AB}$ como el vector $\overrightarrow{BA}$. Se toma, por ejemplo, el vector $\overrightarrow{AB} = (5 - 2 , 2 - 1) = (3 , 1)$.

Como punto de la recta, puede establecerse tanto el punto A como el punto B. Se toma el punto A.

La **ecuación vectorial** sería $(x , y) = (2 , 1) + \lambda \cdot (3 , 1)$.

De haber tomado el punto B, la ecuación sería $(x, y) = (5 , 2) + \lambda \cdot (3 , 1)$, que, a pesar de resultar diferente, es igualmente válida. Algunas de las ecuaciones de la recta tienen infinidad de variantes distintas, dependiendo de los datos escogidos, pero todas ellas correctas.

Igualando las coordenadas, se obtienen las ecuaciones paramétricas:

Ecuaciones paramétricas: $\begin{cases} x = 2 + 3\lambda \\ y = 1 + \lambda \end{cases}$

Despejando λ e igualando, se obtiene la **ecuación continua:** $\frac{x-2}{3} = \frac{y-1}{1}$

Ecuación general: $\frac{x-2}{3} = \frac{y-1}{1} \Rightarrow x - 2 = 3 \cdot (y - 1) \Rightarrow x - 2 = 3y - 3 \Rightarrow x - 3y + 1 = 0$

Esta expresión sí es única, independientemente de cuáles sean los datos escogidos.

Despejando *y* en la ecuación general, se obtiene la **ecuación explícita:**

$$y = \frac{x+1}{3} \Rightarrow y = \frac{1}{3} \cdot x + \frac{1}{3}$$

Para la **ecuación punto-pendiente,** es necesario conocer la pendiente, que en este caso es $\frac{1}{3}$, y tomar un punto (por ejemplo, el punto A): $y - 1 = \frac{1}{3} \cdot (x - 2)$

Cortes con los ejes, $(-1 , 0)$ y $\left(0 , \frac{1}{3}\right)$. **Ecuación segmentaria:** $\frac{x}{-1} + \frac{y}{\frac{1}{3}} = 1$

Rectas horizontales y verticales (paralelas a los ejes cartesianos). Este tipo de rectas son muy peculiares porque sus vectores directores tienen una coordenada nula; las horizontales tienen como vector director (k , 0), y las verticales, (0 , k), donde $k \in \mathbb{R}$.

EJEMPLO 2

Halla la ecuación general de las rectas horizontal y vertical que pasan por el punto (2 , 3).

Recta horizontal: $\frac{x-2}{1} = \frac{y-3}{0} \Rightarrow y - 3 = 0 \Rightarrow y = 3$

Recta vertical: $\frac{x-2}{0} = \frac{y-3}{1} \Rightarrow x - 2 = 0 \Rightarrow x = 2$

No tienen ecuación segmentaria, porque solo poseen un corte, y en el caso de las verticales carecen también de ecuaciones punto–pendiente y explícita.

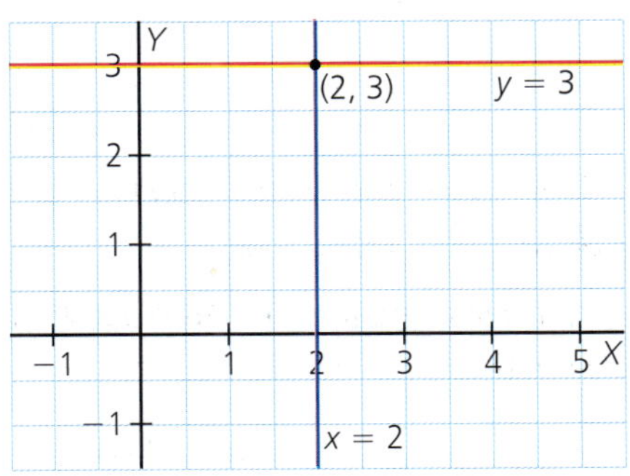

06 ¿Cómo obtener elementos geométricos?

¿Cómo hallar puntos que pertenezcan a una recta dada? Se trata de determinar coordenadas x e y que cumplan la ecuación de la recta.

EJEMPLO 1

Halla puntos pertenecientes a las siguientes rectas:

a. $\begin{cases} x = 2 + 3\lambda \\ y = 1 + \lambda \end{cases}$. Se trata de ir dando diferentes valores a λ.

Si $\lambda = 1$, se obtiene el punto (5 , 2); si $\lambda = 2$, el punto (8 , 3); si $\lambda = 0$, el punto (2 , 1), etc.

b. $2x - y + 3 = 0$. En este caso, se asignan valores a una de las variables y después se despeja el valor de la otra.

De este modo, si $x = 1$, entonces $y = 5$, y, por tanto, la recta pasa por el punto (1 , 5). Si, por ejemplo, $y = 1$, entonces $x = -1$, por lo que la recta pasa por el punto (–1 , 1).

Si se quiere hallar los puntos de corte con los ejes, se hace $x = 0$ y se despeja el valor de y; a continuación, se hace $y = 0$ y se despeja el valor de x. En este caso, si $x = 0$, entonces $y = 3$; y si $y = 0$, $x = -\frac{3}{2}$; luego, los puntos de corte son (0 , 3) y $\left(-\frac{3}{2}, 0\right)$.

¿Cómo hallar un vector director de una recta? Si se conocen dos puntos, P y Q, que pertenecen a la recta, dos vectores directores válidos son $\overrightarrow{PQ}$ y $\overrightarrow{QP}$.

Por otro lado, si se conoce la ecuación de la recta, para obtener un vector director de la misma, hay que hallar dos puntos de la recta, P y Q, que cumplan la ecuación y después el vector $\overrightarrow{PQ}$.

Si se conoce la ecuación general, $Ax + By + C = 0$, el vector director de la recta será $\vec{v} = (B , -A)$.

EJEMPLO 2

Halla un vector director de la recta $2x + y - 4 = 0$.

Para ello, podemos buscar dos puntos de la recta: si $x = 0$, entonces $y = 4$; si $x = 2$, $y = 0$. Por tanto, tenemos los puntos A (0 , 4) y B (2 , 0); que dan lugar al vector $\overrightarrow{AB} = (2 , -4)$.

Otra opción sería tomar el vector de coordenadas (B , –A) a partir de los coeficientes de la ecuación general: $\vec{v} = (1 , -2)$.

Se constata que las coordenadas de ambas opciones no coinciden, pero se observa que son vectores paralelos, por lo que las dos son correctas.

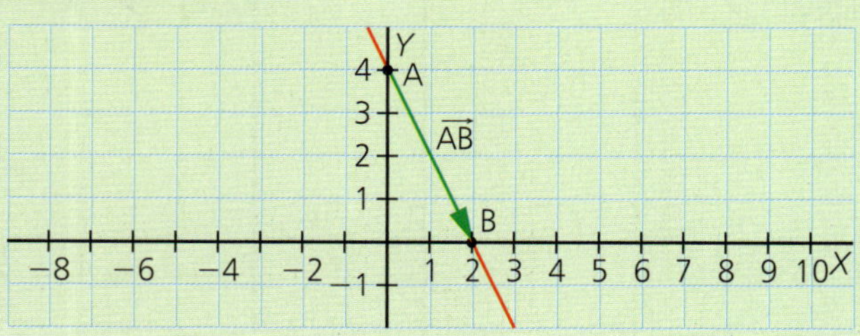

¿Cómo hallar un vector perpendicular (o normal) a una recta? Una vez obtenido un vector director, $\vec{v} = (v_1 , v_2)$, de la recta, los vectores $\vec{u} = (v_2 , -v_1)$ y $\vec{w} = (-v_2 , v_1)$ son perpendiculares a $\vec{v}$.

Si se conoce la ecuación general, $Ax + By + C = 0$, entonces el vector $\vec{u} = (A , B)$ es un vector perpendicular a la recta.

EJEMPLO 3

Halla un vector perpendicular a la recta anterior, $2x + y = 4$.

Con los puntos A (0 , 4) y B (2, 0), se obtiene el vector $\overrightarrow{AB} = (2 , -4)$, que es vector director de la recta. Un vector perpendicular a la recta sería el de coordenadas (4 , 2).

Otra opción consiste en tomar el vector director a partir de los coeficientes de la ecuación general: $\vec{v} = (1 , -2)$. Un vector perpendicular sería el de coordenadas $\vec{v}\,' = (2 , 1)$.

De nuevo resultan dos respuestas diferentes; sin embargo, al ser vectores proporcionales ambas son correctas.

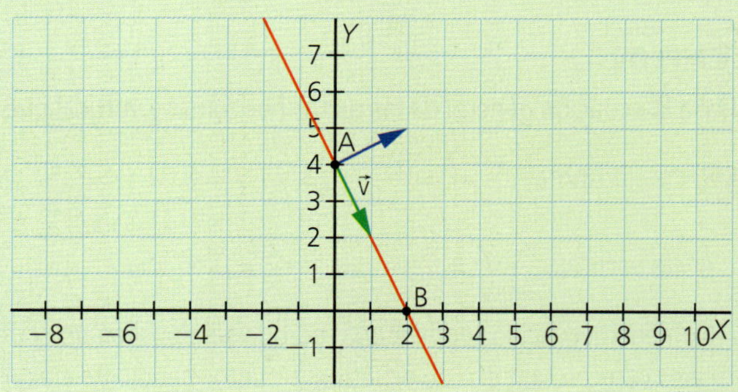

¿Cómo hallar la pendiente de un vector? Se define la pendiente de una recta o vector como la tangente del ángulo que forma esa recta o vector con la parte positiva del eje horizontal.

Dado el vector $\vec{v} = (v_1 , v_2)$, la pendiente de $\vec{v}$ es $m = \frac{v_2}{v_1}$.

¿Cómo hallar la pendiente de una recta? La pendiente de una recta es el coeficiente de x en la ecuación de la recta en forma explícita. Si está en forma paramétrica o continua es $m = \frac{v_2}{v_1}$, y si viene en su forma general $m = \frac{-A}{B}$.

EJEMPLO 5

Calcula la pendiente de las siguientes rectas:

$$r: \begin{cases} x = 2 + 3\lambda \\ y = 1 + \lambda \end{cases}; \; s: \frac{x-3}{2} = \frac{y-4}{5} \text{ y } t: 3x + 2y - 1 = 0$$

Como el vector director de r es (3 , 1), su pendiente es $m_r = \frac{1}{3}$.

Dado que el vector director de s es (2 , 5), su pendiente es $m_s = \frac{5}{2}$.

Al expresar la recta t en forma explícita, queda $y = \frac{-3x+1}{2} = -\frac{3}{2}x + \frac{1}{2}$, por lo que $m_t = -\frac{3}{2}$ (que es el coeficiente de x).

¿Cómo hallar la pendiente de la perpendicular a una recta? Una vez obtenida la pendiente, m, de la recta dada, la pendiente de la perpendicular es la inversa de la opuesta de m, es decir, $m' = -\frac{1}{m}$.

EJEMPLO 6

Si la pendiente de una recta es $m = \frac{2}{3}$, ¿cuál es la pendiente de la recta perpendicular?

La pendiente de la recta perpendicular es $m' = -\frac{1}{m} = -\frac{3}{2}$.

¿Cómo hallar el punto de intersección entre dos rectas? Cuando dos rectas son secantes, existe un punto que pertenece a ambas; luego, sus coordenadas deben cumplir las ecuaciones de las dos. Por tanto, ese punto es la solución del sistema formado con esas dos ecuaciones.

EJEMPLO 7

Halla el punto de intersección de las siguientes rectas:

$$r: 2x + 3y - 2 = 0 \text{ y } s: \frac{x-3}{3} = \frac{y-4}{2}$$

Se expresa ambas rectas en forma general: $\begin{cases} r: 2x + 3y - 2 = 0 \\ s: 2x - 3y + 6 = 0 \end{cases}$

Al resolver el sistema, resulta el punto de intersección: $P\left(-1, \frac{4}{3}\right)$.

EJEMPLO 4

Halla la pendiente del vector que pasa por A (2 , 1) y B (5 , 3).

Se determina el vector $\overrightarrow{AB} = (3 , 2)$ y su pendiente será $\frac{v_2}{v_1} = \frac{2}{3}$.

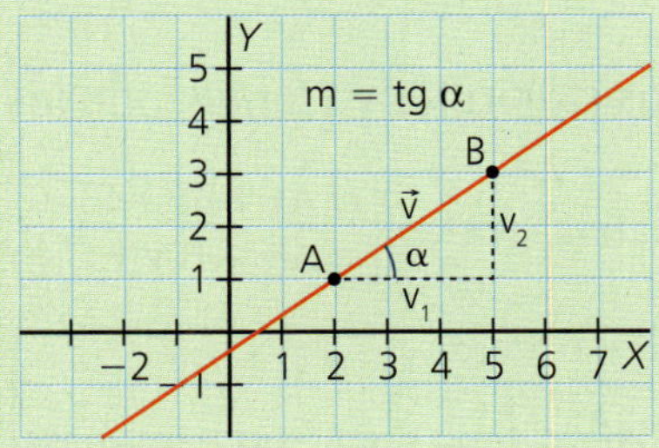

+

Al conjunto de todas las rectas que pasan por el punto $P(p_1 , p_2)$ se lo denomina **haz de rectas.** Para expresarlo, se utiliza la ecuación punto-pendiente, donde m es un parámetro que puede tomar cualquier valor real y representa la pendiente de cada una de las rectas del haz:

$$y - p_2 = m \cdot (x - p_1)$$

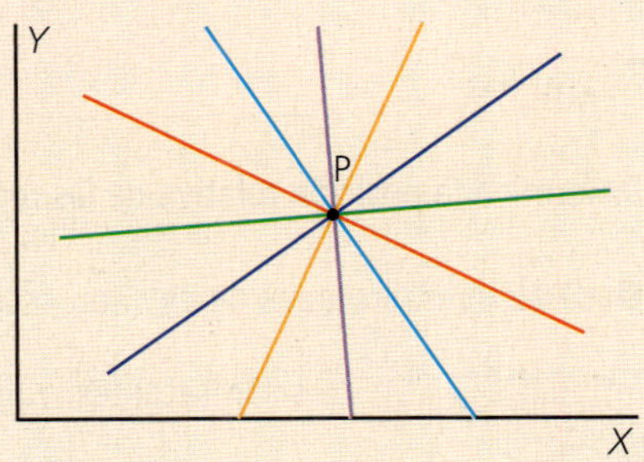

07 Posición relativa de dos rectas

Las posiciones relativas a las que pueden dar lugar dos rectas son tres: secantes, paralelas coincidentes y paralelas no coincidentes. En el caso de que sean secantes, hay que averiguar si son perpendiculares o no. Existen tres procedimientos para determinar dichas posiciones:

Posición relativa a partir de las ecuaciones generales

Sean las rectas $\begin{cases} r\colon Ax + By + C = 0 \\ s\colon A'x + B'y + C' = 0 \end{cases}$; entonces:

$$\begin{cases} \text{Si } \dfrac{A}{A'} = \dfrac{B}{B'} \Rightarrow r \text{ y } r' \text{ son paralelas: } \begin{cases} \text{Si } \dfrac{A}{A'} = \dfrac{B}{B'} = \dfrac{C}{C'}\text{, son paralelas coincidentes.} \\ \text{Si } \dfrac{A}{A'} = \dfrac{B}{B'} \neq \dfrac{C}{C'}\text{, son paralelas no coincidentes.} \end{cases} \\ \text{Si } \dfrac{A}{A'} \neq \dfrac{B}{B'} \Rightarrow r \text{ y } r' \text{ son secantes: } \begin{cases} \text{Si } AA' + BB' = 0\text{, son perpendiculares.} \\ \text{Si } AA' + BB' \neq 0\text{, no son perpendiculares.} \end{cases} \end{cases}$$

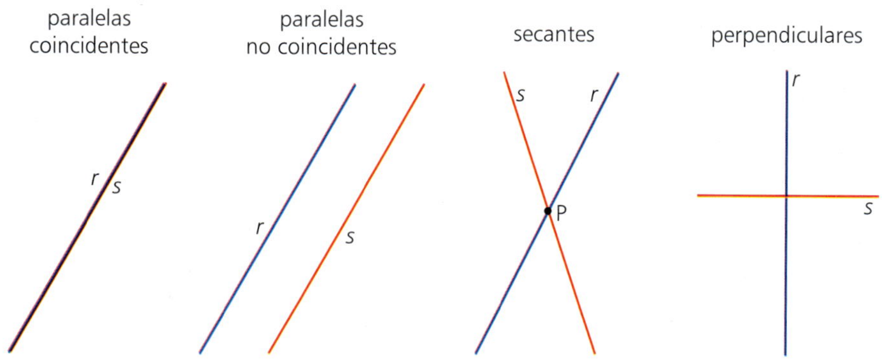

EJEMPLO 1

Determina la posición relativa de las rectas:

$r\colon x - 2y - 3 = 0$ y $s\colon -2x + 4y + 1 = 0$

Como $\dfrac{1}{-2} = \dfrac{-2}{4} \neq \dfrac{-3}{1}$, las rectas son paralelas no coincidentes.

En caso de que sean secantes, para hallar el punto de intersección entre ellas, se resuelve el sistema formado por ambas ecuaciones.

Posición relativa a partir de un punto y un vector director

Dadas la recta *r*, que tiene por vector director $\vec{v}$ y pasa por el punto P, y la recta *s*, que tiene por vector director $\vec{w}$ y pasa por el punto Q, se tiene que:

$$\begin{cases} \text{Si } \vec{v} \parallel \vec{w} \Rightarrow r \text{ y } s \text{ son paralelas: } \begin{cases} \text{Si } P \in s \text{ o } Q \in r\text{, son paralelas coincidentes.} \\ \text{Si } P \notin s \text{ o } Q \notin r\text{, son paralelas no coincidentes.} \end{cases} \\ \text{Si } \vec{v} \nparallel \vec{w} \Rightarrow r \text{ y } s \text{ son secantes: } \begin{cases} \text{Si } \vec{v} \cdot \vec{w} = 0\text{, son perpendiculares.} \\ \text{Si } \vec{v} \cdot \vec{w} \neq 0\text{, no son perpendiculares.} \end{cases} \end{cases}$$

EJEMPLO 2

Determina la posición relativa de las rectas $r\colon \dfrac{x-2}{3} = \dfrac{y-1}{1}$ **y** $s\colon \dfrac{x+1}{2} = \dfrac{y-2}{-6}$.

Los vectores directores de *r* y *s* son, respectivamente, $\vec{u} = (3\,,\,1)$ y $\vec{v} = (2\,,\,-6)$.

Como $\dfrac{3}{2} \neq \dfrac{1}{-6}$, *r* y *s* son secantes, y puesto que $(3\,,\,1)\cdot(2\,,\,-6) = 3\cdot 2 + 1\cdot(-6) =$ $= 6 - 6 = 0$, son también perpendiculares.

Posición relativa a partir de un punto y la pendiente

Dadas la recta *r*, que tiene pendiente *m* y pasa por el punto P, y la recta *r'*, que tiene pendiente *m'* y pasa por el punto Q, se tiene que:

$$\begin{cases} \text{Si } m = m' \Rightarrow r \text{ y } r' \text{ son paralelas: } \begin{cases} \text{Si } P \in r' \text{ o } Q \in r\text{, son paralelas coincidentes.} \\ \text{Si } P \notin r' \text{ o } Q \notin r\text{, son paralelas no coincidentes.} \end{cases} \\ \text{Si } m \neq m' \Rightarrow r \text{ y } r' \text{ son secantes: } \begin{cases} \text{Si } m \cdot m' = -1\text{, son perpendiculares.} \\ \text{Si } m \cdot m' \neq -1\text{, no son perpendiculares.} \end{cases} \end{cases}$$

EJEMPLO 3

Determina la posición relativa de estas rectas, y en caso de que sean secantes halla el punto de intersección: $r: \frac{x-1}{1} = \frac{y-3}{2}$, $s: y = 2x + 1$; $t: 2x + 4y - 1 = 0$

Se comparan primero las rectas *r* y *s*. El vector director de *r* es $\vec{u} = (1, 2)$, y su pendiente, $m_r = \frac{v_2}{v_1} = \frac{2}{1} = 2$. La pendiente de *s* es $m_s = 2$.

Como tienen la misma pendiente, las rectas son paralelas; para ver si coinciden o no, se toma un punto de una de ellas. El punto (1 , 3) pertenece a *r;* ahora hay que ver si pertenece también a *s*. Para ello, se comprueba si cumple su ecuación:

$$y = 2x + 1 \Rightarrow 3 = 2 \cdot (1) + 1 \Rightarrow 3 = 3$$

Como, en efecto, cumple la ecuación, las rectas *r* y *s* son paralelas coincidentes.

Se busca ahora la pendiente de *t*, expresando la ecuación en forma explícita:

$$t: 2x + 4y - 1 = 0 \Rightarrow y = \frac{-2x+1}{4} \Rightarrow m_t = \frac{-2}{4} = -\frac{1}{2}$$

Como se constata que no tienen la misma pendiente, la recta *t* es secante con las anteriores. Ahora, para comprobar si al cortarse forman o no un ángulo de 90°, se multiplican las pendientes. Como $m_r \cdot m_t = 2 \cdot \left(-\frac{1}{2}\right) = -1$, entonces la recta *t* es perpendicular a *r*, y por tanto, también a *s* que es paralela a *r*.

Por tanto tenemos dos rectas paralelas coincidentes y otra perpendicular a ambas, que las corta en el punto P. Se calcula el punto de intersección y se resuelve el sistema que forman ambas ecuaciones:

$$\begin{cases} r: 2x - y + 1 = 0 \\ t: 2x + 4y - 1 = 0 \end{cases} \Rightarrow \begin{cases} 5y - 2 = 0;\ y = \frac{2}{5} \\ 2x - \frac{2}{5} + 1 = 0;\ x = -\frac{3}{10} \end{cases} \Rightarrow P\left(-\frac{3}{10}, \frac{2}{5}\right)$$

EJEMPLO 4

Halla los valores de *a* para que las rectas $r: 2x + 3y - 5 = 0$ y $s: x + ay + 2 = 0$ sean:

a. Paralelas. **b.** Perpendiculares. **c.** Secantes no perpendiculares.

Se opera a partir de los vectores $\vec{u} = (-3, 2)$ y $\vec{v} = (-a, 1)$ de *r* y *s*, respectivamente:

a. Las rectas *r* y *s* son paralelas si $\frac{-3}{2} = \frac{-a}{1} \Rightarrow a = \frac{3}{2}$.

b. Las rectas *r* y *s* son perpendiculares si $(-3) \cdot (-a) + 2 \cdot 1 = 0 \Rightarrow a = -\frac{2}{3}$.

c. Las rectas *r* y *s* son secantes no perpendiculares si $\frac{-3}{2} \neq \frac{-a}{1} \Rightarrow a \neq \frac{3}{2}$ y $a \neq -\frac{2}{3}$.

08 Proyección ortogonal. Simetrías

» Dado un punto, P, y una recta, r, se denomina **proyección ortogonal** del punto P sobre la recta r al punto, P', situado en la intersección entre la recta r y la recta perpendicular a esta que pasa por P.

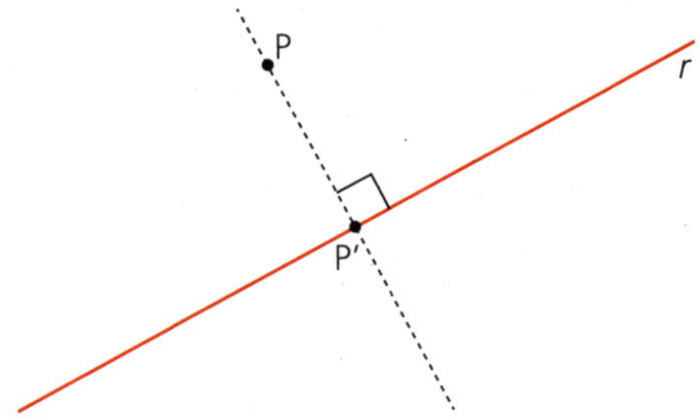

Por tanto, para calcular P', es preciso hallar primero la ecuación de la recta perpendicular a r que pasa por P. Seguidamente se resuelve el sistema determinado por la recta r y su perpendicular. La solución del sistema es el punto P'.

EJEMPLO 1

Halla la proyección ortogonal del punto P (6 , 1) sobre la recta r: $2x + y - 3 = 0$.

La recta r en forma explícita es $y = -2x + 3$; luego, su pendiente es $m = -2$.

La recta perpendicular a r que pasa por P tiene de pendiente $m' = -\frac{1}{m} = \frac{1}{2}$, por lo que su ecuación será:

$$y - 1 = \frac{1}{2} \cdot (x - 6), \text{ que en forma general queda } x - 2y - 4 = 0.$$

Para hallar la proyección, se resuelve el sistema:

$$\begin{cases} 2x + y - 3 = 0 \\ x - 2y - 4 = 0 \end{cases} \Rightarrow 5x - 10 = 0 \Rightarrow \begin{cases} x = 2 \\ y = -1 \end{cases} \Rightarrow P'(2, -1)$$

Puntos simétricos

» Dados dos puntos, P y Q, se llama **punto simétrico de P respecto de Q** a un punto, P', cuya distancia a Q es la misma que la de P a Q y que, además, se encuentra alineado con P y Q. El punto Q recibe el nombre de **centro de simetría.**

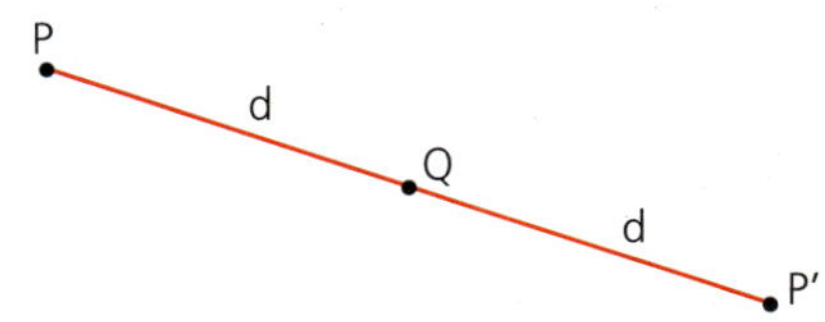

La forma más eficaz de calcular un punto simétrico con respecto a otro es recurriendo al concepto de punto medio, puesto que, como se aprecia en la figura, el punto Q es el punto medio del vector $\overrightarrow{PP'}$.

EJEMPLO 2

Halla el punto simétrico del punto P (2 , 1) respecto del punto Q (3 , –2).

Sea P' el punto simétrico de P; entonces se debe cumplir que Q es el punto medio del vector $\overrightarrow{PP'}$:

$$Q = \frac{P + P'}{2} \Rightarrow 2Q = P + P' \Rightarrow$$

$$\Rightarrow P' = 2Q - P \Rightarrow$$

$$\Rightarrow P' = 2 \cdot (3, -2) - (2, 1) \Rightarrow$$

$$\Rightarrow P'(4, -5)$$

EJEMPLO 3

Demuestra que los puntos anteriores, P y Q, están alineados con el punto simétrico resultante.

Tres puntos están alineados si pertenecen a la misma recta. Por tanto, un posible planteamiento sería determinar la ecuación de la recta que pasa por P y Q, y comprobar posteriormente que el punto simétrico, P', pertenece a esa recta:

Para hallar la recta que pasa por P y Q, se toma el punto P y el vector $\overrightarrow{PQ} = (1, -3)$:

$$r: \frac{x - 2}{1} = \frac{y - 1}{-3} \Rightarrow r: 3x + y - 7 = 0$$

Para comprobar si el punto simétrico pertenece a esta recta, basta con ver si sus coordenadas cumplen o no la ecuación: $P'(4, -5) \Rightarrow 3 \cdot (4) + (-5) - 7 = 0$. La cumplen, luego sí están alineados.

» Dado un punto, P, y una recta, *r*, se denomina **punto simétrico de P respecto de la recta *r*** a un punto, P', cuya distancia a *r* es la misma que la de P a *r* y que, además, se encuentra situado en la perpendicular a *r* que pasa por P. A la recta *r* se la denomina **eje de simetría.**

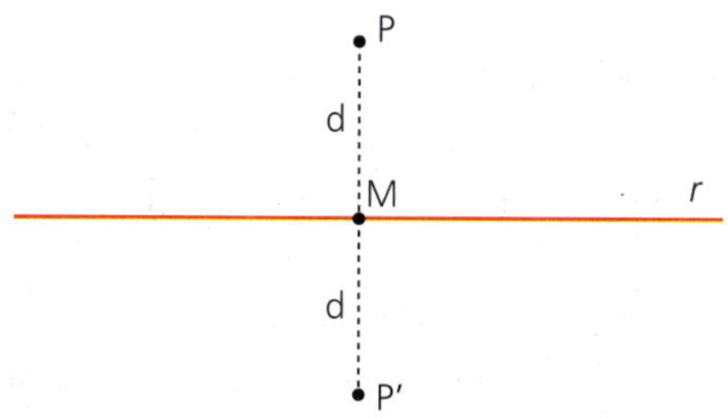

La proyección ortogonal de P sobre *r* es el punto medio del vector $\overrightarrow{PP'}$, donde P' es el simétrico de P. Por tanto, para hallar puntos simétricos con respecto a una recta, se recomienda determinar primero la proyección de P sobre *r* y tener en cuenta posteriormente que esa proyección es el punto medio del vector $\overrightarrow{PP'}$.

EJEMPLO 4

Halla el punto simétrico de P (4 , 5) respecto de la recta $r: x + 2y - 4 = 0$.

Si $r: x + 2y - 4 = 0 \Rightarrow y = \dfrac{-x+4}{2} \Rightarrow m = \dfrac{1}{2}$, su recta perpendicular, *s*, tiene pendiente m' = 2, y su ecuación resulta ser $s: y - 5 = 2 \cdot (x - 4) \Rightarrow 2x - y - 3 = 0$.

La proyección, M, es la solución del sistema $\begin{cases} x + 2y - 4 = 0 \\ 2x - y - 3 = 0 \end{cases} \Rightarrow \begin{cases} x = 2 \\ y = 1 \end{cases} \Rightarrow$ M (2 , 1).

Como M es el punto medio del vector $\overrightarrow{PP'}$:

$$M = \frac{P + P'}{2} \Rightarrow P' = 2M - P = 2 \cdot (2\,,\,1) - (4\,,\,5) \Rightarrow P'\ (0\,,\,-3)$$

EJEMPLO 5

Sean los puntos P (2 , 5) y Q (4 , –1) dos puntos simétricos, uno respecto del otro. Determina la ecuación de la recta que actúa como eje de simetría.

El eje de simetría debe ser perpendicular al segmento $\overline{PQ}$ y pasar por su punto medio...

Se halla primero el punto medio: $M = \left(\dfrac{2+4}{2}\,,\,\dfrac{5-1}{2}\right) = (3\,,\,2)$.

Como el vector $\overrightarrow{PQ} = (2\,,\,-6)$ tiene pendiente $m = -\dfrac{6}{2} = -3$, la recta perpendicular a $\overline{PQ}$ tendrá una pendiente igual a $\dfrac{1}{3}$.

El eje de simetría tendrá por ecuación una recta que pasa por el punto M (3 , 2) y de pendiente $\dfrac{1}{3}$: $y - 2 = \dfrac{1}{3} \cdot (x - 3)\ \ x - 3y + 3 = 0$.

Esta recta que actúa como eje de simetría se llama **mediatriz** del segmento $\overline{PQ}$.

EJEMPLO 6

Determina la recta simétrica de $r: 2x + y - 5 = 0$, respecto de P (5 , 3).

Tomamos un punto Q de *r* y se calcula su punto simétrico respecto de P.

En *r*, si $x = 0$, entonces $y = 5$, luego Q (0 , 5).

$$P = \frac{Q + Q'}{2} \Rightarrow 2P = Q + Q' \Rightarrow Q' = (10\,,\,6) - (0\,,\,5) = (10\,,\,1)$$

Como *r* y *r'* son paralelas, tenemos que $r': 2x + y + C = 0$

A partir de Q' se calcula el valor de C: $2 \cdot 10 + 1 + C = 0 \Rightarrow C = -21$.

Por tanto, la recta pedida es $r': 2x + y - 21 = 0$.

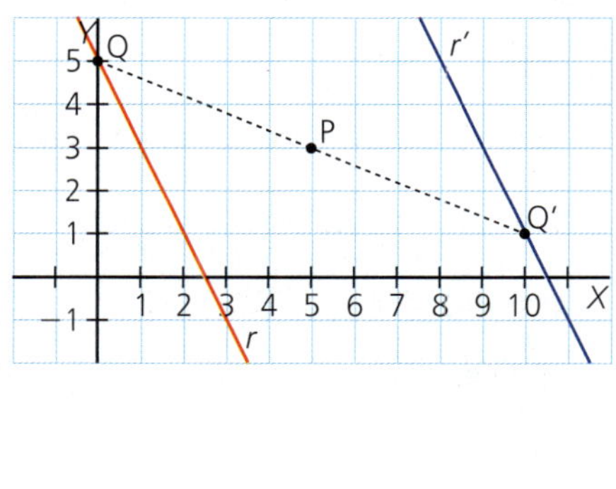

09 Ángulo entre dos rectas

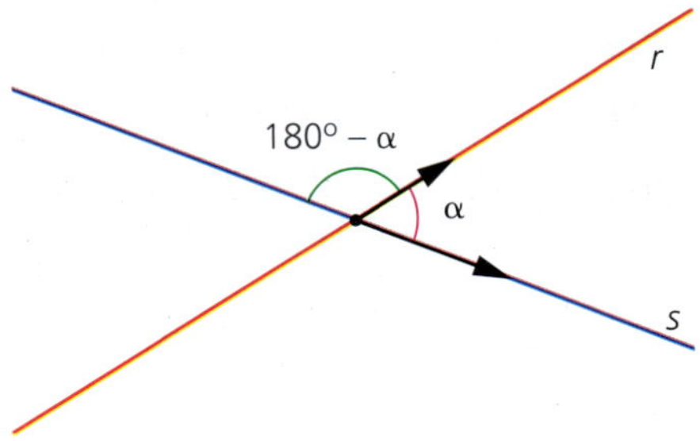

Dadas dos rectas secantes, r y s, cabe afirmar que el ángulo entre ambas es el menor de los cuatro ángulos que forman. Es decir, de los cuatro ángulos de la figura, iguales dos a dos, el ángulo α es el que se encuentra comprendido entre 0° y 90°. Para calcular dicho ángulo, es posible emplear tanto vectores directores como pendientes.

Cálculo del ángulo a partir de los vectores directores

El ángulo entre dos rectas es el menor de los ángulos que formen sus vectores directores. Dadas dos rectas, r y s, cuyos vectores directores son, respectivamente, $\vec{u} = (u_1, u_2)$ y $\vec{v} = (v_1, v_2)$, se tiene que:

$$\cos(\widehat{r, s}) = \cos(\widehat{\vec{u}, \vec{v}}) = \frac{u_1 \cdot v_1 + u_2 \cdot v_2}{|\vec{u}| \cdot |\vec{v}|} \Rightarrow (\widehat{r, s}) = \arccos \frac{|u_1 \cdot v_1 + u_2 \cdot v_2|}{|\vec{u}| \cdot |\vec{v}|}$$

Para garantizar que se obtiene el ángulo menor, es necesario que el coseno sea positivo. Si el producto escalar es positivo, el ángulo resultante será agudo.

EJEMPLO 1

Halla el ángulo que forman las rectas $r: \frac{x-2}{3} = \frac{y-1}{1}$ y $s: \frac{x+1}{4} = \frac{y-2}{3}$.

Los vectores directores de r y s son, respectivamente, $\vec{u} = (3, 1)$ y $\vec{v} = (4, 3)$. Luego:

$$(\widehat{r, s}) = \arccos \frac{|3 \cdot 4 + 1 \cdot 3|}{\sqrt{3^2 + 1^2} \cdot \sqrt{4^2 + 3^2}} = \arccos \frac{15}{\sqrt{10} \cdot 5} = \arccos \frac{3}{\sqrt{10}} = \arccos \frac{3\sqrt{10}}{10} = 18,43°$$

Cálculo del ángulo a partir de las pendientes

Hay que recordar aquí que la pendiente de una recta es la tangente del ángulo que forma la recta con la horizontal; por lo tanto, cabe deducir el ángulo entre dos rectas a partir de la tangente de la diferencia.

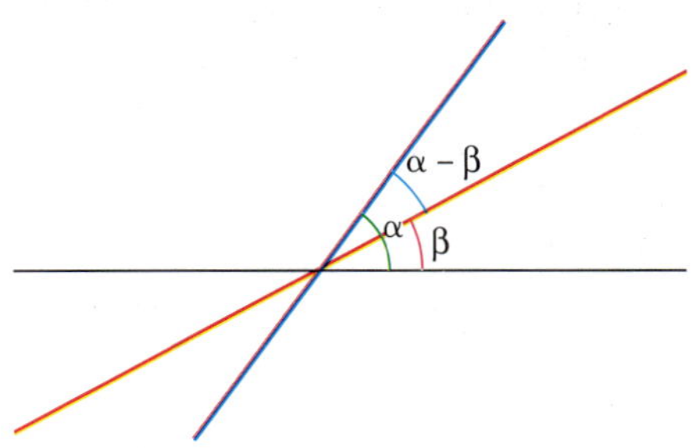

Sean las rectas r y s, que forman con la horizontal unos ángulos α y β, respectivamente. El ángulo que determinan las rectas r y s será, por tanto, el ángulo diferencia $(\alpha - \beta)$. Como $\text{tg}\,\alpha$ y $\text{tg}\,\beta$ son, respectivamente, las pendientes de r y s, entonces $\text{tg}\,(\alpha - \beta)$ será la tangente del ángulo que se forma entre r y s:

$$\text{tg}\,(\widehat{r, s}) = \text{tg}\,(\widehat{\alpha - \beta}) = \frac{\text{tg}\,\alpha - \text{tg}\,\beta}{1 + \text{tg}\,\alpha \cdot \text{tg}\,\beta} = \frac{m_r - m_s}{1 + m_r \cdot m_s} \Rightarrow (\widehat{r, s}) = \text{arctg} \left| \frac{m_r - m_s}{1 + m_r \cdot m_s} \right|$$

A fin de garantizar que se obtiene el ángulo menor, es necesario, esta vez, que la tangente sea positiva.

EJEMPLO 2

Utilizando las pendientes, halla el ángulo que forman las rectas anteriores.

Los vectores directores de r y s son $\vec{u} = (3, 1)$ y $\vec{v} = (4, 3)$, y sus respectivas pendientes, $\frac{1}{3}$ y $\frac{3}{4}$.

Se aplica $(\widehat{r, s}) = \text{arctg} \left| \frac{m_r - m_s}{1 + m_r \cdot m_s} \right| = \text{arctg} \left| \frac{\frac{1}{3} - \frac{3}{4}}{1 + \frac{1}{3} \cdot \frac{3}{4}} \right| = \text{arctg} \left| \frac{-\frac{5}{12}}{1 + \frac{1}{4}} \right| = \text{arctg} \left| \frac{-5 \cdot 4}{12 \cdot 5} \right| = \text{arctg}\,\frac{1}{3} = 18,43°$

Cálculo del ángulo a partir de las ecuaciones generales

El ángulo formado por los vectores directores es el mismo que el constituido por los vectores perpendiculares.

Dadas las rectas: $\begin{cases} r: Ax + By + C = 0 \\ r': A'x + B'y + C' = 0 \end{cases} \Rightarrow (\widehat{r\,,s}) = \arccos \dfrac{|A \cdot A' + B \cdot B'|}{\sqrt{A^2 + B^2} \cdot \sqrt{A'^2 + B'^2}}$

EJEMPLO 3

Determina el ángulo que forman las rectas $r: x - 3y + 1 = 0$ y $s: 3x - 4y + 11 = 0$.

Los vectores perpendiculares de r y s son, respectivamente, $\vec{u} = (1\,, -3)$ y $\vec{v} = (3\,, -4)$.

$$(\widehat{r\,,s}) = \arccos \frac{|A \cdot A' + B \cdot B'|}{\sqrt{A^2 + B^2} \cdot \sqrt{A'^2 + B'^2}} = \arccos \frac{|1 \cdot 3 + (-3) \cdot (-4)|}{\sqrt{1^2 + (-3)^2} \cdot \sqrt{3^2 + (-4)^2}} = \arccos \frac{15}{5\sqrt{10}} = \arccos \frac{3\sqrt{10}}{10} = 18,43°$$

EJEMPLO 4

Halla el valor de a en la recta r, para que las rectas $r: ax + y - 2 = 0$ y $s: 3x - 4y + 1 = 0$ formen un ángulo de 60°.

$$\cos(\widehat{r\,,s}) = \cos 60° = \frac{|a \cdot 3 + 1 \cdot (-4)|}{\sqrt{a^2 + 1^2} \cdot \sqrt{3^2 + (-4)^2}} \Rightarrow \frac{1}{2} = \frac{|3a - 4|}{\sqrt{1 + a^2} \cdot 5} \Rightarrow 5 \cdot \sqrt{1 + a^2} = 2 \cdot |3a - 4| \Rightarrow$$

$$\Rightarrow 25 + 25a^2 = 36a^2 - 96a + 64 \Rightarrow 11a^2 - 96a + 39 = 0 \Rightarrow a = \frac{96 \pm 50\sqrt{3}}{22} = \frac{48 \pm 25\sqrt{3}}{11}$$

Se define la **bisectriz** de un ángulo como la semirrecta que pasa por el vértice del ángulo y lo divide en dos partes iguales.

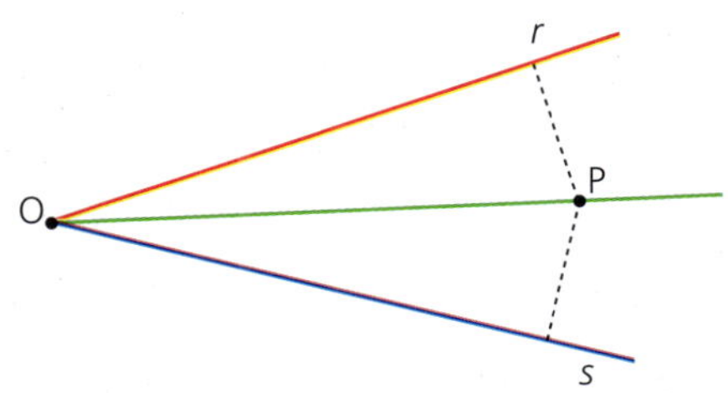

EJEMPLO 5

Halla la ecuación de la bisectriz del ángulo que forman las rectas $r: x - 2y = 0$ y $s: 2x - y - 3 = 0$.

La bisectriz debe pasar por el vértice del ángulo que es la intersección entre r y s. Además, la pendiente de la bisectriz, m_t, debe cumplir que $(\widehat{r\,,s}) = (\widehat{t\,,s})$, por lo que:

$$\text{arctg}\left|\frac{m_r - m_t}{1 + m_r \cdot m_t}\right| = \text{arctg}\left|\frac{m_t - m_s}{1 + m_t \cdot m_s}\right| \Rightarrow \left|\frac{m_r - m_t}{1 + m_r \cdot m_t}\right| = \left|\frac{m_t - m_s}{1 + m_t \cdot m_s}\right|$$

Se calcula el vértice del ángulo: $\begin{cases} x - 2y = 0 \\ 2x - y - 3 = 0 \end{cases} \Rightarrow \begin{cases} x = 2 \\ y = 1 \end{cases}$. El vértice es el punto (2 , 1).

Las pendientes de r y s son $\frac{1}{2}$ y 2, respectivamente, luego $\left|\dfrac{\frac{1}{2} - m_t}{1 + \frac{1}{2} \cdot m_t}\right| = \left|\dfrac{m_t - 2}{1 + m_t \cdot 2}\right|$,

de donde se desprenden dos ecuaciones de segundo grado:

- $\dfrac{\frac{1}{2} - m_t}{1 + \frac{1}{2} \cdot m_t} = \dfrac{m_t - 2}{1 + m_t \cdot 2} \Rightarrow 1 - 4m_t^2 = -4 + m_t^2 \Rightarrow 5m_t^2 = 5 \Rightarrow m_t = \pm 1$
- $\dfrac{\frac{1}{2} - m_t}{1 + \frac{1}{2} \cdot m_t} = -\dfrac{m_t - 2}{1 + m_t \cdot 2} \Rightarrow 1 - 4m_t^2 = 4 - m_t^2 \Rightarrow 3m_t^2 = -3 \Rightarrow m_t$ no existe.

Las ecuaciones de las bisectrices son: $y - 1 = x - 2$ e $y - 1 = -(x - 2)$. Las dos son las bisectrices de las rectas r y s, pero solo la primera es la del ángulo que forman r y s.

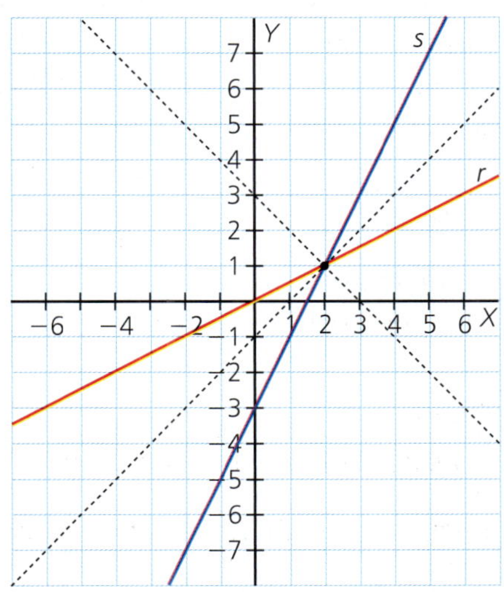

10 Distancias entre puntos y rectas

Se estudia a continuación la distancia entre dos puntos, entre un punto y una recta y entre dos rectas.

Distancia entre dos puntos

La distancia entre dos puntos, P y Q, es el módulo del vector $\overrightarrow{PQ}$.

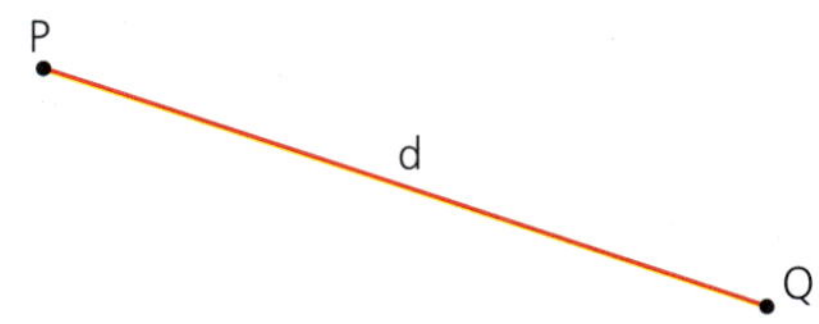

Se representa mediante $d(P , Q) = |\overrightarrow{PQ}|$.

Por tanto, dados P (p_1 , p_2) y Q (q_1 , q_2), la distancia entre P y Q viene dada por la expresión:

$$\mathbf{d(P , Q) = \sqrt{(q_1 - p_1)^2 + (q_2 - p_2)^2}}$$

EJEMPLO 1

Halla la distancia entre los puntos P (2 , 3) y Q (5 , –1).

El vector $\overrightarrow{PQ} = (5 - 2 , -1 - 3) = (3 , -4)$; por tanto:

$d (P , Q) = \sqrt{3^2 + (-4)^2} = \sqrt{9 + 16} = \sqrt{25} = 5$

Distancia de un punto a una recta

Dado un punto, P, y una recta, *r*, se define la distancia del punto P a la recta *r* como la menor distancia posible entre el punto P y un punto contenido en *r*. El punto de *r* que se encuentra a menor distancia de P es la proyección de este sobre *r*, es decir, el punto de *r* que se encuentra en la perpendicular a *r* que pasa por P.

Por tanto: $d (P, r) = d (P , P') = |\overrightarrow{PP'}|$, donde P' es la proyección ortogonal de P sobre *r*.

Se puede calcular la distancia hallando la proyección de P sobre *r* o a partir de la fórmula que aparece a continuación.

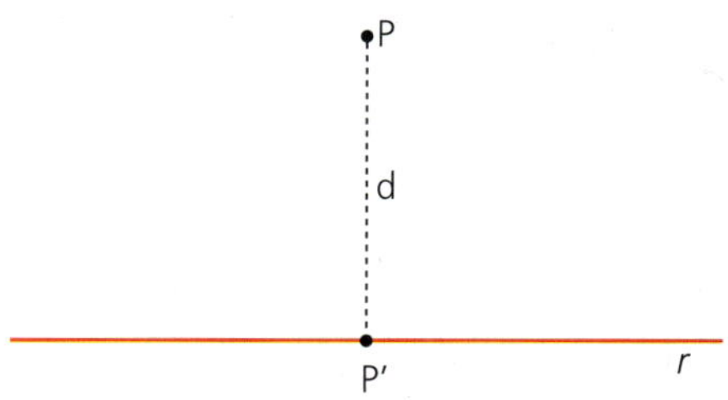

Dada la recta *r*, de ecuación $Ax + By + C = 0$, y el punto P, de coordenadas P (p_1 , p_2), se tiene que:

$$\mathbf{d(P , r) = \frac{|Ap_1 + Bp_2 + C|}{\sqrt{A^2 + B^2}}}$$

Recuerda que el valor absoluto es para garantizar que la distancia siempre sea positiva.

EJEMPLO 2

Halla la distancia del punto P (6 , 1) a la recta *r*: $2x + y - 3 = 0$.

Ya se vio en el primer ejemplo del epígrafe 8 que la proyección P' de P sobre *r* es P' (2 , –1).

El vector $\overrightarrow{PP'} = (-4 , -2)$.

Por tanto, $d (P , r) = d (P , P') = |\overrightarrow{PP'}| = \sqrt{(-4)^2 + (-2)^2} = \sqrt{16 + 4} = \sqrt{20} = 2\sqrt{5}$.

Si se aplica la fórmula anterior, se obtiene el mismo resultado de forma más rápida:

$$d (P , r) = \frac{|Ap_1 + Bp_2 + C|}{\sqrt{A^2 + B^2}} \Rightarrow d (P , r) = \frac{|2 \cdot 6 + 1 \cdot 1 - 3|}{\sqrt{2^2 + 1^2}} = \frac{10}{\sqrt{5}} = \frac{10\sqrt{5}}{5} = 2\sqrt{5}$$

Distancia entre dos rectas

Dadas dos rectas, *r* y *s*, se define la distancia entre *r* y *s* como la mínima distancia existente entre dos puntos de *r* y *s*, respectivamente.

Si *r* y *s* son secantes o coincidentes, la distancia entre ellas es cero, y si son paralelas no coincidentes, para hallar la distancia entre ellas, se toma un punto cualquiera de una de las rectas y se calcula la distancia entre dicho punto y la otra recta:

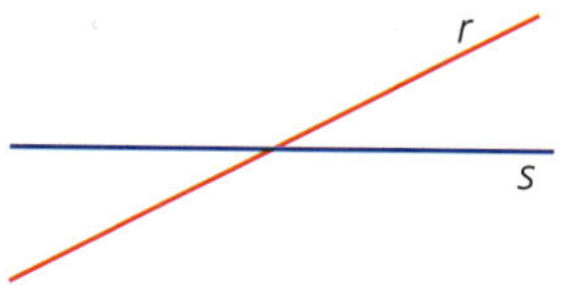

d(*r*, *s*) = 0

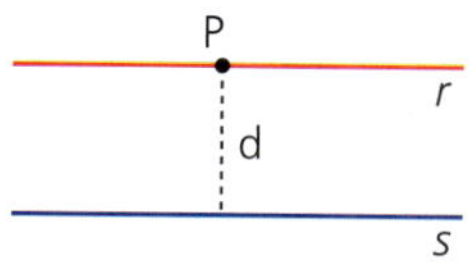

d(*r*, *s*) = d(P, *s*)

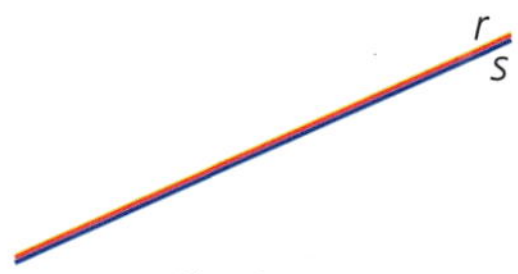

d(*r*, *s*) = 0

En el cálculo de la distancia entre dos rectas se recomienda determinar primero la posición relativa de ambas.

EJEMPLO 3

Halla la distancia entre las rectas $r: \frac{x-2}{3} = \frac{y-1}{4}$ y $s: 4x - 3y - 1 = 0$.

Primero se determina la posición de las rectas entre sí. La forma más fácil de hacer esto es usando las ecuaciones generales, para lo que se pasa la recta *r* a su forma general:

$$4 \cdot (x-2) = 3 \cdot (y-1) \Rightarrow 4x - 8 = 3y - 3 \Rightarrow 4x - 3y - 5 = 0$$

Como $\frac{4}{4} = \frac{-3}{-3} \neq \frac{-1}{-5}$, las rectas son paralelas no coincidentes. Por tanto, hay que tomar un punto de una de ellas y ver su distancia a la otra recta.

Se toma, por ejemplo, el punto P (2 , 1) de la recta *r* y se halla la distancia desde este punto a la recta *s*: d (P , s).

$$d\,(r\,, s) = d\,(P\,, s) = \frac{|4 \cdot 2 - 3 \cdot 1 - 1|}{\sqrt{4^2 + (-3)^2}} = \frac{4}{\sqrt{25}} = \frac{4}{5}$$

EJEMPLO 4

Determina los puntos de la recta $r: x - y - 3 = 0$, que se encuentran a 5 unidades de distancia del punto P (4 , 2).

Para este ejercicio puede ser muy útil utilizar la forma paramétrica de la recta *r*.

Tenemos que *r* pasa por el punto de coordenadas (0 , –3) (para $x = 0$ resulta que $y = -3$) y tiene por vector director $\vec{v} = (1\,, 1)$.

Por tanto, $r: \begin{cases} x = \lambda \\ y = -3 + \lambda \end{cases}$, lo que indica que todos sus puntos son de la forma Q $(\lambda\,, -3 + \lambda)$.

Ahora, necesitamos encontrar los puntos que estén a 5 unidades de distancia; por tanto: d (P , Q) = 5.

$\sqrt{(\lambda - 4)^2 + (-5 + \lambda)^2} = 5 \Rightarrow \lambda^2 - 8\lambda + 16 + 25 - 10\lambda + \lambda^2 = 25 \Rightarrow 2\lambda^2 - 18\lambda + 16 = 0 \Rightarrow$
$\Rightarrow \lambda^2 - 9\lambda + 8 = 0$; de donde $\lambda = 8$ y $\lambda = 1$.

Se sustituyen los valores de λ en las coordenadas de Q y se obtienen los puntos de *r* que están a 5 unidades de distancia del punto P.

Para $\lambda = 8 \Rightarrow Q\,(\lambda\,, -3 + \lambda) = (8\,, -3 + 8) = (8\,, 5)$.

Para $\lambda = 1 \Rightarrow Q\,(\lambda\,, -3 + \lambda) = (1\,, -3 + 1) = (1\,, -2)$.

Por tanto, los puntos pedidos son $Q_1(8\,, 5)$ y $Q_2\,(1\,, -2)$.

11 Problemas geométricos con rectas y vectores

Rectas paralela y perpendicular a la recta *r*, y que pasan por el punto P

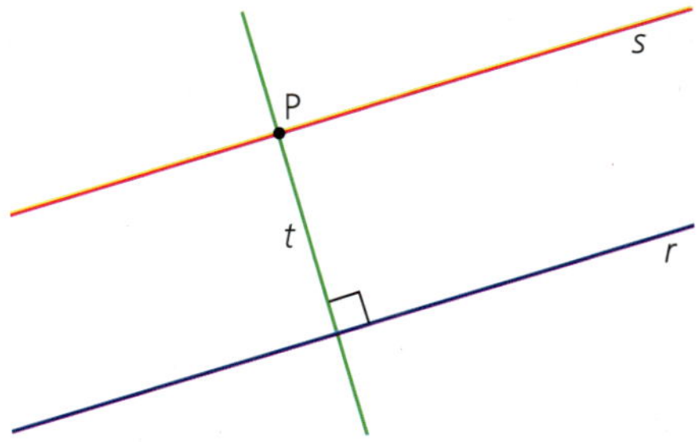

Dada la recta *r*, en cualquiera de sus formas, y el punto P, se quiere calcular la ecuación de la recta que pasa por el punto P y es, o bien paralela a la recta *r* (recta *s*), o bien perpendicular a ella (recta *t*).

La forma más sencilla de hacerlo es a través de la ecuación punto-pendiente.

Se conoce el punto por el que deben pasar las rectas pedidas; solo falta conocer la pendiente. En el caso de la paralela, la pendiente es la misma que la de *r*, y en el caso de la perpendicular, es la inversa de la opuesta de la pendiente de *r*.

EJEMPLO 1

Dada la recta $r: 2x - 3x + 1 = 0$ y el punto P (2 , 1), halla la ecuación de las rectas paralela y perpendicular a *r* que pasan por P.

Se define la recta *s* como la paralela y la recta *t* como la perpendicular, y se halla la pendiente de *r*, expresando su ecuación en forma explícita: $y = \frac{2}{3}x + \frac{1}{3}$; donde $m_r = \frac{2}{3}$. Por tanto, las pendientes de las rectas *s* y *t* son $m_s = \frac{2}{3}$ y $m_t = -\frac{3}{2}$, respectivamente.

A partir de la ecuación punto-pendiente:
$$\begin{cases} \text{recta } s: y - 1 = \frac{2}{3} \cdot (x - 2) \Rightarrow 2x - 3y - 1 = 0 \\ \text{recta } t: y - 1 = -\frac{3}{2} \cdot (x - 2) \Rightarrow 3x + 2y - 8 = 0 \end{cases}$$

Conjunto de puntos alineados

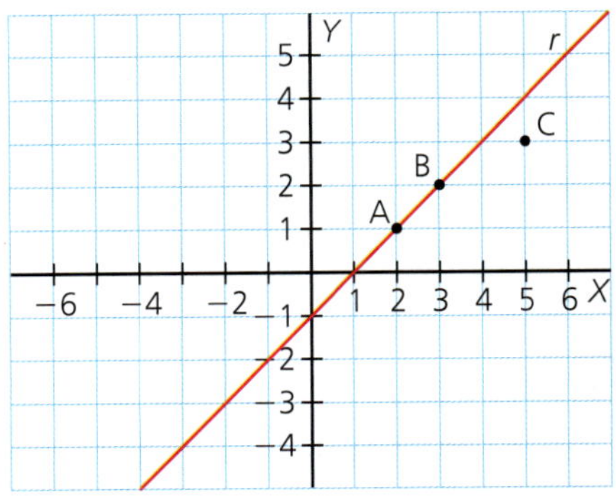

Un conjunto de puntos están alineados si todos ellos pertenecen a una misma recta. Para comprobar si lo están, bastará con determinar la ecuación de la recta que pasa por dos puntos cualesquiera de ellos y establecer si los demás están contenidos o no en esa recta.

Otra forma más rápida de comprobar esto es comprobando si los vectores que se formen con esos puntos son o no paralelos. Si existe algún vector no paralelo al resto, es que los puntos no están alineados.

EJEMPLO 2

Comprueba si los puntos A (2 , 1), B (3 , 2) y C (5 , 3) están alineados.

La recta, *r*, que pasa por A y B, donde $\overrightarrow{AB} = (3 - 2 , 2 - 1) = (1 , 1)$, es:

$$r: \frac{x-2}{1} = \frac{y-1}{1} \Rightarrow x - y - 1 = 0$$

Se comprueba si el punto C pertenece a dicha recta: $5 - 3 - 1 \neq 0$.

Como no cumple la ecuación, los tres puntos no están alineados.

Si se plantea el ejercicio por vectores, hay que hallar los vectores $\overrightarrow{AB} = (1 , 1)$ y $\overrightarrow{AC} = (3 , 2)$ y comprobar su posición.

Como $\frac{1}{3} \neq \frac{1}{2}$, los vectores no son paralelos y, por tanto, los puntos no están alineados.

Cálculo del cuarto vértice de un paralelogramo, conocidos los otros tres

Dados los puntos A, B y C, se pretende hallar las coordenadas del vértice D para que la figura ABCD forme un paralelogramo.

La expresión ABCD significa que estos vértices deben ser consecutivos, por lo que $\overline{AB}$, $\overline{BC}$, $\overline{CD}$ y $\overline{DA}$ serán los lados del paralelogramo.

La forma más lógica es hallar la recta, *s*, paralela al lado $\overline{AB}$ y que pasa por C, y la recta, *t*, paralela al lado $\overline{BC}$ y que pasa por A. El vértice D será el punto de intersección entre las rectas *s* y *t*.

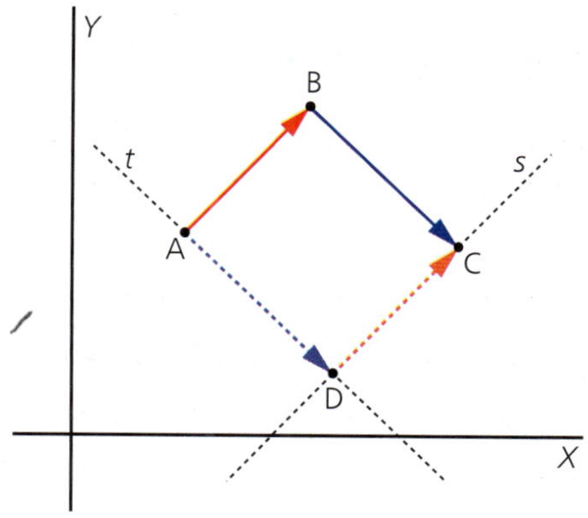

Sin embargo, la forma más rápida de proceder es usando vectores, ya que el vértice D debe ser tal que tanto los vectores $\overrightarrow{AB}$ y $\overrightarrow{DC}$ como los vectores $\overrightarrow{BC}$ y $\overrightarrow{AD}$ sean equipolentes. Es decir, es posible hallar D despejando en una de estas dos ecuaciones:

$$\begin{cases} \overrightarrow{AB} = \overrightarrow{DC} \Rightarrow B - A = C - D \Rightarrow D = C + A - B \\ \overrightarrow{BC} = \overrightarrow{AD} \Rightarrow C - B = D - A \Rightarrow D = C - B + A \end{cases}$$

EJEMPLO 3

Sean los puntos A (–1 , 2), B (0 , –2) y C (3 , 1) tres vértices de un paralelogramo.

a. **Si A, B y C son consecutivos, determina las coordenadas del cuarto vértice, D.**

b. **Si A, B y C no tuvieran que ser consecutivos, ¿existirían otros posibles vértices D?**

a. Si son consecutivos, es necesario que $\overrightarrow{AB}$ sea equipolente con $\overrightarrow{DC}$ (o también $\overrightarrow{AD}$ con $\overrightarrow{BC}$), según muestra la figura.

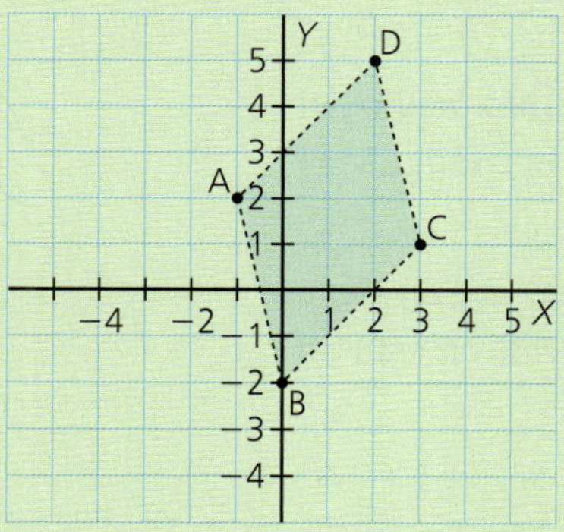

Por tanto, $\overrightarrow{AB} = \overrightarrow{DC}$, de donde:

$$B - A = C - D \Rightarrow D = C + A - B = (3\,,\,1) + (-1\,,\,2) - (0\,,\,-2) = (2\,,\,5)$$

b. Si no es necesario que sean consecutivos, tendríamos, aparte de la solución anterior, dos soluciones más, según consideremos los paralelogramos ABDC o ADBC según muestra la figura.

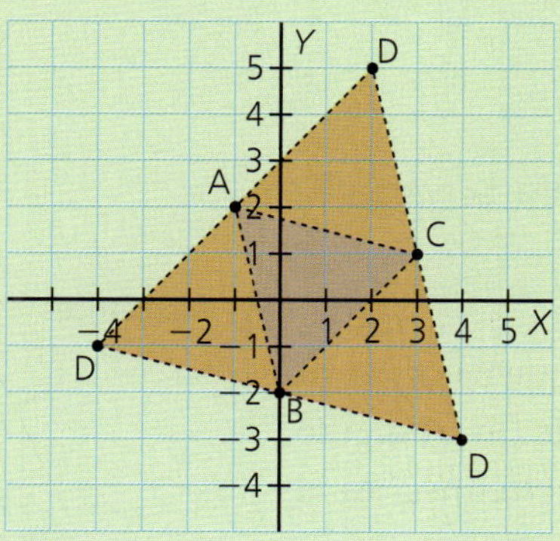

12 Problemas geométricos con triángulos

Cálculo del área de un triángulo, ABC

$$\text{Área} = \frac{\text{base} \cdot \text{altura}}{2}, \text{ donde: } \begin{cases} \text{base} = d(A, B) \\ \text{altura} = d(C, \text{recta } r) \end{cases}$$

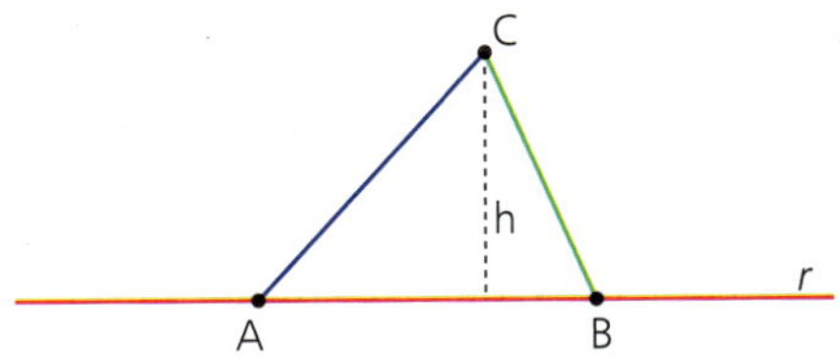

EJEMPLO 1

Halla el área del triángulo que tiene por vértices los puntos A (1 , 1), B (5 , 2) y C (2 , 4).

Se toma por base el lado $\overline{AB}$, donde $\overrightarrow{AB} = (4, 1)$; luego, la longitud de la base es:

$$d(A, B) = \sqrt{4^2 + 1^2} = \sqrt{17}$$

La altura es la distancia entre el vértice C y la base. La ecuación de la recta que pasa por A y B es $r: \frac{x-1}{4} = \frac{y-1}{1} \Rightarrow x - 4y + 3 = 0$.

La distancia del punto C a la recta es $d(C, r) = \frac{|1 \cdot 2 - 4 \cdot 4 + 3|}{\sqrt{1^2 + (-4)^2}} = \frac{|-11|}{\sqrt{17}} = \frac{11 \cdot \sqrt{17}}{17}$.

Por tanto: $\text{Área} = \frac{\text{base} \cdot \text{altura}}{2} = \frac{\sqrt{17} \cdot \frac{11\sqrt{17}}{17}}{2} = \frac{11}{2}$.

Rectas y puntos notables de un triángulo

Las rectas notables de un triángulo son las medianas, las mediatrices, las alturas y las bisectrices.

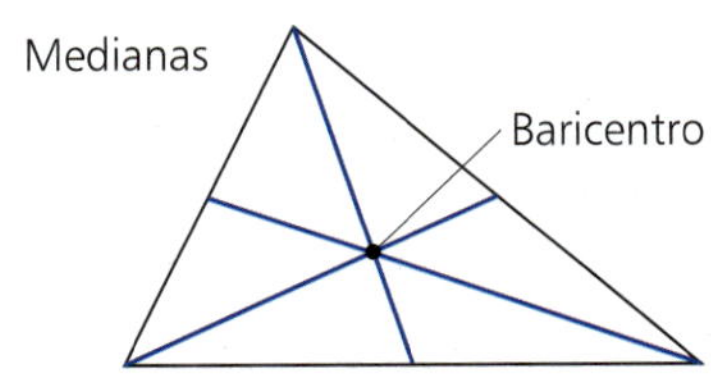

Se define la **mediana** como la recta que va desde un vértice al punto medio del lado opuesto. El punto de intersección de las tres medianas de un triángulo se denomina **baricentro.**

El baricentro de un triángulo de vértices A (a_1, a_2), B (b_1, b_2) y C (c_1, c_2) tiene por coordenadas la media aritmética de las coordenadas de los vértices; esto es:

$$\text{baricentro} = \left(\frac{a_1 + b_1 + c_1}{3}, \frac{a_2 + b_2 + c_2}{3} \right)$$

EJEMPLO 2

Halla la mediana que pasa por C del triángulo de vértices A(–5, –3), B(5, –1) y C(–3, 7).

Para hallar la mediana que pasa por C, se necesita el punto medio del lado $\overline{AB}$.

$$M\left(\frac{-5+5}{2}, \frac{-3-1}{2}\right) = (0, -2); \text{ luego, el vector } \overrightarrow{CM} = (3, -9).$$

La ecuación de la mediana es $\frac{x+3}{3} = \frac{y-7}{-9} \Rightarrow 9x + 3y + 6 = 0$.

Para calcular las coordenadas del baricentro, habría que hallar otra mediana. La intersección de esas dos rectas sería el baricentro.

La **mediatriz** del lado $\overline{AB}$ es la recta perpendicular al lado $\overline{AB}$ que pasa por su punto medio. El punto de intersección de las tres mediatrices de un triángulo se denomina **circuncentro** y es el centro de la circunferencia circunscrita al triángulo ABC.

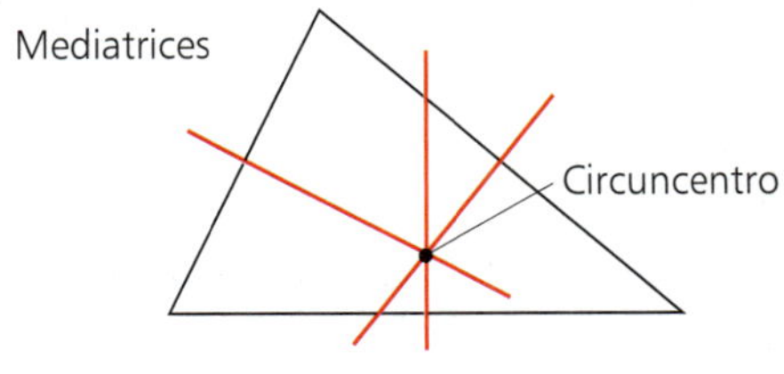

EJEMPLO 3

Calcula la mediatriz del lado $\overline{AB}$ en el triángulo anterior.

Para calcular la mediatriz del lado $\overline{AB}$, además del punto medio, M (0 , –2), hace falta un vector perpendicular al vector $\overrightarrow{AB}$ = (10 , 2). Servirá el vector (2 , –10) o, mejor aún, el (1 , –5), que es paralelo y tiene números más sencillos. La ecuación de la mediatriz es $\frac{x}{1} = \frac{y+2}{-5} \Rightarrow 5x + y + 2 = 0$.

Se define la **altura** de un triángulo como la recta perpendicular a un lado que pasa por el vértice opuesto. El punto de intersección de las tres alturas de un triángulo recibe el nombre de **ortocentro.**

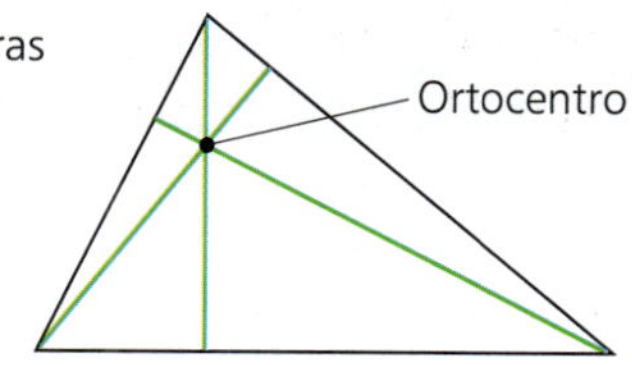

No hay que confundir la ecuación de la altura con la longitud de la altura: la primera es una ecuación; la segunda es una distancia.

EJEMPLO 4

Halla la altura que pasa por el vértice C del anterior triángulo.

Para hallar la altura que pasa por el vértice C, se cosntata primero que, como dicha altura es paralela a la mediatriz, ambas tienen la misma dirección, por lo que el vector director de la mediatriz también es válido para la altura. En este caso, el vector director de la altura correspondiente al vértice C es el (1 , –5).

Luego, la ecuación de la altura es $\frac{x+3}{1} = \frac{y-7}{-5} \Rightarrow 5x + y + 8 = 0$.

La **bisectriz** de dos lados es la recta que divide al ángulo que se forma entre dichos lados en dos partes iguales. El punto de intersección de las tres bisectrices se denomina **incentro** y constituye el centro de la circunferencia inscrita en el triángulo ABC.

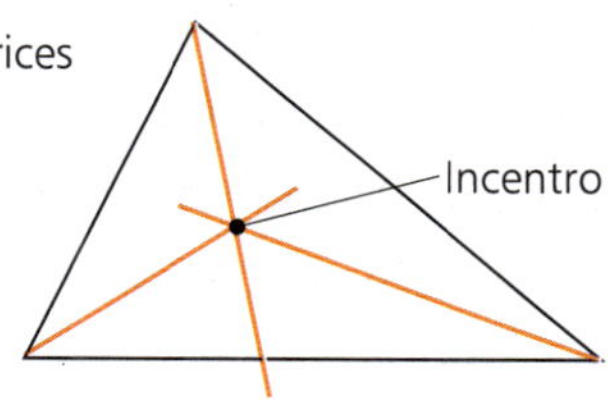

Tres de los cuatro puntos anteriores (baricentro, circuncentro y ortocentro) tienen la propiedad de hallarse siempre alineados y a la recta que pasa por ellos se la denomina **recta de Euler.**

EJEMPLO 5

Calcula la recta de Euler del triángulo anterior.

Para ello, es necesario calcular al menos dos de los puntos anteriormente descritos.

Se calcula el baricentro: $\left(\frac{a_1 + b_1 + c_1}{3}, \frac{a_2 + b_2 + c_2}{3}\right)$. Por tanto, será H (–1 , 1).

Se halla el circuncentro a través de dos mediatrices; una ya la tenemos de antes: $5x + y + 2 = 0$.

Se determina ahora la mediatriz del lado $\overline{AC}$, con su punto medio, P (–4 , 2), y la pendiente perpendicular a $\overline{AC}$, que es $m = -\frac{1}{5}$ (la pendiente de $\overline{AC}$ es 5). La mediatriz es $y - 2 = -\frac{1}{5} \cdot (x+4) \Rightarrow x + 5y - 6 = 0$.

Para hallar el circuncentro, se resuelve el sistema con las dos mediatrices: $\begin{cases} 5x + y + 2 = 0 \\ x + 5y - 6 = 0 \end{cases} \Rightarrow \begin{cases} x = -\frac{2}{3} \\ y = \frac{4}{3} \end{cases}$

Con el baricentro, H (–1 , 1), y el circuncentro, J $\left(-\frac{2}{3}, \frac{4}{3}\right)$, se calcula la recta de Euler, a partir de un múltiplo del vector $\overrightarrow{HJ} = \left(\frac{1}{3}, \frac{1}{3}\right)$, por ejemplo el (1 , 1). Recta de Euler: $\frac{x+1}{1}, \frac{y-1}{1} \Rightarrow x - y + 2 = 0$

ELABORA TU PROYECTO

GEOMETRÍA Y CAOS: LOS FRACTALES

Un fractal es un objeto geométrico cuya principal característica es que su estructura está fragmentada o quebrada —de ahí su nombre— y se repite continuamente. Esto de replicarse continuamente hace que visualizar una pequeña parte del fractal permita ver a pequeña escala todo el conjunto.

La definición de fractal es tardía: data de 1970. El término se acuñó debido a la necesidad de dar nombre a la geometría de algunos cuerpos que, no respondiendo a la geometría tradicional, lo que imposibilitaba clasificarlos en el marco de los parámetros conocidos, poseían autosimilitud, rasgo este que sugería una regularidad que parecía exigir nombre.

En las imágenes se observan fractales naturales: el plumaje del pavo real, las hojas del helecho. Un fractal natural es por tanto, un objeto de la naturaleza que puede ser descrito por geometría fractal.

En la naturaleza los fractales aparecen en dos situaciones muy específicas:

- Límites o fronteras. Aquí se incluyen todos los casos en que entran en contacto dos medios o superficies diferentes: las nubes, el litoral costero...
- Diagrama de árbol. En estos casos se produce una ramificación con autosimilitud: árboles y arbustos, afluentes, circulación sanguínea y neuronal...

Los fractales se crean mediante métodos recursivos, es decir, aplicando la misma regla sucesivamente al resultado anterior. Esta es la razón de que lo encontremos de forma tan frecuente en la naturaleza. El crecimiento, por ejemplo, suele ajustarse a este tipo de patrones.

Prepara una exposición oral o escrita, individual o en grupo para desarrollar esta propuesta.

Pautas de presentación del trabajo

1	Explica de forma sintética las características de la geometría fractal. Autores y matemáticos que la respaldan.
2	Incluye en tu exposición los abundantes ejemplos que ofrece la naturaleza.

Recursos

→ http://www.uantof.cl/facultades/csbasicas/matematicas/academicos/emartinez/fractales/uno/uno.html

→ http://www.telnet-ri.es/soluciones/infraestructura-y-redes-moviles-gsm3g/fractales-en-la-naturaleza/

→ http://www.catedu.es/matematicas_mundo/FOTOGRAFIAS/fotografia_fractales.htm

ELABORA TU ORGANIZADOR VISUAL

Realiza un mapa conceptual en el que recojas los contenidos fundamentales estudiados en esta unidad. Puedes partir de esta propuesta:

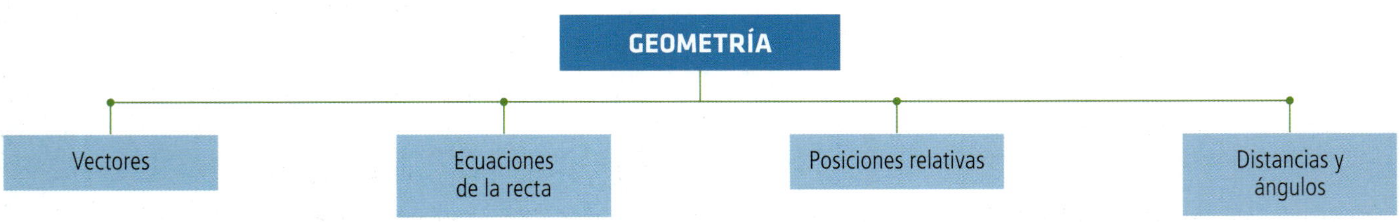

EVALUACIÓN

1. Indica si el resultado de la siguiente operación es un número o un vector: $(\vec{a} + \vec{b}) \cdot (\vec{b} - \vec{c})$.

2. ¿Están alineados los puntos A (2 , 1), B (5 , 3) y C (11 , 7)?

3. Calcula las coordenadas de los vértices de un triángulo, sabiendo que los puntos medios de sus lados son M (5 , 0), N (2 , 2) y P (7 , 2).

4. Si se tienen dos rectas secantes, ¿puede afirmarse que sus bisectrices son perpendiculares entre sí?

5. Sean dos rectas paralelas, *r* y *s*, y dos puntos, $A \in r$ y $B \in s$. ¿Puede asegurarse que la distancia entre las rectas es la misma que la que hay entre los puntos?

6. Dados los puntos A (3 , –2) y B (1 , 4), calcula un punto de la bisectriz del primer cuadrante que equidiste de ambos.

7. Calcula *x* para que los vectores $\vec{a} = (7 , 1)$ y $\vec{b} = (1 , x)$ formen un ángulo de 45°.

8. Determina el valor de *a* para que las rectas $r: \dfrac{ay - 2}{2}$ y $s: \begin{cases} x = 2 - m \\ y = 3m \end{cases}$ sean:
   a. Perpendiculares. Paralelas. Secantes.
   b. En el caso de las rectas paralelas, calcula la distancia entre ellas.

9. Halla la ecuación de una recta que, pasando por el punto (–1 , 5), equidiste del punto (1 , 1) dos unidades.

10. Dado el triángulo cuyos vértices son los puntos A (*x* , 2), B (1 , 3), C (2 , –1):
    a. Halla el valor de *x* para que el triángulo ABC sea rectángulo y tenga el ángulo recto en el vértice C.
    b. Calcula el valor de *x* para que el triángulo ABC sea isósceles y su lado desigual sea el lado $\overline{AC}$.

11. Dados los puntos P (*x* , 1) y Q (2 , 5) y las rectas $r: (x , y) = (2 , 5) + \lambda \cdot (1 , 2)$, $s: x + 2y - 8 = 0$ y $t: \begin{cases} x = 3 + \lambda \\ y = -2 \end{cases}$:
    a. Halla el valor de *x* para que el vector $\overrightarrow{PQ}$ sea perpendicular a la recta *r*.
    b. Calcula el valor de *x* para que el vector $\overrightarrow{PQ}$ tenga de módulo 5.

12. Determina el área del paralelogramo ABCD, sabiendo que la ecuación del lado $\overline{AB}$ es $x - 2y = 0$, la ecuación del lado $\overline{AD}$ es $3x + y = 0$, y las coordenadas del punto C son (3 , 5).

13. Dados los puntos A (– 1 , 2), B (5 , 5) y C (2 , 1):
    a. Halla el punto simétrico de C respecto de la recta que pasa por A y B.
    b. Calcula el área del cuadrilátero formado por los puntos A, B, C y P, donde P es el punto simétrico hallado en el apartado anterior.

14. Sea el punto P (– 1 , 5) y la recta $r: 3x - 4y = 2$. Halla el punto simétrico de P respecto de *r* y la distancia entre P y su simétrico.

15. Dado el triángulo cuyos vértices son los puntos A (– 1 , – 2), B (4 , 3) y C (0 , 5):
    a. Halla las coordenadas del baricentro a partir de las medianas.
    b. Calcula el área del triángulo.

16. Dado el triángulo que tiene por vértices los puntos A (– 1 , – 1), B (4 , 4) y C (0 , 6), demuestra que el baricentro, el ortocentro y el circuncentro están alineados.

17. Dado el triángulo cuyos vértices se encuentran en los puntos A (2 , 6), B (7 , 1) y C (– 1 , – 3), halla:
    a. La ecuación general de la mediana que pasa por A.
    b. La ecuación general de la mediatriz de $\overline{BC}$.
    c. La ecuación general de la altura que pasa por A.

18. Dado el triángulo que tiene los vértices en A (2 , 6), B (7 , 1) y C (– 1 , – 3):
    a. Determina el baricentro como intersección de rectas.
    b. Halla el circuncentro.

19. Dado el triángulo cuyos vértices son A (2 , 6), B (7 , 1) y C (– 1 , – 3):
    a. Calcula su área.
    b. Halla el ángulo correspondiente al vértice C.

20. Dado el triángulo determinado por los vértices A (2 , 6), B (7 , 1) y C (– 1 , – 3):
    a. Halla el punto simétrico de A respecto de la recta que pasa por B y C.
    b. Determina el punto contenido en la recta que pasa por A y B que se encuentra a una distancia de $\sqrt{74}$ del punto C.

08 CÓNICAS

01 Lugares geométricos

» Se denomina **lugar geométrico** de los puntos del plano a un conjunto de puntos que cumplen una cierta propiedad.

Para determinar un lugar geométrico, la propiedad o condición que debe cumplirse se expresa en forma de ecuación; en ella, las incógnitas x e y representan las coordenadas de los puntos que tienen que cumplir dicha propiedad.

EJEMPLO 1

Halla el lugar geométrico de los puntos del plano cuya distancia al punto A (2 , 1) es doble que la distancia al punto B (3 , –1).

Se definen los puntos buscados como P(x , y), y la condición que debe cumplirse es:

$$d(P, A) = 2 \cdot d(P, B) \Rightarrow |\overrightarrow{PA}| = 2 \cdot |\overrightarrow{PB}|$$

$$\sqrt{(2-x)^2 + (1-y)^2} = 2 \cdot \sqrt{(3-x)^2 + (-1-y)^2} \Rightarrow$$

$$\Rightarrow \sqrt{4 - 4x + x^2 + 1 - 2y + y^2} = 2 \cdot \sqrt{9 - 6x + x^2 + 1 + 2y + y^2}$$

Elevando al cuadrado los dos miembros:

$$\left(\sqrt{4 - 4x + x^2 + 1 - 2y + y^2}\right)^2 = \left(2 \cdot \sqrt{9 - 6x + x^2 + 1 + 2y + y^2}\right)^2$$

$$x^2 + y^2 - 4x - 2y + 5 = 4 \cdot (x^2 + y^2 - 6x + 2y + 10) \Rightarrow$$

$$\Rightarrow 3x^2 + 3y^2 - 20x + 10y + 35 = 0$$

Como se verá más adelante, esta ecuación representa una circunferencia. Por tanto, el lugar geométrico planteado corresponde a dicha figura.

EJEMPLO 2

Determina el lugar geométrico de los puntos que equidistan de A (2 , –1) y B (4 , 3).

La condición que debe cumplirse es:

$$d(P, A) = d(P, B) \Rightarrow |\overrightarrow{PA}| = |\overrightarrow{PB}|$$

$$\sqrt{(2-x)^2 + (-1-y)^2} = \sqrt{(4-x)^2 + (3-y)^2}$$

$$\sqrt{4 - 4x + x^2 + 1 + 2y + y^2} = \sqrt{16 - 8x + x^2 + 9 - 6y + y^2}$$

$$\left(\sqrt{4 - 4x + x^2 + 1 + 2y + y^2}\right)^2 = \left(\sqrt{16 - 8x + x^2 + 9 - 6y + y^2}\right)^2$$

$$x^2 + y^2 - 4x + 2y + 5 = x^2 + y^2 - 8x - 6y + 25$$

$$4x + 8y - 20 = 0 \Rightarrow x + 2y - 5 = 0$$

Así, la ecuación queda $x + 2y - 5 = 0$, por lo que puede identificarse como una recta que, además, resulta ser perpendicular al segmento $\overline{AB}$ y que pasa por su punto medio.

El ejemplo anterior permite definir la **mediatriz** de un segmento de extremos A y B como el lugar geométrico de los puntos que equidistan de A y de B y se puede determinar sin emplear la definición de lugar geométrico.

El punto medio de $\overline{AB}$ es $M\left(\frac{2+4}{2}, \frac{-1+3}{2}\right) = (3, 1)$.

Como $\overrightarrow{AB} = (2, 4)$, un vector perpendicular a él sería $(-4, 2)$ o uno paralelo a este, como $(-2, 1)$.

La ecuación de esta mediatriz es $\frac{x-3}{-2} = \frac{y-1}{1} \Rightarrow x + 2y - 5 = 0$.

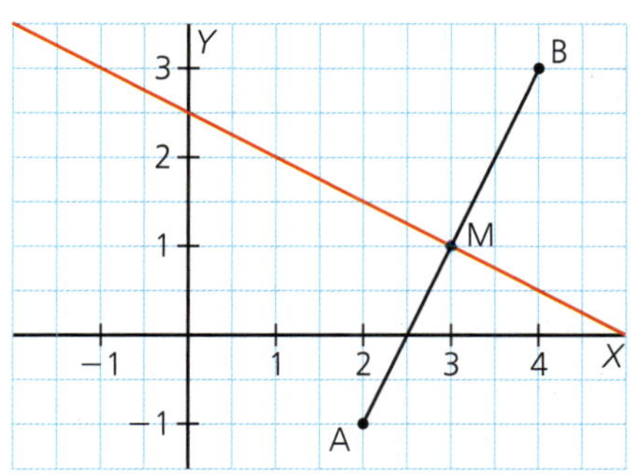

A veces es posible que la resolución de una ecuación proporcione más de un lugar geométrico. Si la ecuación tiene varias soluciones, cada una de ellas es un lugar geométrico distinto.

La **bisectriz** de dos rectas secantes, *r* y *s*, se define como el lugar geométrico de los puntos del plano que equidistan de *r* y de *s*.

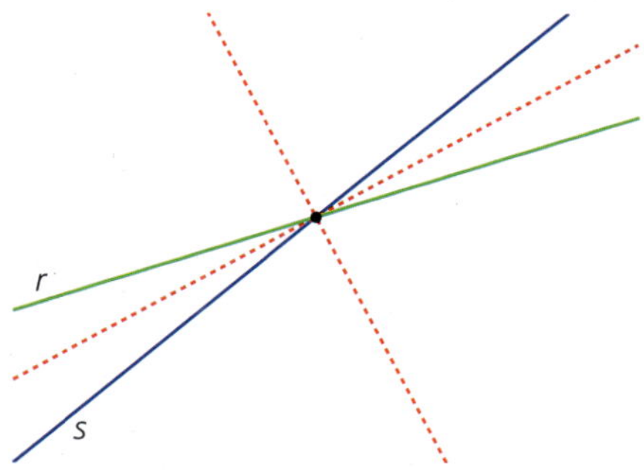

EJEMPLO 3

Determina el lugar geométrico de los puntos que equidistan de las siguientes rectas: $r: x - y + 2 = 0$ y $s: 2x + 2y - 3 = 0$.

El punto buscado es P (x, y). La condición que debe cumplirse es que d (P, r) = d (P, s).

Aplicando la expresión que define la distancia de un punto a una recta:

$$\frac{|x-y+2|}{\sqrt{1^2+(-1)^2}} = \frac{|2x+2y-3|}{\sqrt{2^2+2^2}} \Rightarrow \frac{|x-y+2|}{\sqrt{2}} = \frac{|2x+2y-3|}{\sqrt{8}} \Rightarrow$$

$$\Rightarrow 2\sqrt{2}\cdot|x-y+2| = \sqrt{2}\cdot|2x+2y-3|$$

Simplificando, resulta $2\cdot|x-y+2| = |2x+2y-3|$, que da lugar a dos planteamientos:

$$2\cdot(x-y+2) = 2x+2y-3 \Rightarrow 4y-7=0$$

$$2\cdot(x-y+2) = -(2x+2y-3) \Rightarrow 4x+1=0$$

Como se aprecia en el dibujo, la bisectriz de dos rectas no tiene una única solución, sino dos.

Dadas las rectas $r: \mathrm{A}x + \mathrm{B}y + \mathrm{C} = 0$ y $s: \mathrm{A}'x + \mathrm{B}'y + \mathrm{C}' = 0$, sus bisectrices son:

$$\frac{\mathrm{A}x+\mathrm{B}y+\mathrm{C}}{\sqrt{\mathrm{A}^2+\mathrm{B}^2}} = \pm\frac{\mathrm{A}'x+\mathrm{B}'y+\mathrm{C}'}{\sqrt{\mathrm{A}'^2+\mathrm{B}'^2}}$$

Una **superficie cónica de revolución** es aquella que se obtiene al hacer girar una recta, *r*, llamada **generatriz,** alrededor de otra recta fija, *e*, denominada **eje,** ambas secantes en un punto, V, que recibe el nombre de **vértice.**

» Las **cónicas** son las intersecciones entre una superficie cónica de revolución y un plano.

Si el plano que corta a la superficie cónica no contiene el vértice de la superficie, las cónicas obtenidas se denominan **no degeneradas** y, según el ángulo que forme el plano con el eje, es posible encontrarse uno de estos cuatro casos:

+

Si el plano que corta a la superficie cónica contiene al vértice, las cónicas obtenidas se denominan **degeneradas.** Según la relación existente entre los ángulos que forman la generatriz y el eje, por un lado, y el plano y el eje, por otro, la cónica representa un punto, una recta o un par de rectas secantes. Este tipo de cónicas degeneradas no son de interés en este curso.

Circunferencia	Elipse	Hipérbola	Parábola
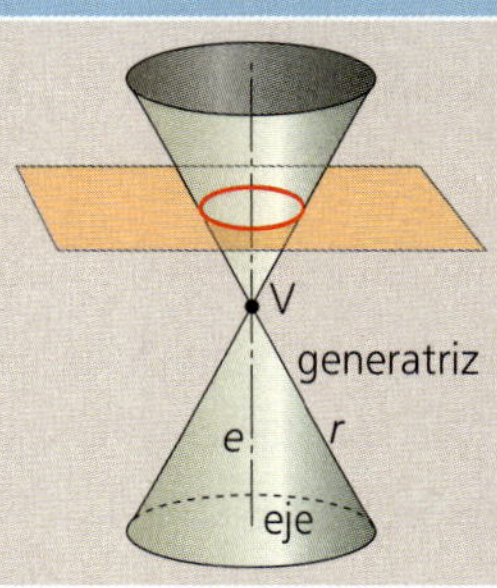	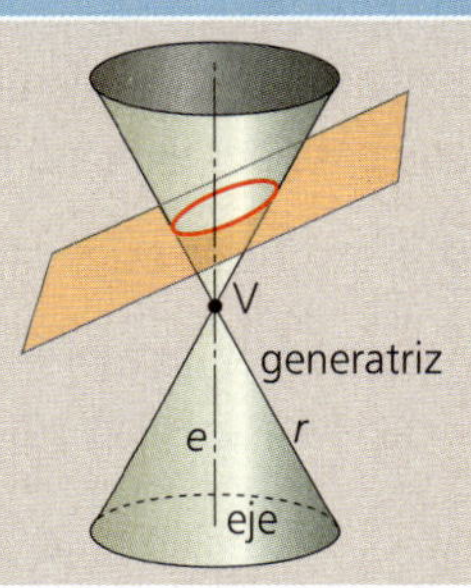	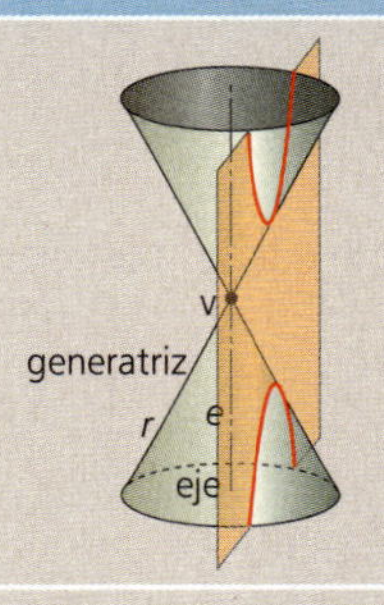	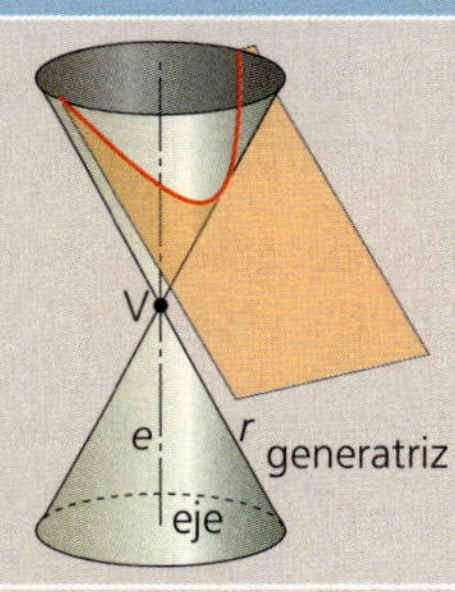
El plano secante es perpendicular al eje.	El plano secante forma con el eje un ángulo mayor que con las generatrices.	El plano secante es paralelo al eje. Corta en dos lugares a la superficie.	El plano secante es paralelo a la generatriz.

02 Circunferencia

» Se define la **circunferencia** como el lugar geométrico de los puntos del plano que equidistan de un punto fijo llamado centro. La distancia constante entre cualquiera de esos puntos y el centro es el radio de la circunferencia.

Si se aplica esta definición sobre un punto, C (a , b), que se toma como centro, un punto cualquiera de la circunferencia, P (x , y), y una distancia constante, r, que se toma como radio, se obtienen las expresiones que definen la ecuación de una circunferencia:

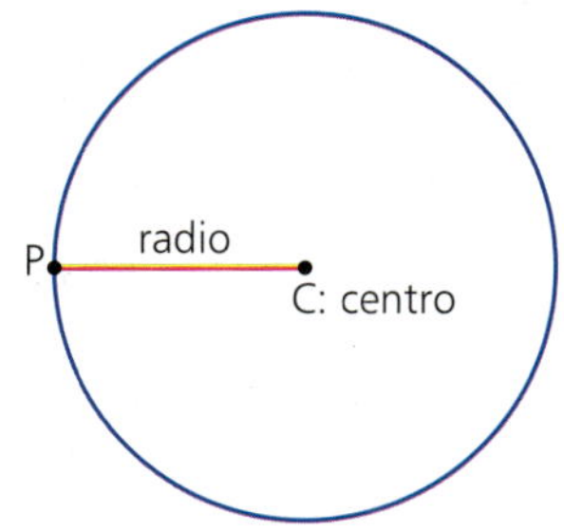

Esos puntos deben cumplir que d (P , C) = r, de donde:

$$\sqrt{(x-\mathrm{a})^2+(y-\mathrm{b})^2}=\mathrm{r}$$

Y, elevando la igualdad al cuadrado, se obtiene la ecuación de una circunferencia de centro C y radio r:

$$\mathbf{(x-a)^2+(y-b)^2=r^2}$$

Si se desarrollan los paréntesis y se ordena la expresión:

$$x^2+y^2-2\mathrm{a}x-2\mathrm{b}y+\mathrm{a}^2+\mathrm{b}^2-\mathrm{r}^2=0$$

Y, haciendo A = –2a, B = –2b y C = $\mathrm{a}^2+\mathrm{b}^2-\mathrm{r}^2$, se obtiene la ecuación general:

$$\mathbf{x^2+y^2+Ax+By+C=0}$$

Si el centro es el origen de coordenadas, C (0 , 0), la ecuación resultante, $x^2+y^2=\mathrm{r}^2$, se denomina **ecuación reducida** de la circunferencia.

A partir de la ecuación general de una circunferencia, $x^2+y^2=\mathrm{A}x+\mathrm{B}y+\mathrm{C}=0$, es posible determinar el centro y el radio:

$$\text{centro}=\left(-\frac{\mathrm{A}}{2},-\frac{\mathrm{B}}{2}\right) \qquad \text{radio}=\frac{1}{2}\cdot\sqrt{\mathrm{A}^2+\mathrm{B}^2-4\mathrm{C}}$$

Para que estas fórmulas sean correctas, los coeficientes de x^2 e y^2 deben ser 1. En caso de que sean iguales, pero distintos de 1, se dividen todos los términos de la ecuación entre el valor de dichos coeficientes.

+

Los lugares geométricos son un conjunto de puntos que verifican una propiedad. La bisectriz, la mediatriz y las cónicas pueden definirse así. Históricamente se explican con la propuesta ya presentada, que las define más intuitivamente como cortes de un plano con superficies cónicas de revolución. Ambas definiciones son equivalentes, aunque nosotros trabajaremos con la segunda.

EJEMPLO 1

Dada la circunferencia de ecuación $2x^2+2y^2-4x+2y-1=0$, halla el centro y el radio.

Para poder aplicar las fórmulas, es necesario que los coeficientes de x^2 e y^2 sean 1.

Por tanto, se simplifica la ecuación: $x^2+y^2-2x+y-\frac{1}{2}=0$.

$$\text{centro}=\left(-\frac{\mathrm{A}}{2},-\frac{\mathrm{B}}{2}\right)=\left(1,-\frac{1}{2}\right)$$

$$\text{radio}=\frac{1}{2}\cdot\sqrt{\mathrm{A}^2+\mathrm{B}^2-4\mathrm{C}}=\frac{1}{2}\cdot\sqrt{4+1+2}=\frac{\sqrt{7}}{2}$$

EJEMPLO 2

Halla la ecuación de una circunferencia de centro C (2 , 1) y que pasa por el punto P (5 , 4).

Se sustituyen estos valores en la ecuación para calcular r.

Conocemos las coordenadas del centro, C, y un punto, P, de la circunferencia. El radio lo obtenemos como la distancia entre C y P:

$$\text{radio}=\mathrm{d}\,(\mathrm{C},\mathrm{P})=\sqrt{(5-2)^2+(4-1)^2}=\sqrt{18}$$

Por tanto, la ecuación de la circunferencia es:

$$(x-2)^2+(y-1)^2=18$$

Ecuación de la circunferencia que pasa por tres puntos fijos

Conocidos tres puntos, A, B y C, de una circunferencia, se puede hallar su ecuación.

EJEMPLO 3

Determina la ecuación de la circunferencia que pasa por los puntos A (2 , 0), B (0 , 4) y C (6 , 2).

Las coordenadas de los puntos deben cumplir la ecuación de la circunferencia:

$$x^2 + y^2 + Ax + By + C = 0$$

Se obtendrá un sistema de tres ecuaciones con tres incógnitas para calcular A, B y C.

Si la circunferencia pasa por A (2 , 0), entonces:

$$2^2 + 0^2 + A \cdot 2 + B \cdot 0 + C = 0 \Rightarrow 2A + C + 4 = 0$$

Análogamente, si pasa por B (0 , 4): $0^2 + 4^2 + A \cdot 0 + B \cdot 4 + C = 0 \Rightarrow 4B + C + 16 = 0$

Y si pasa por C (6 , 2): $6^2 + 2^2 + A \cdot 6 + B \cdot 2 + C = 0 \Rightarrow 6A + 2B + C + 40 = 0$

Por tanto, el sistema que hay que resolver será:

$$\begin{cases} 2A + C + 4 = 0 \\ 4B + C + 16 = 0 \\ 6A + 2B + C + 40 = 0 \end{cases} \quad (2E_3 - E_2) \Rightarrow \begin{cases} 2A + C + 4 = 0 \\ 12A + C + 64 = 0 \end{cases} (E_2 - E_1) \Rightarrow$$

$$\Rightarrow 10A + 60 = 0 \Rightarrow A = -6,\ B = -6,\ C = 8$$

La ecuación pedida es $x^2 + y^2 - 6x - 6y + 8 = 0$.

Este último caso puede resolverse teniendo en cuenta que el centro de la circunferencia es el circuncentro del triángulo ABC.

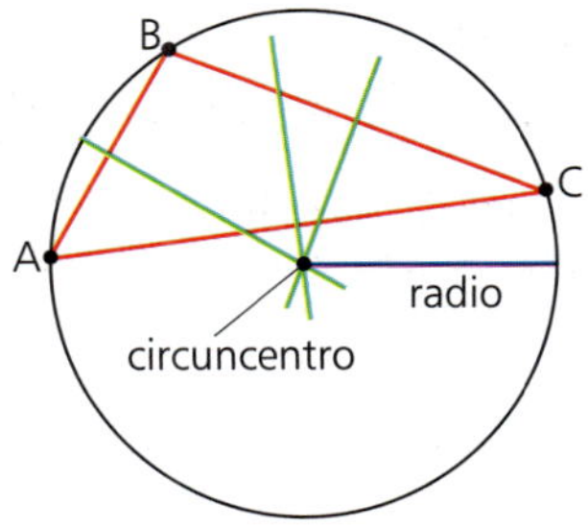

Toda circunferencia que pasa por tres puntos conocidos, A, B y C, cumple que el centro de la misma coincide con el circuncentro (intersección de las mediatrices) del triángulo ABC.

Ecuación de la circunferencia que pasa por dos puntos diametralmente opuestos

Si A y B son dos puntos diametralmente opuestos de una circunferencia, el radio de la misma sería la mitad de la distancia entre estos dos puntos, y el centro, el punto medio del segmento $\overline{AB}$.

EJEMPLO 4

Halla la ecuación de la circunferencia en la que los puntos A (7 , 2) y B (1 , 4) determinan el diámetro de la misma.

Como se puede observar, el centro, C, es el punto medio del segmento $\overline{AB}$:

$$C = \frac{A + B}{2} = \left(\frac{7 + 1}{2}, \frac{2 + 4}{2}\right) = (4 , 3)$$

Y el radio es la distancia de C a cualquiera de los puntos, A o B:

$$\text{radio} = d\,(C , A) = \sqrt{(7 - 4)^2 + (2 - 3)^2} = \sqrt{10}$$

Por tanto, la ecuación de la circunferencia es $(x - 4)^2 + (y - 3)^2 = 10$.

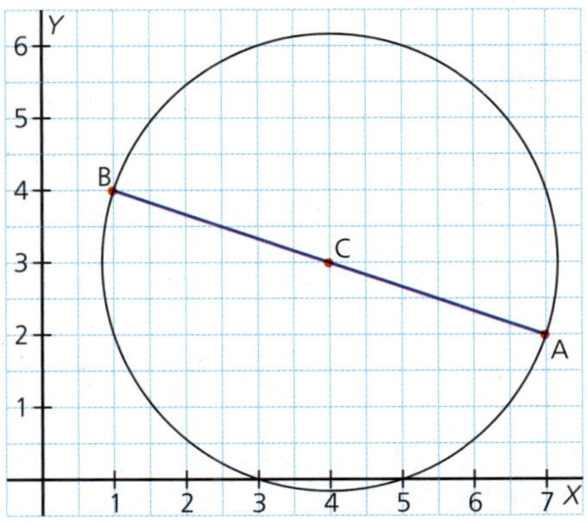

03 Posiciones relativas relacionadas con circunferencias

Se estudiará a continuación la posición relativa de un punto con respecto a una circunferencia, la de una recta con respecto a una circunferencia y la de dos circunferencias.

Posición relativa de un punto respecto de una circunferencia

Se define la **potencia** de un punto, P, con respecto a una circunferencia, C, y se expresa mediante **Pot$_c$ (P)**, como el valor de la constante $\overline{PA} \cdot \overline{PB}$, donde A y B son los puntos de la circunferencia por los que una recta cualquiera que pasa por el punto P corta a la circunferencia:

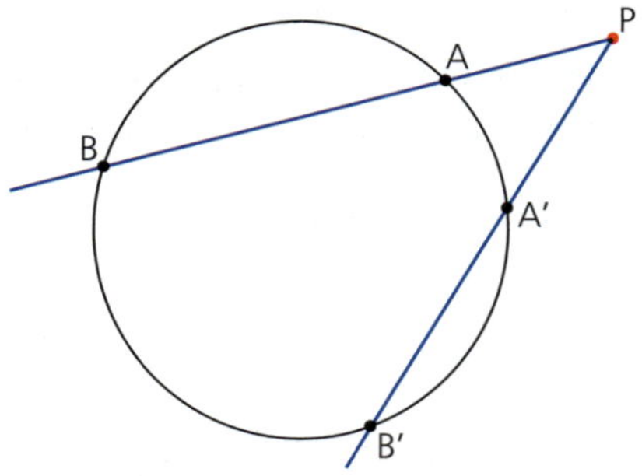

$$\mathbf{Pot_c (P) = \overline{PA} \cdot \overline{PB}}$$

Para calcular la potencia de un punto, P (p_1 , p_2), respecto de la circunferencia C: $x^2 + y^2 + Ax + By + C = 0$, se sustituyen las coordenadas de P en la ecuación de C. El valor de la potencia de un punto permite determinar su posición relativa con respecto a la circunferencia:

- Si $Pot_C (P) > 0 \Rightarrow$ P es exterior a C.
- Si $Pot_C (P) = 0 \Rightarrow$ P pertenece a C.
- Si $Pot_C (P) < 0 \Rightarrow$ P es interior a C.

EJEMPLO 1

Determina la posición de los puntos P (2 , 1), Q (3 , 4) y R (5 , 0) con respecto a la circunferencia C: $x^2 + y^2 - 2x - 4y - 3 = 0$.

$Pot_C (P) = 2^2 + 1^2 - 2 \cdot 2 - 4 \cdot 1 - 3 = -6 < 0$; luego, P es un punto interior a la circunferencia.

$Pot_C (Q) = 3^2 + 4^2 - 2 \cdot 3 - 4 \cdot 4 - 3 = 0$; por tanto, Q es un punto de la circunferencia.

$Pot_C (R) = 5^2 + 0^2 - 2 \cdot 5 - 4 \cdot 0 - 3 = 12 > 0$; así, R es un punto exterior a la circunferencia.

Posición relativa de una recta respecto de una circunferencia

Hay dos posibles métodos para determinar la posición relativa entre una circunferencia, C: $x^2 + y^2 + Ax + By + C = 0$, y una recta, r: $A'x + B'y + C' = 0$. Resolver el sistema formado por las dos ecuaciones o comparar la distancia entre el centro de la circunferencia y la recta con el radio.

Recta secante a la circunferencia 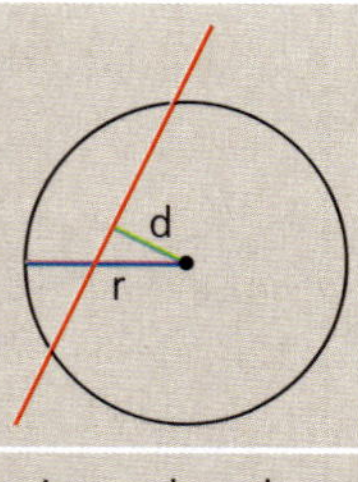	**Recta tangente a la circunferencia** 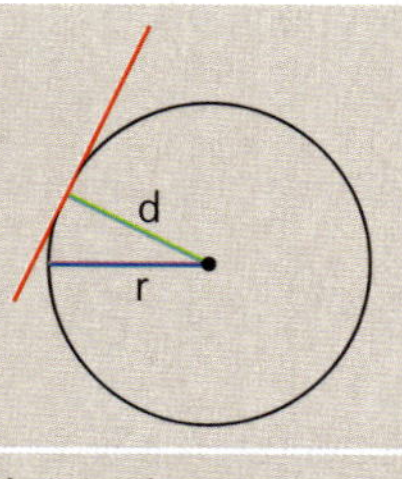	**Recta exterior a la circunferencia** 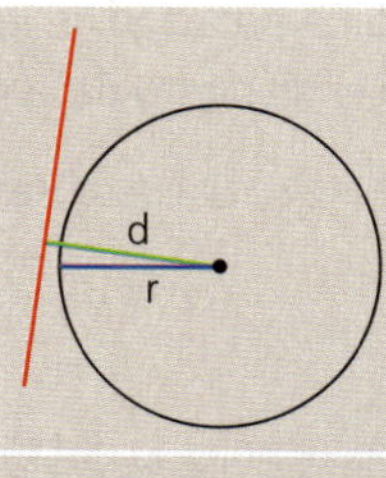
El sistema tiene dos soluciones: hay dos puntos comunes.	El sistema tiene una solución: hay un punto común.	El sistema no tiene solución: no hay ningún punto común.
Distancia (centro, recta) < radio	Distancia (centro, recta) = radio	Distancia (centro, recta) > radio

EJEMPLO 2

Halla la posición relativa entre la circunferencia C: $x^2 + y^2 - 4x - 2y + 3 = 0$ y las rectas $r: x - y + 1 = 0$ y $s: x + y + 2 = 0$.

Para determinar la posición entre C y *r*, se plantea un sistema entre ambas ecuaciones:

$$\begin{cases} x^2 + y^2 - 4x - 2y + 3 = 0 \\ x - y + 1 = 0 \end{cases} \Rightarrow \begin{cases} y = x + 1 \\ x^2 + (x+1)^2 - 4x - 2\cdot(x+1) + 3 = 0 \end{cases} \Rightarrow$$

$$\Rightarrow x^2 + x^2 + 2x + 1 - 4x - 2x - 2 + 3 = 0 \Rightarrow 2x^2 - 4x + 2 = 0 \Rightarrow x^2 - 2x + 1 = 0 \Rightarrow x = \frac{2 \pm \sqrt{4-4}}{2} = 1;\ y = 2$$

Hay una única solución; luego, la recta *r* y la circunferencia son tangentes en el punto (1 , 2).

Para la recta *s*, se procederá a calcular el centro y el radio de la circunferencia y comparar el radio con la distancia entre el centro y la recta:

$$\text{centro} = \left(-\frac{A}{2}, -\frac{B}{2}\right) = (2, 1) \qquad \text{radio} = \frac{1}{2}\cdot\sqrt{A^2 + B^2 - 4C} = \frac{1}{2}\sqrt{16 + 4 - 12} = \frac{1}{2}\sqrt{8} = \frac{2\sqrt{2}}{2} = \sqrt{2}$$

La distancia entre el centro y *s* es: $d(\text{centro}, s) = \frac{|Ap_1 + Bp_2 + C|}{\sqrt{A^2 + B^2}} = \frac{|2 + 1 + 2|}{\sqrt{1^2 + 1^2}} = \frac{5}{\sqrt{2}} = \frac{5\sqrt{2}}{2}$.

Como la distancia es mayor que el radio, la recta *s* es exterior a la circunferencia.

Posición relativa de dos circunferencias

Dadas las circunferencias $x^2 + y^2 + Ax + By + C = 0$ y $x^2 + y^2 + A'x + B'y + C' = 0$, se puede resolver el sistema formado por las dos ecuaciones o comparar la distancia entre los centros, C_1 y C_2, de las circunferencias con la suma o resta de los radios, r_1 y r_2.

Secantes	Tangentes interiores	Tangentes exteriores	Exteriores	Interiores
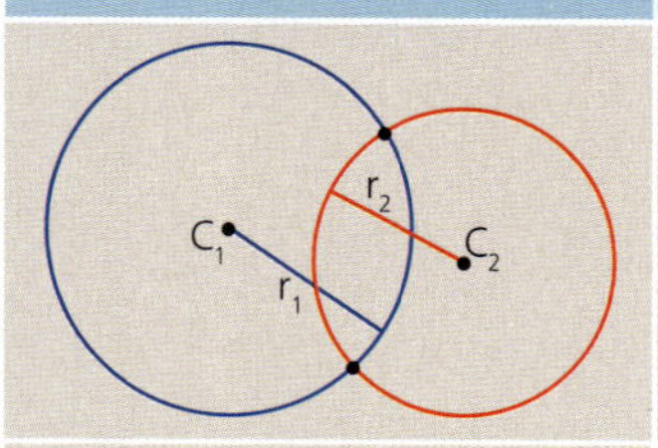	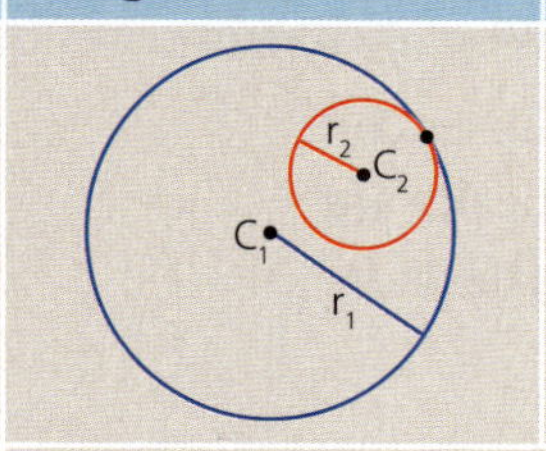	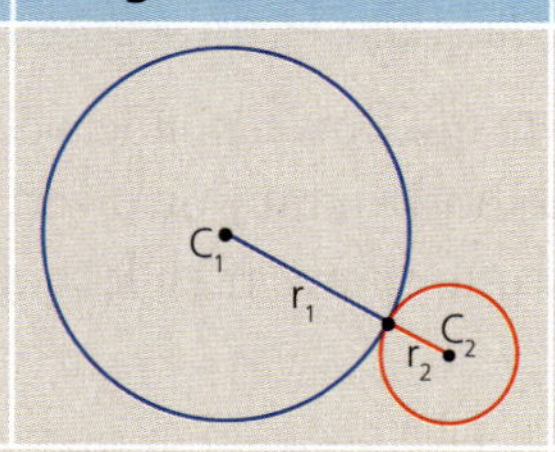	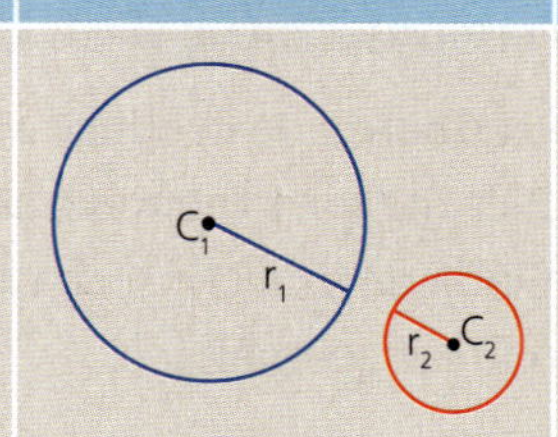	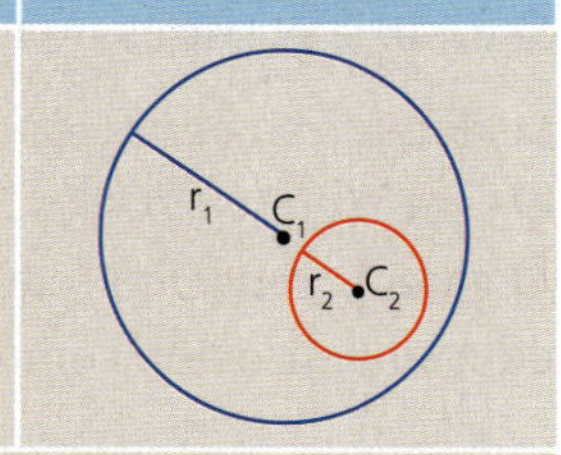
El sistema tiene dos soluciones: hay dos puntos comunes.	El sistema tiene una solución: hay un punto común.		El sistema no tiene solución: no hay ningún punto común.	
$\lvert r_1 - r_2\rvert < d(C_1, C_2) < r_1 + r_2$	$d(C_1, C_2) = \lvert r_1 - r_2\rvert$	$d(C_1, C_2) = r_1 + r_2$	$d(C_1, C_2) > r_1 + r_2$	$d(C_1, C_2) < \lvert r_1 - r_2\rvert$

EJEMPLO 3

Determina la posición relativa entre las circunferencias C: $x^2 + y^2 + 2x - y + 1 = 0$ y C': $x^2 + y^2 + x + 2y - 3 = 0$.

$\begin{cases} x^2 + y^2 + 2x - y + 1 = 0 \\ x^2 + y^2 + x + 2y - 3 = 0 \end{cases}$. Restando, se obtiene $x - 3y + 4 = 0 \Rightarrow x = 3y - 4$.

Y, sustituyendo: $(3y - 4)^2 + y^2 + 2(3y - 4) - y + 1 = 0 \Rightarrow 10y^2 - 19y + 9 = 0 \Rightarrow$

$$\Rightarrow y = \frac{19 \pm \sqrt{19^2 - 360}}{20} = \frac{19 \pm \sqrt{361 - 360}}{20}$$

Se constata que hay dos soluciones; luego, las dos circunferencias tendrán dos puntos de intersección y serán, por tanto, secantes.

+

Para distinguir si dos circunferencias son interiores o exteriores, también se puede usar la potencia de un punto de cada circunferencia con respecto a la otra. Si ambas potencias son positivas, son exteriores; de lo contrario, son interiores. Si ambas circunferencias tienen el mismo centro, se denominan **concéntricas**.

04 Elipse

Se define la **elipse** como el lugar geométrico de los puntos del plano cuya suma de distancias a dos puntos fijos, F y F', llamados focos, es constante. Ese valor constante coincide con la longitud del denominado eje mayor de la elipse, cuyo valor es 2a. Los elementos de la elipse son:

- **Focos:** dos puntos fijos, F y F'.
- **Distancia focal:** $\overline{FF'} \Rightarrow |\overline{FF'}| = 2c \Rightarrow c =$ semidistancia focal.
- **Eje mayor de la elipse:** $\overline{AA'} \Rightarrow |\overline{AA'}| = 2a \Rightarrow a =$ longitud del semieje mayor.
- **Eje menor de la elipse:** mediatriz del segmento $\overline{FF'}$.

  $\overline{BB'} \Rightarrow |\overline{BB'}| = 2b \Rightarrow b =$ longitud del semieje menor
- **Centro de la elipse:** punto donde se cortan los dos ejes.
- **Vértices:** puntos donde los ejes cortan a la elipse, A, A', B y B'.
- **Radios vectores:** $\overline{PF}$ y $\overline{PF'}$. La suma de los radios vectores es una cantidad constante e igual a $2a \Rightarrow |\overline{PF}| + |\overline{PF'}| = 2a$.

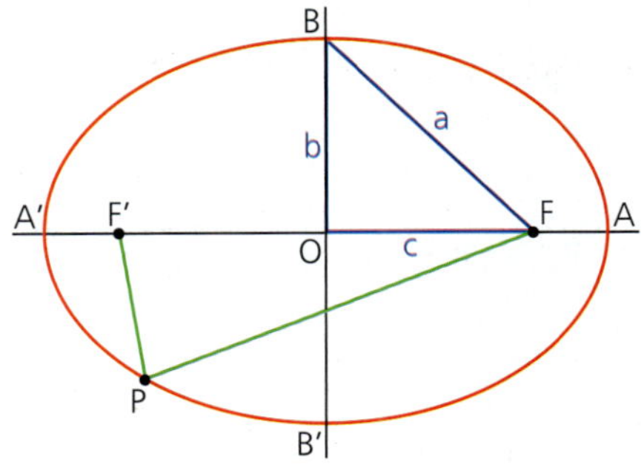

Aplicando el teorema de Pitágoras al triángulo OAB, se obtiene la relación fundamental de la elipse:

$$\mathbf{a^2 = b^2 + c^2}$$

La **excentricidad** de la elipse indica su grado de achatamiento: $\mathbf{e = \frac{c}{a}, (0 < e < 1)}$

Si e = 0, la elipse es una circunferencia; si e = 1, la elipse es un segmento.

Se denomina **ecuación reducida** de la elipse a la que corresponde a elipses con el centro en (0 , 0) y los ejes mayor y menor, uno horizontal y otro vertical. Para llegar a la ecuación reducida de una elipse, hay que expresar en forma de ecuación su definición como lugar geométrico.

Supóngase que los focos tienen por coordenadas F (c , 0) y F' (−c , 0).

Todo punto, P (x , y), de la elipse debe cumplir que d (P , F) + d (P , F') = 2a.

$$\sqrt{(x-c)^2+(y-0)^2} + \sqrt{(x+c)^2+(y-0)^2} = 2a \Rightarrow \sqrt{(x-c)^2+y^2} = 2a - \sqrt{(x+c)^2+y^2} \Rightarrow$$

$$\Rightarrow (x-c)^2 + y^2 = 4a^2 + (x+c)^2 + y^2 - 4a \cdot \sqrt{(x+c)^2+y^2} \Rightarrow$$

$$\Rightarrow x^2 - 2xc + c^2 + y^2 = 4a^2 + x^2 + 2xc + c^2 + y^2 - 4a \cdot \sqrt{(x+c)^2+y^2} \Rightarrow$$

$$\Rightarrow 4xc + 4a^2 = 4a \cdot \sqrt{(x+c)^2+y^2} \Rightarrow xc + a^2 = a \cdot \sqrt{(x+c)^2+y^2} \Rightarrow$$

$$\Rightarrow x^2\,c^2 + 2xca^2 + a^4 = a^2 \cdot (x^2 + 2xc + c^2 + y^2) \Rightarrow$$

$$\Rightarrow x^2c^2 + 2xca^2 + a^4 = a^2x^2 + 2a^2xc + a^2c^2 + a^2y^2 \Rightarrow x^2c^2 + a^4 = a^2x^2 + a^2c^2 + a^2y^2$$

Como $a^2 = b^2 + c^2 \Rightarrow c^2 = a^2 - b^2$, y sustituyendo:

$$x^2 \cdot (a^2 - b^2) + a^4 = a^2x^2 + a^2(a^2 - b^2) + a^2y^2 \Rightarrow$$

$$\Rightarrow x^2a^2 - x^2b^2 + a^4 = a^2x^2 + a^4 - a^2b^2 + a^2y^2 \Rightarrow x^2b^2 + a^2y^2 = a^2b^2$$

Si se dividen esos tres términos resultantes entre a^2b^2, se obtiene: $\mathbf{\frac{x^2}{a^2} + \frac{y^2}{b^2} = 1}$

Según la posición de los ejes, existen dos posibles ecuaciones reducidas de la elipse:

Caso	Eje mayor horizontal; Coef. (x^2) < Coef. (y^2)	Eje mayor vertical; Coef. (x^2) > Coef. (y^2)
Ecuación reducida	$\frac{x^2}{a^2}+\frac{y^2}{b^2}=1$	$\frac{x^2}{b^2}+\frac{y^2}{a^2}=1$
Representación	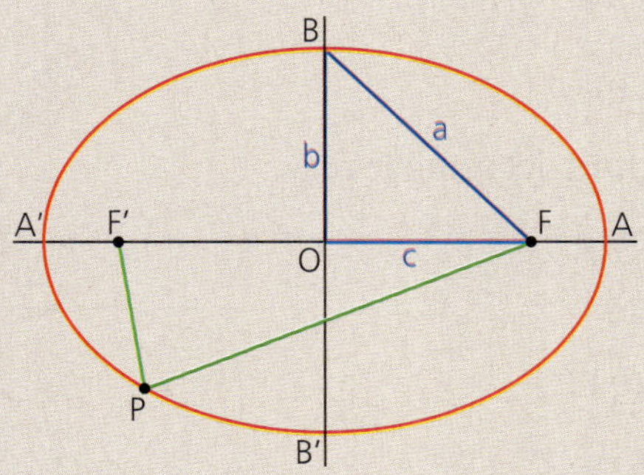	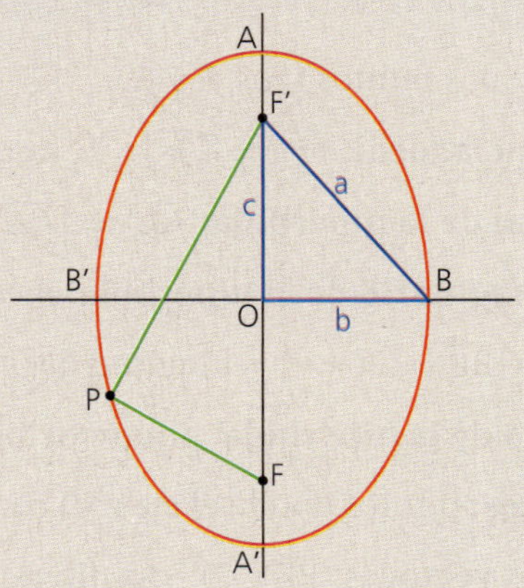
Elementos	Vértices: A (a , 0), A' (–a , 0), B (0 , b), B' (0 , –b) Focos: F (c , 0), F' (–c , 0)	Vértices: A (0 , a), A' (0 , –a), B (b , 0), B' (–b , 0) Focos: F (0 , c), F' (0 , –c)
Con centro en (c_1 , c_2) ≠ (0 , 0)	$\frac{(x-c_1)^2}{a^2}+\frac{(y-c_2)^2}{b^2}=1$	$\frac{(x-c_1)^2}{b^2}+\frac{(y-c_2)^2}{a^2}=1$

Los coeficientes de x^2 e y^2 tienen siempre el mismo signo. En todos los casos se cumple que a > b. Los focos siempre están situados en el eje mayor.

EJEMPLO 1

Halla la ecuación de una elipse que tiene un foco en (–4 , 0) y cuyo eje menor mide 6.

Si el foco está en (–4 , 0), entonces c = 4. Si su eje menor es 6, entonces b = 3.

Aplicando el teorema de Pitágoras: $a^2 = b^2 + c^2 \Rightarrow a = \sqrt{3^2+4^2} = \sqrt{25} = 5$.

La ecuación pedida es $\frac{x^2}{25}+\frac{y^2}{9}=1$.

EJEMPLO 2

Dada la elipse $13x^2 + 4y^2 - 52 = 0$, determina su ecuación reducida, sus elementos y su excentricidad.

Se divide la ecuación entre 52:

$\frac{13x^2}{52}+\frac{4y^2}{52}=1 \Rightarrow \frac{x^2}{4}+\frac{y^2}{13}=1 \Rightarrow \begin{cases} a^2=13 \Rightarrow a=\sqrt{13} \\ b^2=4 \Rightarrow b=2 \end{cases}$, ya que el denominador mayor es a^2 y el menor es b^2.

Para calcular *c*, se despeja en $a^2 = b^2 + c^2 \Rightarrow c = \sqrt{13-4} = \sqrt{9} = 3$.

Los elementos de esta elipse son A (0 , $\sqrt{13}$), A' (0 , $-\sqrt{13}$), B (2 , 0), B' (–2 , 0), F (0 , 3) y F' (0 , –3). Además, el eje mayor mide $2\sqrt{13}$; el eje menor, 4; la distancia focal, 6, y la excentricidad es $e = \frac{c}{a} = \frac{3}{\sqrt{13}} = \frac{3\sqrt{13}}{13}$.

+ JOHANNES KEPLER (1571-1630)

Astrónomo y matemático alemán, revolucionó los fundamentos de la dinámica celeste.

La primera ley de Kepler indica que todos los planetas se desplazan alrededor del Sol describiendo órbitas elípticas, en uno de cuyos focos se encuentra el Sol. La segunda ley añade que las velocidades son variables y dependientes de los puntos de la órbita.

Eran planteamientos osados en su época, pero ¡acertados!

05 Hipérbola

» Se define la **hipérbola** como el lugar geométrico de los puntos del plano cuya diferencia de distancias a dos puntos fijos, F y F', llamados focos, es constante. Ese valor constante coincide con la longitud del denominado eje real de la hipérbola, cuyo valor es 2a. Los elementos de la hipérbola son:

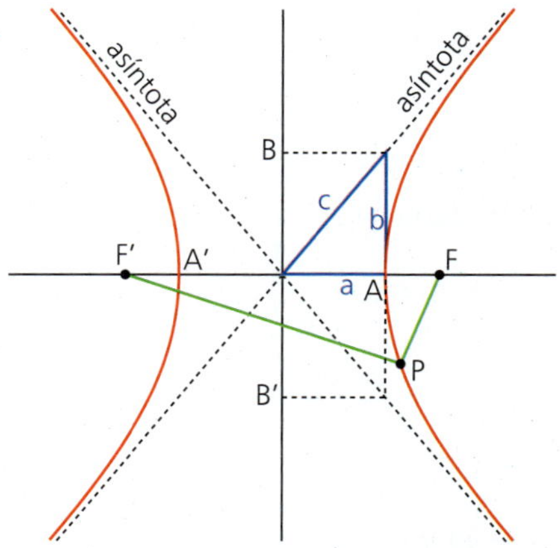

- **Focos:** dos puntos fijos, F y F'.
- **Distancia focal:** $\overline{FF'} \Rightarrow |\overline{FF'}| = 2c \Rightarrow c$ = semidistancia focal.
- **Eje real de la hipérbola:** $\overline{AA'} \Rightarrow |\overline{AA'}| = 2a \Rightarrow a$ = longitud del semieje real.
- **Eje imaginario de la hipérbola:** mediatriz del segmento FF'.

  $\overline{BB'} \Rightarrow |\overline{BB'}| = 2b \Rightarrow b$ = longitud del semieje imaginario
- **Centro de la hipérbola:** punto medio, O, del segmento FF'.
- **Vértices:** puntos donde el eje real corta a la hipérbola, A y A'.
- **Radios vectores:** $\overline{PF}$ y $\overline{PF'}$. La diferencia de los radios vectores es una cantidad constante e igual a 2a: $|\overline{PF} - \overline{PF'}| = 2a$.

Aplicando el teorema de Pitágoras al triángulo OAB, se obtiene la relación fundamental de la hipérbola:

$$\mathbf{c^2 = a^2 + b^2}$$

La **excentricidad** de la hipérbola viene dada por la expresión: $\mathbf{e = \frac{c}{a}, (e > 1)}$

Las **asíntotas** a la hipérbola son rectas de la forma: $y = \pm \frac{\mathbf{b}}{\mathbf{a}} x$

Se denomina **ecuación reducida de la hipérbola** a la que corresponde a hipérbolas con centro en (0, 0) y los ejes real e imaginario, uno horizontal y otro vertical. Para llegar a la ecuación reducida de una hipérbola, hay que expresar en forma de ecuación su definición como lugar geométrico.

Supóngase que los focos tienen por coordenadas F (c , 0) y F' (−c , 0). Todo punto, P (x , y), de la hipérbola debe cumplir que d (P , F) − d (P , F') = 2a.

$$\sqrt{(x - c)^2 + (y - 0)^2} - \sqrt{(x + c)^2 + (y - 0)^2} = 2a \Rightarrow \sqrt{(x - c)^2 + y^2} = 2a + \sqrt{(x + c)^2 + y^2} \Rightarrow$$

$$\Rightarrow (x - c)^2 + y^2 = 4a^2 + (x + c)^2 + y^2 + 4a \cdot \sqrt{(x + c)^2 + y^2} \Rightarrow$$

$$\Rightarrow x^2 - 2xc + c^2 + y^2 = 4a^2 + x^2 + 2xc + c^2 + y^2 + 4a \cdot \sqrt{(x + c)^2 + y^2} \Rightarrow$$

$$\Rightarrow -4xc - 4a^2 = 4a \cdot \sqrt{(x + c)^2 + y^2} \Rightarrow -xc - a^2 = a \cdot \sqrt{(x + c)^2 + y^2} \Rightarrow$$

$$\Rightarrow x^2 c^2 + 2xca^2 + a^4 = a^2 \cdot (x^2 + 2xc + c^2 + y^2)$$

$$\Rightarrow x^2c^2 + 2xca^2 + a^4 = a^2x^2 + 2a^2xc + a^2c^2 + a^2y^2 \Rightarrow x^2c^2 + a^4 = a^2x^2 + a^2c^2 + a^2y^2$$

Como $c^2 = a^2 + b^2$, sustituyendo:

$$x^2 \cdot (a^2 + b^2) + a^4 = a^2x^2 + a^2 \cdot (a^2 + b^2) + a^2y^2 \Rightarrow$$

$$\Rightarrow x^2a^2 + x^2b^2 + a^4 = a^2x^2 + a^4 + a^2b^2 + a^2y^2 \Rightarrow x^2b^2 - a^2y^2 = a^2b^2$$

Si se dividen esos tres términos resultantes entre a^2b^2, queda: $\frac{x^2}{\mathbf{a^2}} - \frac{y^2}{\mathbf{b^2}} = \mathbf{1}$

Según la posición de los ejes, se tienen dos posibles ecuaciones reducidas de la hipérbola:

Caso	Eje mayor horizontal; Coef. $(x^2) > 0$	Eje mayor vertical; Coef. $(y^2) > 0$
Ecuación reducida	$\frac{x^2}{a^2} - \frac{y^2}{b^2} = 1$	$\frac{y^2}{a^2} - \frac{x^2}{b^2} = 1$
Representación	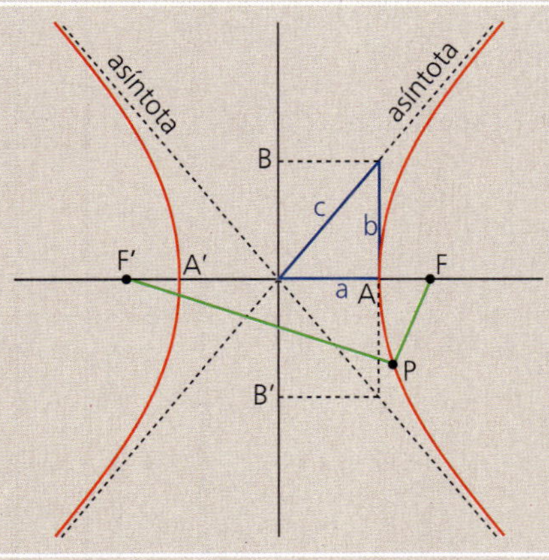	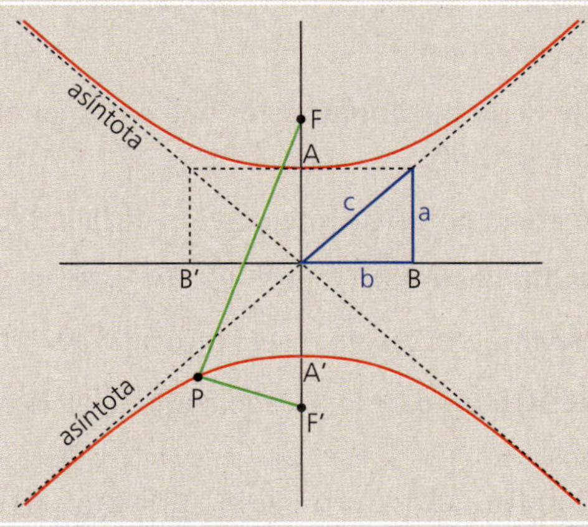
Elementos	Vértices: A (a , 0), A' (–a , 0), B (0 , b), B' (0 , –b) Focos: F (c , 0), F' (–c , 0)	Vértices: A (0 , a), A' (0 , –a), B (b , 0), B' (–b , 0) Focos: F (0 , c), F' (0 , –c)
Con centro en $(c_1 , c_2) \neq (0 , 0)$	$\frac{(x - c_1)^2}{a^2} - \frac{(y - c_2)^2}{b^2} = 1$	$\frac{(y - c_2)^2}{a^2} - \frac{(x - c_1)^2}{b^2} = 1$

Los coeficientes de x^2 e y^2 tienen siempre distinto signo. Si a = b, la hipérbola recibe el nombre de **equilátera.** Los focos siempre están situados en el eje real.

EJEMPLO 1

Halla la ecuación de una hipérbola que tiene un vértice en (3 , 0) y cuya distancia focal es 10.

Tener el vértice en (3 , 0) implica que a = 3. Si su distancia focal es 10, entonces c = 5.

Aplicando el teorema de Pitágoras: $c^2 = a^2 + b^2 \Rightarrow b = \sqrt{5^2 + 3^2} = \sqrt{16} = 4$

La ecuación pedida es $\frac{x^2}{9} - \frac{y^2}{16} = 1$.

EJEMPLO 2

Dada la ecuación $4x^2 - 5y^2 + 20 = 0$, determina su ecuación reducida, sus elementos, su excentricidad y sus asíntotas.

Se divide la ecuación entre (–20):

$\frac{4x^2}{-20} - \frac{5y^2}{-20} = 1 \Rightarrow -\frac{x^2}{5} + \frac{y^2}{4} = 1 \Rightarrow \begin{cases} a^2 = 4 \Rightarrow a = 2 \\ b^2 = 5 \Rightarrow b = \sqrt{5} \end{cases}$, ya que el coeficiente positivo es el de y.

Para hallar c, se despeja en $c^2 = a^2 + b^2 \Rightarrow c = \sqrt{4 + 5} = \sqrt{9} = 3$.

Los elementos de esta hipérbola son A (0 , 2), A' (0 , –2), B ($\sqrt{5}$, 0), B' ($-\sqrt{5}$, 0), F (0 , 3) y F' (0 , –3); el eje real mide 4, el eje imaginario vale $2\sqrt{5}$, y la distancia focal es 6.

La excentricidad es $e = \frac{c}{a} = \frac{3}{2}$, y las asíntotas, $y = \pm\frac{\sqrt{5}}{2}$.

06 Parábola

Se define la **parábola** como el lugar geométrico de los puntos del plano que equidistan de un punto fijo, F, llamado foco, y de una recta fija, *d*, denominada directriz. Los elementos de la parábola son:

- **Foco:** el punto F.
- **Directriz:** la recta *d*.
- **Eje de la parábola:** recta que pasa por el foco (F) y es perpendicular a la directriz (d).
- **Vértice:** punto de intersección de la parábola con el eje, (V).
- **Radio vector:** segmento $\overline{PF}$.
- **Parámetro:** distancia del foco a la directriz, p = d (F , d).

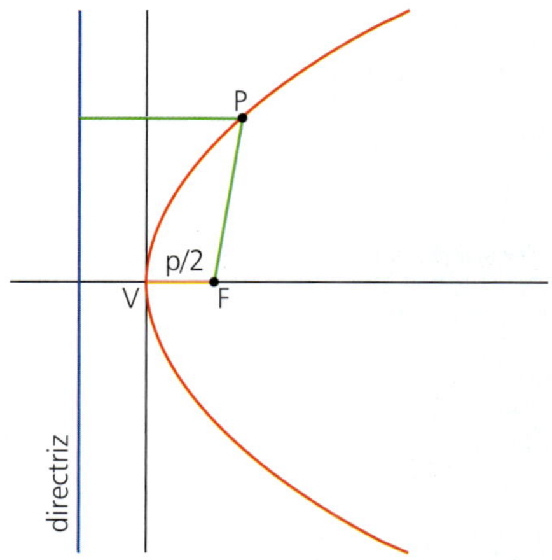

La **excentricidad** de la parábola es igual a la unidad: e = 1.

Relación fundamental: $\mathbf{d\,(F\,,V) = d\,(V\,,d) = \frac{p}{2}}$

Como sistema de referencia para hallar la ecuación de la parábola se puede tomar como eje de abscisas el eje de la parábola y como eje de ordenadas la perpendicular al segmento $\overline{AF}$ en su punto medio.

Se denomina **ecuación reducida de la parábola** a la que corresponde a parábolas con el vértice en (0 , 0) y cuya directriz es horizontal o vertical. Para llegar a la ecuación reducida de una parábola, hay que expresar en forma de ecuación su definición como lugar geométrico.

Supóngase, en primer lugar, que el foco tiene por coordenadas $F\left(\frac{p}{2}, 0\right)$ y que la directriz, *d*, tiene por ecuación $x = -\frac{p}{2}$. Todo punto, P (x, y), de la parábola debe cumplir que d (P , F) = d (P , d). Por tanto: $\sqrt{\left(x - \frac{p}{2}\right)^2 + (y-0)^2} = \frac{\left|x + \frac{p}{2}\right|}{\sqrt{1+0}} \Rightarrow$

$$\Rightarrow \sqrt{x^2 - xp + \frac{p^2}{4} + y^2} = \left|x + \frac{p}{2}\right| \Rightarrow x^2 - xp + \frac{p^2}{4} + y^2 = \left(\left|x + \frac{p}{2}\right|\right)^2$$

Al elevar al cuadrado los dos miembros, el valor absoluto desaparece, ya que el resultado de un cuadrado siempre es positivo: $x^2 - xp + \frac{p^2}{4} + y^2 = x^2 + xp + \frac{p^2}{4}$.

Simplificando y ordenando: $\mathbf{y^2 = 2px}$

Si cambiamos la posición del foco y la directriz, resulta otra de sus ecuaciones. Supongamos que el foco tiene por coordenadas $F\left(0, \frac{p}{2}\right)$ y que la directriz, *d*, tiene por ecuación $y = -\frac{p}{2}$. Todo punto, P (x, y), de la parábola debe cumplir que d (P , F) = d (P , d).

Por tanto: $\sqrt{(x-0)^2 + \left(y - \frac{p}{2}\right)^2} = \frac{\left|y + \frac{p}{2}\right|}{\sqrt{0+1}} \Rightarrow \sqrt{x^2 + y^2 - yp + \frac{p^2}{4}} = \left|y + \frac{p}{2}\right| \Rightarrow$

$$\Rightarrow x^2 + y^2 - yp + \frac{p^2}{4} = \left(\left|y + \frac{p}{2}\right|\right)^2 \Rightarrow x^2 + y^2 - yp + \frac{p^2}{4} = y^2 + yp + \frac{p^2}{4}$$

Simplificando y ordenando: $\mathbf{x^2 = 2py}$

Según la posición del eje y el foco, hay cuatro posibles ecuaciones reducidas de la parábola:

Caso	Directriz vertical y foco a la derecha	Directriz vertical y foco a la izquierda	Directriz horizontal y foco por encima	Directriz horizontal y foco por debajo
Ecuación reducida	$y^2 = 2px$	$y^2 = -2px$	$x^2 = 2py$	$x^2 = -2py$
Representación	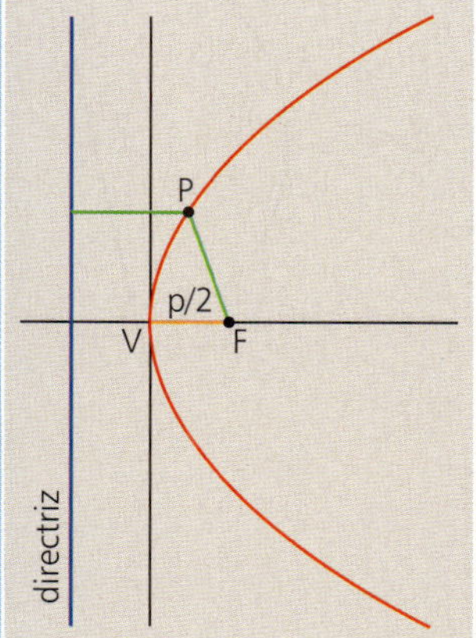	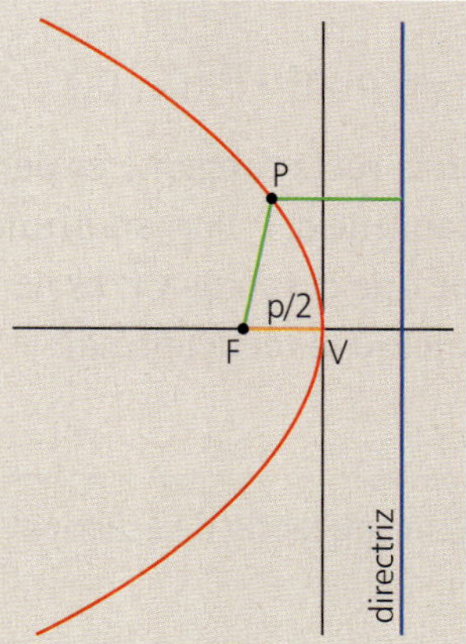	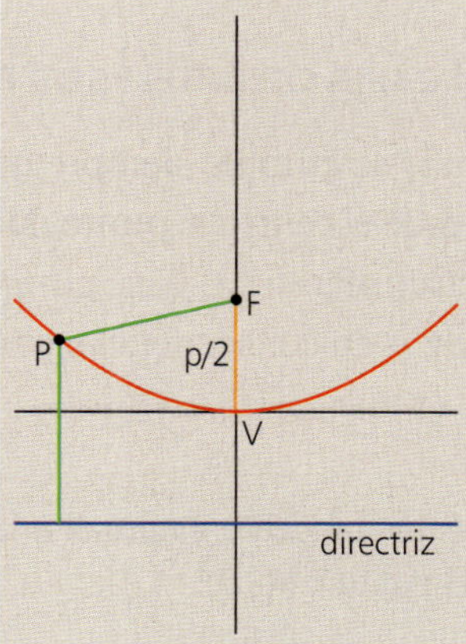	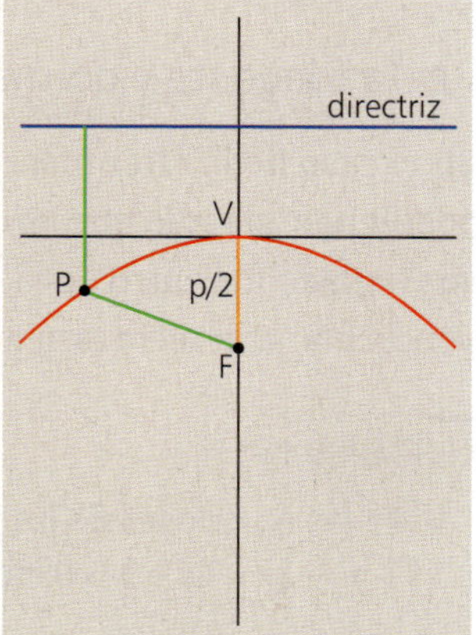
Elementos	$F\left(\frac{p}{2}, 0\right)$; d: $x = -\frac{p}{2}$	$F\left(-\frac{p}{2}, 0\right)$; d: $x = \frac{p}{2}$	$F\left(0, \frac{p}{2}\right)$; d: $y = -\frac{p}{2}$	$F\left(0, -\frac{p}{2}\right)$; d: $y = \frac{p}{2}$
Si el vértice es $(v_1, v_2) \neq (0, 0)$	$(y - v_2)^2 = 2p(x - v_1)$	$(y - v_2)^2 = -2p(x - v_1)$	$(x - v_1)^2 = 2p(y - v_2)$	$(x - v_1)^2 = -2p(y - v_2)$

Las incógnitas x e y son siempre de distinto grado. La directriz y el eje son perpendiculares. El foco está siempre en el eje. El vértice es el punto medio entre el foco y el punto de intersección del eje con la directriz.

EJEMPLO 1

Halla la ecuación de una parábola que tiene el vértice en (0 , 0) y el foco en (2 , 0). Calcula la directriz.

Se trata de una parábola cuya ecuación es $y^2 = 2px$, ya que el foco se encuentra en el eje X, a la derecha de la directriz.

Como el foco se encuentra a una distancia $\frac{p}{2}$ del vértice, se tiene que $\frac{p}{2} = 2 \Rightarrow p = 4$.

Por tanto, la ecuación pedida es $y^2 = 8x$, y la directriz tiene por ecuación $x = -2$.

EJEMPLO 2

Dada la ecuación $2x^2 + 5y = 0$, determina su ecuación reducida y sus elementos y represéntala gráficamente.

Para determinar la ecuación reducida, hay que despejar la variable de segundo grado:

$x^2 = -\frac{5}{2}y$. Por tanto: $\frac{5}{2} = 2p \Rightarrow p = \frac{5}{4}$.

Luego, el foco es $\left(0, -\frac{5}{8}\right)$, y la directriz, $y = \frac{5}{8}$.

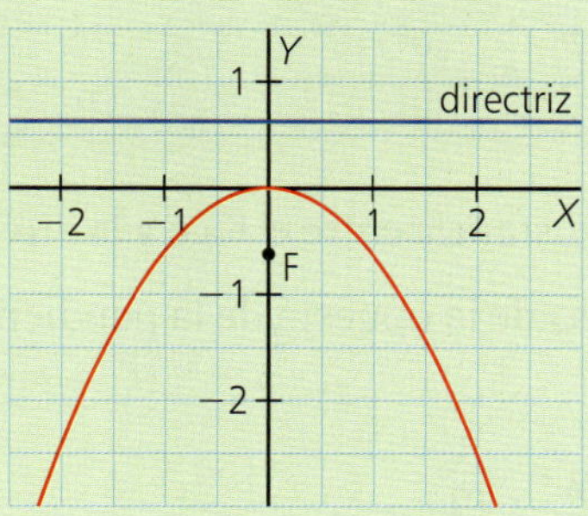

07 Recta tangente y normal a una cónica

La **recta tangente** a una cónica es aquella recta que tiene un único punto en común con la cónica. Se denomina **recta normal** a una cónica en un punto, P, a la recta que es perpendicular a la recta tangente que pasa por P.

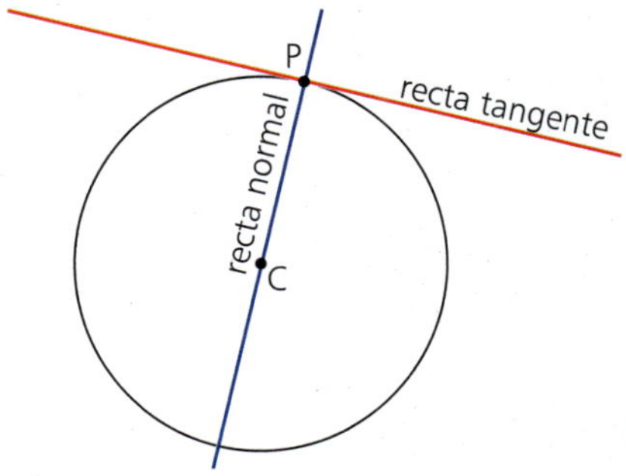

Recta tangente y normal a una circunferencia en el punto P (p_1 , p_2)

En el caso de la circunferencia se cumple siempre que la recta tangente es perpendicular al radio que va desde el centro al punto de tangencia, P. Por tanto, una vez hallado el centro de la circunferencia, C, se cumple que el vector $\overrightarrow{CP}$ es perpendicular a la recta tangente y, en consecuencia, paralelo a la recta normal.

EJEMPLO 1

Halla las ecuaciones de las rectas tangente y normal a la circunferencia de ecuación $x^2 + y^2 - 2x - 4y - 5 = 0$ en el punto P (4 , 3).

Las coordenadas del centro de la circunferencia son $C\left(-\frac{A}{2}, -\frac{B}{2}\right) = C(1, 2)$.

El vector $\overrightarrow{CP} = (3, 1)$ es perpendicular a la recta tangente, por lo que el vector (–1 , 3) será válido como vector director de dicha recta, ya que es perpendicular a $\overrightarrow{CP}$.

La ecuación de la recta tangente en forma continua será $\frac{x-4}{-1} = \frac{y-3}{3}$, y, en la forma general, $3x + y -- 15 = 0$.

Se toma $\overrightarrow{CP}$ como vector director de la recta normal: $\frac{x-4}{3} = \frac{y-3}{1} \Rightarrow x - 3y + 5 = 0$

Recta tangente y normal al resto de cónicas con centro o vértice en (0 , 0)

Para estos casos, se recomienda el uso de la ecuación de la recta en la forma punto-pendiente: $y - y_0 = m \cdot (x - x_0)$.

Normalmente, se toma como punto el punto de tangencia, mientras que la pendiente puede calcularse en función de las coordenadas de dicho punto, P (p_1, p_2), a partir de las siguientes expresiones:

Elipse con eje mayor horizontal	Elipse con eje mayor vertical	Hipérbola con eje real horizontal	Hipérbola con eje real vertical	Parábola con el foco a la derecha de la directriz vertical	Parábola con el foco a la izquierda de la directriz vertical	Parábola con el foco encima de la directriz horizontal	Parábola con el foco debajo de la directriz horizontal
$m = \frac{-b^2 \cdot p_1}{a^2 \cdot p_2}$	$m = \frac{-a^2 \cdot p_1}{b^2 \cdot p_2}$	$m = \frac{b^2 \cdot p_1}{a^2 \cdot p_2}$	$m = \frac{a^2 \cdot p_1}{b^2 \cdot p_2}$	$m = \frac{p}{p_2}$	$m = -\frac{p}{p_2}$	$m = \frac{p_1}{p}$	$m = -\frac{p_1}{p}$

En las parábolas, *p* corresponde al parámetro, distancia entre el foco y la directriz.

La pendiente de la recta normal será la inversa de la opuesta de la pendiente de la recta tangente:

$$m_n \cdot m_t = -1 \Rightarrow m_n = -\frac{1}{m_t}$$

EJEMPLO 2

Halla las ecuaciones de las rectas tangente y normal a la cónica $\frac{x^2}{25} + \frac{y^2}{16} = 1$ en el punto $\left(3, \frac{16}{5}\right)$.

Se trata de una elipse en la que $a^2 = 25$ y $b^2 = 16$, por lo que el eje mayor es horizontal.

La pendiente de la recta tangente es $m = \frac{-b^2 \cdot p_1}{a^2 \cdot p_2} = \frac{(-16) \cdot 3}{25 \cdot \frac{16}{5}} = -\frac{3}{5}$.

La ecuación punto-pendiente es $y - \frac{16}{5} = -\frac{3}{5}(x - 3)$.

Por tanto, la recta normal tiene como pendiente $m = \frac{5}{3}$; luego, su ecuación es:

$$y - \frac{16}{5} = \frac{5}{3}(x - 3)$$

EJEMPLO 3

Determina las ecuaciones de la recta tangente y normal a la cónica: $9x^2 - y^2 + 16 = 0$ en el punto P (1 , 5).

Se trata de una hipérbola cuya ecuación es $y^2 - 9x^2 = \frac{y^2}{16} - \frac{9x^2}{16} = 1 \Rightarrow \frac{y^2}{16} - \frac{x^2}{\frac{16}{9}} = 1$

En consecuencia, tiene el eje real sobre el eje *Y*, por lo que la pendiente de la recta tangente será $m = \frac{a^2 \cdot p_1}{b^2 \cdot p_2}$.

Tenemos que $a^2 = 16$ y $b^2 = \frac{16}{9} \Rightarrow m = \frac{16 \cdot 1}{\frac{16}{9} \cdot 5} = \frac{9}{5}$.

Recta tangente: $y - 5 = \frac{9}{5}(x - 1)$, recta normal: $y - 5 = -\frac{5}{9}(x - 1)$

EJEMPLO 4

Halla las ecuaciones de la recta tangente y normal a la cónica $y^2 - 8x = 0$ en el punto $x = 2$.

Se trata de una parábola cuya ecuación es $y^2 = 8x$. Por lo tanto, tiene el foco en la parte derecha del eje *X* y el valor del parámetro $p = 4$.

La pendiente de la recta tangente se corresponde con $m = \frac{p}{p_2}$.

Hay qua averiguar ahora las coordenadas completas del punto de tangencia. Tomando $x = 2$, se obtiene $y^2 - 8 \cdot 2 = 0 \Rightarrow y^2 = 16 \Rightarrow y = \pm 4$. Esto indica que hay dos puntos de la parábola con $x = 2$, P (2 , 4) y P' (2 , −4). Por tanto, habrá una recta tangente y una normal en cada punto.

Si se toma el punto P (2 , 4), la pendiente de la recta tangente es $m = \frac{4}{4} = 1$.

La ecuación de la recta tangente es $y - 4 = 1 \cdot (x - 2) \Rightarrow x - y + 2 = 0$.

La ecuación de la recta normal es $y - 4 = (-1) \cdot (x - 2) \Rightarrow x + y - 6 = 0$.

Si se considera el punto P(2, −4), la pendiente de la recta tangente es $m = \frac{4}{-4} = -1$.

La ecuación de la recta tangente es $y + 4 = (-1) \cdot (x - 2) \Rightarrow x + y + 2 = 0$.

La ecuación de la recta normal es $y + 4 = 1 \cdot (x - 2) \Rightarrow x - y - 6 = 0$.

ELABORA TU PROYECTO

LA ARQUITECTURA Y LAS CÓNICAS

Opera de Sydney.

En arquitectura, el empleo de las cónicas en la composición de volúmenes ha permitido a los arquitectos limitar espacialmente los espacios de forma que el conjunto componga imágenes inesperadas en la construcción.

La perfección de la circunferencia del Círculo Imperial, en el Templo del Cielo, en Pekín; o la que apreciamos en los techos del Salón de Embajadores, en los Reales Alcázares de Sevilla; la elipse que dibuja el edificio Opera Tower, en Miami; o la brillante estructura metálica diseñada para el gran Teatro Nacional de China; las hipérbolas de las fachadas de L'Oceanográfic, en Valencia; las parábolas de la iglesia de San Francisco, en Pampulha, son solo algunos ejemplos de la utilización con fines arquitectónicos de las cónicas estudiadas en este tema.

Te animamos a seguir buscando las figuras cónicas en las grandes construcciones de la Antigüedad y también en las formas sorprendentes que los arquitectos desarrollan en la arquitectura moderna. Santiago Calatrava, Zaha Hadid, Frank Gehry, Oscar Niemeyer, Frank Lloyd Wrigth son grandes exponentes de esta visión del espacio y la geometría que está siendo una apuesta en las grandes construcciones de nuestro tiempo.

Prepara una exposición oral o escrita, individual o en grupo, para desarrollar esta propuesta.

Pautas de presentación del trabajo

1. Busca y clasifica ejemplos de construcciones, edificios y arquitectura de interiores basados en las figuras cónicas.
2. La arquitectura actual: incluye en tu exposición biografía de los arquitectos mencionados, haciendo hincapié en el uso de estas figuras en sus trabajos.
3. La arquitectura antigua: dedica un apartado especial al Panteón romano, construcción de planta circular, que sostiene una cúpula semiesférica, cuyas dimensiones la convierten en la mayor cúpula de hormigón en masa de la historia. La fecha de su construcción (118 d. C-125 d. C.) la convierten en una de las grandes innovaciones arquitectónicas de una época cuyo valor arquitectónico perdura en el tiempo y de la que el mismísimo Miguel Ángel diría: «Diseño angélico y no humano».

Recursos

→ http://arquitecturafauunfv.blogspot.com.es/

→ http://www.catedu.es/matematicas_mundo/FOTOGRAFIAS/fotografia_conicas.htm

ELABORA TU ORGANIZADOR VISUAL

Realiza un mapa conceptual en el que recojas los contenidos fundamentales estudiados en esta unidad. Puedes partir de esta propuesta:

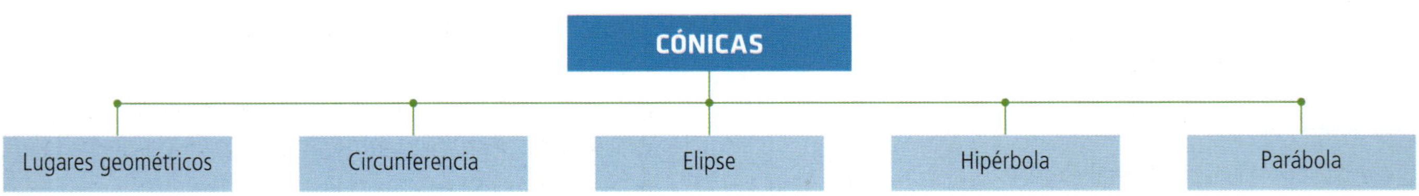

EVALUACIÓN

1 Indica la ecuación general de una parábola si:

a. La directriz es paralela al eje de abscisas.

b. La directriz es paralela al eje de ordenadas.

2 Halla la circunferencia circunscrita al triángulo que tiene por vértices (1 , 2), (0 , 3) y (–3 , 2).

3 Calcula la circunferencia con centro en (2 , 4) y tangente a la recta $x - 2y + 3 = 0$.

4 Calcula la potencia del punto A (–1 , 2) con respecto a la circunferencia $x^2 + y^2 - 2x + 3 = 0$ e indica la posición relativa del punto en relación con la circunferencia.

5 Calcula la posición relativa de las cónicas $x^2 + y^2 = 25$ y $\frac{x^2}{4} + \frac{y^2}{2} = 1$.

6 El semieje menor de una elipse, centrada en el origen de coordenadas, es la tercera parte que el eje mayor. Si la elipse pasa por el punto (1 , 2), halla su ecuación.

7 Dada la siguiente gráfica, identifica la cónica y su ecuación:

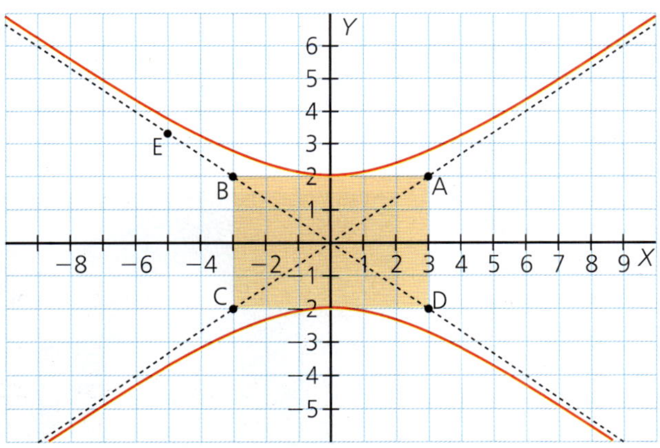

8 La ecuación de una elipse es $\frac{(x+1)^2}{25} + \frac{(y+3)^2}{9} = 1$. Sabiendo que los ejes son paralelos a los coordenados, determina los parámetros más importantes de la elipse y represéntala.

9 Halla el lugar geométrico de los puntos, P, del plano cuya distancia a A (2 , 0) es el doble de la distancia a B (–1 , 0). Identifica la figura resultante.

10 Identifica las asíntotas de la hipérbola $\frac{(x-5)^2}{4} - \frac{(y+1)^2}{9} = 1$.

11 Dados los puntos A (– 2 , 5) B (2 , 1) y C (0 , – 1), halla la ecuación de la circunferencia que pasa por A, B y C.

12 Sea la cónica de ecuación $2x^2 + 2y^2 - 8x - 1 = 1$; determina las ecuaciones de las rectas tangentes a ella en $x = 3$.

13 Dados los puntos F' (– 2 , 0) y P $\left(1, \frac{3\sqrt{5}}{2}\right)$:

a. Halla la ecuación de la elipse que pasa por el punto P y tiene como uno de sus focos al punto F.

b. Representa gráficamente la elipse, calculando y situando sus elementos característicos.

14 Teniendo en cuenta la cónica $y^2 = 8x^2 - 8$:

a. Identifica el lugar geométrico que representa, calculando su ecuación reducida, y realiza su representación gráfica indicando sus elementos característicos.

b. Halla un punto de la misma, que no sea el vértice, y comprueba que cumple su definición.

15 Identifica el lugar geométrico que ocupan las siguientes cónicas, calculando sus ecuaciones reducidas y sus elementos característicos, y represéntalas indicando sus elementos.

a. $y^2 = 4x^2 + 5$ **b.** $16x^2 = 36 - 9y^2$

16 Dados los puntos A (– 1 , 1), B (3 , 3) y C (2 , 4), halla:

a. El centro de la circunferencia que pasa por A, B y C.

b. La ecuación de la recta tangente a la circunferencia anterior en el punto C.

17 Una diana de dardos está formada por tres circunferencias. Dos de ellas tienen por ecuaciones $2x^2 + 2y^2 + ax - 6y + 1 = 0$ y $3x^2 + 3y^2 + 6x + by + 5 = 0$. Halla la ecuación de la tercera circunferencia sabiendo que el primer dardo lanzado se clava en el punto (1 , 2), que se encuentra justo en la línea de dicha circunferencia.

18 Dados los puntos F (0 , 2) y P ($\sqrt{24}$, 3), halla la ecuación reducida de la hipérbola que pasa por el punto P y tiene como foco el punto F, y calcula la ecuación de sus asíntotas.

19 Una de las circunferencias de una corona circular tiene por ecuación C: $2x^2 + 2y^2 - 4x + 2y - 3 = 0$. De la otra circunferencia se sabe que pasa por el punto P (–1 , 1).

Halla la ecuación de la segunda circunferencia de la corona circular, y determina la posición entre la circunferencia C y la recta $r: x - 2y + 1 = 0$.

09 FUNCIONES REALES DE VARIABLE REAL

01 Funciones, tablas y gráficas

Se denomina **función** a la relación existente entre dos variables que asigna a cada valor de la primera un único valor de la segunda.

Un profesor tiene una bolsa llena de caramelos y decide repartirlos entre sus alumnos, de modo que cada uno reciba tantos caramelos como letras tenga su nombre. Por tanto, Miguel recibirá 6 caramelos; Lucía, 5; Alejandro, 9...

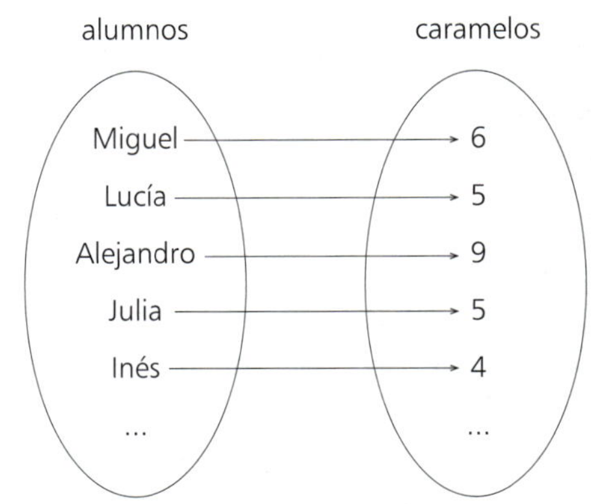

Si se expresa esta relación mediante conjuntos, quedaría como muestra la figura. En ella se puede observar que hay dos conjuntos, «alumnos» y «caramelos», y que a cada elemento del primer conjunto le corresponde un elemento del segundo. Una función matemática consiste precisamente en esto; es una correspondencia entre los valores de un conjunto «origen» y un conjunto «destino».

» Por tanto, una **función real de variable real** es una aplicación, *f*, que a cada valor, *x*, de un conjunto (llamado **dominio de *f***) le hace corresponder un único valor, *y*, de otro conjunto (denominado **recorrido o imagen de *f***).

Las funciones pueden relacionar conjuntos de cualquier tipo. En el caso de las funciones reales de variable real, tanto el dominio como el recorrido son conjuntos de números reales. Las funciones vienen dadas por la expresión $y = f(x)$.

La variable x se denomina **variable independiente**, mientras que la variable y recibe el nombre de **variable dependiente.** Los valores que toma la variable y también son denominados imágenes de x.

EJEMPLO 1

Determina una función que asigne a cada número su cuadrado incrementado en una unidad.

La función puede expresarse mediante $f(x) = x^2 + 1$ o también mediante $y = x^2 + 1$.

Para determinar valores de la función $f(x) = x^2 + 1$, se asigna cualquier valor a la variable x y se realizan las operaciones que figuran en el segundo miembro de la igualdad. El valor resultante es el que corresponde a la variable y.

El valor de y se obtiene a raíz de las operaciones que se hacen con el valor de x; de ahí que a la x se la denomine variable independiente, y a la y, variable dependiente.

Para $x = 1$, $y = (1)^2 + 1 = 2$; se dice entonces que $f(1) = 2$ o que la imagen de 1 es 2.

Para $x = 2$, $y = (2)^2 + 1 = 5$; se dice entonces que $f(2) = 5$ o que la imagen de 2 es 5.

Para $x = 3$, $y = (3)^2 + 1 = 10$; se dice entonces que $f(3) = 10$ o que la imagen de 3 es 10.

+ GOTTFRIED WILHELM LEIBNIZ (1646-1716)

El análisis matemático tiene entre sus muchos campos de trabajo el estudio de las funciones. El concepto de función se ha desarrollado a lo largo de la historia, pero serán Newton y Leibniz quienes trabajen con sus primeras definiciones. A ambos se debe la idea de dependencia entre dos cantidades variables. Leibniz, además, será el primero en utilizar los conceptos de función, variable y constante.

Los valores obtenidos para las variables x e y se pueden ordenar en una tabla denominada **tabla de valores** de la función.

EJEMPLO 2

Construye una tabla de valores de la función del ejemplo anterior: $f(x) = x^2 + 1$.

Ya se ha visto en el ejemplo anterior que, para $x = 1$, $y = 2$; para $x = 2$, $y = 5$; y para $x = 3$, $y = 10$.

Dando nuevos valores a la variable independiente:

Para $x = 0$, $y = (0)^2 + 1 = 1$

Para $x = -1$, $y = (-1)^2 + 1 = 2$

x	1	2	3	0	–1
y	2	5	10	1	2

Si estos valores de x e y se toman como coordenadas primera y segunda, respectivamente, de un punto y se representan en los ejes cartesianos, formarán un punto de la función f. Si lo que se representa en los ejes cartesianos del plano son todos los puntos de f, estos formarán una línea denominada gráfica de la función f. Por tanto, si (a , b) es un punto de la gráfica de $f(x)$, entonces $f(a) = b$.

EJEMPLO 3

Dibuja la gráfica correspondiente a los valores de la tabla del ejemplo anterior.

Con los valores de la tabla se puede establecer que los puntos (1 , 2), (2 , 5), (3 , 10), (0 , 1) y (–1 , 2) son puntos de la gráfica de $f(x)$, que es la línea que puedes ver representada al lado.

Por tanto, una función se puede expresar de tres formas: mediante una expresión algebraica, $y = x^2 + 1$, una tabla o una gráfica.

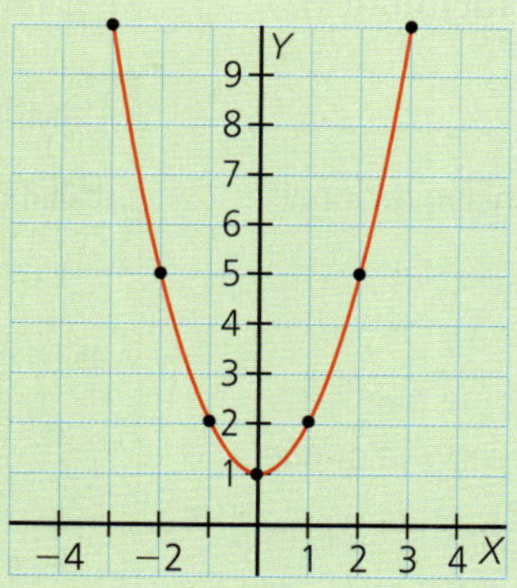

Como dijimos más arriba, en una función se debe cumplir que a cada valor de la variable x le corresponda un solo valor de la variable y. Por tanto, si la gráfica mostrase valores de x a los que les corresponden más de un valor de y, dicha gráfica no representaría una función. Las siguientes gráficas no representan funciones, ya que existen valores de x con más de una imagen.

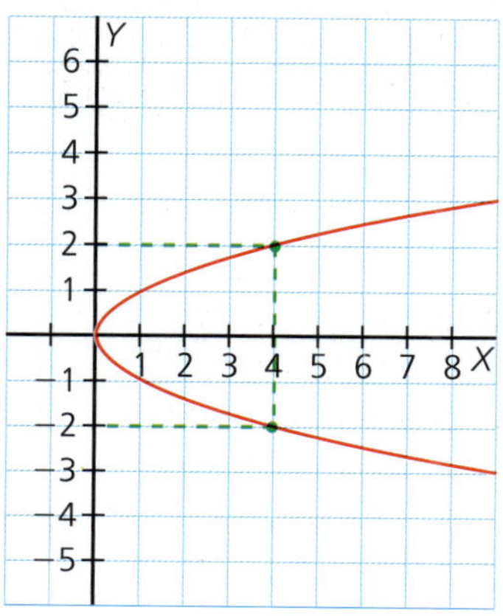
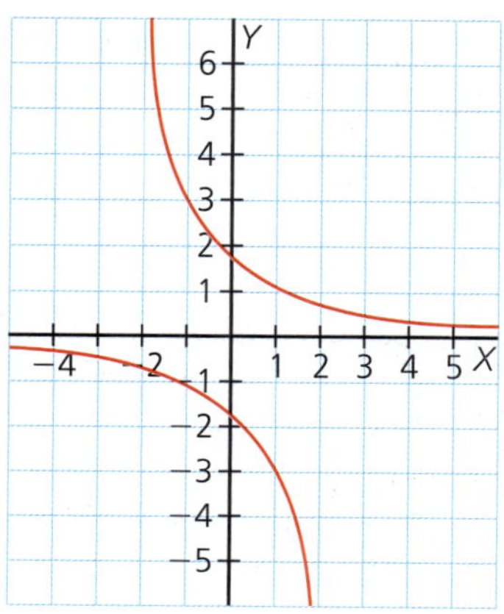
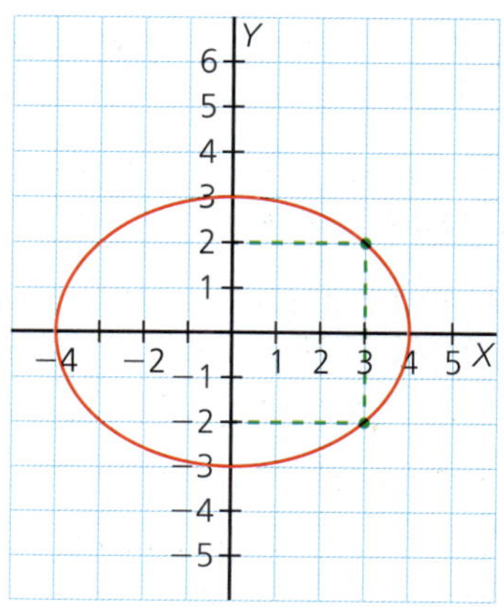
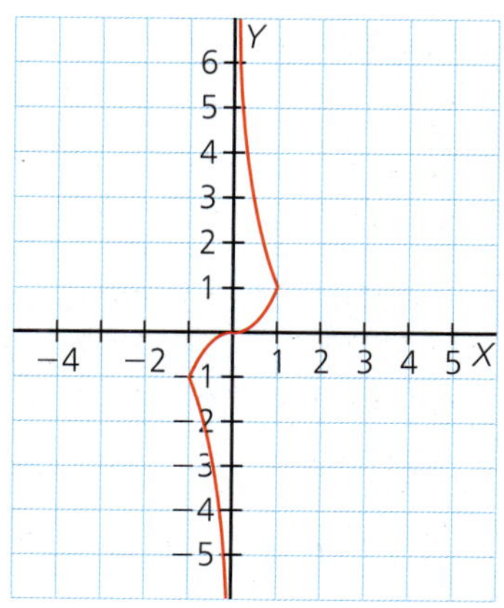

02 Dominio y recorrido

» Se define el **dominio** de f(x) como el conjunto de valores que puede tomar la variable x para los que existe el correspondiente valor de y. Se representa mediante **Dom (f).**

Se define el **recorrido** de f(x) o conjunto imagen de f(x) como el conjunto de valores que puede adoptar la variable y como imágenes de los valores que toma la variable x. Se representa mediante **Rec (f)** o **Im (f)**.

El dominio de una función es ℝ, salvo en aquellos casos en los que la expresión matemática que define la función implique operaciones que no existan para algunos valores. En esta situación se encuentran:

EJEMPLO 1

Determina el dominio y el recorrido de la función f (x) = x^2 + 1.

En este caso, x puede tomar el valor de cualquier número real; por tanto:

Dom (f) = ℝ

Por su parte, y solo adoptará valores positivos, ya que $x^2 > 0$, y, en concreto, $x^2 + 1 \geq 1$, por lo que:

Rec (f) = Im (f) = [1, ∞)

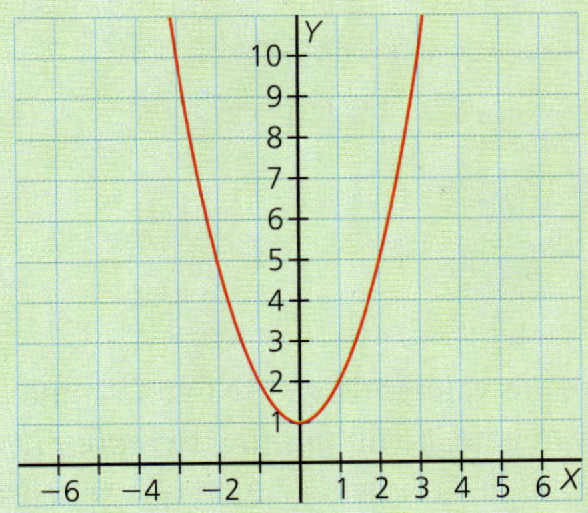

Las fracciones

Cuando el denominador es cero (funciones racionales).

EJEMPLO 2

Halla el dominio y el recorrido de la siguiente función racional:

$$f(x) = \frac{1}{x-2}$$

Como se trata de un cociente, el denominador no puede ser cero; se resuelve $x - 2 = 0 \Rightarrow x = 2$, que es el único valor que debe quedar excluido de este dominio, ya que f (2) = $\frac{2}{0}$, que es un resultado que no existe en los números reales.

En cuanto al recorrido, el único valor de y que nunca se podrá obtener es el de $y = 0$, ya que el numerador es una constante.

Por tanto, Dom (f) = ℝ − {2} y Rec (f) = ℝ − {0}. (Para expresar números aislados, se usa {…}).

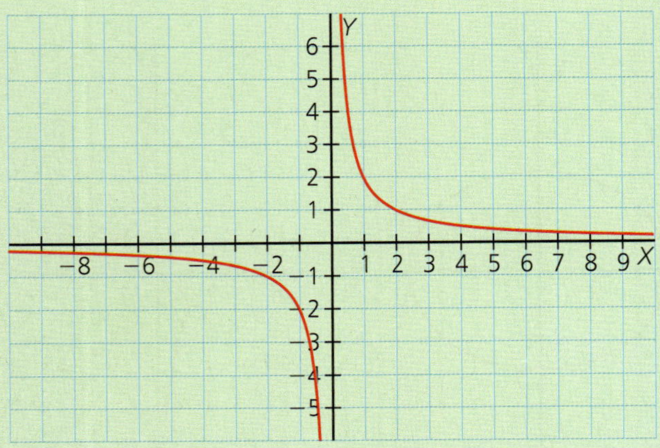

Las raíces de índice par

Si el radicando es negativo (funciones irracionales).

EJEMPLO 3

Halla el dominio y el recorrido de la siguiente función irracional:

$$f(x) = \sqrt{x-1}$$

Como se trata de una raíz de índice par, el radicando no puede ser negativo. Por consiguiente, $x - 1 < 0$, y el intervalo solución (−∞, 1) debe quedar excluido.

Es preferible, en ocasiones, hallar directamente los valores que sí son del dominio, es decir, los valores donde el radicando es mayor o igual a cero.

Resolviendo $x - 1 \geq 0$, se tendría ya determinado el dominio: $x \geq 1$, que equivale al intervalo [1, ∞).

El recorrido se corresponde con los valores de y mayores o iguales a cero, ya que la función solo acepta por válidas las raíces positivas.

Por tanto, Dom (f) = ℝ − (−∞, 1) = [1, ∞) y Rec (f) = [0, ∞).

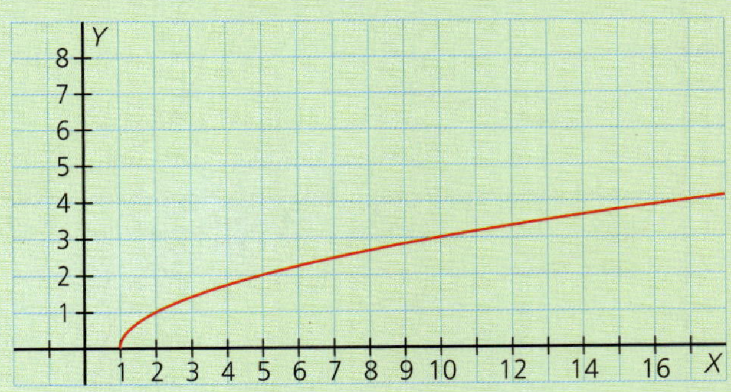

Los logaritmos

Si la característica es negativa o nula (funciones logarítmicas).

EJEMPLO 4

Halla el dominio y el recorrido de la siguiente función logarítmica: f (x) = log (x + 1).

Aquí se deben excluir todos los valores de x para los que la característica del logaritmo es negativa o nula, es decir, hay que resolver:

$$x + 1 \leq 0 \Rightarrow x \leq -1$$

Por el contrario, si se prefiere hallar directamente los valores del dominio, se resuelve:

$$x + 1 > 0 \Rightarrow x > -1$$

Al calcular logaritmos, es posible obtener tanto resultados positivos, como negativos, como el valor cero; luego, los valores de y podrán ser cualquier número real.

En consecuencia, Dom (f) = $\mathbb{R} - (-\infty , -1] = (-1 , \infty)$ y Rec (f) = $\mathbb{R}$.

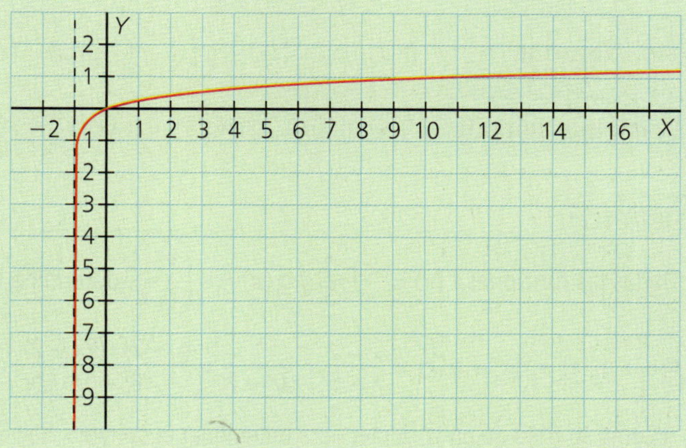

Dominios y recorridos también pueden determinarse gráficamente.

Si se observa la gráfica de una función, el dominio y el recorrido son los intervalos respectivos del eje X y del eje Y, donde se encuentra representada la función.

EJEMPLO 5

Halla el dominio y el recorrido de la función representada por la gráfica siguiente:

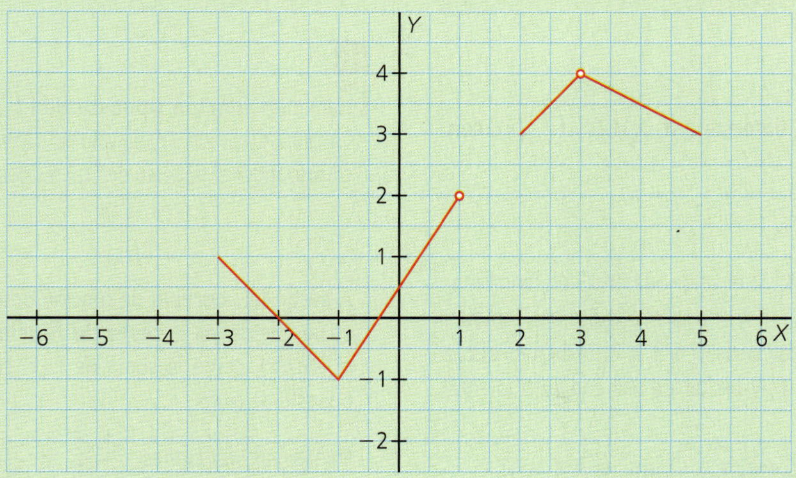

Si se observa el eje X, puede comprobarse que la gráfica se halla representada desde $x = -3$ hasta $x = 5$, pero los valores $x = 1$ y $x = 3$ no tienen imagen, ya que sobre ellos hay un círculo en blanco (este símbolo indica la ausencia de imagen).

En el intervalo (1 , 2) tampoco está representada la gráfica. Cabe concluir, pues, que:

$$\text{Dom (f)} = [-3 , 1) \cup [2 , 3) \cup (3 , 5]$$

Si se repara ahora en el eje Y, se comprueba que la gráfica se halla representada entre los valores de $y = -1$ e $y = 4$; sin embargo, los valores $y = 2$ e $y = 4$ no están definidos, como tampoco el intervalo [2 , 3). Por tanto:

$$\text{Rec (f)} = [-1 , 2) \cup [3 , 4)$$

+ LEONHARD EULER (1707-1783)

El concepto de función matemática no lo introdujo el matemático suizo Leonhard Euler, pero él fue el primero en escribir f (x) para hacer referencia a una función, f, aplicada sobre el argumento x.

«Si algunas cantidades dependen de otras del tal modo que si estas últimas cambian también lo hacen las primeras, entonces las primeras cantidades se llaman funciones de las segundas» (Euler, 1755).

A la postre, la notación de Euler resultaría más cómoda y acabó arrinconando a las utilizadas hasta entonces, debidas a Newton y Leibniz.

03 Operaciones con funciones

Si $f(x)$ y $g(x)$ son dos funciones reales de variable real, cabe definir las siguientes operaciones entre ellas:

Operación	Suma	Resta	Multiplicación	División
Notación	$(f+g)(x) = f(x) + g(x)$	$(f-g)(x) = f(x) - g(x)$	$(f \cdot g)(x) = f(x) \cdot g(x)$	$\frac{f}{g}(x) = \frac{f(x)}{g(x)}$
Dominio resultante	Dom (f) ∩ Dom (g)	Dom (f) ∩ Dom (g)	Dom (f) ∩ Dom (g)	Dom (f) ∩ Dom (g) − {x/g (x) = 0}

EJEMPLO 1

Dadas las funciones $f(x) = \frac{x-2}{x-5}$ y $g(x) = \frac{1}{2x+2}$, determina $(f+g)(x)$ y $(f-g)(x)$, con sus respectivos dominios.

$$(f+g)(x) = f(x) + g(x) = \frac{x-2}{x-5} + \frac{1}{2x+2} = \frac{(x-2)\cdot(2x+2)+(x-5)}{(x-5)\cdot(2x+2)} = \frac{2x^2-4x+2x-4+x-5}{(x-5)\cdot(2x+2)} = \frac{2x^2-x-9}{(x-5)\cdot(2x+2)}$$

Como se trata de un cociente, para determinar el dominio, hay que excluir los valores que anulan el denominador, es decir:

$(x-5)\cdot(2x+2) = 0 \Rightarrow \begin{cases} x = 5 \\ x = -1 \end{cases}$. Por tanto, Dom (f + g) = $\mathbb{R} - \{-1, 5\}$.

Se puede comprobar que, efectivamente, Dom (f + g) = Dom (f) ∩ Dom (g), ya que $\begin{cases} \text{Dom}(f) = \mathbb{R} - \{5\} \\ \text{Dom}(g) = \mathbb{R} - \{-1\} \end{cases}$.

$$(f+g)(x) = f(x) + g(x) = \frac{x-2}{x-5} - \frac{1}{2x+2} = \frac{(x-2)\cdot(2x+2)-(x-5)}{(x-5)\cdot(2x+2)} = \frac{2x^2-4x+2x-4-x+5}{(x-5)\cdot(2x+2)} = \frac{2x^2-3x+1}{(x-5)\cdot(2x+2)}$$

El denominador es el mismo que en la función anterior; por tanto, Dom (f − g) = $\mathbb{R} - \{-1, 5\}$.

EJEMPLO 2

Dadas las funciones $f(x) = \frac{x}{x-1}$ y $g(x) = \sqrt{x+3}$, determina $(f \cdot g)(x)$ y $\left(\frac{f}{g}\right)(x)$, con sus respectivos dominios.

$$(f \cdot g)(x) = f(x) \cdot g(x) = \frac{x}{x-1} \cdot \sqrt{x+3} = \frac{x \cdot \sqrt{x+3}}{x-1}$$

Como la función resultante es un cociente, hay que excluir el valor que anule el denominador, $x - 1 = 0$; pero, además, dado que en el numerador hay una raíz de índice par, también se han de excluir los valores que hagan negativo el radicando, $x + 3 < 0$. Sería más eficaz hallar los valores para los que sí existe raíz, $x + 3 \geq 0$, y excluir de ese conjunto los que anulan al denominador, $x - 1 = 0$. Por tanto:

$$\text{Dom}(f \cdot g) = [-3, \infty) - \{1\} = \mathbb{R} - \{1\} - (-\infty, -3)$$

Se puede comprobar que Dom (f · g) = Dom (f) ∩ Dom (g), ya que $\begin{cases} \text{Dom}(f) = \mathbb{R} - \{1\} \\ \text{Dom}(g) = [-3, \infty) \end{cases}$

$$\left(\frac{f}{g}\right)(x) = \frac{f(x)}{g(x)} = \frac{\frac{x}{x-1}}{\sqrt{x+3}} = \frac{x}{(x-1)\cdot\sqrt{x+3}}$$

Se sigue teniendo una función con un radical y un cociente, pero esta vez el radical está en el denominador, por lo que se deben excluir también los valores que lo anulen:

$$\sqrt{x+3} = 0 \Rightarrow x = -3$$

Por tanto, Dom $\left(\frac{f}{g}\right) = [-3, \infty) - \{1, -3\} = (-3, \infty) - \{1\} = \mathbb{R} - \{1, -3\} - (-\infty, -3)$.

+

Llamamos **función opuesta** de $f(x)$ a la función $-f(x)$, que a cada valor $x = a$ le hace corresponder el opuesto de $f(a)$, es decir,

$$-f: D \rightarrow \mathbb{R}$$
$$x \rightarrow -f(x)$$

A partir del concepto de función opuesta, es posible definir la **resta de funciones,** $(f - g)(x)$, como la suma de $f(x)$ con la opuesta de $g(x)$.

Dadas las funciones $\frac{x-2}{x-5}$ y $\frac{1}{2x+2}$, determina $(f-g)(x)$.

$$(f-g)(x) = f(x) + [-g(x)] =$$
$$= \frac{x-2}{x-5} + \left(\frac{-1}{2x+2}\right) =$$
$$= \frac{(x-2)\cdot(2x+2)-(x-5)}{(x-5)\cdot(2x+2)} =$$
$$= \frac{2x^2-4x+2x-4-x+5}{(x-5)\cdot(2x+2)} =$$
$$= \frac{2x^2-3x+1}{(x-5)\cdot(2x+2)}$$

04 Composición de funciones. Función inversa

Se define la composición de funciones, $(f \circ g)(x)$, como la función que resulta de aplicar $f(x)$ sobre los resultados obtenidos de $g(x)$; es decir, $(f \circ g)(x) = f[(g)(x)]$, y se lee «*g* compuesta con *f*».

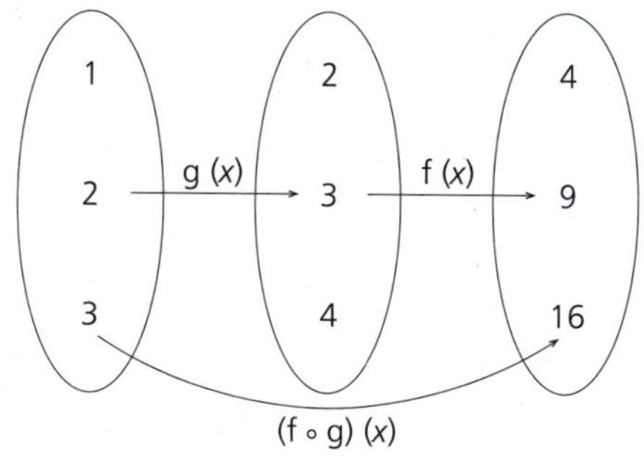

Sean $f(x) = x^2$ y $g(x) = x + 1$, entonces:

$$(f \circ g)(x) = f[g(x)] = f(x + 1) = (x + 1)^2 = x^2 + 2x + 1$$

La función $g(x)$ hace corresponder a cada número, x, el siguiente, $x + 1$, mientras que la función $f(x)$ hace corresponder a cada número, x, su cuadrado, x^2. Por tanto, la función $(f \circ g)(x)$ asigna a cada número, x, ambos elementos a la vez, es decir, el cuadrado del siguiente, $(x + 1)^2$.

La composición de funciones no tiene la propiedad conmutativa; así:

$$(f \circ g)(x) \neq (g \circ f)(x)$$

Si se calcula $(g \circ f)(x)$, se comprueba que $(g \circ f)(x) = g[f(x)] = g(x^2) = x^2 + 1 \neq$ $\neq (f \circ g)(x)$.

Se llama **función identidad, I (*x*),** a la función real que hace corresponder a cada valor de x su mismo valor, es decir, $I(x) = x$.

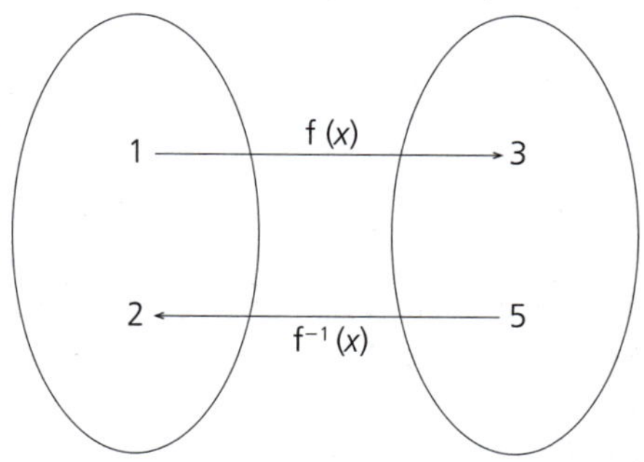

Dada una función real de variable real, $f(x)$, se define la **función inversa** de $f(x)$ como la función, $(f^{-1})(x)$, tal que $(f^{-1} \circ f)(x) = (f \circ f^{-1})(x) = I(x)$, donde $I(x)$ es la función identidad.

Sea $f(x) = 2x + 1$ y $f^{-1}(x) = \dfrac{x-1}{2}$; entonces se cumple que:

$f(1) = 2 \cdot 1 + 1 = 3$ y $f^{-1}(3) = \dfrac{3-1}{2}$, $f(2) = 2 \cdot 2 + 1 = 5$ y $f^{-1}(5) = \dfrac{5-1}{2}$, etc.

Por definición: $(f^{-1} \circ f)(x) = f^{-1}[f(x)] = f^{-1}(2x + 1) = \dfrac{(2x+1)-1}{2} = \dfrac{2x}{2} = x = I(x)$.

Y: $(f \circ f^{-1})(x) = f[f^{-1}(x)] = f\left(\dfrac{x-1}{2}\right) = 2 \cdot \left(\dfrac{x-1}{2}\right) + 1 = x - 1 + 1 = x = I(x)$.

Para calcular la inversa de una función, $f(x)$, pueden seguirse estos pasos:

- Se despeja, si es posible, la variable x. Esto no siempre puede hacerse, ya que algunas funciones no tienen inversa.
- Se intercambia la variable x por la y. La expresión resultante se corresponde con la función $f^{-1}(x)$.

EJEMPLO 1

Determina la función inversa de $f(x) = \dfrac{x+3}{x-2}$, que puede expresarse como $y = \dfrac{x+3}{x-2}$.

Se despeja x en la función: $yx - 2y = x + 3 \Rightarrow yx - x = 3 + 2y \Rightarrow x \cdot (y - 1) = 3 + 2y \Rightarrow$ $\Rightarrow x = \dfrac{3+2y}{y-1}$.

Se intercambian x e y, de lo que resulta $f^{-1}(x) = \dfrac{3+2x}{x-1}$.

No todas las funciones tienen inversa; solo la tienen aquellas que cumplen que, si $a \neq b$, entonces $f(a) \neq f(b)$. A estas funciones se las denomina **funciones inyectivas**.

+

Las gráficas de $f(x)$ y $f^{-1}(x)$ son siempre simétricas respecto de la bisectriz del primer cuadrante.

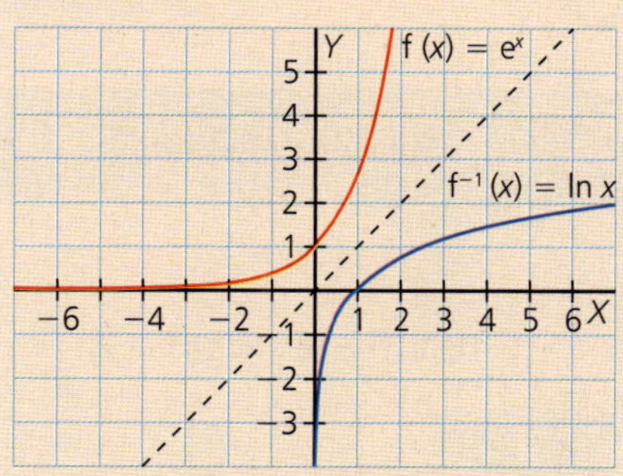

Toda función inversa cumple que $\text{Dom}(f^{-1}) =$ $= \text{Rec}(f)$, y viceversa: $\text{Rec}(f^{-1}) = \text{Dom}(f)$.

No debe confundirse «inverso de» con «función inversa de». El inverso de $\sqrt{x}$ es $\dfrac{1}{\sqrt{x}}$, pero la función inversa de $f(x) = \sqrt{x}$ es $f^{-1}(x) = x^2$.

05 Funciones polinómicas

» Son funciones polinómicas aquellas que se pueden expresar de la forma $f(x) = a_n x^n + a_{n-1} x^{n-1} + \ldots + a_1 x + a_0$, donde a_n, a_{n-1}, ..., a_1 y a_0 son los coeficientes del polinomio, y *n* es su grado y, por tanto, de la función.

Función polinómica de grado 0 o función constante: f (*x*) = k

En esta función no aparece la variable independiente, *x*. En consecuencia, para cualquier valor que tomara *x*, la imagen que le correspondería sería siempre la misma, *k*. De ahí que esta función reciba el nombre de función constante. Su gráfica, por tanto, siempre se corresponde con una recta horizontal, por lo que Dom (f) = ℝ y Rec (f) = {k}.

Función polinómica de grado 1: f (*x*) = a*x* + b

Las gráficas de estas funciones se corresponden siempre con rectas de pendiente *a*, donde *a* es el coeficiente de *x*. En estas funciones, tanto el dominio como el recorrido son siempre ℝ.

Función polinómica de grado 2 o función cuadrática: f (*x*) = a*x*² + b*x* + c

Las gráficas de estas funciones se corresponden con parábolas. Si $a > 0$, la parábola es cóncava hacia arriba (convexa); por el contrario, si $a < 0$, la parábola es cóncava hacia abajo (cóncava). El punto más importante de una parábola es el vértice:

$$V(v_1, v_2) = V\left[\frac{-b}{2a}, f\left(\frac{-b}{2a}\right)\right]$$

Los cortes de la parábola con los ejes se obtienen hallando f (0) (cortes con el eje *Y*) y resolviendo $ax^2 + bx + c = 0$ (cortes con el eje *X*).

El dominio de estas funciones sigue siendo ℝ, pero el recorrido depende de la curvatura. Si la parábola es cóncava hacia abajo, Rec (f) = $(-\infty, v_2]$, y si es cóncava hacia arriba, Rec (f) = $[v_2, \infty)$, donde v_2 es, en ambos casos, la ordenada del vértice.

Función constante	Función polinómica de grado 1	Función polinómica de grado 2 o función cuadrática
f (*x*) = 2	f (*x*) = −*x* + 1	f (*x*) = *x*² − 2*x* − 3
Dom (f) = ℝ y Rec (f) = {2}	Dom (f) = ℝ y Rec (f) = ℝ	Dom (f) = ℝ y Rec (f) = [−4 , ∞)

x	*y*
1	2
2	2
3	2
0	2
−1	2

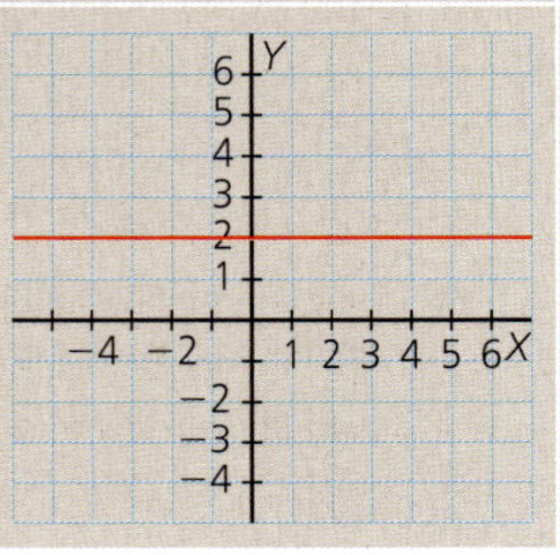

x	*y*
1	0
2	−1
3	−2
0	1
−1	2

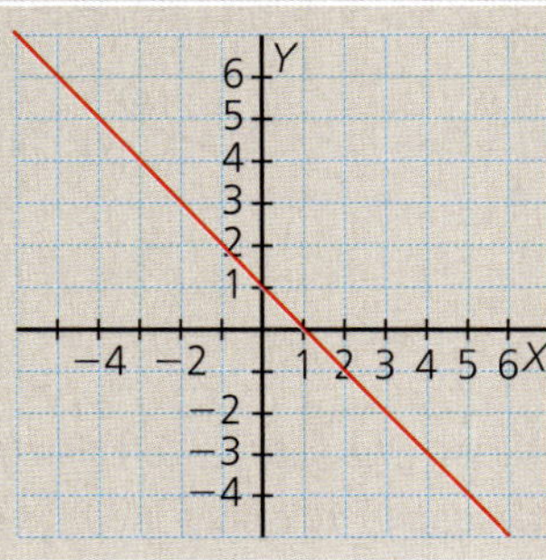

x	*y*
1	−4
0	−3
2	−3
−1	0
3	0

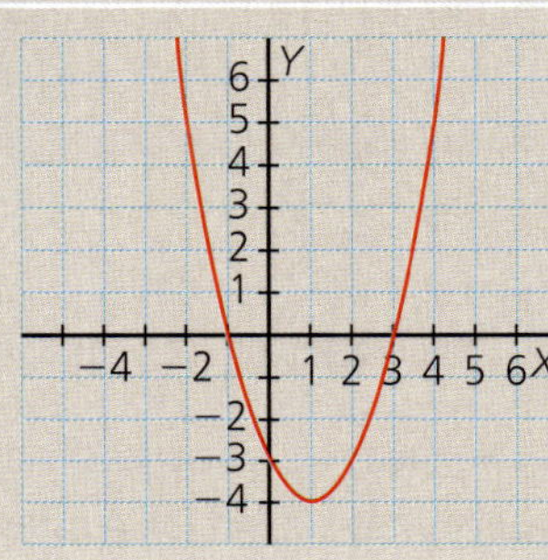

06 Funciones definidas por intervalos

Las funciones definidas por intervalos son aquellas que están expresadas por varias «subfunciones» a la vez, de manera que cada una de ellas toma valores en distintos intervalos del dominio.

$$\begin{cases} f_1(x) & \text{si } x \in I_1 \\ f_2(x) & \text{si } x \in I_2 \\ \dots & \dots \\ f_n(x) & \text{si } x \in I_n \end{cases}$$, donde $I_1, I_2, \dots, I_n$ son intervalos disjuntos (que no tienen ningún valor en común).

Esta expresión de f (x) nos indica que si x toma valores del primer intervalo, I_1, entonces sus imágenes se calculan a través de la función $f_1(x)$; si toma valores del segundo intervalo, I_2, entonces sus imágenes se calculan a través de la función $f_2(x)$, y así sucesivamente.

La gráfica de esta función es, por tanto, la unión de las gráficas de cada una de las funciones que intervienen en f (x), pero limitando su representación al intervalo en el que están definidas. Por ello, al representar la gráfica, se observa que está formada por varios «trozos» de distintas gráficas; de ahí que a estas funciones también se las denomine **funciones a trozos.**

EJEMPLO 1

Sea $f(x) = \begin{cases} 2x+5 & \text{si } x \le -1 \\ -x+1 & \text{si } -1 < x \le 2 \\ x-1 & \text{si } x > 2 \end{cases}$; elabora una tabla de valores y representa su gráfica.

Si se quiere hallar la imagen de $x = 1$, se utilizará la expresión que esté definida en el intervalo que contiene a $x = 1$. Esta expresión es $-x + 1$, ya que 1 está comprendido entre –1 y 2. Por tanto: $f(1) = -1 + 1 = 0$.

Si se quiere hallar la imagen de $x = 2$, se podría dudar entre la segunda y la tercera, ya que en ambas se hace referencia a 2; ahora bien, en realidad $x = 2$ está comprendido únicamente en $-1 < x \le 2$, ya que $x \le 2$ incluye el caso de $x = 2$.

Esto implica, como se aprecia a simple vista, que la gráfica se interrumpe en $x = -1$ y en $x = 2$ y hace necesario representar un círculo en blanco en el extremo izquierdo tanto en el segundo trozo como en el tercero, ya que ni $x = -1$ pertenece al segundo intervalo ni $x = 2$ forma parte del tercero.

Para elaborar la tabla de valores, es útil considerar cada subfunción por separado, de manera que se hagan tantas tablas como intervalos haya. Los valores que se den en cada una de las tablas deben limitarse al intervalo definido. Así, para la tabla de la primera función, $2x + 5$, se tomarán valores del intervalo $(-\infty, -1]$; para la tabla de la segunda función, $-x + 1$, se darán valores del intervalo $(-1, 2]$, y para la tabla de la tercera función, $x - 1$, se incluirán valores del intervalo $(2, \infty)$.

$y = 2x + 5$

x	y
–1	3
–2	1
–3	–1

$y = -x + 1$

x	y
–1*	2
0	1
2	–1

$y = x - 1$

x	y
2*	1
3	2
4	3

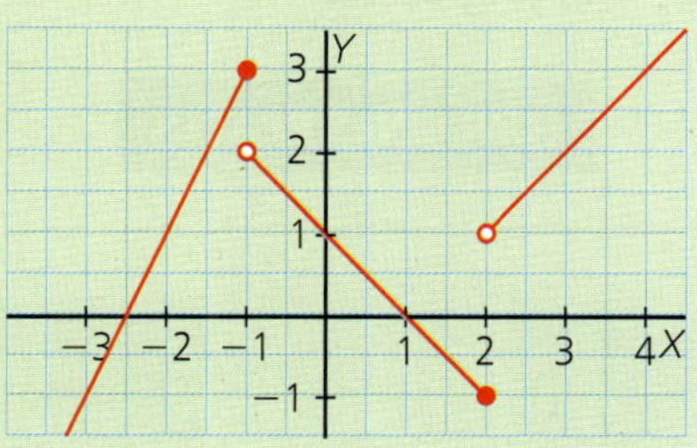

Los valores de x que pertenecen al dominio y delimitan los intervalos deben tener una sola imagen; por lo tanto, al representar los extremos de los dos trozos, si la gráfica es discontinua en ese valor, uno de los dos trozos, o los dos, deben representarse con un «círculo en blanco» que indica que esa imagen queda excluida de la gráfica.

(*) Estos valores, en realidad no pertenecen a esos intervalos, pero es muy útil calcularlos para saber en qué punto comienza y termina cada trozo de la gráfica. Eso sí, se debe tener en cuenta que, al representarlos gráficamente, se ha de colocar un círculo en blanco en esas coordenadas, ya que las imágenes de esos valores no figuran en esas posiciones. Ten en cuenta que, si la gráfica es continua en $x = a$, entonces no es necesario representar ningún círculo en blanco en $x = a$.

ELABORA TU PROYECTO

UNA FUNCIÓN A TROZOS CON NOMBRE E HISTORIA

Con todo lo visto hasta ahora, no resultará muy complicado representar la siguiente función:

$$f(x) = \begin{cases} 0 & \text{si } x < 0 \\ 1 & \text{si } x \geq 0 \end{cases}$$

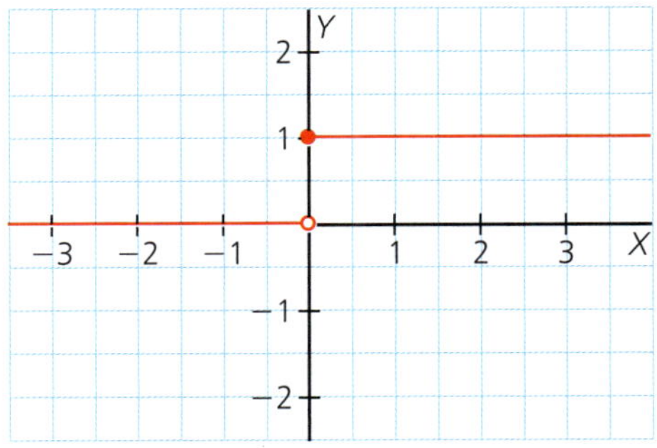

Esta función se define para todo valor real y, como vemos, es una función a trozos, discontinua, y con dos únicos valores para el recorrido de la misma.

La representación resulta sencilla, y no es extraño que se la denomine **función escalón unitario,** dada su grafía.

Pero no es este su único nombre. En efecto, **función escalón de Heaviside** es una referencia de mayor interés, al incluir el nombre del físico inglés, matemático, radiotelegrafista y excéntrico hombre de ciencia, al que debemos su definición: Oliver Heaviside.

Las aplicaciones de esta función se dan en ingeniería de control y proceso de datos. La función representa una señal que se enciende, en este caso en tiempo $t = 0$, y se mantiene de forma indefinida encendida.

Prepara una exposición oral o escrita, individual o en grupo, sobre este tipo de funciones y sus aplicaciones.

A modo de guía, es conveniente que tengas en cuenta los siguientes puntos, que te permitirán bucear en la historia del siglo XIX y su atmósfera de aplicaciones tecnológicas.

1. Busca información biográfica sobre Oliver Heaviside.
2. Idea una función de señal indefinida, pero que se accione en tiempo $t = \text{m}$ segundos.
3. Busca información sobre estas otras dos funciones de enorme interés para el estudio y desarrollo de señales y sistemas de control: función delta de Dirac unitario y función rampa unitario.

ELABORA TU ORGANIZADOR VISUAL

Realiza un mapa conceptual en el que recojas los contenidos fundamentales estudiados en esta unidad. Puedes partir de esta propuesta:

EVALUACIÓN

1 Indica si las siguientes gráficas corresponden o no a funciones:

a.

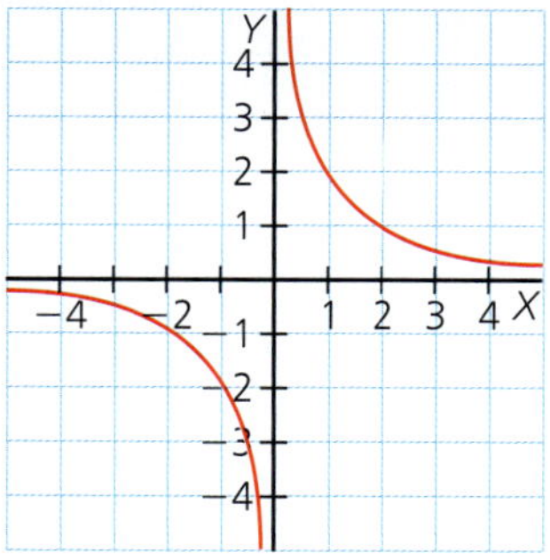

c.

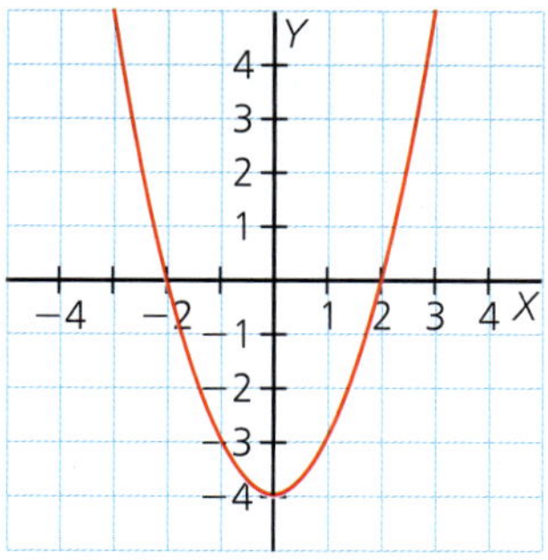

b.

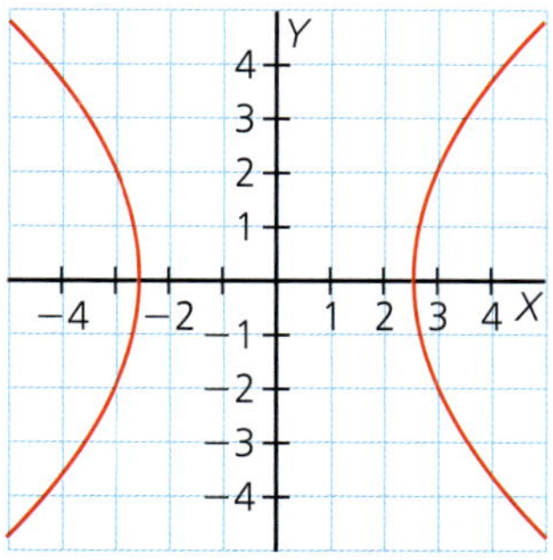

d.

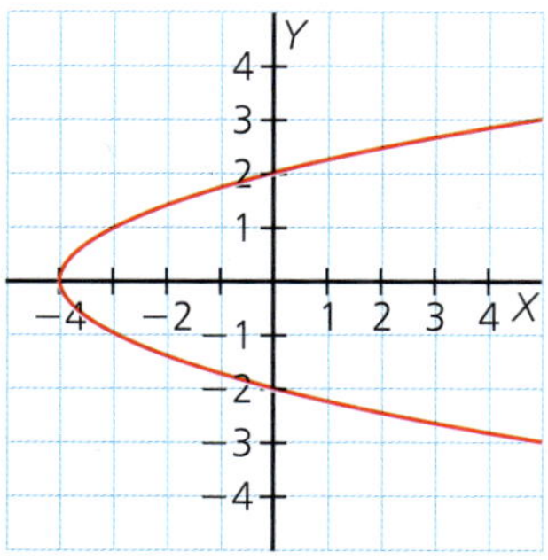

2 Halla el dominio y el recorrido de las siguientes gráficas:

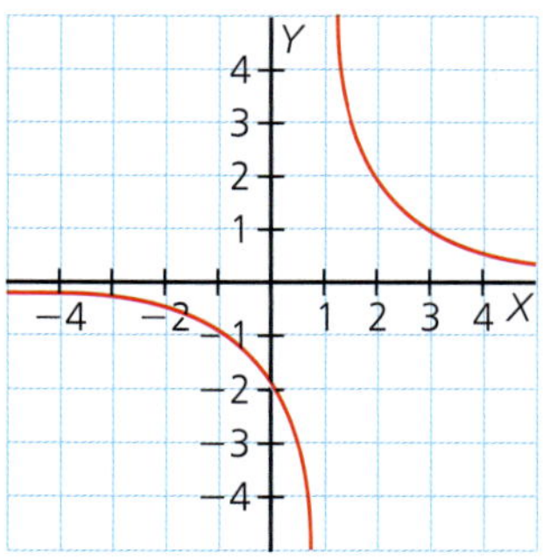

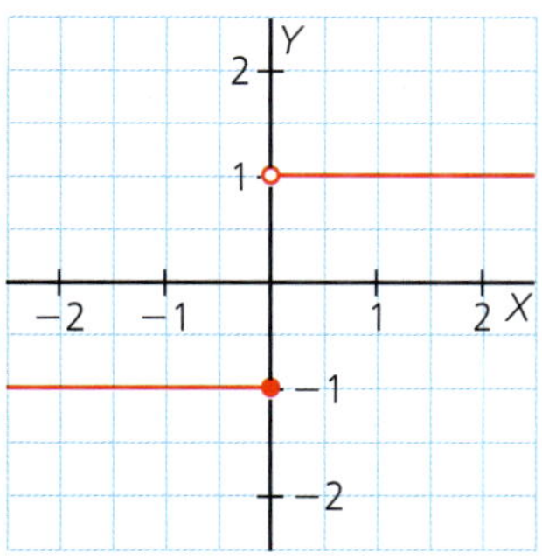

3 Encuentra alguna función cuyo dominio coincida con los siguientes conjuntos:

a. $\mathbb{R} - \{1\}$
b. $\mathbb{R} - \{1, 2\}$
c. $[3 , \infty)$
d. $(-\infty , 1]$
e. $(-2 , \infty)$
f. $[1 , \infty) - \{5\}$

4 ¿Puede una función racional tener como dominio $\mathbb{R}$? ¿Y una función radical de índice 2? Pon un ejemplo.

5 A partir de la gráfica de $f(x) = x^2$, representa las gráficas de $g(x) = x^2 + 1$ y de $h(x) = (x + 1)^2$.

6 Halla el dominio de $f(x) = \dfrac{\sqrt{2x+6}}{x^2 - 2x}$ y $g(x) = \log(x^2 + 3x)$.

7 Dadas las funciones $f(x) = x^2 - 1$ y $g(x) = \dfrac{x-1}{x+1}$, determina $(f \cdot g)$, $\dfrac{f}{g}$ y $(f \circ g)$.

8 Halla la función inversa de las siguientes funciones:

a. $f(x) = 3x - 2$
b. $f(x) = \dfrac{x+1}{2}$
c. $f(x) = \dfrac{2}{x-1}$
d. $f(x) = x^3$
e. $f(x) = \dfrac{2x+1}{x-5}$
f. $f(x) = \sqrt{x}\ (x \in \mathbb{R}^+ - \{0\}$

9 A partir de la función inversa, calcula el recorrido de $f(x) = \dfrac{1}{x+1}$ y $g(x) = \dfrac{2x-1}{x-1}$.

10 Dadas las funciones $f(x) = \dfrac{x+1}{x-1}$ y $g(x) = 2x + 1$, halla el dominio y el recorrido de las funciones propuestas.

a. $f(x)$
b. $g(x)$
c. $(f \circ g)(x)$
d. $(g \circ f)(x)$

11 Representa, a partir de su correspondiente tabla de valores, las gráficas de las siguientes funciones:

a. $f(x) = -3$
b. $f(x) = 2x - 4$
c. $f(x) = x^2 - 6x + 5$
d. $f(x) = -x^2 + 4x + 5$

12 Representa gráficamente la función:

$$f(x) = \begin{cases} 2x + 5 & \text{si } x \leq -1 \\ -x + 1 & \text{si } -1 < x \leq 2 \\ x - 3 & \text{si } x > 2 \end{cases}$$

13 Representa gráficamente la función:

$$f(x) = \begin{cases} 4 & \text{si } x \leq -2 \\ -x + 2 & \text{si } -2 < x < 1 \\ x^2 - 4x + 3 & \text{si } x \geq 1 \end{cases}$$

14 Determina la expresión de la función cuya gráfica es:

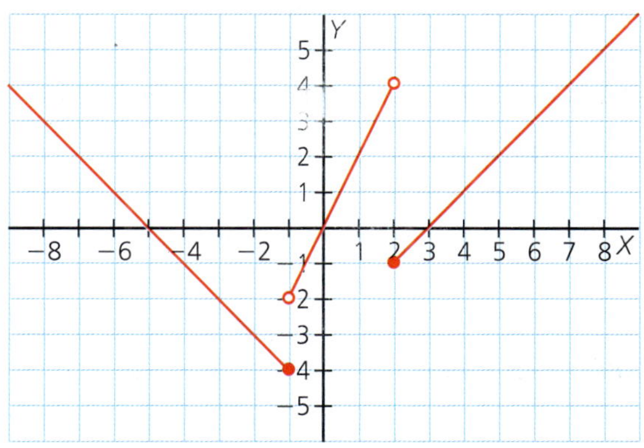

10 LÍMITES DE FUNCIONES. CONTINUIDAD

01 Límite de una función en un punto. Interpretación gráfica

» Dada una función, f (x), el límite de f (x), cuando x tiende al valor a, es el valor al que se aproximan los valores de la variable y cuando los valores que toma la variable x están muy próximos al valor de a. Se expresa como $\lim_{x\to a} f(x)$ y se lee «límite de f (x) cuando x tiende a a».

La expresión $\lim_{x\to a} f(x) = L$ significa que, cuando la variable x toma valores próximos al valor de a, entonces la variable y toma valores muy próximos al valor de L.

En las tablas del margen se calcula el $\lim_{x\to 2} f(x)$ tomando valores tanto superiores como inferiores a 2. Si se toman valores superiores a 2, se dice que x tiende a 2 por la derecha y se expresa así: $\lim_{x\to 2^+} f(x)$. Si se toman valores inferiores a 2, se dice que x tiende a 2 por la izquierda, lo que se expresa así: $\lim_{x\to 2^-} f(x)$.

En la función f $(x) = 2x + 1$ se puede observar que, tanto en los valores de la izquierda de 2 como en los de la derecha de 2, las imágenes se aproximan a 5. Por tanto, cabe afirmar que $\lim_{x\to 2^-} (2x+1) = 5$ y $\lim_{x\to 2^+} (2x+1) = 5$.

En la función f $(x) = \frac{1}{x-2}$, si se toman valores a la izquierda de 2, sus imágenes se hacen más pequeñas cuanto más próximo a 2 está el valor de x. Los valores de y tienden a $-\infty$. Por el contrario, cuanto más próximo se está por la derecha al valor 2, más grandes resultan las imágenes de x. Los valores de y tienden a ∞.

$$\lim_{x\to 2^-} \frac{1}{x-2} = -\infty \text{ y } \lim_{x\to 2^+} \frac{1}{x-2} = \infty$$

Se define el **límite lateral por la derecha** de f (x) en $x = a$, $\lim_{x\to a^+} f(x)$, como el valor al que se aproxima la variable y cuando la variable x toma valores muy próximos al valor de a, pero superiores a a.

Se define el **límite lateral por la izquierda** de f (x) en $x = a$, $\lim_{x\to a^-} f(x)$, como el valor al que se aproxima la variable y cuando la variable x toma valores muy próximos al valor de a, pero inferiores a a.

» Una función, f (x), tiene límite en el punto $x = a$ si sus límites laterales en dicho punto existen y son coincidentes. En caso contrario, $\lim_{x\to a} f(x)$ no existe. Es decir, $\lim_{x\to a} f(x) = L$ si cumple que $\lim_{x\to a^+} f(x) = \lim_{x\to a^-} f(x) = L$.

a. f $(x) = 2x + 1$

$x\to 2^-$	f (x)	$x\to 2^+$	f (x)
0	1	4	9
1	3	3	7
1,5	4	2,5	6
1,9	4,8	2,1	5,2
1,99	4,98	2,01	5,02
$\lim_{x\to 2^-}$	$y\to 5$	$\lim_{x\to 2^+}$	$y\to 5$

b. f $(x) = \frac{1}{x-2}$

$x\to 2^-$	f (x)	$x\to 2^+$	f (x)
0	−0,5	4	0,5
1	−1	3	1
1,5	−2	2,5	2
1,9	−10	2,1	10
1,99	−100	2,01	100
$\lim_{x\to 2^-}$	$y\to -\infty$	$\lim_{x\to 2^+}$	$y\to \infty$

+

En los ejemplos de las tablas, solo la función **a.** tiene límite, $\lim_{x\to 2} (2x+1) = 5$. La función **b.** no tiene límite en $x = 2$, ya que sus límites laterales son diferentes.

01. 1 Interpretación gráfica del límite

Veamos, a continuación, el significado de un límite desde el punto de vista gráfico, es decir, cómo se interpreta gráficamente. Si se toman las funciones **a.** y **b.** utilizadas en las tablas de la página anterior y los cálculos realizados en ellas para representar las gráficas:

a. $f(x) = 2x + 1$

El $\lim_{x \to 2^-} f(x)$ es el valor al que se aproxima la variable y cuando la x toma valores próximos a 2, pero inferiores a él. Es decir, es el valor de y al que se aproxima la línea roja cuando la x está cercana a 2. Se ve que el extremo de la línea roja tiene como coordenadas (2 , 5); luego:

$$\lim_{x \to 2^-} f(x) = 5$$

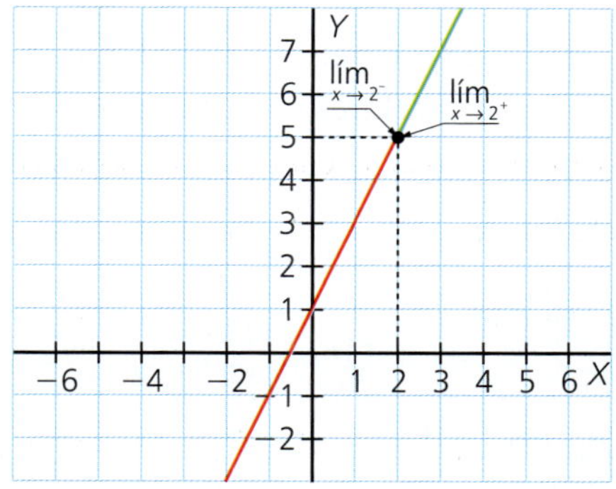

El $\lim_{x \to 2^+} f(x)$ es el valor al que se aproxima la variable y cuando la x toma valores cercanos a 2, pero superiores a él. Es decir, es el valor de y al que se aproxima la línea verde cuando la x está cerca de 2. Se ve que el extremo de la línea verde tiene también como coordenadas (2 , 5); por consiguiente:

$$\lim_{x \to 2^+} f(x) = 5$$

» Cuando las funciones son continuas, los límites laterales coinciden.

b. $f(x) = \dfrac{1}{x - 2}$

El $\lim_{x \to 2^-} f(x)$ es el valor de y al que se aproxima la línea roja cuando la x está cercana a 2. Se ve que la línea roja seguiría bajando a medida que nos aproximásemos más a $x = 2$; en consecuencia:

$$\lim_{x \to 2^-} f(x) = -\infty$$

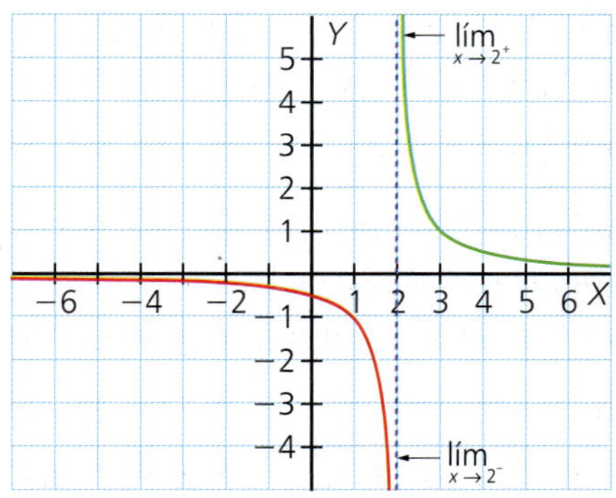

El $\lim_{x \to 2^+} f(x)$ es el valor de y al que se aproxima la línea verde cuando la x está cerca de 2. Se observa que la línea verde seguiría subiendo a medida que nos aproximásemos más a $x = 2$; luego:

$$\lim_{x \to 2^+} f(x) = \infty$$

c. Veamos ahora la función $f(x) = \begin{cases} x + 1 & \text{si } x \leq 2 \\ 4 - x & \text{si } x > 2 \end{cases}$.

Nuevamente, la línea roja representa los valores que están a la izquierda de $x = 2$, y la línea verde, los valores situados a la derecha de $x = 2$.

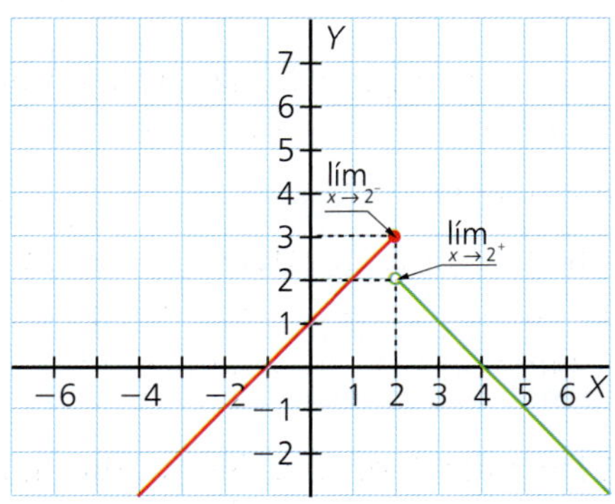

El $\lim_{x \to 2^-} f(x)$ es el valor de y al que se aproxima la línea roja cuando la x está cercana a 2. Se aprecia que el extremo de la línea roja tiene de coordenadas (2 , 3); por tanto, $\lim_{x \to 2^-} f(x) = 3$.

El $\lim_{x \to 2^+} f(x)$ es el valor de y al que se aproxima la línea verde cuando la x está cercana a 2. Aunque el punto (2 , 2) no pertenezca a la gráfica (hay un círculo en blanco en esa posición), el extremo de la línea verde sí se aproxima a dicho punto (2 , 2); luego:

$$\lim_{x \to 2^+} f(x) = 2$$

02 Límites en el infinito. Interpretación gráfica

Además de estudiar el límite de una función en un punto, $x = a$, también podemos estudiar el comportamiento de la función cuando la variable x toma valores cuyo valor absoluto es cada vez mayor. De este modo, se define:

- $\lim_{x \to \infty} f(x)$ como el valor al que se aproxima la variable y cuando la variable x toma valores cada vez mayores.
- $\lim_{x \to -\infty} f(x)$ como el valor al que se aproxima la variable y cuando la variable x toma valores cada vez menores.

En estas situaciones, evidentemente, no tiene sentido hablar de límites laterales. En los siguientes ejemplos se calculan los límites $\lim_{x \to \infty} f(x)$ y $\lim_{x \to -\infty} f(x)$.

a. $f(x) = \frac{1}{x}$			
$x \to \infty$	$f(x)$	$x \to -\infty$	$f(x)$
10	0,1	−10	−0,1
100	0,01	−100	−0,01
1 000	0,001	−1 000	−0,001
10^6	$1/10^6$	-10^6	$-1/10^6$
$\lim_{x \to \infty}$	$y \to 0$	$\lim_{x \to -\infty}$	$y \to 0$

b. $f(x) = 2^x$			
$x \to \infty$	$f(x)$	$x \to -\infty$	$f(x)$
10	1 024	−10	$1/2^{10}$
100	2^{100}	−100	$1/2^{100}$
1 000	2^{1000}	−1 000	$1/2^{1000}$
10^6	2^{10^6}	-10^6	$1/2^{10^6}$
$\lim_{x \to \infty}$	$y \to \infty$	$\lim_{x \to -\infty}$	$y \to 0$

En la función $f(x) = \frac{1}{x}$ se observa que, tanto si se dan valores ascendentes como descendentes, los valores de y están cada vez más próximos a 0. Se dice que $\lim_{x \to \infty} \frac{1}{x} = 0$ y $\lim_{x \to -\infty} \frac{1}{x} = 0$.

Por su parte, en la función $f(x) = 2^x$ se constata que, si se toman valores de x cada vez mayores, los valores de y son también cada vez mayores, sin que se aproximen a ningún número real. Si, por el contrario, la x adopta valores cada vez más pequeños, entonces la variable y toma valores cada vez más próximos a 0. Por tanto, $\lim_{x \to \infty} 2^x = \infty$ y $\lim_{x \to -\infty} 2^x = 0$.

Interpretación de los límites en el infinito

Observa en la gráfica del margen cómo se interpretan los límites en el infinito. El $\lim_{x \to \infty} f(x)$ es el valor al que se aproxima la y cuando la x toma valores extremadamente grandes, es decir, es el valor hacia el que se aproxima la y en el extremo derecho de la línea verde; luego, $\lim_{x \to \infty} f(x) = 0$.

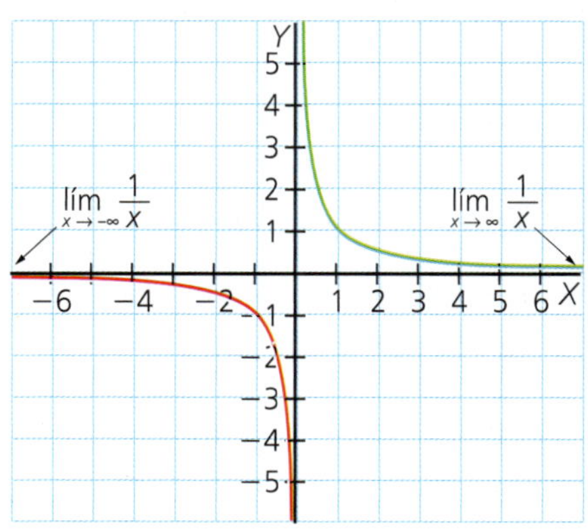

Por otro lado, el $\lim_{x \to -\infty} f(x)$ es el valor al que se aproxima la y cuando la x toma valores extremadamente pequeños, esto es, es el valor hacia el que se aproxima la y en el extremo izquierdo de la línea roja; en consecuencia, $\lim_{x \to -\infty} f(x) = 0$.

Cuando una función cumple que $\lim_{x \to \infty} f(x)$ o $\lim_{x \to -\infty} f(x)$, resulta un número real, a; se dice entonces que esa función presenta una asíntota horizontal en la recta $y = a$. Esto significa que la gráfica de $f(x)$ se aproximará de forma continuada a la recta $y = a$ en la parte de la derecha o de la izquierda, según sea $\lim_{x \to \infty} f(x) = a$ o $\lim_{x \to -\infty} f(x) = a$, respectivamente.

03 Cálculo de límites

En la práctica, para el cálculo de límites ni se utiliza una tabla de valores ni es necesario representar gráficamente la función.

Cálculo del límite de f (x) en el punto x = a, $\lim_{x \to a} f(x)$

Hay que seguir estos pasos:

- En la función f (x) se sustituye la variable x por el valor de a.
- Se realizan las operaciones indicadas en la función y se simplifica el resultado.
- En caso de que aparezca una operación no definida en ℝ, por ejemplo $\frac{k}{0}$ o $\frac{0}{0}$, se aplicarán las propiedades de los límites o se buscará un método alternativo que permita evitar dicha operación.
- Solo será necesario calcular los limites laterales si el resultado del límite da lugar a una operación inexistente o si f (x) es una función a trozos y x = a es el valor en el que los trozos de la función se separan. En el resto de los casos, los límites laterales siempre coinciden.

EJEMPLO 1

Calcula los siguientes límites:

a. $\lim_{x \to 2} (x^2 + 3x - 2) = 2^2 + 3 \cdot 2 - 2 = 4 + 6 - 2 = 8$

$\lim_{x \to 0} (x^2 + 3x - 2) = 0 + 0 - 2 = -2$

b. $\lim_{x \to 1} \frac{3x - 1}{x + 1} = \frac{3 - 1}{1 + 1} = \frac{2}{2} = 1$; $\lim_{x \to 3} \frac{3x - 1}{x + 1} = \frac{3 \cdot 3 - 1}{3 + 1} = \frac{8}{4} = 2$

c. Sea $f(x) = \begin{cases} x + 1 & \text{si } x \leq 2 \\ 4 - x & \text{si } x > 2 \end{cases}$.

$\lim_{x \to 1} f(x) = \lim_{x \to 1} (x + 1) = 1 + 1 = 2$; $\lim_{x \to 5} f(x) = \lim_{x \to 5} (4 - x) = 4 - 5 = -1$

Cálculo de límites en el infinito: $\lim_{x \to \infty} f(x)$ y $\lim_{x \to -\infty} f(x)$

El procedimiento es el mismo que en los casos anteriores, pero esta vez la variable x se debe sustituir por ±∞.

Para poder realizar las operaciones con la expresión ±∞, es necesario conocer antes las siguientes propiedades:

+ INDETERMINACIONES

Son indeterminaciones aquellas operaciones en las que, dependiendo de las funciones implicadas, el resultado puede variar. Para resolverlas, se necesita un método específico que permita evitarlas.

Las indeterminaciones que podemos encontrarnos son:

$\frac{k}{0}, \frac{0}{0}, \frac{\pm\infty}{\pm\infty}, \infty - \infty, 1^{\infty}, 0^0$ y $0 \cdot (\pm\infty)$.

Las cinco primeras las estudiaremos en esta unidad, y el resto, el curso que viene.

Sumas y restas con ±∞	Productos con ±∞	Cocientes con ±∞	Potencias con ±∞
$\infty + \infty = \infty$	$\infty \cdot \infty = \infty$	$\frac{\infty}{k} = \begin{cases} \infty & \text{si } k > 0 \\ -\infty & \text{si } k < 0 \end{cases}$	$\infty^k = \begin{cases} \infty & \text{si } k > 0 \\ 0 & \text{si } k < 0 \end{cases}$
$-\infty - \infty = -\infty$	$(-\infty) \cdot \infty = -\infty$	$\frac{k}{\infty} = 0$	$k^{\infty} = \begin{cases} \infty & \text{si } k > 1 \\ 0 & \text{si } 0 \leq k < 1 \end{cases}$
$\infty \pm k = \infty$	$(-\infty) \cdot (-\infty) = \infty$	$\frac{k}{0}$ = indeterminación = ±∞	$0^{\infty} = 0$
$-\infty \pm k = -\infty$	$k \cdot \infty = \begin{cases} \infty & \text{si } k > 0 \\ -\infty & \text{si } k < 0 \end{cases}$	$\frac{\pm\infty}{\pm\infty}$ = indeterminación	$0^{-\infty} = 0$
$\infty - \infty$ = indeterminación	$0 \cdot (\pm\infty)$ = indeterminación		$1^{\infty}, \infty^0$ = indeterminación
$-\infty + \infty$ = indeterminación			

04 Propiedades de los límites

Sean dos funciones, f (x) y g (x), tales que $\lim_{x \to a} f(x) = L$ y $\lim_{x \to a} g(x) = M$; se tiene, entonces, que:

- $\lim_{x \to a} [f(x) + g(x)] = \lim_{x \to a} f(x) + \lim_{x \to a} g(x) = L + M$
- $\lim_{x \to a} [f(x) - g(x)] = \lim_{x \to a} f(x) - \lim_{x \to a} g(x) = L - M$
- $\lim_{x \to a} [f(x) \cdot g(x)] = \lim_{x \to a} f(x) \cdot \lim_{x \to a} g(x) = L \cdot M$
- $\lim_{x \to a} \dfrac{f(x)}{g(x)} = \dfrac{\lim_{x \to a} f(x)}{\lim_{x \to a} g(x)} = \dfrac{L}{M}$
- $\lim_{x \to a} [f(x)^{g(x)}] = \left[\lim_{x \to a} f(x)\right]^{\lim_{x \to a} g(x)} = (L)^M$
- $\lim_{x \to a} \sqrt[n]{f(x)} = \sqrt[n]{\lim_{x \to a} f(x)} = \sqrt[n]{L}$
- $\lim_{x \to a} \log_b f(x) = \log_b \lim_{x \to a} f(x) = \log_b L$

EJEMPLO 1

Sean las funciones $f(x) = \dfrac{3x+2}{x}$ y $g(x) = x^2 - 2$; halla el $\lim_{x \to 2} (f+g)(x)$ y el $\lim_{x \to 2} (f \cdot g)(x)$ y comprueba que se cumplen las propiedades anteriores.

- $\lim_{x \to 2} (f+g)(x) = \lim_{x \to 2} \left(\dfrac{3x+2}{x} + x^2 - 2\right) = \lim_{x \to 2} \left(\dfrac{x^3 + x + 2}{x}\right) = \dfrac{8+2+2}{2} = 6$

  $\lim_{x \to 2} \left(\dfrac{3x+2}{x}\right) + \lim_{x \to 2} (x^2 - 2) = \dfrac{6+2}{2} + 2 = 4 + 2 = 6$

- $\lim_{x \to 2} (f \cdot g)(x) = \lim_{x \to 2} \left(\dfrac{3x+2}{x} \cdot (x^2 - 2)\right) = \lim_{x \to 2} \left(\dfrac{3x^3 + 2x^2 - 6x - 4}{x}\right) = \dfrac{24 + 8 - 12 - 4}{2} = 8$

  $\lim_{x \to 2} \left(\dfrac{3x+2}{x}\right) \cdot \lim_{x \to 2} (x^2 - 2) = \left(\dfrac{6+2}{2}\right) \cdot 2 = 4 \cdot 2 = 8$

EJEMPLO 2

Sean las funciones $f(x) = \dfrac{3x+2}{x}$ y $g(x) = x^2 - 2$; halla el $\lim_{x \to 2} \left(\dfrac{f}{g}\right)(x)$ y el $\lim_{x \to 2} \sqrt{f(x)}$ y comprueba que se cumplen las propiedades anteriores.

- $\lim_{x \to 2} \left(\dfrac{f}{g}\right)(x) = \lim_{x \to 2} \left(\dfrac{\frac{3x+2}{x}}{x^2 - 2}\right) = \lim_{x \to 2} \left(\dfrac{3x+2}{x^3 - 2x}\right) = \dfrac{6+2}{8-4} = 2$

  $\dfrac{\lim_{x \to 2} \left(\frac{3x+2}{x}\right)}{\lim_{x \to 2} (x^2 - 2)} = \dfrac{\frac{6+2}{2}}{4-2} = \dfrac{4}{2} = 2$

- $\lim_{x \to 2} \sqrt{f(x)} = \lim_{x \to 2} \sqrt{\dfrac{3x+2}{x}} = \sqrt{\dfrac{6+2}{2}} = \sqrt{4} = 2$

  $\sqrt{\lim_{x \to 2} \left(\dfrac{3x+2}{x}\right)} = \sqrt{\dfrac{6+2}{2}} = \sqrt{4} = 2$

05 Indeterminación $\frac{k}{0}$

En la expresión $\frac{k}{0}$, donde $k \neq 0$, basta con calcular los límites laterales. Es decir, si $\lim\limits_{x \to a} \frac{f(x)}{g(x)} = \frac{k}{0}$, el resultado del límite será siempre ∞, y su signo dependerá de los signos que adopten numerador y denominador.

Si $\lim\limits_{x \to a} \frac{f(x)}{g(x)} = \frac{k}{0}$, entonces $f(a) = k$ y $g(a) = 0$. El signo del numerador, *k*, queda determinado por el signo de f (a), pero el signo del denominador, 0, no está definido. Antes bien, eso es precisamente lo que se tiene que definir.

Se sabe que si g (a) = 0, entonces, si *x* toma valores muy próximos a *a*, g (*x*) adoptará valores muy próximos a cero. El cero no tiene signo, pero los valores muy próximos a cero sí. Si los valores se encuentran próximos a cero por la derecha, 0^+, son positivos, por lo que en este caso el denominador sería positivo. Si, por el contrario, se encuentran próximos a cero por la izquierda, 0^-, son negativos, y entonces el denominador será negativo. Estos signos se determinan calculando los dos límites laterales de la función.

Una vez conocidos los signos del numerador y el denominador, el signo del cociente se calcula como cualquier otro cociente:

$$\frac{+k}{0^+} = +\infty, \ \frac{+k}{0^-} = -\infty \qquad \frac{-k}{0^+} -\infty, \ \frac{-k}{0^-} = +\infty$$

Si los límites laterales coinciden, ese será el límite de la función; si difieren, la función no tiene límite en ese punto.

EJEMPLO 1

Calcula $\lim\limits_{x \to 2} \frac{2x+1}{x-2}$.

- $\lim\limits_{x \to 2} \frac{2x+1}{x-2} = \frac{2 \cdot 2+1}{2-2} = \frac{5}{0}$. Vemos ahora los límites laterales:

$$\lim_{x \to 2^+} \frac{2x+1}{x-2} = \frac{2 \cdot 2+1}{2^+-2} = \frac{5}{0^+} = +\infty, \quad \lim_{x \to 2^-} \frac{2x+1}{x-2} = \frac{2 \cdot 2+1}{2^--2} = \frac{5}{0^-} = -\infty$$

Los dos límites laterales son distintos; luego, $\lim\limits_{x \to 2} \frac{2x+1}{x-2}$ no existe.

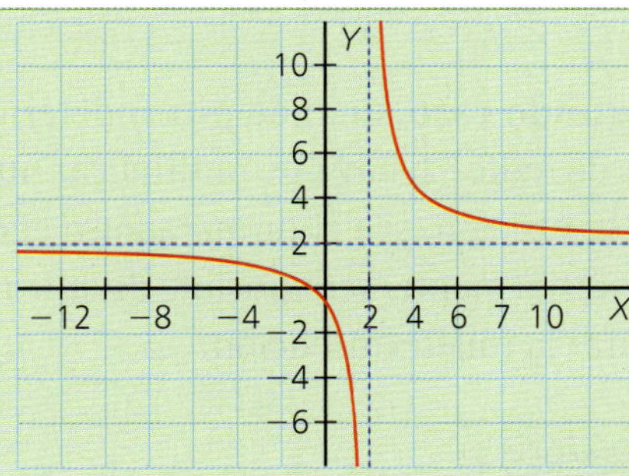

EJEMPLO 2

Calcula $\lim\limits_{x \to 1} \frac{x-3}{(x-1)^2}$.

- $\lim\limits_{x \to 1} \frac{x-3}{(x-1)^2} = \frac{1-3}{(1-1)^2} = \frac{-2}{0}$. Vemos a continuación los límites laterales:

$$\lim_{x \to 1^+} \frac{x-3}{(x-1)^2} = \frac{1-3}{(1^+-1)^2} = \frac{-2}{(0^+)^2} = \frac{-2}{0^+} = -\infty, \quad \lim_{x \to 1^-} \frac{x-3}{(x-1)^2} = \frac{1-3}{(1^--1)^2} = \frac{-2}{(0^-)^2} = \frac{-2}{0^+} = -\infty$$

Como los límites laterales coinciden, entonces: $\lim\limits_{x \to 1} \frac{x-3}{(x-1)^2} = -\infty$

Si $\lim\limits_{x \to a^+} f(x) = \pm\infty$ o $\lim\limits_{x \to a^-} f(x) = \pm\infty$, entonces se dice que f (*x*) presenta una asíntota vertical en *x* = a.

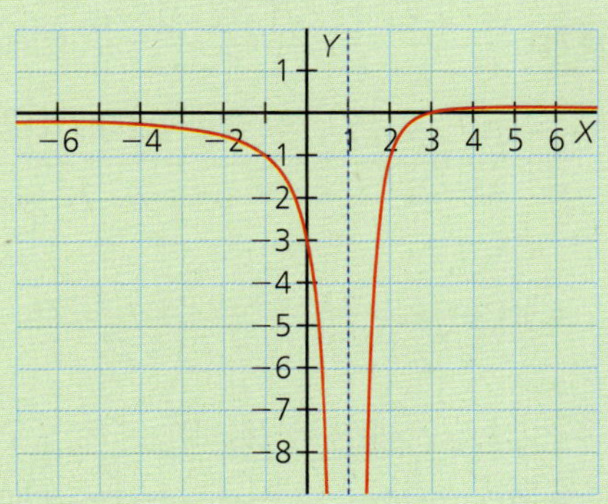

En los ejemplos 1 y 2, f (*x*) presenta sendas asíntotas verticales en *x* = 2 y *x* = 1.

06 Indeterminación $\frac{0}{0}$

Se pueden distinguir dos casos:

Primer caso. Si la función es una función racional, con polinomios en el numerador y el denominador, se factorizan ambos y se simplifica.

Si $\lim\limits_{x \to a} \frac{f(x)}{g(x)} = \frac{0}{0} \Rightarrow f(a) = g(a) = 0$, con lo que $x = a$ es raíz de $f(x)$ y $g(x)$. De este modo, $(x - a)$ es factor de ambas funciones, por lo que las dos pueden dividirse entre $(x - a)$ y evitar, así, la indeterminación:

$$\lim_{x \to a} \frac{f(x)}{g(x)} = \lim_{x \to a} \frac{\frac{f(x)}{x-a}}{\frac{g(x)}{x-a}}$$

Dividir numerador y denominador entre $(x - a)$ equivale a factorizar numerador y denominador y simplificar ambos entre $(x - a)$, ya que, si la indeterminación se produce, este factor estará presente en ambas factorizaciones.

EJEMPLO 1

Calcula $\lim\limits_{x \to 2} \frac{x^2 + x - 6}{x^2 - x - 2}$.

$\lim\limits_{x \to 2} \frac{x^2 + x - 6}{x^2 - x - 2} = \frac{4 + 2 - 6}{4 - 2 - 2} = \frac{0}{0}$. Dividiendo numerador y denominador entre $(x - 2)$, se obtiene:

$$\lim_{x \to 2} \frac{x^2 + x - 6}{x^2 - x - 2} = \lim_{x \to 2} \frac{\frac{x^2 + x - 6}{x - 2}}{\frac{x^2 - x - 2}{x - 2}} = \lim_{x \to 2} \frac{\frac{(x-2)\cdot(x+3)}{x-2}}{\frac{(x-2)\cdot(x+1)}{x-2}} = \lim_{x \to 2} \frac{x+3}{x+1} = \frac{5}{3}$$

Segundo caso. Cuando esta indeterminación tiene lugar en cocientes con raíces de índice 2, hay que multiplicar numerador y denominador por el conjugado de la función, sea el numerador o el denominador, que contiene a la raíz. Así, posteriormente, será posible dividir numerador y denominador entre $(x - a)$ y evitar la indeterminación.

EJEMPLO 2

Calcula $\lim\limits_{x \to 1} \frac{\sqrt{x^2 + 3} - 2}{x^2 + x - 2}$.

$\lim\limits_{x \to 1} \frac{\sqrt{x^2 + 3} - 2}{x^2 + x - 2} = \frac{\sqrt{1 + 3} - 2}{1 + 1 - 2} = \frac{0}{0}$. Multiplicando por el conjugado del numerador:

$$\lim_{x \to 1} \frac{\sqrt{x^2 + 3} - 2}{x^2 + x - 2} = \lim_{x \to 1} \frac{\left(\sqrt{x^2+3} - 2\right)\cdot\left(\sqrt{x^2+3} + 2\right)}{(x^2 + x - 2)\cdot\left(\sqrt{x^2+3} + 2\right)} = \lim_{x \to 1} \frac{(x^2 + 3) - 2^2}{(x^2 + x - 2)\cdot\left(\sqrt{x^2+3} + 2\right)} =$$

$$= \lim_{x \to 1} \frac{x^2 - 1}{(x^2 + x - 2)\cdot\left(\sqrt{x^2+3} + 2\right)} = \lim_{x \to 1} \frac{\frac{x^2 - 1}{x - 1}}{\frac{(x^2 + x - 2)\cdot\left(\sqrt{x^2+3} + 2\right)}{x - 1}} =$$

$$= \lim_{x \to 1} \frac{\frac{(x+1)\cdot(x-1)}{x-1}}{\frac{(x-1)\cdot(x+2)\cdot\left(\sqrt{x^2+3} + 2\right)}{x-1}} = \lim_{x \to 1} \frac{x+1}{(x+2)\cdot\left(\sqrt{x^2+3} + 2\right)} = \frac{2}{3\cdot\left(\sqrt{4} + 2\right)} = \frac{2}{12} = \frac{1}{6}$$

\+

En la próxima unidad, al abordar el cálculo de derivadas, se estudiará un nuevo método de resolución de este tipo de indeterminación: la regla de L'Hopital, según la cual si $\lim\limits_{x \to a} \frac{f(x)}{g(x)} = \frac{0}{0}$, entonces $\lim\limits_{x \to a} \frac{f(x)}{g(x)} = \lim\limits_{x \to a} \frac{f'(x)}{g'(x)}$.

07 Indeterminación $\frac{\infty}{\infty}$

Sea $f(x) = a_n x^n + a_{n-1}x^{n-1} + \ldots + a_1 x + a_0$ un polinomio de grado n; entonces $\lim\limits_{x \to \infty} f(x) = \lim\limits_{x \to \infty} a_n x^n$, es decir, el límite de una función polinómica cuando la variable tiende a infinito coincide con el límite de su monomio de mayor grado.

Si se quiere hallar el $\lim\limits_{x \to -\infty} f(x)$, la propiedad es la misma, pero el signo del límite dependerá del grado del polinomio y, por supuesto, del signo del coeficiente principal. Por ejemplo:

$\lim\limits_{x \to \infty} (2x^3 - 4x^2 + x - 3) = \lim\limits_{x \to \infty} 2x^3 = \infty$ $\qquad$ $\lim\limits_{x \to \infty} (-3x^4 + x^3 - 5x + 1) = \lim\limits_{x \to \infty} (-3x^4) = -\infty$

$\lim\limits_{x \to -\infty} (2x^3 - 4x^2 + x - 3) = \lim\limits_{x \to -\infty} 2x^3 = -\infty$ $\qquad$ $\lim\limits_{x \to -\infty} (-3x^4 + x^3 - 5x + 1) = \lim\limits_{x \to -\infty} (-3x^4) = -\infty$

Para resolver la indeterminación $\frac{\infty}{\infty}$, hay dos métodos posibles:

Primer método. Se aplica la propiedad $\lim\limits_{x \to a} \frac{f(x)}{g(x)} = \frac{\lim\limits_{x \to a} f(x)}{\lim\limits_{x \to a} g(x)}$ junto con las propiedades anteriores y se simplifica el cociente resultante.

Segundo método. Se dividen todos los términos del numerador y el denominador entre x^n, donde n es el mayor grado del cociente, sea del numerador o del denominador. Antes de resolver el límite, se deben simplificar todas las fracciones.

+ Se cumple que:

$$\lim_{x \to -\infty} f(x) = \lim_{x \to \infty} f(-x)$$

EJEMPLO 1

Halla $\lim\limits_{x \to \infty} \frac{3x^2 + 2x - 6}{x^2 - 5x - 1}$.

$$\lim_{x \to \infty} \frac{3x^2 + 2x - 6}{x^2 - 5x - 1} = \frac{\infty}{\infty}$$

Por el primer método: $\lim\limits_{x \to \infty} \frac{3x^2 + 2x - 6}{x^2 - 5x - 1} = \lim\limits_{x \to \infty} \frac{3x^2}{x^2} = \lim\limits_{x \to \infty} 3 = 3$.

Aplicando el segundo método:

$$\lim_{x \to \infty} \frac{3x^2 + 2x - 6}{x^2 - 5x - 1} = \lim_{x \to \infty} \frac{\frac{3x^2}{x^2} + \frac{2x}{x^2} - \frac{6}{x^2}}{\frac{x^2}{x^2} - \frac{5x}{x^2} - \frac{1}{x^2}} = \lim_{x \to \infty} \frac{3 + \frac{2}{x} - \frac{6}{x^2}}{1 - \frac{5}{x} - \frac{1}{x^2}} = \frac{3 + \frac{2}{\infty} - \frac{6}{\infty^2}}{1 - \frac{5}{\infty} - \frac{1}{\infty^2}} =$$

$$= \frac{3 + 0 - 0}{1 - 0 - 0} = 3$$

+ Si aparece una raíz de índice n con un radicando de grado p, el grado de la expresión resultante será $\frac{p}{n}$; en otras palabras, la raíz $\sqrt[3]{x^2 + 3x - 5}$ tendrá grado $\frac{2}{3}$.

EJEMPLO 2

Calcula $\lim\limits_{x \to \infty} \frac{x^3 + \sqrt{9x^6 + x^3 - 1}}{x^2 - \sqrt{x^3 - 5x + 1}}$.

$$\lim_{x \to \infty} \frac{x^3 + \sqrt{9x^6 + x^3 - 1}}{x^2 - \sqrt{x^3 - 5x + 1}} = \frac{\infty}{\infty}$$

Se divide entre x^3, pero, al introducir este denominador en las raíces, entra como x^6.

$$\lim_{x \to \infty} \frac{x^3 + \sqrt{9x^6 + x^3 - 1}}{x^2 - \sqrt{x^3 - 5x + 1}} = \lim_{x \to \infty} \frac{\frac{x^3}{x^3} + \sqrt{\frac{9x^6}{x^6} + \frac{x^3}{x^6} - \frac{1}{x^6}}}{\frac{x^2}{x^3} - \sqrt{\frac{x^3}{x^6} - \frac{5x}{x^6} + \frac{1}{x^6}}} = \frac{1 + \sqrt{9 + \frac{1}{\infty} - \frac{1}{\infty}}}{\frac{1}{\infty} - \sqrt{\frac{1}{\infty} - \frac{5}{\infty} - \frac{1}{\infty}}} = \frac{1 + \sqrt{9 + 0 - 0}}{0 - \sqrt{0 - 0 - 0}} = \frac{4}{0} = \infty$$

08 Indeterminación ∞ − ∞

Si $\lim\limits_{x\to\infty}[f(x) - g(x)] = \infty - \infty$, se resuelve la indeterminación multiplicando y dividiendo la diferencia inicial por su conjugado, $f(x) + g(x)$. Se resuelve el producto y después el límite del cociente resultante. Este procedimiento solo será eficaz si en la función inicial aparecen raíces de índice 2. Si la indeterminación se produce con otras operaciones, se procederá de forma diferente.

EJEMPLO 1

Halla $\lim\limits_{x\to\infty}\left(\sqrt{x^2+3}-x\right)$.

$\lim\limits_{x\to\infty}\left(\sqrt{x^2+3}-x\right) = \infty - \infty$. Se multiplica y se divide por el conjugado de $\left(\sqrt{x^2+3}-x\right)$, que es $\left(\sqrt{x^2+3}+x\right)$.

$$\lim_{x\to\infty}\left(\sqrt{x^2+3}-x\right) = \lim_{x\to\infty}\frac{\left(\sqrt{x^2+3}-x\right)\cdot\left(\sqrt{x^2+3}+x\right)}{\sqrt{x^2+3}+x} = \lim_{x\to\infty}\frac{\left(\sqrt{x^2+3}\right)^2-x^2}{\sqrt{x^2+3}+x} = \lim_{x\to\infty}\frac{x^2+3-x^2}{\sqrt{x^2+3}+x} = \frac{3}{\infty+\infty} = \frac{3}{\infty} = 0$$

Puede suceder que, al resolver la indeterminación $\infty - \infty$, aparezca la indeterminación $\frac{\infty}{\infty}$. En ese caso se recurriría a una de las opciones explicadas en el epígrafe anterior.

EJEMPLO 2

Calcula $\lim\limits_{x\to\infty}\left[(x+1)-\sqrt{x^2-2x+5}\right]$.

$\lim\limits_{x\to\infty}\left[(x+1)-\sqrt{x^2-2x+5}\right] = \infty - \infty$

$$\lim_{x\to\infty}\left[(x+1)-\sqrt{x^2-2x+5}\right] = \lim_{x\to\infty}\frac{\left[(x+1)-\sqrt{x^2-2x+5}\right]\cdot\left[(x+1)+\sqrt{x^2-2x+5}\right]}{(x+1)+\sqrt{x^2-2x+5}} =$$

$$= \lim_{x\to\infty}\frac{(x+1)^2-(x^2-2x+5)}{(x+1)+\sqrt{x^2-2x+5}} = \lim_{x\to\infty}\frac{x^2+2x+1-x^2+2x-5}{(x+1)+\sqrt{x^2-2x+5}} = \lim_{x\to\infty}\frac{4x-4}{(x+1)+\sqrt{x^2-2x+5}} = \frac{\infty}{\infty+\infty} = \frac{\infty}{\infty}$$

Ahora se pueden tomar los monomios de mayor grado o dividir todos los términos entre x.

Aplicando el primer método: $\lim\limits_{x\to\infty}\frac{4x-4}{(x+1)+\sqrt{x^2-2x+5}} = \lim\limits_{x\to\infty}\frac{4x}{x+\sqrt{x^2}} = \lim\limits_{x\to\infty}\frac{4x}{x+x} = \lim\limits_{x\to\infty}\frac{4x}{2x} = \lim\limits_{x\to\infty} 2 = 2$

Por el segundo método: $\lim\limits_{x\to\infty}\frac{4x-4}{(x+1)+\sqrt{x^2-2x+5}} = \lim\limits_{x\to\infty}\frac{\frac{4x}{x}-\frac{4}{x}}{\left(\frac{x}{x}+\frac{1}{x}\right)+\sqrt{\frac{x^2}{x^2}-\frac{2x}{x^2}+\frac{5}{x^2}}} = \lim\limits_{x\to\infty}\frac{4-\frac{4}{x}}{\left(1+\frac{1}{x}\right)+\sqrt{1-\frac{2}{x}+\frac{5}{x^2}}} =$

$$= \frac{4-\frac{4}{\infty}}{\left(1+\frac{1}{\infty}\right)+\sqrt{1-\frac{2}{\infty}+\frac{5}{\infty}}} = \frac{4-0}{(1+0)+\sqrt{1-0+0}} = \frac{4}{1+1} = 2$$

EJEMPLO 3

Halla $\lim\limits_{x\to\infty}\left(2x-\frac{2x^2-1}{x}\right)$.

$\lim\limits_{x\to\infty}\left(2x-\frac{2x^2-1}{x}\right) = \infty - \infty$. Efectuando la resta: $\lim\limits_{x\to\infty}\left(2x-\frac{2x^2-1}{x}\right) = \lim\limits_{x\to\infty}\frac{2x^2-(2x^2-1)}{x} = \lim\limits_{x\to\infty}\frac{1}{x} = \frac{1}{\infty} = 0$.

En este ejemplo no resultaría útil aplicar conjugados.

09 Indeterminación 1^∞

Si se considera la sucesión $a_n = \left(1+\frac{1}{n}\right)^n$ y se calculan sus primeros términos: $a_1 = 2$; $a_2 = 2{,}25$; $a_3 \approx 2{,}37$; ...; $a_{10} \approx 2{,}59$; ...; $a_{100} \approx 2{,}70$, puede observarse que es convergente, y su límite se encuentra entre 2 y 3. Este límite es conocido como **número e.** Se define como $e = \lim_{n\to\infty}\left(1+\frac{1}{n}\right)^n \approx 2{,}718281...$

» Se puede comprobar que $\lim_{x\to\infty}\left(1+\frac{1}{x}\right)^x = e$ y $\lim_{f(x)\to\infty}\left(1+\frac{1}{f(x)}\right)^{f(x)} = e$.

Se resuelve $\lim_{x\to\infty}[f(x)]^{g(x)}$ aplicando el número *e*, según este procedimiento:

- Se expresa la base como un binomio suma, con la unidad como primer sumando. Se utiliza $f(x) = 1 + f(x) - 1 = 1 + [f(x) - 1]$ y se efectúa la resta del corchete.
- El segundo sumando de la base debe expresarse como inverso de una fracción, es decir, tiene que figurar un 1 en su numerador. Para ello, se dividen numerador y denominador entre el numerador: $\frac{a}{b} = \frac{\frac{a}{a}}{\frac{b}{a}} = \frac{1}{\frac{b}{a}}$.
- El denominador de la fracción tiene que coincidir con el primer factor del exponente. Se debe descomponer el exponente, por tanto, en dos factores: $\left(1+\frac{1}{d}\right)^a = \left(1+\frac{1}{d}\right)^{d\cdot\frac{a}{d}}$.
- Se aplica la definición $e = \lim_{f(x)\to\infty}\left(1+\frac{1}{f(x)}\right)^{f(x)}$ y la propiedad $\lim_{x\to\infty}[f(x)^{g(x)}] = \left(\lim_{x\to\infty} f(x)\right)^{\lim_{x\to\infty} g(x)}$.

  Es decir: $\lim_{x\to\infty}\left(1+\frac{1}{d}\right)^{d\cdot\frac{a}{d}} = \lim_{x\to\infty}\left[\left(1+\frac{1}{d}\right)^d\right]^{\frac{a}{d}} = \left[\lim_{x\to\infty}\left(1+\frac{1}{d}\right)^d\right]^{\lim_{x\to\infty}\frac{a}{d}} = e^{\lim_{x\to\infty}\frac{a}{d}}$

EJEMPLO 1

Calcula $\lim_{x\to\infty}\left(\frac{2x+1}{2x-3}\right)^{x+2}$.

Tenemos que $\lim_{x\to\infty}\left(\frac{2x+1}{2x-3}\right) = \frac{\infty}{\infty} \Rightarrow \lim_{x\to\infty}\frac{2x+1}{2x-3} = 1 \Rightarrow \lim_{x\to\infty}\left(\frac{2x+1}{2x-3}\right)^{x+2} = 1^\infty$.

$$\lim_{x\to\infty}\left(\frac{2x+1}{2x-3}\right)^{x+2} = \lim_{x\to\infty}\left(1+\frac{2x+1}{2x-3}-1\right)^{x+2} = \lim_{x\to\infty}\left(1+\frac{2x+1-(2x-3)}{2x-3}\right)^{x+2} =$$

$$= \lim_{x\to\infty}\left(1+\frac{4}{2x-3}\right)^{x+2} = \lim_{x\to\infty}\left(1+\frac{1}{\frac{2x-3}{4}}\right)^{x+2} = \lim_{x\to\infty}\left(1+\frac{1}{\frac{2x-3}{4}}\right)^{\frac{2x-3}{4}\cdot\frac{4}{2x-3}\cdot(x+2)} =$$

$$= \lim_{x\to\infty}\left[\left(1+\frac{1}{\frac{2x-3}{4}}\right)^{\frac{2x-3}{4}}\right]^{\frac{4\cdot(x+2)}{2x-3}} = \left[\lim_{x\to\infty}\left(1+\frac{1}{\frac{2x-3}{4}}\right)^{\frac{2x-3}{4}}\right]^{\lim_{x\to\infty}\frac{4\cdot(x+2)}{2x-3}} = e^{\lim_{x\to\infty}\frac{4x}{2x}} = e^2$$

+

El número *e* es un número irracional con decimales ilimitados no periódicos. Debe su nombre al matemático suizo Leonhard Euler. La importancia de este número se debe, entre otras cosas, a que todas las funciones que dan lugar a la indeterminación 1^∞ están relacionadas directamente con él. Es más, todas las funciones que den lugar a dicha indeterminación tendrán por límite una potencia del número *e*.

+

Si $\lim_{x\to a} f(x)^{g(x)} = 1^\infty$, entonces:

$\lim_{x\to a} f(x)^{g(x)} = e^L$, donde:

$$L = \lim_{x\to a}[g(x)\cdot[f(x)-1]]$$

10 Continuidad

Desde el punto de vista gráfico, una función es continua si se puede dibujar sin levantar el lápiz del papel. Para dar una definición analítica, es necesario recurrir al concepto de límite:

» La función f (x) es continua en el punto $x = \text{a}$ si se cumple que:

$$\begin{cases} \exists\, f(a) \\ \exists \lim\limits_{x \to a} f(x) \\ f(a) = \lim\limits_{x \to a} f(x) \end{cases}$$

Estas tres condiciones se resumen en que:

- f (x) es continua en $x = \text{a}$ si $\lim\limits_{x \to a^+} f(x) = \lim\limits_{x \to a^-} f(x)$.
- f (x) es continua en un intervalo, [a , b], si lo es en todos los puntos del intervalo.

Como estudiar la continuidad de todos los puntos de un intervalo es imposible, basta con estudiar los puntos en los que puedan incumplirse las condiciones expuestas. Estos puntos son los que no pertenecen al dominio de f (x) y, en el caso de ser una función a trozos, los puntos de separación entre los intervalos de f (x).

EJEMPLO 1

Estudia la continuidad de f $(x) = \dfrac{x}{x^2 - 1}$.

Primero se buscan los valores de x que se someterán a estudio. Para ello, se halla el dominio de f (x): $x^2 - 1 = 0 \Rightarrow x = \pm\sqrt{1} \Rightarrow$ $\Rightarrow x = \pm 1$. Por tanto, Dom (f) $= \mathbb{R} - \{\pm 1\}$.

Los puntos que hay que estudiar son, pues, $x = \pm 1$.

$$\text{Si } x = 1: \begin{cases} f(1) = \dfrac{1}{1^2 - 1} = \dfrac{1}{0} = \text{no existe} \\ \lim\limits_{x \to 1^+} \dfrac{x}{x^2 - 1} = \dfrac{1}{(1^+)^2 - 1} = \dfrac{1}{0^+} = +\infty \\ \lim\limits_{x \to 1^-} \dfrac{x}{x^2 - 1} = \dfrac{1}{(1^-)^2 - 1} = \dfrac{1}{0^-} = -\infty \end{cases}$$

$$\text{Si } x = -1: \begin{cases} f(-1) = \dfrac{-1}{(-1)^2 - 1} = \dfrac{-1}{0} = \text{no existe} \\ \lim\limits_{x \to -1^+} \dfrac{x}{x^2 - 1} = \dfrac{-1}{(-1^+)^2 - 1} = \dfrac{-1}{0^-} = +\infty \\ \lim\limits_{x \to -1^-} \dfrac{x}{x^2 - 1} = \dfrac{-1}{(-1^-)^2 - 1} = \dfrac{-1}{0^+} = +\infty \end{cases}$$

Se observa que no se cumplen las condiciones de continuidad, por lo que la función es discontinua en $x = 1$ y $x = -1$, lo que se suele expresar diciendo que f (x) es continua en $\mathbb{R} - \{\pm 1\}$.

EJEMPLO 2

Estudia la continuidad de f $(x) = \begin{cases} 2x + 1 & \text{si } x \leq 0 \\ x - 1 & \text{si } 0 < x \leq 2 \\ 3 - x & \text{si } x > 2 \end{cases}$.

Si se calcula el dominio, se comprueba que Dom (f) $= \mathbb{R}$; luego, se debe buscar entre los puntos de separación de los intervalos de la función: $x = 0$ y $x = 2$.

$$\text{Si } x = 0: \begin{cases} f(0) = 2 \cdot 0 + 1 = 1 \\ \lim\limits_{x \to 0^+} f(x) = \lim\limits_{x \to 0^+} (x - 1) = 0 - 1 = -1 \\ \lim\limits_{x \to 0^-} f(x) = \lim\limits_{x \to 0^-} (2x + 1) = 2 \cdot 0 + 1 = 1 \end{cases}$$

$$\text{Si } x = 2: \begin{cases} f(2) = 2 - 1 = 1 \\ \lim\limits_{x \to 2^+} f(x) = \lim\limits_{x \to 2^+} (3 - x) = 3 - 2 = 1 \\ \lim\limits_{x \to 2^-} f(x) = \lim\limits_{x \to 2^-} (x - 1) = 2 - 1 = 1 \end{cases}$$

Se observa que en $x = 0$ no se cumplen las condiciones: f (x) es discontinua en ese punto; por el contrario, en $x = 2$ sí se cumplen: f (x) es continua. Cabe concluir, pues, que f (x) es continua en $\mathbb{R} - \{0\}$.

Como se ha podido comprobar, cuando se estudian los puntos que no pertenecen al dominio, es seguro que en ellos la función es discontinua; sin embargo, cuando se estudian los puntos de separación de intervalos, puede ocurrir que la función sea continua o discontinua en ellos.

11 Tipos de discontinuidad

Para que una función sea continua en un punto, deben cumplirse tres condiciones: que exista la imagen en ese punto, que exista el límite de la función en ese punto y que ambos resultados coincidan. Según cuál sea la condición que no se cumpla, la discontinuidad recibe un nombre u otro.

Condición		Tipos de discontinuidad	Gráfica
Si = $\lim\limits_{x \to a^+} f(x) = \lim\limits_{x \to a^-} f(x) \neq f(a)$, o no existe f (a)		Si el límite es finito: **discontinuidad evitable***	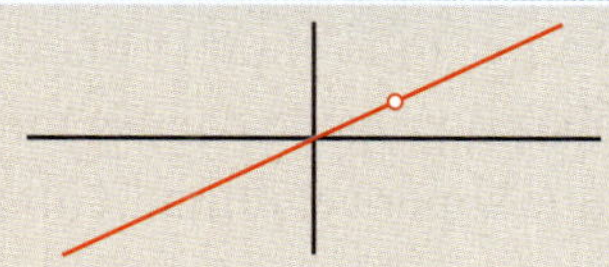
		Si el límite es infinito: **discontinuidad asintótica**	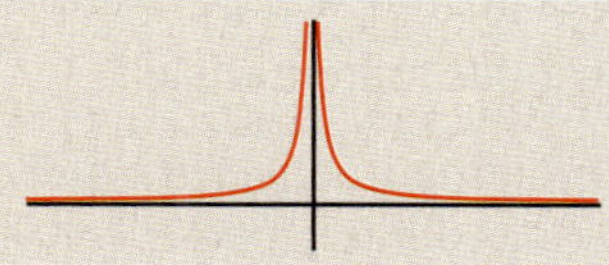
Si $\lim\limits_{x \to a^+} f(x) \neq \lim\limits_{x \to a^-} f(x)$	Discontinuidad no evitable	Si ambos límites son finitos: **discontinuidad de primera especie de salto finito.** El salto es la diferencia entre los límites laterales: $\left\| \lim\limits_{x \to a^+} f(x) - \lim\limits_{x \to a^-} f(x) \right\|$	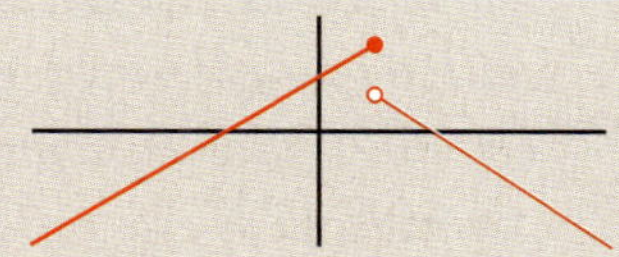
		Si alguno de los límites laterales es $\pm\infty$: **discontinuidad de primera especie de salto infinito****	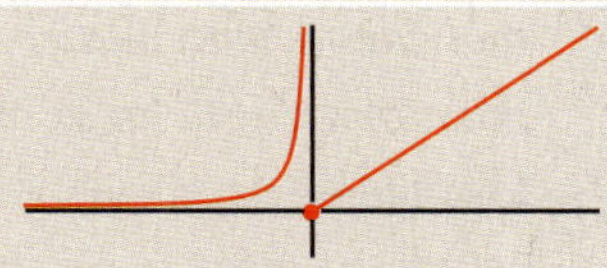
		Si alguno de los límites laterales no existe: **discontinuidad de segunda especie**	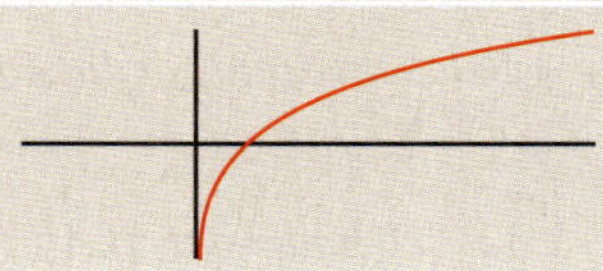

EJEMPLO 1

Estudia las discontinuidades que presenta la función $f(x) = \begin{cases} \dfrac{x-2}{x^2-4} & \text{si } x < 4 \\ x+1 & \text{si } x \geq 4 \end{cases}$.

Se buscan los puntos que hay que estudiar. Para ello, se halla el dominio de f (x).

$x^2 - 4 = 0 \Rightarrow x = \pm\sqrt{4} = \pm 2$. Por tanto, Dom (f) = $\mathbb{R} - \{\pm 2\}$. Además de $x = 4$, los puntos que hay que estudiar son $x = \pm 2$.

- Si $x = 4 \Rightarrow f(4) = 4 + 1 = 5$; $\lim\limits_{x \to 4^+} (x+1) = 4 + 1 = 5$; $\lim\limits_{x \to 4^-} \dfrac{x-2}{x^2-4} = \dfrac{4-2}{16-4} = \dfrac{2}{12} = \dfrac{1}{6}$

  En $x = 4$ hay una discontinuidad de primera especie de salto finito: $\left[\text{salto} = 5 - \dfrac{1}{6} = \dfrac{29}{6}\right]$.

- Si $x = 2 \Rightarrow f(2) = \dfrac{2-2}{2^2-4} = \dfrac{0}{0}$ no existe (∄).

  $$\lim_{x \to 2^+} \frac{x-2}{x^2-4} = \frac{0}{0} \Rightarrow \lim_{x \to 2^+} \frac{\frac{x-2}{x-2}}{\frac{x^2-4}{x-2}} = \lim_{x \to 2^+} \frac{1}{x+2} = \frac{1}{4}$$

  $$\lim_{x \to 2^-} \frac{x-2}{x^2-4} = \frac{0}{0} \Rightarrow \lim_{x \to 2^-} \frac{1}{x+2} = \frac{1}{4}$$

  Por tanto, en $x = 2$, la función presenta una discontinuidad evitable.

- Si $x = -2 \Rightarrow f(2) = \dfrac{-2-2}{(-2)^2-4} = \dfrac{-4}{0}$ no existe (∄). (Se estudia al margen).

\+

(*) La discontinuidad evitable, como su nombre indica, se puede evitar si redefinimos la función y asignamos a f (a) el valor obtenido en el límite de f (x).

(**) La discontinuidad de primera especie de salto infinito también se puede llamar discontinuidad asintótica, ya que, si alguno de los límites laterales en un punto resulta infinito, entonces es seguro que presenta una asíntota vertical en dicho punto.

\+

$$\lim_{x \to -2^+} \frac{x-2}{x^2-4} = \frac{-2-2}{(-2^+)^2-4} = \frac{-4}{0^-} = +\infty$$

$$\lim_{x \to -2^-} \frac{x-2}{x^2-4} = \frac{-2-2}{(-2^-)^2-4} = \frac{-4}{0^+} = -\infty$$

En $x = -2$ se observa una discontinuidad de primera especie de salto infinito.

ELABORA TU PROYECTO

¿ALGO INTERESANTE PARA LEER?

Como todos sabemos, el libro más divulgado en la historia es la Biblia. Resultará difícil de creer, pero el segundo de la lista es una obra de geometría: *Los elementos*. Este compendio del griego Euclides recoge todo el saber matemático clásico y es el texto más divulgado con un número de ediciones publicadas que supera el millar. Cabe preguntarse, sin embargo, ¿es posible leer para entretenerse, deleitarse, disfrutar con las matemáticas?

Imagina una lectura que comenzara así:

> *A la memoria de los siete grandes geómetras cristianos y agnósticos: Descartes, Pascal, Newton, Leibniz, Lagrange, Comte (¡que Allah se compadezca de esos infieles!). Y a la memoria del inolvidable matemático, astrónomo y filósofo musulmán Abuchafar Moahmed Abenmusa (Allah lo tenga en su gloria). Y también a todos los que estudian, enseñan o admiran la prodigiosa ciencia de las medidas, de las funciones, de los movimientos y de las fuerzas.*
>
> *Yo, «el-hadj» cherif Ali Iezid Izzi_Edin Ibn Salin Hank, Malba Tahan, dedico estas páginas, sin valor, de leyenda y fantasía.*
>
> *En Bagdad, a 19 lunas de Ramadán en 1321.*

Pues bien, el tal Malba Tahan no era quien decía ser, sino un brasileño de nombre Julio César de Mello y Souza, profesor de matemáticas que escribió más de 50 libros bajo ese seudónimo y que permitió a varias generaciones de alumnos sentir que el álgebra era divertida. Empaparse de cultura, aventuras y enigmas matemáticos, atravesando desiertos junto a beduinos, o los salones del palacio de Bagdad, es lo que encontrarás en su obra *El hombre que calculaba*, en la que se aúnan matemáticas, ficción e historia. Publicado en 1938, alcanzó en 2001 su edición 54.ª.

Pero este no es el único libro reseñable. Otros títulos de interés son *El diablo de los números, El teorema del loro, Incógnita Newton, La fórmula preferida del profesor, El matemático del rey, Malditas matemáticas, Alicia en el país de los números*.

No podemos terminar este apartado sin incluir la *Guía magna de cálculo diferencial e integral*, lectura útil y amena, donde los conceptos se desarrollan a través de la vida cotidiana.

¿Qué tal si te haces con un buen compendio de títulos y empiezas a descubrir la literatura matemática?

Prepara una exposición oral o escrita, individual o en grupo para desarrollar esta propuesta.

Pautas para la elaboración del proyecto

1. Recopila información sobre lo más recomendable en el campo de la literatura matemática de entretenimiento. Edita una ficha bibliográfica para los títulos más destacados con una reseña al contenido. Enfoca la información, resaltando la conjunción de entretenimiento y saber matemático que caracteriza estas creaciones.

Recursos

→ http://www.deculture.es/2012/01/guia-manga-calculo-diferencial-integral/

→ http://catedu.es/matematicas_mundo/NOVELAS/novelas.htm

ELABORA TU ORGANIZADOR VISUAL

Realiza un mapa conceptual en el que recojas los contenidos fundamentales estudiados en esta unidad. Puedes partir de esta propuesta:

EVALUACIÓN

1 A partir de la gráfica de la función f (x), determina los siguientes límites:

a. $\lim_{x\to 3^-} f(x)$ **d.** $\lim_{x\to 2^+} f(x)$ **g.** $\lim_{x\to 2} f(x)$

b. $\lim_{x\to 8^-} f(x)$ **e.** $\lim_{x\to -3} f(x)$ **h.** $\lim_{x\to \infty} f(x)$

c. $\lim_{x\to 1^+} f(x)$ **f.** $\lim_{x\to 0} f(x)$ **i.** $\lim_{x\to -\infty} f(x)$

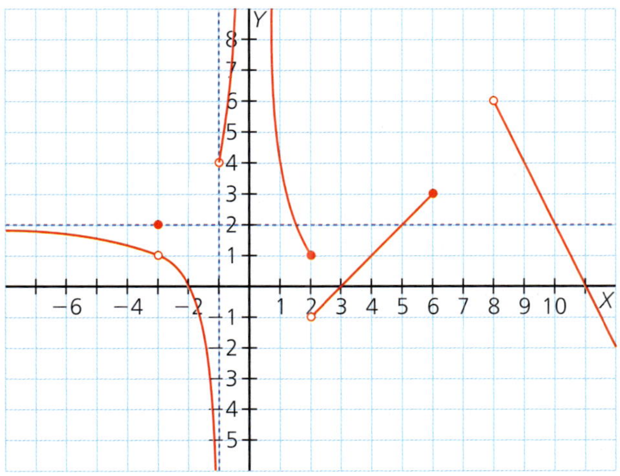

2 Dada una función racional:

a. ¿Existe en los puntos que anulan el denominador siempre una asíntota vertical?

b. ¿Presentan dichos puntos una discontinuidad?

Razona tus respuestas.

3 ¿Puede una función que da lugar a la indeterminación 1^∞ tender a 0? Recuerda que esta indeterminación siempre conduce a una potencia del número *e*.

4 Halla *a* y *b* para que la función $f(x) = \dfrac{ax}{2x + b}$ presente una asíntota horizontal en $y = 1$ y una vertical en $x = 2$.

5 Halla el valor de *a* para que la siguiente función sea continua:

$$f(x) = \begin{cases} x^2 + 1 & \text{si } x < 2 \\ x + a & \text{si } x \geq 2 \end{cases}.$$

6 Calcula el límite $\lim_{x\to\infty} \left[\sqrt{9x^2 + 2x - 1} - (3x - 1)\right]$.

7 Halla el límite $\lim_{x\to\infty} \left(\dfrac{5x + 1}{5x - 3}\right)^{2x - 4}$.

8 Calcula el límite $\lim_{x\to 1} \dfrac{x^2 - \sqrt{3x - 2}}{x^2 - 3x + 2}$.

9 Estudia la continuidad de $f(x) = \dfrac{x - 1}{x^2 - 3x + 2}$ e indica las discontinuidades que presenta.

10 Estudia la continuidad de $f(x) = \begin{cases} \dfrac{x + 2}{x - 1} & \text{si } x \geq 0 \\ 2x + 2 & \text{si } x < 0 \end{cases}$ e indica las discontinuidades que presenta.

11 Halla el siguiente límite $\lim_{x\to\infty} \left(2x + 3 - \sqrt{4x^2 - 2x + 1}\right)$.

12 Calcula el límite: $\lim_{x\to 0} \dfrac{\sqrt{1 + x} - \sqrt{1 - x}}{x}$.

13 Determina el límite $\lim_{x\to\infty} \left(\dfrac{2x + 5}{2x - 1}\right)^{\frac{x^2}{x + 1}}$.

14 Dada la función $g(x) = \begin{cases} \dfrac{x^2 + 4x - 5}{x^3 - 1} & \text{si } x \leq 2 \\ \dfrac{x - 5}{x - 3} & \text{si } x > 2 \end{cases}$, halla los siguientes límites:

a. $\lim_{x\to 1} g(x)$ **b.** $\lim_{x\to 2} g(x)$ **c.** $\lim_{x\to 3} g(x)$

15 Estudia la continuidad de $f(x) = \begin{cases} \dfrac{x - 5}{x - 3} & \text{si } x \leq 1 \\ \dfrac{x^2 - 4x + 3}{x^2 - 3x + 2} & \text{si } x > 1 \end{cases}$.

16 Estudia la continuidad de $f(x) = \begin{cases} \dfrac{x - \sqrt{12 - 4x}}{x - 2} & \text{si } x < 2 \\ 1 & \text{si } x = 2 \\ 2x - 2 & \text{si } x > 2 \end{cases}$.

17 Estudia la continuidad de $f(x) = \begin{cases} \dfrac{2x - 1}{8x} & \text{si } x \leq 1 \\ \dfrac{\sqrt{x^3 + 3} - \sqrt{2x + 2}}{(x - 1)\cdot(x + 1)} & \text{si } x > 1 \end{cases}$.

18 Estudia la continuidad de $f(x) = \dfrac{1 - x}{x^3 - x^2}$, indicando los tipos de discontinuidad que presenta.

19 Dada la función $f(x) = \begin{cases} \dfrac{x - 2}{2 - 2x} & \text{si } x < 1 \\ 2x + 1 - \sqrt{4x^2 - 3x} & \text{si } x \geq 1 \end{cases}$:

a. Estudia la continuidad de f (x).

b. Halla el $\lim_{x\to\infty} f(x)$.

11 DERIVADA DE UNA FUNCIÓN

01 Tasas de variación

01.1 Tasa de variación media

» Se denomina **tasa de variación media (TVM)** de la función f (x) en el intervalo [a , b] al cociente: $\text{TVM} = \dfrac{f(b) - f(a)}{b - a}$

La tasa de variación media mide el promedio de variación de la función en el intervalo [a , b]. Por tanto, cuanto más varía la función, mayor es la tasa de variación media. Si la función varía de forma creciente, la tasa es positiva, y si lo hace de forma decreciente, la tasa es negativa.

+

Geométricamente, la TVM de f (x) en [a , b] coincide con la pendiente de la recta secante a la gráfica de f (x) que pasa por los puntos [a , f (a)] y [b , f (b)].

EJEMPLO 1

Calcula la TVM de la función $f(x) = 2^x$ en los intervalos [–2 , 0] y [0 , 2].

Las funciones exponenciales, como $f(x) = 2^x$, son un buen ejemplo de crecimientos muy variables. Si se toman intervalos de valores negativos, se ve que la función crece despacio, por lo que se obtendrán tasas muy bajas; sin embargo, al tomar intervalos de valores positivos, la gráfica crece de forma rápida, por lo que la tasa aumenta considerablemente. Esto se puede observar en la gráfica y en los siguientes intervalos:

$$\text{TVM de } f(x) = 2^x \text{ en } [-2\,,\,0] = \frac{f(0) - f(-2)}{0 - (-2)} = \frac{1 - \frac{1}{4}}{2} = \frac{\frac{3}{4}}{2} = \frac{3}{8} = 0{,}375$$

$$\text{TVM de } f(x) = 2^x \text{ en } [0\,,\,2] = \frac{f(2) - f(0)}{2 - 0} = \frac{4 - 1}{2} = \frac{3}{2} = 1{,}5$$

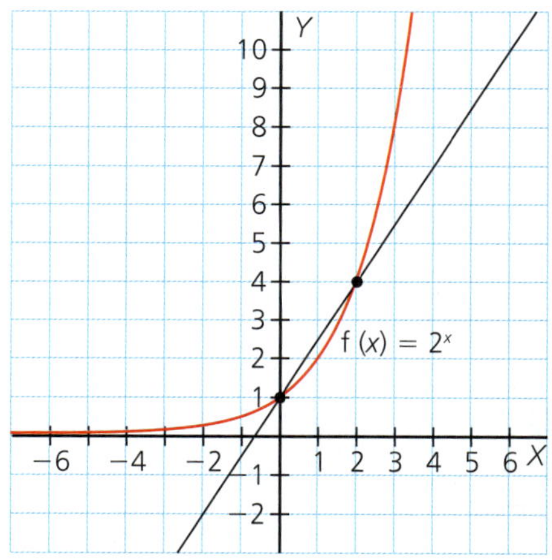

EJEMPLO 2

Sea la función $f(x) = x^2$; si se toman los puntos A (1 , 1) y B (2 , 4), comprueba que la pendiente de la recta que pasa por A y B coincide con la TVM de f (x) en [1 , 2].

Recordemos que la pendiente de una recta coincide con la de uno de sus vectores directores, en este caso $\overrightarrow{AB} = (1\,,\,3)$, y que la pendiente de un vector es el cociente de su segunda coordenada entre la primera; por tanto: pendiente de la recta = $m = \dfrac{3}{1} = 3$.

$$\text{TVM de } f(x) = x^2 \text{ en } [1\,,\,2] = \frac{f(2) - f(1)}{2 - 1} = \frac{4 - 1}{2} = 3$$

La TVM de la función en el intervalo [1 , 2] coincide con la pendiente de la recta secante que pasa por los puntos A y B.

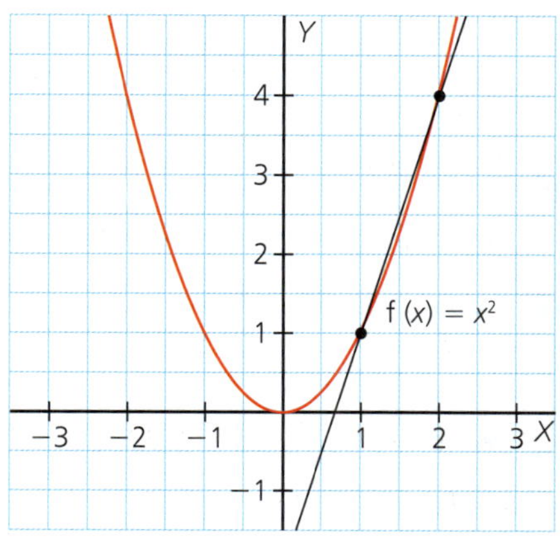

01.2 Tasa de variación instantánea

Cuando el intervalo en el que se estudia la TVM de la función se va reduciendo, se puede llegar a estudiar las variaciones en intervalos cada vez más pequeños, es decir, intervalos del tipo [a , a + h] donde el valor de *h* es cada vez menor.

Para poder expresar que el tamaño de *h* va disminuyendo progresivamente, se recurre al concepto de límite y se dice que $h \to 0$. Con esto conseguimos reducir el tamaño del intervalo hasta convertirlo en un punto.

» **Se denomina tasa de variación instantánea (TVI) de la función f (*x*) en el punto *x* = a al límite:**

$$\text{TVI} = \lim_{h \to 0} \text{TVM de } f(x) \text{ en } [a, a+h] = \lim_{h \to 0} \frac{f(a+h) - f(a)}{h}$$

La tasa de variación instantánea indica, al igual que la tasa de variación media, la variación de la función, salvo que esta vez lo hace en un instante concreto, en $x = a$, en vez de en un intervalo.

EJEMPLO 3

Sea la función $f(x) = x^2 + 2x$; ¿cuál es tasa de variación instantánea de f (*x*) en $x = 1$ y en $x = -1$?

- TVI de f (*x*) en $x = 1$ = $\lim_{h \to 0} \frac{f(1+h) - f(1)}{h} = \lim_{h \to 0} \frac{(1+h)^2 + 2\cdot(1+h) - (1^2+2)}{h} =$

$$= \lim_{h \to 0} \frac{1+2h+h^2+2+2h-3}{h} = \lim_{h \to 0} \frac{h^2+4h}{h} = \lim_{h \to 0} \frac{h\cdot(h+4)}{h} = \lim_{h \to 0} (h+4) = 4$$

- TVI de f (*x*) en $x = -1$ = $\lim_{h \to 0} \frac{f(-1+h) - f(-1)}{h} =$

$$= \lim_{h \to 0} \frac{(-1+h)^2 + 2\cdot(-1+h) - [(-1)^2 - 2]}{h} =$$

$$= \lim_{h \to 0} \frac{1-2h+h^2-2+2h+1}{h} = \lim_{h \to 0} \frac{h^2}{h} = \lim_{h \to 0} h = 0$$

EJEMPLO 4

En la función del ejemplo anterior, ¿en qué instante se obtendrá una TVI = 10?

Se toma $x = a$ como el instante pedido y se resuelve la ecuación (TVI de f (*x*) en $x = a$) = 10.

Es decir:

$$\text{TVI de } f(x) \text{ en } x = a = \lim_{h \to 0} \frac{f(a+h) - f(a)}{h} = 10$$

Primero se calcula el límite:

$$\lim_{h \to 0} \frac{(a+h)^2 + 2\cdot(a+h) - (a^2+2a)}{h} = \lim_{h \to 0} \frac{a^2+2ah+h^2+2a+2h-a^2-2a}{h} =$$

$$= \lim_{h \to 0} \frac{h^2+2ah+2h}{h} = \lim_{h \to 0} \frac{h\cdot(h+2a+2)}{h} = \lim_{h \to 0} (h+2a+2) = 2a+2$$

Por tanto: $2a + 2 = 10 \Rightarrow a = 4$.

En el instante $x = 4$ se tiene que TVI = 10.

+ PIERRE DE FERMAT 1601-1665

En la segunda mitad del siglo XVII se desató una encarnizada disputa por la autoría de la creación del cálculo diferencial. En realidad debería ser Fermat quien se alzara con el honor de dicha invención, pero el peso de los dos matemáticos en discordia, Newton y Leibniz, ha mantenido al tercero en la sombra.

Pero es más conocido Fermat por sus aportaciones a la teoría de números; en concreto, con el conocido como **último teorema de Fermat,** que dice: Si *n* es un número entero mayor que 2, entonces no existen números positivos *x*, *y* y *z*, tales que se cumpla la igualdad:

$$x^n + y^n = z^n$$

Teorema que no fue demostrado hasta el año 1995 por el matemático Andrew Wiles en colaboración con el matemático Richard Taylor.

02 Derivada de una función en un punto

Se define la **derivada de una función,** f (x), en un punto, x = a, como la tasa de variación instantánea, TVI, de f (x) en el punto x = a. Por tanto, la derivada de una función indica la variación de la función en un punto concreto de la misma. La derivada de la función f (x) en el punto x = a se define como:

$$f'(a) = \lim_{h \to 0} \frac{f(a+h) - f(a)}{h}$$

Para calcular la derivada de una función se siguen estos pasos:

- Se hallan f (a) y f (a + h). Si f (a) no existe, la función no será derivable en x = a.
- Se calcula la diferencia entre f (a + h) y f (a).
- Se simplifican el numerador y el denominador dividiendo entre h. Si no fuera posible, la función no sería derivable en x = a, y se calcula el límite.

EJEMPLO 1

Dada la función f (x) = $x^2 - x + 3$, halla f' (1).

$$f'(1) = \lim_{h \to 0} \frac{f(1+h) - f(1)}{h} = \lim_{h \to 0} \frac{[(1+h)^2 - (1+h) + 3] - (1^2 - 1 + 3)}{h} =$$

$$= \lim_{h \to 0} \frac{(1 + 2h + h^2 - 1 - h + 3) - (3)}{h} = \lim_{h \to 0} \frac{h^2 + h}{h} = \lim_{h \to 0} \frac{h \cdot (h+1)}{h} = \lim_{h \to 0} (h+1) = 1$$

Si f' (a) es un número real, la función es derivable en x = 1. Si f' (a) no es un número real o el límite no existe, la función no es derivable en dicho punto. Para que tal resultado exista, es necesario que los límites laterales coincidan. Es decir:

$$\lim_{h \to 0^+} \frac{f(a+h) - f(a)}{h} = \lim_{h \to 0^-} \frac{f(a+h) - f(a)}{h}$$

A estos dos límites se los denomina **derivadas laterales** por la derecha y por la izquierda, respectivamente, y se designan así:

- Derivada lateral por la derecha: $f'(a^+) = \lim_{h \to 0^+} \frac{f(a+h) - f(a)}{h}$.
- Derivada lateral por la izquierda: $f'(a^-) = \lim_{h \to 0^-} \frac{f(a+h) - f(a)}{h}$.

Una función continua, f (x), es derivable en x = a si $f'(a^+) = f'(a^-)$.

Gráficamente, una función es derivable en x = a si f (x) es continua en x = a y no presenta un punto anguloso en x = a. Un punto anguloso es aquel en el que las rectas tangentes por la derecha y por la izquierda a la función en dicho punto presentan distintas pendientes. Visualmente, un punto anguloso es aquel en el que en la gráfica se observa un «pico».

EJEMPLO 2

Comprueba si la función f (x) = |x| es derivable en x = 0.

$$f'(0^+) = \lim_{h \to 0^+} \frac{f(0+h) - f(0)}{h} = \lim_{h \to 0^+} \frac{|0+h| - |0|}{h} = \lim_{h \to 0^+} \frac{h}{h} = 1$$

$$f'(0^+) = \lim_{h \to 0^-} \frac{f(0+h) - f(0)}{h} = \lim_{h \to 0^-} \frac{|0+h| - |0|}{h} = \lim_{h \to 0^-} \frac{-h}{h} = -1$$

Como h se aproxima a cero por la izquierda, h toma valores negativos, con lo que |h| = –h. Por tanto, en x = 0, la función f (x) no es derivable. Se dice que en x = 0 hay un punto anguloso y se puede observar cómo la gráfica, efectivamente, presenta un pico en dicho punto.

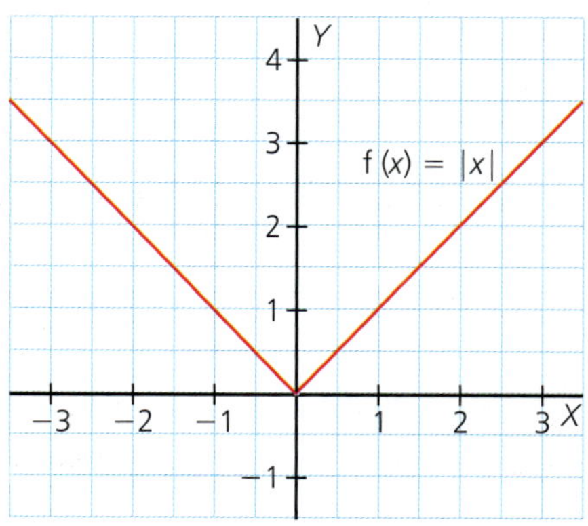

03 Interpretación geométrica de la derivada

Como vimos en la definición de TVM de f (x) en [a , b], su valor coincide con la pendiente del vector $\overrightarrow{AB}$.

Si se toman como intervalo los valores x = a y x = a + h, con h_i aproximándose a 0, podemos comprobar que la TVM de f (x) en el intervalo [a , a + h_i] toma valores cada vez más próximos a la pendiente de la recta r. De hecho, cuando h = 0, la TVM de f (x) se convierte en la TVI de f (x) en el instante x = a.

En consecuencia, puede constatarse que la TVI de f (x) en x = a coincide con la pendiente de la recta r, tangente a f (x) en x = a.

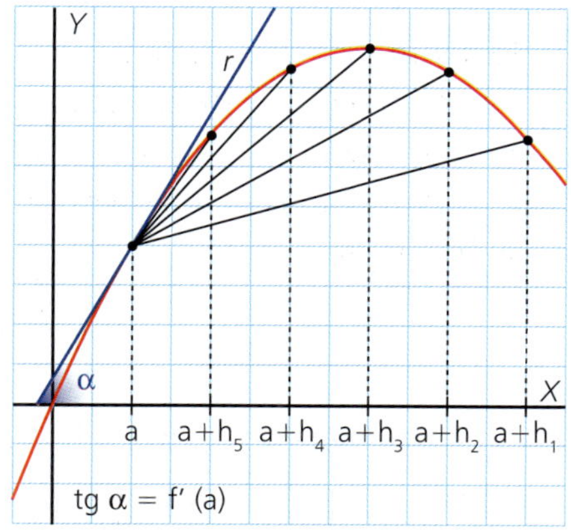

La derivada de la función f (x) en el punto x = a coincide con la pendiente de la recta tangente a f (x) en el punto x = a.

Según la gráfica, se tiene que f' (a) = m_r = tg α.

EJEMPLO 1

Halla la pendiente de la recta tangente a la función f (x) = $x^2 - 5x + 3$ en el punto x = 3 e indica el ángulo de inclinación de dicha recta.

La pendiente pedida coincide con f' (3):

$$f'(3) = \lim_{h \to 0} \frac{f(3+h) - f(3)}{h} = \lim_{h \to 0} \frac{[(3+h)^2 - 5 \cdot (3+h) + 3] - (3^2 - 15 + 3)}{h} =$$

$$= \lim_{h \to 0} \frac{(9 + 6h + h^2 - 15 - 5h + 3) - (3)}{h} = \lim_{h \to 0} \frac{h^2 + h}{h} = \lim_{h \to 0} \frac{h \cdot (h+1)}{h} = \lim_{h \to 0} (h+1) = 1$$

Por tanto, la pendiente de la recta tangente a f (x) en x = 3 es 1.

En cuanto al ángulo de inclinación α, se sabe que la tangente de α coincide con la pendiente de la recta tangente; luego, si tg α = 1 ⇒ α = arctg 1 = 45°.

El ángulo que forma la recta tangente con la horizontal es de 45°.

EJEMPLO 2

Dada la función f (x) = $x^2 - x - 2$, encuentra los puntos donde presenta una recta tangente paralela a la recta $y = x$.

La pendiente de la recta $y = x$ es 1. Como la recta tangente a f (x) es paralela a la recta $y = x$, también será de pendiente 1. Según esto, hay que hallar el valor de x donde la derivada de f (x) valga 1:

$$f'(x) = \lim_{h \to 0} \frac{f(x+h) - f(x)}{h} = \lim_{h \to 0} \frac{[(x+h)^2 - (x+h) - 2] - (x^2 - x - 2)}{h} =$$

$$= \lim_{h \to 0} \frac{x^2 + 2xh + h^2 - x - h - 2 - x^2 + x + 2}{h} = \lim_{h \to 0} \frac{h^2 + (2x-1) \cdot h}{h} =$$

$$= \lim_{h \to 0} \frac{h \cdot (h + 2x - 1)}{h} = \lim_{h \to 0} (h + 2x - 1) = 2x - 1$$

Se resuelve la ecuación $2x - 1 = 1 \Rightarrow 2x = 2 \Rightarrow x = 1$, y se halla la segunda coordenada, f (1) = −2, con lo que el punto buscado será (1 , −2).

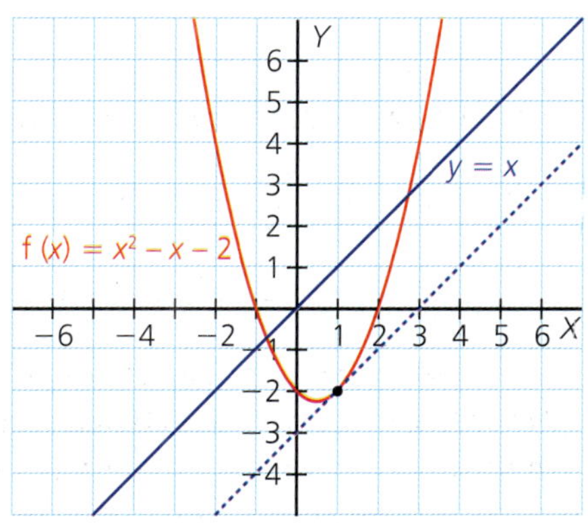

04 Derivadas de funciones elementales

Si se pide calcular f' (x), se toma x como punto genérico, es decir:

$$f'(x) = \lim_{h \to 0} \frac{f(x+h) - f(x)}{h}$$

EJEMPLO 1

Calcula la función derivada de f (x) = $x^2 - x + 3$.

$$f'(x) = \lim_{h \to 0} \frac{f(x+h) - f(x)}{h} = \lim_{h \to 0} \frac{[(x+h)^2 - (x+h) + 3] - (x^2 - x + 3)}{h} =$$

$$= \lim_{h \to 0} \frac{(x^2 + 2xh + h^2 - x - h + 3) - (x^2 - x + 3)}{h} = \lim_{h \to 0} \frac{h^2 + 2hx - h}{h}$$

$$= \lim_{h \to 0} \frac{h \cdot (h + 2x - 1)}{h} = \lim_{h \to 0} (h + 2x - 1) = 2x - 1$$

La derivada de f (x) = $x^2 - x + 3$ es f' (x) = $2x - 1$.

ISAAC NEWTON (1643-1727)

Newton y Leibniz desarrollaron el cálculo diferencial y el concepto de derivada por dos vías diferentes y con diez años de diferencia. Para el matemático inglés, la derivada permitía medir el modo en que una función «fluxiona», «fluye», es decir, varía con el tiempo. Este científico relacionaba el concepto de derivada con el de velocidad del cambio. Por el contrario, Leibniz desarrolló el concepto aplicando la idea estudiada aquí de cociente incremental y pendiente de la recta tangente.

Derivada de la función constante

Sea f (x) = k, con $k \in \mathbb{R}$; se tiene entonces que:

$$f'(x) = \lim_{h \to 0} \frac{f(x+h) - f(x)}{h} = \lim_{h \to 0} \frac{k - k}{h} = \lim_{h \to 0} \frac{0}{h} = \lim_{h \to 0} 0 = 0$$

Si f (x) = k $\Rightarrow$ f' (x) = 0

La derivada de f (x) = 4 es f' (x) = 0, y la derivada de f (x) = $-\frac{1}{3}$ es también, f' (x) = 0, por ser constantes ambas funciones.

Derivada de la función monomio

Sea f (x) = ax^n; en este caso, tenemos que:

$$f'(x) = \lim_{h \to 0} \frac{f(x+h) - f(x)}{h} = \lim_{h \to 0} \frac{a \cdot (x+h)^n - ax^n}{h}$$

$$f'(x) = \lim_{h \to 0} \frac{a \cdot \left[\binom{n}{0}x^n + \binom{n}{1}x^{n-1} \cdot h + \binom{n}{2}x^{n-2} \cdot h^2 + \ldots + \binom{n}{n}h^n\right] - ax^n}{h} =$$

$$= \lim_{h \to 0} \frac{a \cdot x^n + a \cdot n \cdot x^{n-1} \cdot h + a \cdot m \cdot x^{n-2} \cdot h^2 + \ldots + a \cdot h^n - ax^n}{h} =$$

$$= \lim_{h \to 0} \frac{a \cdot n \cdot x^{n-1} \cdot h + a \cdot m \cdot x^{n-2} \cdot h^2 + \ldots + a \cdot h^n}{h} =$$

$$= \lim_{h \to 0} \frac{h \cdot (a \cdot n \cdot x^{n-1} + a \cdot m \cdot x^{n-2} \cdot h + \ldots + a \cdot h^{n-1})}{h} =$$

$$= \lim_{h \to 0} a \cdot n \cdot x^{n-1} + a \cdot m \cdot x^{n-2} \cdot h + \ldots + a \cdot h^{n-1} = a \cdot n \cdot x^{n-1}$$

Si f(x) = ax^n $\Rightarrow$ f'(x) = a · n · x^{n-1}

La derivada de f (x) = $5x^4$ es f' (x) = 5 · 4 · x^3 = 20 x^3.

Derivada de la función logarítmica

Sea $f(x) = \ln x$; tenemos que $f'(x) = \lim\limits_{h \to 0} \frac{f(x+h) - f(x)}{h} = \lim\limits_{h \to 0} \frac{\ln(x+h) - \ln x}{h}$.

Aplicando las propiedades de logaritmos y límites:

$$\lim_{h \to 0} \frac{1}{h} \cdot [\ln(x+h) - \ln x] = \lim_{h \to 0} \ln\left(\frac{x+h}{x}\right)^{\frac{1}{h}} = \ln \lim_{h \to 0}\left(1 + \frac{h}{x}\right)^{\frac{1}{h}} = \ln \lim_{h \to 0}\left(1 + \frac{1}{\frac{x}{h}}\right)^{\frac{1}{h}} =$$

$$= \ln \lim_{h \to 0}\left(1 + \frac{1}{\frac{x}{h}}\right)^{\frac{1}{h}\cdot\frac{x}{h}\cdot\frac{h}{x}} = \ln \lim_{h \to 0}\left(1 + \frac{1}{\frac{x}{h}}\right)^{\frac{x}{h}\cdot\frac{1}{x}} = \ln\left[\lim_{h \to 0}\left(1 + \frac{1}{\frac{x}{h}}\right)^{\frac{x}{h}}\right]^{\frac{1}{x}} =$$

$$= \ln\left[\lim_{h \to 0}\left(1 + \frac{1}{\frac{x}{h}}\right)^{\frac{x}{h}}\right]^{\lim\limits_{h \to 0}\frac{1}{x}} = \ln e^{\lim\limits_{h \to 0}\frac{1}{x}} = \lim_{h \to 0}\frac{1}{x} = \frac{1}{x}$$

$$\mathbf{f(x) = \ln x \Rightarrow f'(x) = \frac{1}{x}}$$

EJEMPLO 2

Aplicando la definición, calcula la derivada de $f(x) = \ln 3x^2$.

$$f'(x) = \lim_{h \to 0} \frac{f(x+h) - f(x)}{h} = \lim_{h \to 0} \frac{\ln 3(x+h)^2 - \ln 3x^2}{h}$$

Aplicando las propiedades de logaritmos y límites:

$$\lim_{h \to 0} \frac{1}{h} \cdot [\ln 3(x+h)^2 - \ln 3x^2] = \lim_{h \to 0} \ln\left[\frac{3(x+h)^2}{3x^2}\right]^{\frac{1}{h}} = \ln \lim_{h \to 0}\left[1 + \frac{(x+h)^2}{x^2} - 1\right]^{\frac{1}{h}} =$$

$$= \ln \lim_{h \to 0}\left[1 + \frac{(x+h)^2 - x^2}{x^2}\right]^{\frac{1}{h}} = \ln \lim_{h \to 0}\left(1 + \frac{x^2 + 2xh + h^2 - x^2}{x^2}\right)^{\frac{1}{h}} = \ln \lim_{h \to 0}\left(1 + \frac{2xh + h^2}{x^2}\right)^{\frac{1}{h}} =$$

$$= \ln \lim_{h \to 0}\left(1 + \frac{1}{\frac{x^2}{2xh + h^2}}\right)^{\frac{1}{h}} = \ln \lim_{h \to 0}\left(1 + \frac{1}{\frac{x^2}{2xh + h^2}}\right)^{\frac{1}{h}\cdot\frac{x^2}{2xh+h^2}\cdot\frac{2xh+h^2}{x^2}} = \ln \lim_{h \to 0}\left[\left(1 + \frac{1}{\frac{x^2}{2xh + h^2}}\right)^{\frac{x^2}{2xh+h^2}}\right]^{\lim\limits_{h \to 0}\frac{2xh+h^2}{hx^2}} =$$

$$= \ln e^{\lim\limits_{h \to 0}\frac{h(2x+h)}{hx^2}} = \ln e^{\lim\limits_{h \to 0}\frac{2x+h}{x^2}} = \ln e^{\frac{2x}{x^2}} = \frac{2}{x} \cdot \ln e = \frac{2}{x}$$

Si $f(x) = \ln 3x^2 \Rightarrow f'(x) = \frac{2}{x}$

Se puede deducir la derivada de la función logaritmo para cualquier base.

Cambio de base: $\log_b x = \frac{\log_a x}{\log_a b}$. Por tanto: $f(x) = \log_b x = \frac{\ln x}{\ln b} = \frac{1}{\ln b} \cdot \ln x$.

Aplicando las reglas de derivación anteriormente vistas y el cambio de base, se obtiene:

$$f'(x) = \frac{1}{\ln b} \cdot [\ln x]' = \frac{1}{\ln b} \cdot \frac{1}{x} \Rightarrow \mathbf{\ln b} = \frac{\log_b b}{\log_b e} = \frac{1}{\log_b e},$$

$$\mathbf{f'(x) = \log_b e \cdot \frac{1}{x}}$$

05 Derivada de las operaciones con funciones

Derivada de la función suma

Sea F (x) = f (x) + g (x); entonces:

$$F'(x) = \lim_{h \to 0} \frac{F(x+h) - F(x)}{h} = \lim_{h \to 0} \frac{f(x+h) + g(x+h) - [f(x) + g(x)]}{h}$$

Se separa la fracción en dos sumandos:

$$\lim_{h \to 0} \left[\frac{f(x+h) - f(x)}{h} + \frac{g(x+h) - g(x)}{h} \right] = \lim_{h \to 0} \frac{f(x+h) - f(x)}{h} + \lim_{h \to 0} \frac{g(x+h) - g(x)}{h} =$$

$$= f'(x) + g'(x)$$

La derivada de la suma de dos funciones es igual a la suma de sus derivadas:

$$\mathbf{F(x) = f(x) + g(x) \Rightarrow F'(x) = f'(x) + g'(x)}$$

EJEMPLO 1

Deriva la función h (x) = $6x^3$ + ln x.

Si llamamos f (x) = $6x^3$ y g (x) = ln x, hay que calcular la derivada de una suma de funciones. Por tanto:

$$h'(x) = f'(x) + g'(x) \Rightarrow$$

$$\Rightarrow h'(x) = 18x^2 + \frac{1}{x}$$

Derivada de la función producto

Sea F (x) = f (x) · g (x); se cumple entonces que:

$$F'(x) = \lim_{h \to 0} \frac{F(x+h) - F(x)}{h} = \lim_{h \to 0} \frac{f(x+h) \cdot g(x+h) - (f(x) \cdot g(x))}{h}$$

Se suma y se resta en el numerador la expresión f(x + h) · g(x):

$$F'(x) = \lim_{h \to 0} \frac{f(x+h) \cdot g(x) - f(x+h) \cdot g(x) + f(x+h) \cdot g(x+h) - f(x) \cdot g(x)}{h}$$

Se ordenan convenientemente los sumandos y se separan en dos fracciones:

$$F'(x) = \lim_{h \to 0} \left[\frac{f(x+h) \cdot g(x) - f(x) \cdot g(x)}{h} + \frac{f(x+h) \cdot g(x+h) - f(x+h) \cdot g(x)}{h} \right]$$

A continuación, se saca factor común en cada sumando y se aplican las propiedades del producto de límites:

$$F'(x) = \lim_{h \to 0} \left[\left(\frac{f(x+h) - f(x)}{h} \right) \cdot g(x) \right] + \lim_{h \to 0} \left[\left(\frac{g(x+h) - g(x)}{h} \right) \cdot f(x+h) \right] =$$

$$= \lim_{h \to 0} \left[\frac{f(x+h) - f(x)}{h} \right] \cdot \lim_{h \to 0} g(x) + \lim_{h \to 0} \left[\frac{g(x+h) - g(x)}{h} \right] \cdot \lim_{h \to 0} f(x+h) =$$

$$= f'(x) \cdot g(x) + g'(x) \cdot f(x)$$

La derivada del producto de dos funciones es igual a la derivada de la primera función por la segunda sin derivar más la primera sin derivar por la derivada de la segunda:

$$\mathbf{F(x) = f(x) \cdot g(x) \Rightarrow F'(x) = f'(x) \cdot g(x) + g'(x) \cdot f(x)}$$

Pueden abreviarse las derivadas de productos en los que uno de los factores es una constante. Sea F (x) = k · g (x); en este caso f (x) = k = cte, luego f ' (x) = 0.

Y según lo anterior: F' (x) = (k)' · g (x) + k · g' (x) = 0 · g (x) + k · g' (x) = k · g' (x)

$$\mathbf{F(x) = k \cdot g(x) \Rightarrow F'(x) = k \cdot g'(x)}$$

EJEMPLO 2

Deriva la función h (x) = $7x^6$ · ln x.

Si llamamos f (x) = $7x^6$ y g (x) = ln x, hay que calcular la derivada de un producto de funciones. Por tanto:

$$h'(x) = f'(x) \cdot g(x) + g'(x) \cdot f(x)$$

$$h'(x) = 42x^5 \cdot \ln x + \frac{1}{x} \cdot 7x^6$$

Derivada de la función cociente

Sea $F(x) = \frac{f(x)}{g(x)}$; en este caso tenemos que:

$$F'(x) = \lim_{h \to 0} \frac{F(x+h) - F(x)}{h} = \lim_{h \to 0} \frac{\frac{f(x+h)}{g(x+h)} - \frac{f(x)}{g(x)}}{h} =$$

$$= \lim_{h \to 0} \frac{\frac{f(x+h) \cdot g(x) - g(x+h) \cdot f(x)}{g(x+h) \cdot g(x)}}{h} = \lim_{h \to 0} \frac{\frac{f(x+h) \cdot g(x) - g(x+h) \cdot f(x)}{h}}{g(x+h) \cdot g(x)}$$

Se suma y se resta en el numerador la expresión $f(x) \cdot g(x)$ y se ordena:

$$\lim_{h \to 0} \frac{\frac{f(x+h) \cdot g(x) - g(x+h) \cdot f(x) + f(x) \cdot g(x) - f(x) \cdot g(x)}{h}}{g(x+h) \cdot g(x)}$$

Se saca factor común en cada sumando y se aplican las propiedades del producto y el cociente de límites:

$$\lim_{h \to 0} \left[\frac{\frac{f(x+h) \cdot g(x) - f(x) \cdot g(x)}{h}}{g(x+h) \cdot g(x)} - \frac{\frac{g(x+h) \cdot f(x) - f(x) \cdot g(x)}{h}}{g(x+h) \cdot g(x)} \right] =$$

$$= \lim_{h \to 0} \left[\frac{\frac{f(x+h) - f(x)}{h} \cdot g(x)}{g(x+h) \cdot g(x)} \right] - \lim_{h \to 0} \left[\frac{\frac{g(x+h) - g(x)}{h} \cdot f(x)}{g(x+h) \cdot g(x)} \right] =$$

$$= \frac{\lim_{h \to 0} \frac{f(x+h) - f(x)}{h} \cdot \lim_{h \to 0} g(x)}{\lim_{h \to 0} [g(x+h) \cdot g(x)]} - \frac{\lim_{h \to 0} \frac{g(x+h) - g(x)}{h} \cdot \lim_{h \to 0} f(x)}{\lim_{h \to 0} [g(x+h) \cdot g(x)]} =$$

$$= \frac{f'(x) \cdot g(x)}{[g(x)]^2} - \frac{g'(x) \cdot f(x)}{[g(x)]^2} = \frac{f'(x) \cdot g(x) - g'(x) \cdot f(x)}{[g(x)]^2}$$

La derivada de un cociente es igual a la derivada del numerador por el denominador sin derivar menos el numerador sin derivar por la derivada del denominador, todo ello dividido por el denominador al cuadrado:

$$\mathbf{F(x) = \frac{f(x)}{g(x)} \Rightarrow F'(x) = \frac{f'(x) \cdot g(x) - g'(x) \cdot f(x)}{[g(x)]^2}}$$

Otra forma de derivar este tipo de funciones es expresarlas en forma de producto. Es decir:

$$F(x) = \frac{f(x)}{g(x)} = f(x) \cdot [g(x)]^{-1} \Rightarrow F'(x) = f'(x) \cdot [g(x)]^{-1} + f(x) \cdot [-g(x)^{-2}] \cdot g'(x)$$

EJEMPLO 3

Deriva la siguiente función como cociente y como producto: $f(x) = \frac{x^2+1}{x}$.

Como cociente: $f'(x) = \frac{2x \cdot x - (x^2+1) \cdot 1}{x^2} = \frac{x^2-1}{x^2}$

Si se toma $f'(x) = (x^2 + 1) \cdot x^{-1}$, entonces $f'(x) = 2 \cdot x \cdot x^{-1} + (x^2 + 1) \cdot (-x^{-2}) =$

$= 2 - \frac{x^2+1}{x^2} = \frac{x^2-1}{x^2}$

06 Regla de la cadena

La regla de la cadena es el procedimiento que nos indica cómo realizar la derivada de una función compuesta. La regla de la cadena afirma que, si $y = f[g(x)]$, entonces $y' = f'[g(x)] \cdot g'(x)$. Es decir, primero se deriva la función global y después la función interna. Estas dos derivadas se «encadenan» mediante un producto.

EJEMPLO 1

Deriva la siguiente función: $f(x) = \ln(x^2 + 3x - 1)$.

Se trata de la composición entre una función logaritmo y una función polinómica:

$$f'(x) = \frac{1}{x^2 + 3x - 1} \cdot (2x + 3)$$

El primer factor corresponde a la derivada del logaritmo, y el segundo, a la del polinomio, que a su vez es la suma de tres monomios.

En el proceso del cálculo de la derivada de una función compuesta pueden reconocerse tres pasos: clasificar, derivar y encadenar:

- **Clasificar.** Consiste en determinar el orden en el que van a ser derivadas las diferentes funciones que aparecen en la función $f(x)$. Se debe ir derivando sucesivamente la función que englobe a todas las demás.
- **Derivar.** Se aplica la fórmula correspondiente según la función que se derive.
- **Encadenar.** Se aplica la regla de la cadena; la derivada de «lo de fuera» se multiplica por la derivada de «lo de dentro».

Los productos y los cocientes tienen su «particular» regla de la cadena, ya que en las funciones $y = f(x) \cdot g(x)$ e $y = \frac{f(x)}{g(x)}$ se constata que ninguna engloba a la otra, es decir, ni $f(x)$ está dentro de $g(x)$ ni $g(x)$ está dentro de $f(x)$, sino que las dos forman parte de y, ya sea como producto o cociente. Por ello, se aplican las derivadas tal cual las vimos en el epígrafe anterior.

EJEMPLO 2

Deriva las siguientes funciones:

a. $y = (3x^4 + 2x) \cdot \ln(5x + 1)$

$$y' = f'(x) \cdot g(x) + f(x) \cdot g'(x) \Rightarrow y' = (12x^3 + 2) \cdot \ln(5x + 1) + (3x^4 + 2x) \cdot \frac{5}{5x + 1}$$

b. $y = \frac{3x^4 + 2x}{\ln(5x + 1)}$

$$y' = \frac{f'(x) \cdot g(x) - f(x) \cdot g'(x)}{[g(x)]^2} \Rightarrow y' = \frac{(12x^3 + 2) \cdot \ln(5x + 1) - (3x^4 + 2x) \cdot \frac{5}{5x + 1}}{\ln^2(5x + 1)}$$

La notación de la derivada de una función en un punto o de la función derivada más extendida es la notación de Lagrange: $f'(a)$, $f'(x)$, en general $f^n(x)$, o derivada enésima. Es una notación simple aplicada a una función real de variable real. Por tanto, se sobrentiende que se deriva con respecto a x.

+ OTRAS NOTACIONES DE LA DERIVADA

La notación de Leibniz, $\frac{df}{dx}$, o también $\frac{dy}{dx}$, $\frac{d}{dx}f(x, \ldots)$, permite expresar la función derivada de una función real de variable o variables reales e indicar sobre qué variable independiente se deriva. Las derivadas sucesivas se escriben $\frac{d^n f}{dx^n}$.

La notación de Newton, en desuso, utiliza un punto en lugar del apóstrofe de Lagrange: $\dot{f} = f'$.

07 Tabla de derivadas

Nombre	Función	Derivada
Constante	$y = k$	$y' = 0$
Suma o diferencia	$y = f(x) \pm g(x)$	$y' = f'(x) \pm g'(x)$
Producto	$y = k \cdot f(x)$ $y = f(x) \cdot g(x)$	$y' = k \cdot f'(x)$ $y' = f'(x) \cdot g(x) + f(x) \cdot g'(x)$
Cociente	$y = \dfrac{f(x)}{g(x)}$	$y' = \dfrac{f'(x) \cdot g(x) - f(x) \cdot g'(x)}{[g(x)]^2}$
Monomio	$y = ax^n$	$y' = n \cdot ax^{n-1}$
Potencial	$y = (f(x))^n$	$y' = n \cdot [f(x)]^{n-1} \cdot f'(x)$
Radical	$y = \sqrt{f(x)}$ $y = \sqrt[n]{f(x)}$	$y' = \dfrac{1}{2\sqrt{f(x)}} \cdot f'(x)$ $y' = \dfrac{1}{n \cdot \sqrt[n]{f(x)^{n-1}}} \cdot f'(x)$
Exponencial	$y = e^{f(x)}$ $y = a^{f(x)}$	$y' = e^{f(x)} \cdot f'(x)$ $y' = a^{f(x)} \cdot \ln a \cdot f'(x)$
Logarítmica	$y = \ln f(x)$ $y = \log_b f(x)$	$y' = \dfrac{1}{f(x)} \cdot f'(x)$ $y' = \dfrac{1}{f(x)} \cdot \log_b e \cdot f'(x)$
Trigonométricas	$y = \text{sen } f(x)$ $y = \cos f(x)$ $y = \text{tg } f(x)$	$y' = \cos [f(x)] \cdot f'(x)$ $y' = -\text{sen } [f(x)] \cdot f'(x)$ $y' = \{1 + \text{tg}^2 [f(x)]\} \cdot f'(x) = \dfrac{1}{\cos^2 [f(x)]} \cdot f'(x)$
Trigonométricas inversas	$y = \text{arcsen } [f(x)]$ $y = \arccos [f(x)]$ $y = \text{arctg } [f(x)]$	$y' = \dfrac{1}{\sqrt{1 - f(x)^2}} \cdot f'(x)$ $y' = \dfrac{-1}{\sqrt{1 - f(x)^2}} \cdot f'(x)$ $y' = \dfrac{1}{1 + f(x)^2} \cdot f'(x)$
Potencial-exponencial	$y = [f(x)]^{g(x)}$	$y' = [f(x)]^{g(x)} \cdot \ln f(x) \cdot g'(x) + g(x) \cdot f(x)^{g(x)-1} \cdot f'(x)$

EJEMPLO 1

Deriva la función $f(x) = \cos^3 [\ln (5x^2)]$.

En esta función están incluidas cuatro funciones: potencia, coseno, logaritmo y monomio. Al aplicar la regla de la cadena, aparecerán cuatro factores, cada uno de los cuales corresponde a la derivada de cada una de las funciones incluidas en $f(x)$.

$$f'(x) = [3 \cos^2 \ln (5x^2)] \cdot [-\text{sen } \ln (5x^2)] \cdot \left(\frac{1}{5x^2}\right) \cdot (10x) =$$

$$= [3 \cos^2 \ln [5x^2)] \cdot [-\text{sen } \ln (5x^2)] \cdot \frac{2}{x}$$

EJEMPLO 2

Deriva la función $f(x) = \sqrt{\text{sen } 3x^2}$.

En esta función están incluidas tres funciones: raíz, seno y monomio. Al aplicar la regla de la cadena, aparecerán tres factores, cada uno de los cuales corresponde a la derivada de cada una de las funciones que incluidas en $f(x)$.

$$f'(x) = \frac{1}{2 \cdot \sqrt{\text{sen } 3x^2}} \cdot (\cos 3x^2) \cdot (6x)$$

08 Derivación logarítmica

Es muy eficaz simplificar una derivada, no solo una vez terminado el cálculo de la misma, sino también antes de empezar a realizar los cálculos de derivación. Si se puede simplificar la expresión de una función antes de realizar su derivada, más fáciles y rápidos serán luego los cálculos que se hayan de llevar a cabo.

Derivadas de funciones logarítmicas

Siguiendo esta línea de simplificar las expresiones de las funciones que se van a derivar, son las funciones logarítmicas las que poseen más propiedades que hacen posible su simplificación. Si observas las expresiones del margen, los segundos miembros de las igualdades son más sencillos de derivar que los primeros.

+ PROPIEDADES DE LOS LOGARITMOS

$\log_b [f(x) \cdot g(x)] = \log_b f(x) + \log_b g(x)$

$\log_b \dfrac{f(x)}{g(x)} = \log_b f(x) - \log_b g(x)$

$\log_b [f(x)]^n = n \cdot \log_b f(x)$

$\log_b \sqrt[n]{f(x)} = \dfrac{1}{n} \cdot \log_b f(x)$

EJEMPLO 1

Halla la derivada de $f(x) = \ln \sqrt{\dfrac{2x+1}{2x-1}}$.

$f(x) = \ln \sqrt{\dfrac{2x+1}{2x-1}} \Rightarrow f(x) = \ln \left(\dfrac{2x+1}{2x-1}\right)^{\frac{1}{2}} \Rightarrow f(x) = \dfrac{1}{2} \cdot [\ln(2x+1) - \ln(2x-1)]$

Se deriva y se simplifica: $f'(x) = \dfrac{1}{2} \cdot \left(\dfrac{2}{2x+1} - \dfrac{2}{2x-1}\right) = \dfrac{1}{2x+1} - \dfrac{1}{2x-1} = \dfrac{2x-1-2x-1}{4x^2-1} = \dfrac{-2}{4x^2-1}$

Derivación logarítmica

La derivación logarítmica consiste en introducir logaritmos en funciones en las que no aparecen logaritmos, siempre y cuando esta modificación se vea beneficiada por las propiedades que posteriormente se puedan aplicar. Se recomienda el uso de este procedimiento de derivación en funciones del tipo potencial-exponencial o raíces y potencias con productos o cocientes incluidos. Los pasos que hay que seguir en este método de cálculo de derivadas son:

- Introducir logaritmos en los dos miembros de la igualdad:

$$y = f(x) \Rightarrow \ln y = \ln f(x)$$

- Aplicar las propiedades de los logaritmos en $\ln f(x)$ [se entiende que $f(x)$ es una función simplificable].
- Derivar los dos miembros de la igualdad, $(\ln y)' = [\ln f(x)]'$, teniendo en cuenta que $(\ln y)' = \dfrac{1}{y} \cdot y' = \dfrac{y'}{y}$, por lo que resultará $\dfrac{y'}{y} = [\ln f(x)]'$.
- Despejar y' en el primer miembro y sustituir y por $f(x)$.

EJEMPLO 2

Halla la derivada de $y = (\text{sen } 2x)^{x^2-x+1}$.

Se trata de una función potencial-exponencial. Para su resolución, se aplica la derivación logarítmica.

Se introducen logaritmos: $\ln y = \ln (\text{sen } 2x)^{x^2-x+1} \Rightarrow \ln y = (x^2-x+1) \cdot \ln(\text{sen } 2x)$.

Se derivan los dos miembros de la igualdad:

$[\ln y]' = [(x^2-x+1) \cdot \ln(\text{sen } 2x)]' \Rightarrow \dfrac{1}{y} \cdot y' = (2x-1) \cdot \ln(\text{sen } 2x) + (x^2-x+1) \cdot \dfrac{1}{\text{sen } 2x} \cdot \cos 2x \cdot 2.$

Se despeja y', y se sustituye y por su expresión: $y' = [(2x-1) \cdot \ln(\text{sen } 2x) + (x^2-x+1) \cdot 2 \text{ cotg } 2x] \cdot (\text{sen } 2x)^{x^2-x+1}$.

09 Recta tangente a una función

Hemos visto anteriormente que la derivada de la función f (x) en el punto $x = \text{a}$ coincide con la pendiente de la recta tangente a f (x) en el punto $x = \text{a}$.

Se puede calcular la ecuación de la recta tangente a la función f (x) en el punto $x = \text{a}$, tomando como punto el de tangencia y como pendiente $\text{m} = \text{f}'(\text{a})$.

La ecuación de la recta tangente será entonces:

$$y - \text{f}(\text{a}) = \text{f}'(\text{a}) \cdot (x - \text{a})$$

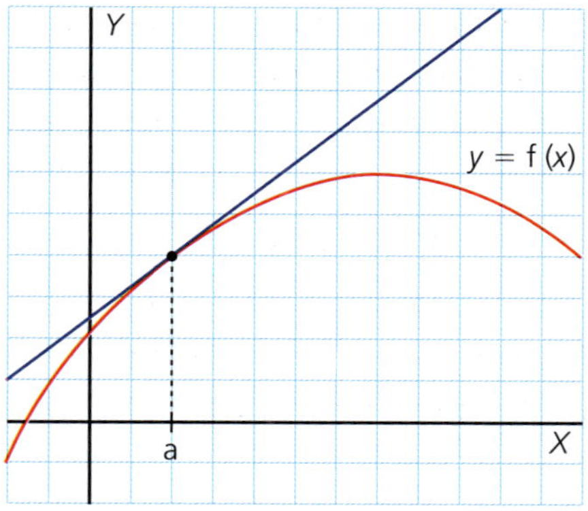

Recuerda que la ecuación punto-pendiente de una recta que pasa por el punto $\text{P}(\text{p}_1, \text{p}_2)$ es $y - \text{p}_2 = \text{m} \cdot (x - \text{p}_1)$.

EJEMPLO 1

Dada la función f $(x) = x^2 - 3x + 5$, halla la ecuación de la recta tangente en el punto $x = 0$.

Con este fin, se necesita conocer la pendiente y la coordenada y del punto de tangencia.

Para hallar la pendiente, se calcula la derivada, $\text{f}'(x) = 2x - 3$, y se determina f' (0), sustituyendo $x = 0$ en $\text{f}'(x) \Rightarrow \text{f}'(0) = -3$ {no confundir f' (0) con [f (0)]'}.

Para determinar el punto de tangencia, se calcula f (0) = 5; luego, es el punto (0 , 5).

Por tanto, la recta tangente a f (x) en $x = 0$ es $y - 5 = -3 \cdot (x - 0) \Rightarrow 3x + y - 5 = 0$.

A partir de la relación entre derivada y pendiente se pueden **hallar los puntos de tangencia** de una función en los que la recta tangente presenta una determinada pendiente, así como el ángulo que forma esa recta con la horizontal.

EJEMPLO 2

Dada la función f $(x) = x^2 - 2x + 3$, determina los puntos de f (x) donde existe una recta tangente de pendiente 4 y una recta tangente horizontal.

Para determinar un punto con una determinada pendiente, m, se resuelve la siguiente ecuación:

f' (punto) = m; y si al punto se lo identifica con x, la ecuación es $\text{f}'(x) = \text{m}$.

- Para hallar los puntos de tangencia de pendiente 4, se resuelve:

  $$\text{f}'(x) = 4 \Rightarrow 2x - 2 = 4 \Rightarrow x = 3$$

  Si $x = 3 \Rightarrow \text{f}(3) = 3^2 - 6 + 3 = 6$. Luego, el punto de tangencia es el (3 , 6).

- Para establecer el punto de tangencia de una recta tangente horizontal, hay que tener en cuenta que las rectas horizontales tienen pendiente 0; por tanto, se resuelve:

  $$\text{f}'(x) = 0 \Rightarrow 2x - 2 = 0 \Rightarrow x = 1$$

  Si $x = 1 \Rightarrow \text{f}(1) = 1 - 2 + 3 = 2$, con lo que el punto de tangencia es el punto (1 , 2).

Conviene recordar que la pendiente de una recta se deduce por el coeficiente de x cuando la recta está expresada en forma explícita, es decir, despejada la y.

Así, la recta $r: x - 2y + 1 = 0 \Rightarrow y = \frac{x+1}{2}$ tiene pendiente $\text{m} = \frac{1}{2}$.

10 Monotonía. Crecimiento y decrecimiento

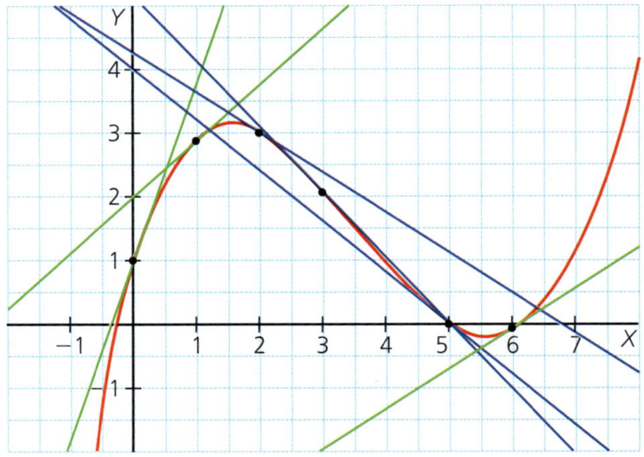

Si se trazan rectas tangentes a la gráfica de una función en puntos donde la función decrece, las rectas tangentes también son decrecientes, y, por tanto, sus pendientes son negativas. Por el contrario, si se trazan rectas tangentes en puntos donde la función es creciente, las rectas tangentes son crecientes y, en consecuencia, sus pendientes son positivas.

Se puede establecer una relación entre la monotonía (crecimiento y decrecimiento) de una función y su derivada. Cuando la función crece, las rectas tangentes a f (x) tienen pendiente positiva; luego, la derivada de f (x) es positiva. Cuando la función decrece, las rectas tangentes a f (x) tienen pendiente negativa; en consecuencia, la derivada de f (x) es negativa. Por tanto:

Una función f (x) es creciente en $x = a$ si f' (a) > 0.

Una función f (x) es decreciente en $x = a$ si f' (a) < 0.

Se pueden determinar los intervalos de crecimiento y decrecimiento de una función resolviendo las inecuaciones f' $(x) > 0$ y f' $(x) < 0$. Para ello, se pueden seguir estos pasos:

- Se calcula f' (x) y se resuelve la ecuación f' $(x) = 0$. Si f' (x) es una fracción, se resuelve también la ecuación que resulta de igualar el denominador a cero, y se sitúan todas las soluciones en la recta real.
- Se establecen los intervalos que han formado las soluciones en la recta real, comprendidos entre $-\infty$ y $+\infty$. Se toma un valor, a, de cada intervalo y se determina la monotonía del mismo, teniendo en cuenta el siguiente criterio:
  - Si f' (a) > 0, en el intervalo que contiene a $x = a$, la función es creciente.
  - Si f' (a) < 0, en el intervalo que contiene a $x = a$, la función es decreciente.

EJEMPLO 1

Determina los intervalos de crecimiento y decrecimiento de la función f $(x) = x^3 - 3x^2 - 9x + 1$.

Hay que calcular la derivada f' $(x) = 3x^2 - 6x - 9$.

Se resuelve f' $(x) = 3x^2 - 6x - 9 = 0 \Rightarrow x^2 - 2x - 3 = 0 \Rightarrow x = \dfrac{2 \pm \sqrt{4+12}}{2} = \dfrac{2 \pm 4}{2} = \begin{cases} x = 3 \\ x = -1 \end{cases}$.

Se sitúan en la recta real los valores $x = -1$ y $x = 3$ y se obtienen los intervalos $(-\infty, -1)$, $(-1, 3)$ y $(3, \infty)$.

$$\underset{-\infty}{} \quad f'(-2) > 0 \quad \underset{-1}{|} \quad f'(0) < 0 \quad \underset{3}{|} \quad f'(4) > 0 \quad \underset{+\infty}{}$$

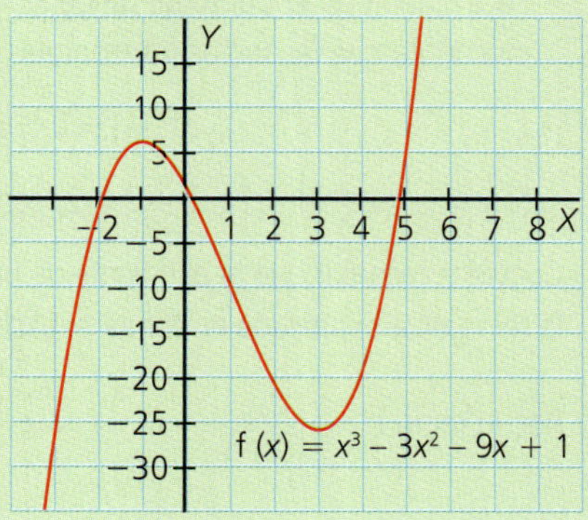

Se toma un valor de cada intervalo y se comprueba su monotonía:

- f' $(-2) = 3 \cdot (-2)^2 - 6 \cdot (-2) - 9 = 12 + 12 - 9 = 15 > 0$; luego, f (x) es creciente en $(-\infty, -1)$.
- f' $(0) = 3 \cdot 0^2 - 6 \cdot 0 - 9 = -9 < 0$; por tanto, f (x) es decreciente en $(-1, 3)$.
- f' $(4) = 3 \cdot 4^2 - 6 \cdot 4 - 9 = 48 - 24 - 9 = 15 > 0$, de modo que f (x) es creciente en $(3, \infty)$.

En consecuencia, la función es creciente en $(-\infty, -1) \cup (3, \infty)$ y decreciente en $(-1, 3)$.

EJEMPLO 2

Determina los intervalos de crecimiento y decrecimiento de la función $f(x) = \dfrac{x^2}{x-2}$.

$$f'(x) = \frac{2x\cdot(x-2) - x^2\cdot 1}{(x-2)^2} = \frac{x^2-4x}{(x-2)^2} = 0 \Rightarrow x\cdot(x-4) = 0 \Rightarrow \begin{cases} x = 0 \\ x = 4 \end{cases}$$

Como en este caso f' (x) tiene denominador, se resuelve $(x-2)^2 = 0 \Rightarrow x = 2$.

Se sitúan en la recta real los valores $x = 0$, $x = 4$ y $x = 2$ y se obtienen los intervalos $(-\infty, 0)$, $(0, 2)$, $(2, 4)$ y $(4, \infty)$:

$-\infty$		0		2		4		$+\infty$
	$f'(-1) > 0$		$f'(1) < 0$		$f'(3) < 0$		$f'(5) > 0$	

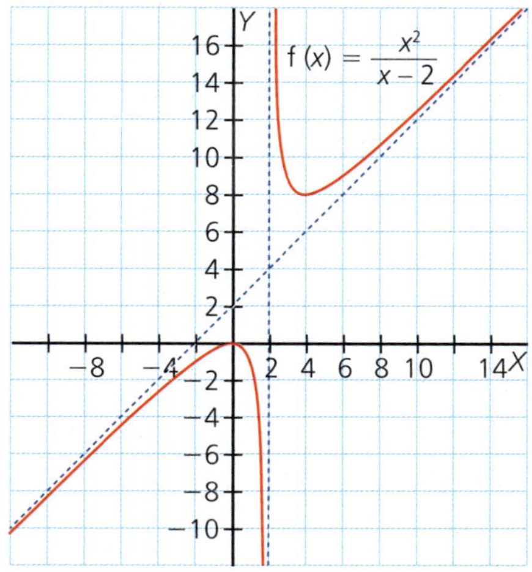

Tomando un valor intermedio en cada intervalo:

- $f'(-1) = \dfrac{1+4}{9} > 0 \Rightarrow f(x)$ es creciente en el intervalo $(-\infty, 0)$.
- $f'(1) = \dfrac{1-4}{1} < 0 \Rightarrow f(x)$ es decreciente en el intervalo $(0, 2)$.
- $f'(3) = \dfrac{9-12}{1} < 0 \Rightarrow f(x)$ es decreciente en el intervalo $(2, 4)$.
- $f'(5) = \dfrac{25-20}{9} > 0 \Rightarrow f(x)$ es creciente en el intervalo $(4, \infty)$.

Por tanto, la función es creciente en $(-\infty, 0) \cup (4, \infty)$ y decreciente en $(0, 2) \cup (2, 4)$.

En funciones en las que el dominio no sea $\mathbb{R}$, el estudio de los intervalos de crecimiento y decrecimiento debe limitarse únicamente a los intervalos acotados por su dominio.

EJEMPLO 3

Estudia la monotonía de $f(x) = \sqrt{-x^2 + 8x - 7}$.

En primer lugar, se calcula su dominio: $\text{Dom}(f) = \{x \in \mathbb{R} \,/\, -x^2 + 8x - 7 \geq 0\} = [1, 7]$.

Se estudia, a continuación, el signo de la derivada:

$$f'(x) = \frac{-2x+8}{2\cdot\sqrt{-x^2+8x-7}} = \frac{-x+4}{\sqrt{-x^2+8x-7}}$$

Se resuelve $f'(x) = 0 \Rightarrow x = 4$. Luego, los intervalos que hay que estudiar son únicamente $(1, 4)$ y $(4, 7)$:

1		4		7
	$f'(2) > 0$		$f'(5) < 0$	

Como $f'(2) > 0 \Rightarrow f(x)$ es creciente en el intervalo $(1, 4)$.

Como $f'(5) < 0 \Rightarrow f(x)$ es decreciente en el intervalo $(4, 7)$.

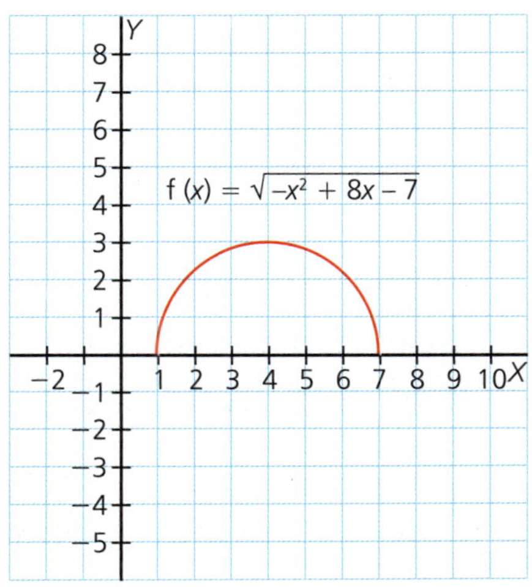

Para hallar la monotonía de $f'(x) = \dfrac{-2x+8}{2\cdot\sqrt{-x^2+8x-7}}$, basta con estudiar el signo del numerador, ya que el denominador siempre será positivo.

11 Extremos relativos. Máximos y mínimos

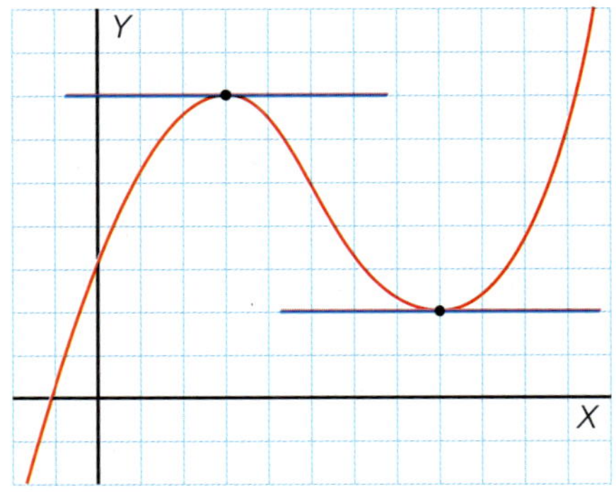

Se puede observar en la gráfica que las rectas tangentes a f (x) en los puntos donde f (x) alcanza un máximo o un mínimo son horizontales. Esto nos indica una nueva relación entre los máximos y mínimos relativos de una función y su derivada.

La condición necesaria para que en f (x) exista un máximo o un mínimo relativo en $x = a$ es que la recta tangente a f (x) en $x = a$ tenga pendiente cero. Por tanto, para que la función presente un **extremo (máximo o mínimo) relativo** en $x = a$, es necesario que $f'(a) = 0$.

Si en una función, f (x), hay un punto, $x = a$, en donde $f'(a) = 0$, entonces la función f (x) puede tener un extremo (máximo o mínimo) relativo en $x = a$.

Sea un punto, $x = a$, tal que $f'(a) = 0$:

- Si en el intervalo anterior y posterior a $x = a$ la función f (x) es creciente y decreciente, respectivamente, entonces f (x) tiene un **máximo relativo** en $x = a$.
- Si, por el contrario, en el intervalo anterior y posterior a $x = a$ la función es decreciente y creciente, respectivamente, entonces f (x) tiene un **mínimo relativo** en $x = a$.

En caso de que $f'(a) = 0$ y el intervalo anterior y posterior a $x = a$ presenten la misma monotonía, entonces $x = a$ no será un extremo relativo, sino un **punto de inflexión** de f (x).

La función f (x) tiene un **punto de inflexión** en $x = a$ si en dicho punto cambia la curvatura de la función.

La función f (x) es **cóncava hacia abajo (cóncava)** en el intervalo (a , b) si, $\forall$ c $\in$ (a , b), la recta tangente a f (x) en $x = c$ está por encima de la gráfica. Se cumple que $f''(c) < 0$, $\forall c \in (a, b)$.

La función f (x) es **cóncava hacia arriba (convexa)** en el intervalo (a , b) si, $\forall$ c $\in$ (a , b), la recta tangente a f (x) en $x = c$ está por debajo de la gráfica. Se cumple que $f''(c) > 0$, $\forall c \in (a, b)$.

EJEMPLO 1

Determina los máximos y mínimos relativos de la función $f(x) = x^3 - 3x^2 - 9x + 1$.

Ya se vio en el ejemplo 1 del epígrafe anterior que las soluciones de $f'(x) = 3x^2 - 6x - 9 = 0$ son $x = 3$ y $x = -1$, que son los posibles máximo y mínimo de f (x).

Como la función es creciente en $(-\infty, -1) \cup (3, \infty)$ y decreciente en $(-1, 3)$, cabe concluir que en $x = -1$ la función pasa de creciente a decreciente; luego, en $x = -1$ hay un máximo relativo de f (x). Análogamente, en $x = 3$, la función pasa de decreciente a creciente; por tanto, en $x = 3$ hay un mínimo relativo de f (x).

De ello se desprende que en el punto $(-1, 6)$ la función f (x) tiene un máximo relativo, y en el punto $(3, -26)$, un mínimo relativo.

Hay otro criterio para determinar los máximos y mínimos de f (x); a partir de la **segunda derivada, f'' (x)**, que se calcula hallando la derivada de f' (x), es decir: $f''(x) = [f'(x)]'$.

Por consiguiente, si $f'(a) = 0$ y $f''(a) > 0$, entonces $x = a$ es un mínimo, ya que pertenece a un intervalo convexo (cóncavo hacia arriba), mientras que, si $f'(a) = 0$ y $f''(a) < 0$, entonces $x = a$ es un máximo, ya que pertenece a un intervalo cóncavo (cóncavo hacia abajo).

+

En el ejemplo:

$$f''(x) = (3x^2 - 6x - 9)' = 6x - 6$$

Se puede comprobar que, en efecto, $f''(-1) < 0$ y $f''(3) > 0$, lo que confirma que son un máximo y un mínimo, respectivamente.

EJEMPLO 2

Determina los máximos y mínimos relativos de la función $f(x) = x^3 - 1$.

Procedemos del siguiente modo:

$$f'(x) = 3x^2 = 0 \Rightarrow 3x^2 = 0 \Rightarrow x = 0$$

Para determinar si $x = 0$ es un máximo o un mínimo, se estudia la monotonía en los intervalos $(-\infty, 0)$ y $(0, \infty)$.

Como $f'(-1) > 0$, entonces en el intervalo $(-\infty, 0)$ la función es creciente, y, dado que $f'(1) > 0$, cabe concluir que en el intervalo $(0, \infty)$ la función también es creciente. Por tanto, la monotonía de $f(x)$ no cambia en $x = 0$, de lo que se desprende que este punto no es ni un máximo ni un mínimo, sino que es un punto de inflexión. [Veremos en la próxima unidad que un punto de inflexión es aquel donde cambia la curvatura de la función y que cumple que $f''(a) = 0$)].

EJEMPLO 3

Halla los valores de *a* y *b* para que la función $f(x) = x^2 + ax + b$ alcance un mínimo en el punto (1 , 2).

El dato del mínimo en (1 , 2) aporta, en realidad, una doble información:

- Por un lado, indica que la imagen de $x = 1$ es 2 $\Rightarrow f(1) = 2$.
- Por otro, informa de que en $x = 1$ hay un mínimo; luego, se cumple que $f'(1) = 0$.

Se establece un sistema de ecuaciones:

$$\begin{cases} f(1) = 2 \\ f'(1) = 0 \end{cases}; \begin{cases} 1 + a + b = 2 \\ 2 + a = 0^* \end{cases}; \begin{cases} a = -2 \\ b = 3 \end{cases}$$

(*) Esta ecuación se obtiene de sustituir $x = 1$ en $f'(x) = 2x + a$.

Problemas de optimización

Son problemas en los que se quiere calcular el valor óptimo de una función, es decir, el valor en el que la función alcanza el máximo o el mínimo.

EJEMPLO 4

¿Cuál de los rectángulos de 16 cm de perímetro tiene el área mayor?

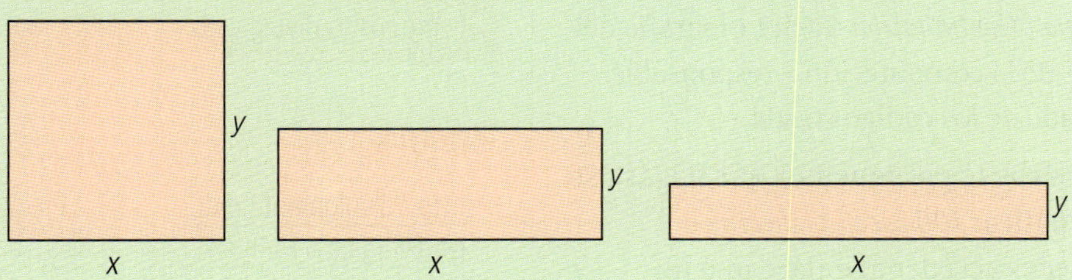

Se quiere optimizar, en este caso, el área: A = base · altura = $x \cdot y$ (donde x es la base, e y, la altura).

Para hallar el área máxima, se debe derivar la función área: $A = x \cdot y$; sin embargo, previamente es necesario hacer que dependa de una sola variable.

Como el perímetro es 16, se tiene que $2x + 2y = 16 \Rightarrow x + y = 8 \Rightarrow y = 8 - x$.

Luego: $A = x \cdot y = x \cdot (8 - x) = 8x - x^2$; ahora ya se puede derivar sin problema.

Para determinar el máximo, se resuelve $A' = 8 - 2x = 0 \Rightarrow 8 - 2x = 0 \Rightarrow x = 4$, y se comprueba que $x = 4$ es un máximo. Con este fin, se constata que $A''(4) < 0$.

Dado que, efectivamente, $A'' = -2 < 0$, cabe deducir que $x = 4$ es el valor máximo.

Se sustituye el valor de x en el perímetro y se obtiene que $y = 4$.

Por tanto, el rectángulo de mayor área es aquel cuyas dimensiones son 4×4 cm, esto es, el cuadrado.

ELABORA TU PROYECTO

LAS MATEMÁTICAS Y EL CINE

Donald en el País de las Matemágicas es un pequeño cuento de Disney que invita a reflexionar y pasear por la historia de esta disciplina.

A lo largo del metraje, la información que se ofrece abarca aspectos tan variados como el número áureo, Pitágoras y la música, la idea de infinito, la probabilidad y las matemáticas de los juegos. Donald, audaz y curioso, se ve sumergido en el País de las Matemágicas y, acompañado de números y figuras geométricas y guiado por la voz del narrador, viaja a la antigua Grecia y descubre el empleo de la lógica en el ajedrez o la geometría en el billar.

Esta película de apenas 25 minutos, producida por la factoría Disney en 1959, es un ejemplo de las muchas posibilidades que ofrece el séptimo arte para adentrarnos en el ámbito matemático, ya sea desde la divulgación, el entretenimiento o los biopics de matemáticos de renombre.

Una mente maravillosa (A beautiful mind), premio Óscar a la mejor película en 2001 e inspirada en la novela homónima de Sylvia Nasar, cuenta la vida de John Forbes Nash, ganador del premio Nobel de Economía del año 1994. Este matemático, que recibió tan alta distinción, vivió aquejado de una esquizofrenia paranoide que dificultó enormemente el desarrollo, no solo de su carrera, sino de sus relaciones afectivas y sociales. Sus aportaciones a la teoría de juegos y los procesos de negociación, también llamado equilibrio de Nash, constituyen la base de los estudios económicos de competencia en el mercado de un mismo bien.

En 2014 se ha presentado *Descifrando enigma (The Imitation Game)*, biografía del matemático Alan Turing, uno de los padres de la computación y responsable, en la Segunda Guerra Mundial, del descifrado de los códigos nazis.

La lista es interminable, pero, para abreviarla, te proponemos que hagas uso de esta publicación de divulgación matemática: *100 escenas de cine y televisión para la clase de matemáticas* (puedes acceder al enlace que te ofrecemos en **Recursos**). Relee las propuestas que se exponen y realiza una presentación con su contenido.

Prepara una exposición oral o escrita, individual o en grupo, para desarrollar esta propuesta.

Pautas de presentación del trabajo

1 Realiza una presentación con las cinco películas que más interés te susciten. Explica el ámbito matemático que desarrollan y ofrece una crítica personal, tanto en relación con el tratamiento dado a los conceptos matemáticos, como con la consecución o no de su propósito divulgativo.

Recursos

→ http://divulgamat2.ehu.es/divulgamat15/index.php?option=com_content&view=article&id=16401:100-escenas-de-cine-y-television-para-la-clase-de-matematicas&catid=53:libros-de-divulgaciatemca&directory=67

ELABORA TU ORGANIZADOR VISUAL

Realiza un mapa conceptual en el que recojas los contenidos fundamentales estudiados en esta unidad. Puedes partir de esta propuesta:

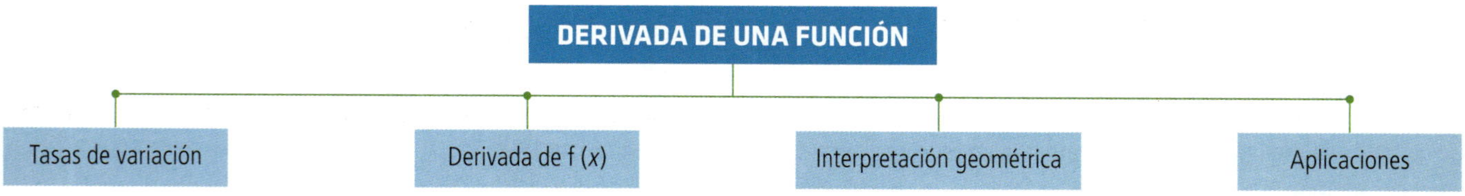

EVALUACIÓN

1 Aplicando la definición de derivada, calcula la función derivada de $f(x) = x^2 - 5x + 6$.

2 Calcula las derivadas de las siguientes funciones:

a. $y = \ln\left(\frac{\sqrt{x}}{e^{2x+3}}\right)$

b. $y = (x^2 + 3x)^{\text{sen}\, x}$

3 Determina la función derivada de una función que verifica que en $x = 1$ y $x = 3$ hay un máximo y un mínimo, respectivamente.

4 ¿Para qué valores de *a* la función $f(x) = \frac{ax+3}{x+1}$ tiene derivada siempre positiva?

5 Calcula la recta tangente a la función $y = \ln x$ paralela a la recta $y = x - 8$.

6 Calcula la recta tangente y normal a la hipérbola $x^2 - y^2 = 1$ en el punto de abscisa $x = 2$ y ordenada positiva. Representa dichas rectas.

7 Calcula los máximos y mínimos de la función $f(x) = x^3 - 3x + 6$, así como su crecimiento y decrecimiento

8 La función $f(x) = ax^2 + bx + 6$ se anula para $x = 1$ y tiene un mínimo para $x = 2$. Calcula *a* y *b*.

9 Se dispone de una superficie de cartón cuadrado de un metro de lado. Calcula la longitud del cuadrado que se ha de recortar en las cuatro esquinas para que la caja formada (sin tapa) tenga volumen máximo.

10 Considerando la gráfica de la derivada de una función, $f'(x)$, determina la monotonía y los extremos relativos de la función $f(x)$.

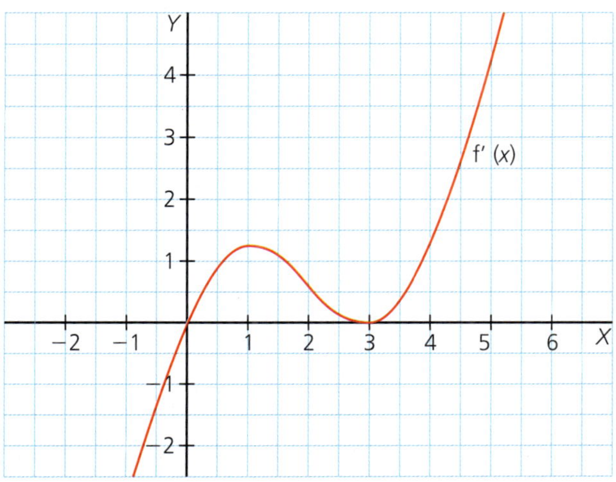

11 Calcula las derivadas de las siguientes funciones:

a. $y = \ln\sqrt{\frac{4+2x}{2+x}}$

b. $y = \ln\sqrt{\frac{2-x}{2+x}}$

c. $y = \ln\sqrt{\frac{1+\text{sen}\, x}{1-\text{sen}\, x}}$

d. $y = \ln\sqrt{\frac{1+\cos x}{1-\cos x}}$

e. $y = \ln\sqrt{\frac{1+x}{1-x}}$

f. $y = \frac{e^x + e^{-x}}{e^x - e^{-x}}$

g. $y = \text{arcsen}\,\sqrt{1-x^2}$

h. $y = \arccos\sqrt{1-e^{2x}}$

i. $y = \text{arctg}\,\sqrt{2x-1}$

j. $y = \text{arctg}\,\sqrt{x^2-1}$

12 Calcula las ecuaciones de las rectas tangentes a la función $f(x) = \ln\frac{x-1}{x+1}$ que sean paralelas a la recta $2x - 3y + 1 = 0$.

13 Calcula la derivada de las siguientes funciones:

a. $f(x) = \text{sen}^2(x^3 \cdot 3^x)$ **b.** $f(x) = (\cos x)^{2x+1}$

14 Dada la función $f(x) = (\sqrt{x} \cdot e^x)^{2x+1}$, halla $f'(x)$ por derivación logarítmica.

15 Halla los máximos y mínimos de la función $f(x) = \frac{x^2-2x}{2x^2+1}$.

16 Sea la función $g(x) = \ln\sqrt{\frac{2x+2}{9-3x}}$, halla la ecuación de la recta tangente a $g(x)$ paralela a la recta $x - 2y + 1 = 0$.

17 A partir de la función $h(x) = e^{3x-1} \cdot (2x^2 - x)$, halla los puntos de tangencia donde $h(x)$ tiene una recta tangente horizontal.

18 Halla los máximos y mínimos de la función $f(x) = \frac{x^2+3}{2x-2}$.

19 Dada la función $f(x) = e^x \cdot \left(\frac{x-3}{2}\right)$, halla la ecuación de la recta tangente a $f(x)$ paralela al eje X.

20 Halla los intervalos de crecimiento y decrecimiento de la función $f(x) = \frac{\ln(x^2-4)}{x^2-4}$.

12 ESTUDIO Y REPRESENTACIÓN DE FUNCIONES

01 Características de una función

A continuación, se definen todas y cada una de las características de una función, y se estudia cómo se calculan y cómo se interpretan.

Dominio

El **dominio** o **campo de existencia** de una función es el conjunto de valores que puede tomar la variable x, es decir, el conjunto de valores para los que están definidas las operaciones que intervienen en la función. Las únicas operaciones que no están definidas en todo $\mathbb{R}$ son las fracciones, las raíces de índice par, los logaritmos y algunas trigonométricas inversas.

Casos	Función	Dominio
Polinomios	$y = a_n x^n + \ldots + a_1 x + a_0$	$\text{Dom} = \mathbb{R}$
Fracciones	$y = \dfrac{f(x)}{g(x)}$	$\text{Dom} = \mathbb{R} - \{\text{denominador} = 0\} =$ $= \mathbb{R} - \{\text{soluciones de } g(x) = 0\}$
Raíces de índice par	$y = \sqrt[\text{par}]{f(x)}$	$\text{Dom} = \{\text{radicando} \geq 0\} = \{f(x)\ 0\}$
Logaritmos	$y = \log_b f(x)$	$\text{Dom} = \{\text{característica} > 0\} = \{f(x) > 0\}$
Trigonométricas inversas	$y = \text{arcsen}\, f(x)$ $y = \arccos f(x)$	$\text{Dom} = \{-1 \leq \text{sen/cos} \leq 1\} =$ $= \{-1 \leq f(x) \leq 1\}$
Resto de funciones		$\text{Dom} = \mathbb{R}$

Gráficamente, los valores de x que pertenecen al dominio se reconocen porque, al trazar una recta vertical que pase por ellos, esta corta a la gráfica; si no la corta, ese valor de x no pertenece al dominio.

Recorrido

El **recorrido** o **conjunto imagen** de una función es el conjunto de valores que puede tomar la variable y. Para calcular el recorrido de $f(x)$ es necesario hallar la función $f^{-1}(x)$ y aplicar:

$$\text{Recorrido}\,[f(x)] = \text{Dominio}\,[f^{-1}(x)]$$

Gráficamente, los valores de y que pertenecen al recorrido se reconocen porque, al trazar una recta horizontal que pase por ellos, esta corta a la gráfica; si no la corta, ese valor de y no pertenece al recorrido.

+

No en todas las funciones existe la posibilidad de calcular $f^{-1}(x)$, por lo que en muchas ocasiones solo podrá determinarse el recorrido a partir de la gráfica.

Simetrías

Se pueden presentar dos tipos de simetría:

- Una función, f (x), presenta **simetría par** si f (x) = f $(-x)$, $\forall\, x \in$ Dom(f). Gráficamente, una función presenta simetría par cuando es el eje Y el que actúa como eje de simetría.
- Una función, f (x), presenta **simetría impar** si f $(-x)$ = –f (x), $\forall\, x \in$ Dom(f). Gráficamente, una función presenta simetría impar cuando es el origen de coordenadas, (0 , 0), el que actúa como centro de simetría.

Si no se da ninguno de los dos casos, no hay simetría y se dice que la función es **asimétrica.** Para decidir estas situaciones, se calcula el valor de f $(-x)$, poniendo $(-x)$ en lugar de x, y el resultado se compara con f (x).

Puntos de corte con los ejes

Son los puntos de la gráfica donde esta corta con los ejes cartesianos:

- Los **puntos de corte con el eje** ***X*** tienen la ordenada nula y la abscisa se obtiene resolviendo la ecuación f (x) =0. El número de soluciones de esa ecuación indica el número de cortes con el eje X.
- Los **puntos de corte con el eje** ***Y*** tienen la abscisa nula, y la ordenada se obtiene calculando f (0). Con este eje solo puede existir un corte, siempre y cuando $x = 0$ pertenezca al dominio de f (x).

EJEMPLO 1

Indica el dominio, recorrido, simetrías y cortes con los ejes de la función f $(x) = \dfrac{x^2-4}{x^2-1}$.

- Dominio: $\mathbb{R} - \{1 , -1\}$
- Recorrido: $(-\infty , 1) \cup [4 , \infty)$
- Simetría: par

  $f(x) = f(-x) \Rightarrow \dfrac{x^2-4}{x^2-1} = \dfrac{(-x)^2-4}{(-x)^2-1}$
- Cortes con los ejes:

  Con el eje X: (2 , 0), (–2 , 0)

  Con el eje Y: (0 , 4)

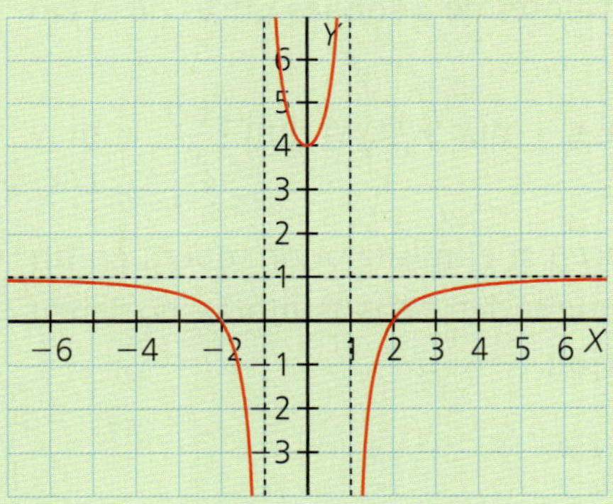

EJEMPLO 2

Indica el dominio, recorrido, simetrías y cortes con los ejes de la función f $(x) = \dfrac{4x}{x^2+1}$.

- Dominio: $\mathbb{R}$
- Recorrido: $[-2 , 2]$
- Simetría: impar

  $f(-x) = -f(x) \Rightarrow \dfrac{4\cdot(-x)}{(-x)^2+1} = \dfrac{-4x}{x^2+1}$
- Cortes con los ejes: (0 , 0)

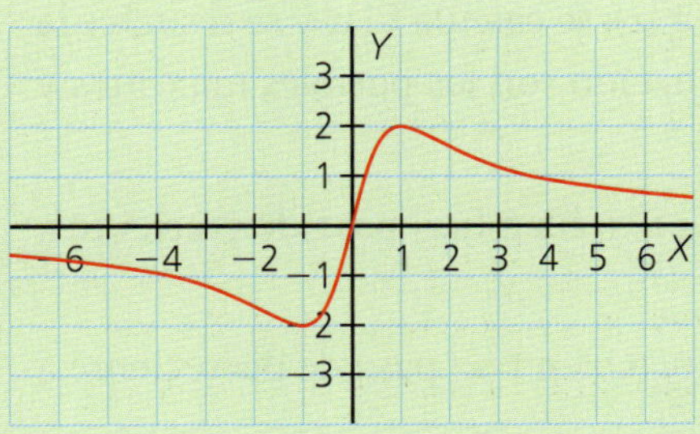

EJEMPLO 3

Indica el dominio, recorrido, simetrías y cortes con los ejes de la función f $(x) = \sqrt{x+4}$.

- Dominio: $[-4 , \infty)$
- Recorrido: $[0 , \infty)$
- Simetría: asimétrica

  $f(x) \neq f(-x)$ y $f(-x) \neq -f(x)$
- Cortes con los ejes:

  Con el eje X: (–4 , 0)

  Con el eje Y: (0 , 2)

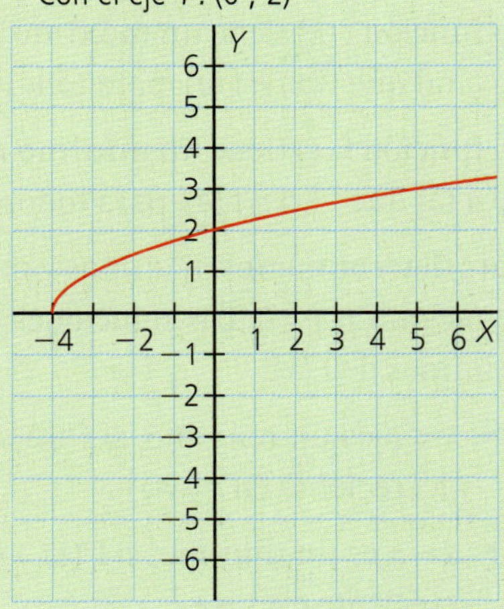

Signo de la función

Esta característica nos muestra los intervalos donde $f(x)$ toma valores positivos y valores negativos:

- La función $f(x)$ es positiva en $x = a$ si $f(a) > 0$.

  Para determinar los intervalos de signo positivo, se resuelve la inecuación $f(x) > 0$.

- La función $f(x)$ es negativa en $x = a$ si $f(a) < 0$.

  Para determinar los intervalos de signo negativo, se resuelve la inecuación $f(x) < 0$.

Gráficamente, los intervalos de signo positivo son los valores de x para los que la gráfica está situada por encima del eje X, mientras que los intervalos de signo negativo son los valores de x para los que la gráfica se sitúa por debajo del eje X.

Asíntotas

Las asíntotas son rectas hacia las que se aproxima una rama infinita de la función, entendiendo por rama infinita cualquier tramo continuo de la función de longitud infinita.

Estas ramas infinitas se producen cuando una de las variables, x o y, toma valores que tienden a $\pm\infty$.

- $f(x)$ tiene una **asíntota horizontal** en $y = a$ si $\lim\limits_{x \to \infty} f(x) = a$ o $\lim\limits_{x \to -\infty} f(x) = a$, donde $a \in \mathbb{R}$.

- $f(x)$ tiene una **asíntota vertical** en $x = a$ si $\lim\limits_{x \to a^+} f(x) = \pm\infty$ o $\lim\limits_{x \to a^-} f(x) = \pm\infty$.

  En funciones racionales, los posibles valores de a son las raíces del denominador. En funciones logarítmicas, los valores de a son las raíces de la característica.

- $f(x)$ tiene una **asíntota oblicua** en $y = mx + n$, si $\lim\limits_{x \to \infty} \dfrac{f(x)}{x} = m$ y $\lim\limits_{x \to \infty} (f(x) - mx) = n$, donde $m, n \in \mathbb{R}$.

  En las funciones racionales solo aparecen si el numerador supera en un grado al denominador; por tanto, para que se den estas asíntotas, no deben existir asíntotas horizontales en la función.

Máximos y mínimos

La función $f(x)$ tiene un **máximo relativo** en $x = a$ si existe un entorno reducido de a tal que $f(x) < f(a)$, para todo x perteneciente al entorno.

La función $f(x)$ tiene un **mínimo relativo** en $x = a$ si existe un entorno reducido de a tal que $f(x) > f(a)$, para todo x perteneciente al entorno.

Para determinar los máximos y mínimos de $f(x)$, se calcula $f'(x)$ y se resuelve la ecuación $f'(x) = 0$. Las soluciones de esta ecuación son los posibles máximos y mínimos de $f(x)$.

- $x = a$ es un máximo, si $f'(a) = 0$ y $f''(a) < 0$, o bien $f(x)$ pasa de creciente a decreciente en $x = a$.

- $x = a$ es un mínimo, si $f'(a) = 0$ y $f''(a) > 0$, o bien $f(x)$ pasa de decreciente a creciente en $x = a$.

Monotonía: crecimiento y decrecimiento

La función f (x) es **creciente** en el intervalo (a , b) si $\forall$c, d $\in$ (a , b)/c < d cumple que f (c) $\leq$ f (d). (f '(x) > 0).

La función f (x) es **decreciente** en el intervalo (a , b) si $\forall$c, d $\in$ (a , b)/c < d cumple que f (c) $\geq$ f (d). (f '(x) < 0).

Para determinar los intervalos de crecimiento y decrecimiento, se resuelven las inecuaciones f '(x) > 0 y f '(x) < 0, respectivamente.

Curvatura: concavidad y convexidad

La función f (x) es **cóncava** (cóncava hacia abajo) en el intervalo (a , b) si, $\forall$c $\in$ (a , b), la recta tangente a f (x) en x = c está por encima de la gráfica [f "(x) < 0].

La función f (x) es **convexa** (cóncava hacia arriba) en el intervalo (a , b) si, $\forall$c $\in$ (a , b), la recta tangente a f (x) en x = c está por debajo de la gráfica [f "(x) > 0].

Para determinar los intervalos de concavidad y convexidad, se resuelven las inecuaciones f "(x) < 0 y f "(x) > 0, respectivamente.

Puntos de inflexión

La función f (x) tiene un **punto de inflexión** en x = a si en dicho punto cambia la curvatura de la función. Para determinar los puntos de inflexión de f (x), se calcula f "(x) y se resuelve la ecuación f " (x) = 0. Las soluciones son los posibles puntos de inflexión. Si la curvatura de la función cambia a la derecha e izquierda de esos puntos, se confirma que lo son.

EJEMPLO 4

Determina el signo, las asíntotas, los máximos, los mínimos, los puntos de inflexión, la monotonía y la curvatura de la función $f(x) = \dfrac{4x}{x^2+1}$.

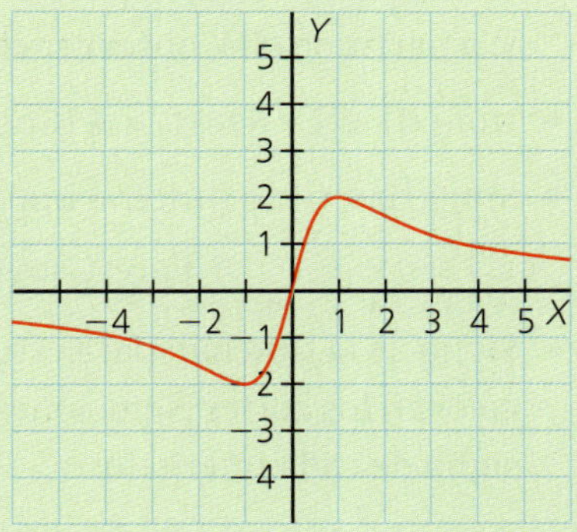

- Asíntota horizontal: $y = 0$
- Máximo: (1 , 2) Mínimo: (–1 , –2)
- Signo: la función es positiva en $(0, \infty)$ y negativa en $(-\infty, 0)$.
- Monotonía: la función es creciente en $(-1, 1)$ y decreciente en $(-\infty, -1) \cup (1, \infty)$.
- Curvatura: la función es cóncava en $(-\infty, -\sqrt{3}) \cup (0, \sqrt{3})$ y convexa en $(-\sqrt{3}, 0) \cup (\sqrt{3}, \infty)$. Tiene tres puntos de inflexión: $(0, 0)$, $(-\sqrt{3}, -\sqrt{3})$ y $(\sqrt{3}, \sqrt{3})$.

EJEMPLO 5

Indica las características anteriores de la función $f(x) = \dfrac{x^3}{x^2-1}$.

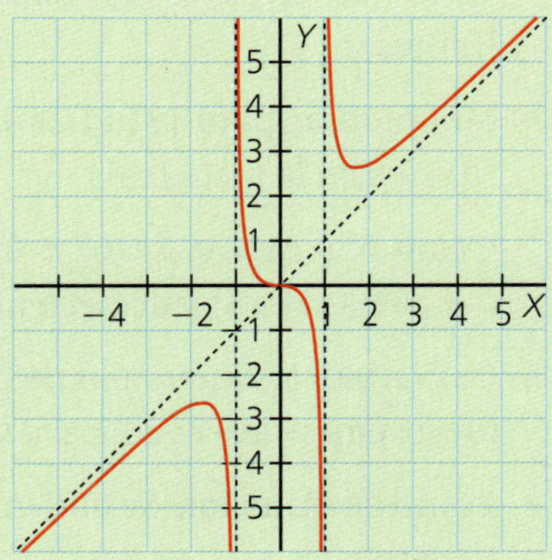

- Asíntotas verticales: $x = 1$ y $x = -1$ Asíntota oblicua: $y = x$
- Máximo: $\left(\sqrt{3}, \dfrac{3\sqrt{3}}{2}\right)$. Mínimo: $\left(-\sqrt{3}, \dfrac{-3\sqrt{3}}{2}\right)$. Punto de inflexión: (0 , 0)
- Signo: es positiva en $(-1, 0) \cup (1, \infty)$ y negativa en $(-\infty, 1) \cup (0, 1)$.
- Monotonía: es creciente en $(-\infty, -\sqrt{3}) \cup (\sqrt{3}, \infty)$ y decreciente en $(-\sqrt{3}, -1) \cup (-1, 1) \cup (1, \sqrt{3})$.
- Curvatura: es cóncava en $(-\infty, -1) \cup (0, 1)$ y convexa en $(-1, 0) \cup (1, \infty)$.

02 Funciones polinómicas de grado igual o mayor que 3

Las funciones polinómicas de grados 0 y 1 dan lugar a rectas y las de grado 2 a parábolas. A partir del grado 3, las funciones polinómicas reciben el nombre genérico de curvas y su representación gráfica está condicionada por los máximos y mínimos que presente la función. Si se calcula esta característica junto con los cortes, ya puede representarse la gráfica de forma precisa.

Vamos a estudiar y representar la función $f(x) = x^3 - 3x$:

- Máximos y mínimos: se calcula la derivada, $f'(x) = 3x^2 - 3$, y se resuelve $f'(x) = 0$: $f'(x) = 0 \Rightarrow 3x^2 - 3 = 0 \Rightarrow 3x^2 = 3 \Rightarrow x = \pm\sqrt{1} = \pm 1$.

  Se halla $f''(x) = 6x$ para determinar cuál será el máximo y el mínimo:

  $$\begin{cases} \text{Como } f''(1) > 0 \Rightarrow x = 1 \text{ corresponde a un mínimo.} \\ \text{Como } f''(-1) < 0 \Rightarrow x = -1 \text{ corresponde a un máximo.} \end{cases}$$

  Se obtienen las segundas coordenadas con:

  $$\begin{cases} f''(1) = -2, \text{ tiene un mínimo en } (1, -2). \\ f''(-1) = 2, \text{ tiene un máximo en } (-1, 2). \end{cases}$$

- Puntos de corte con los ejes:

  $$\begin{cases} \text{Si } x = 0 \Rightarrow f(0) = 0; \text{ luego, corta en el punto } (0, 0). \\ \text{Si } y = 0 \Rightarrow x^3 - 3x = 0 \Rightarrow x \cdot (x^2 - 3) = 0 \Rightarrow x = 0 \text{ y } x = \pm\sqrt{3}; \text{ luego, corta en } (\sqrt{3}, 0) \text{ y en } (-\sqrt{3}, 0). \end{cases}$$

  Si se sitúan los cinco puntos obtenidos, ya se puede representar la gráfica y, a partir de ella, observar el resto de las características.

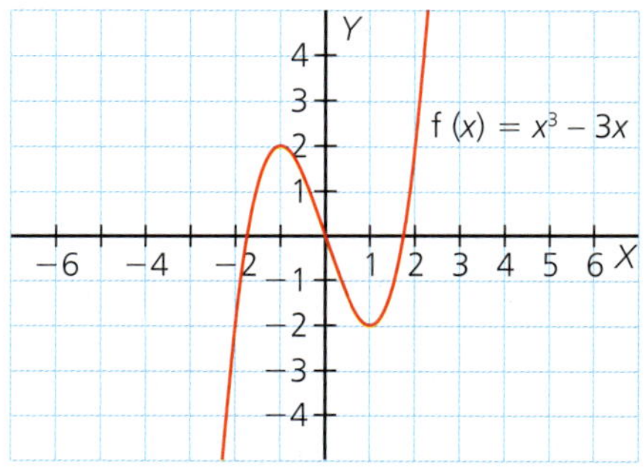

- Dom (f) = $\mathbb{R}$ y Rec (f) = $\mathbb{R}$ (Como se puede comprobar en la gráfica).
- Simetrías: tiene simetría impar $f(-x) = -f(x)$ (en la gráfica vemos que así es):

  $$f(-x) = (-x)^3 - 3 \cdot (-x) = -x^3 + 3x = -f(x)$$

- Signo de la función: para estudiar el signo, se resuelve $f(x) > 0$ o $f(x) < 0$. Se colocan los cortes (soluciones de $f(x) = 0$) en la recta real y se comprueba el signo de cada intervalo:

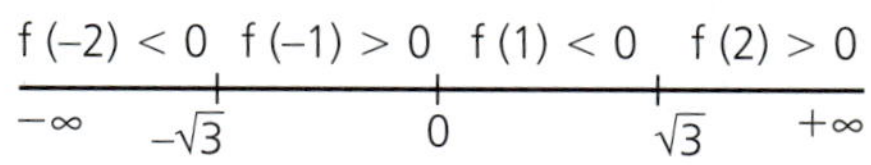

  Como $f(-2) < 0$, $f(-1) > 0$, $f(1) < 0$ y $f(2) > 0$, entonces $f(x)$ tiene signo negativo en $(-\infty, -\sqrt{3}) \cup (0, \sqrt{3})$ y signo positivo en $(-\sqrt{3}, 0) \cup (\sqrt{3}, \infty)$.

- Asíntotas: como los polinomios no tienen asíntotas, no es necesario ver los límites.
- Monotonía: para estudiar la monotonía, se colocan las soluciones de $f'(x) = 0$ en la recta real:

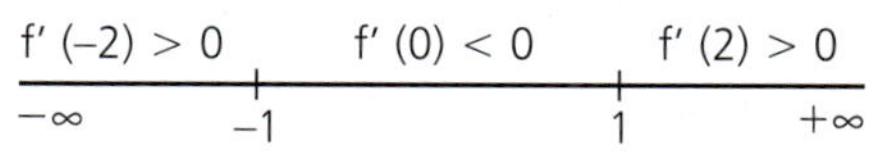

  Como $f'(-2) > 0$, $f'(0) < 0$ y $f'(2) > 0$, entonces $f(x)$ es creciente en $(-\infty, -1) \cup (1, \infty)$ y decreciente en $(-1, 1)$.

- Curvatura: los intervalos de concavidad se obtienen del signo de $f''(x) = 6x$; luego, en $(-\infty, 0)$ es cóncava y en $(0, \infty)$ es convexa.
- Punto de inflexión: se obtiene resolviendo $f''(x) = 0 \Rightarrow 6x = 0 \Rightarrow x = 0$.

  Por tanto, el punto (0 , 0) es el punto de inflexión.

Vamos a estudiar y representar ahora la función $f(x) = x^4 - 4x^2 + 3$:

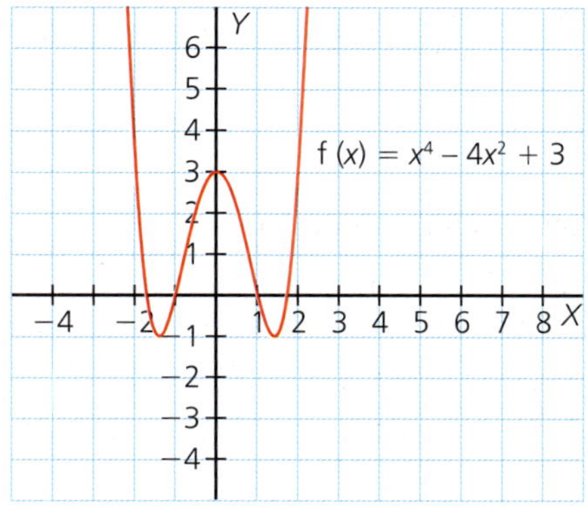

- Máximos y mínimos: se calcula la derivada $f'(x) = 4x^3 - 8x$, y se resuelve $f'(x) = 0$:

$$f'(x) = 0 \Rightarrow 4x^3 - 8x = 0 \Rightarrow 4x \cdot (x^2 - 2) = 0 \Rightarrow x = 0 \text{ y } x = \pm\sqrt{2}$$

Se halla $f''(x) = 12x^2 - 8$ y se comprueba cuáles son máximos y mínimos:

$$\begin{cases} \text{Como } f''(0) < 0, \text{ hay un máximo en } [0, f(0)] = (0, 3). \\ \text{Como } f''(\sqrt{2}) > 0, \text{ hay un mínimo en } [\sqrt{2}, f(\sqrt{2})] = (\sqrt{2}, -1). \\ \text{Como } f''(-\sqrt{2}) > 0, \text{ hay un mínimo en } [-\sqrt{2}, f(-\sqrt{2})] = (-\sqrt{2}, -1). \end{cases}$$

- Puntos de corte con los ejes:

$$\begin{cases} \text{Si } x = 0 \Rightarrow f(0) = 3, \text{ luego corta en } (0, 3). \\ \text{Si } y = 0 \Rightarrow x^4 - 4x^2 + 3 = 0 \Rightarrow \begin{cases} x = \pm\sqrt{3} \\ x = \pm 1 \end{cases}, \text{ corta en } (\pm\sqrt{3}, 0) \text{ y } (\pm 1, 0). \end{cases}$$

Se representan los siete puntos obtenidos, así como la gráfica.

- Dominio: Dom (f) = $\mathbb{R}$ Rec (f) = $[-1, \infty)$
- Simetrías: $f(-x) = (-x)^4 - 4 \cdot (-x)^2 + 3 = x^4 - 4x^2 + 3 = f(x) \Rightarrow$ Simetría par.
- Signo de la función: para estudiar el signo, se colocan los cortes en la recta real y se comprueba el signo de cada intervalo:

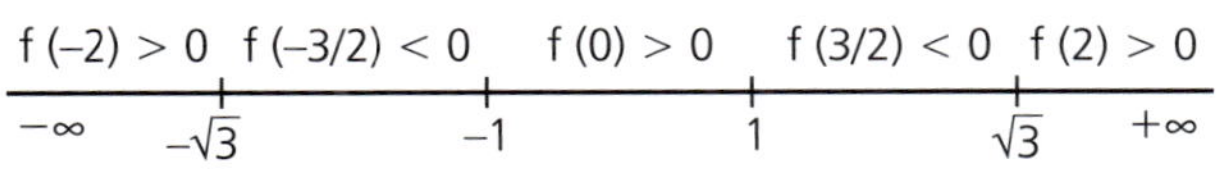

Como $f(-2) > 0$, $f\left(-\frac{3}{2}\right) < 0$, $f(0) > 0$, $f\left(\frac{3}{2}\right) < 0$ y $f(2) > 0$, entonces $f(x)$ tiene signo negativo en $(-\sqrt{3}, -1) \cup (1, \sqrt{3})$ y signo positivo en $(-\infty, -\sqrt{3}) \cup (-1, 1) \cup (\sqrt{3}, \infty)$.

- Asíntotas: como los polinomios no tienen asíntotas, no es necesario ver los límites.
- Monotonía: se colocan las soluciones de $f'(x) = 0$ en la recta real:

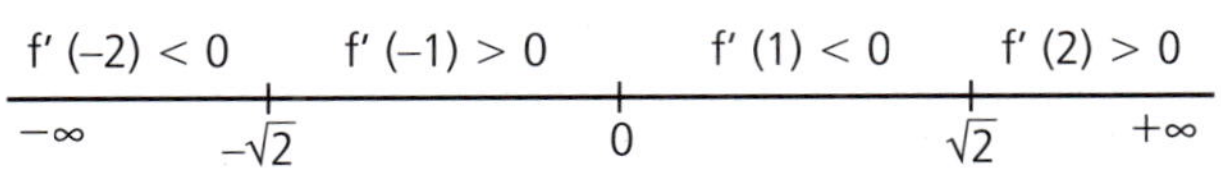

Como $f'(-2) < 0$, $f'(-1) > 0$, $f'(1) < 0$ y $f'(2) > 0$, entonces $f(x)$ es creciente en $(-\sqrt{2}, 0) \cup (\sqrt{2}, \infty)$ y decreciente en $(-\infty, -\sqrt{2}) \cup (0, \sqrt{2})$.

- Curvatura: los intervalos de concavidad se obtienen del signo de $f''(x) = 12x^2 - 8$. Se resuelve primero $12x^2 - 8 = 0$ y se establecen los intervalos: $12x^2 - 8 = 0 \Rightarrow x^2 = \frac{8}{12} \Rightarrow x = \pm\sqrt{\frac{2}{3}}$.

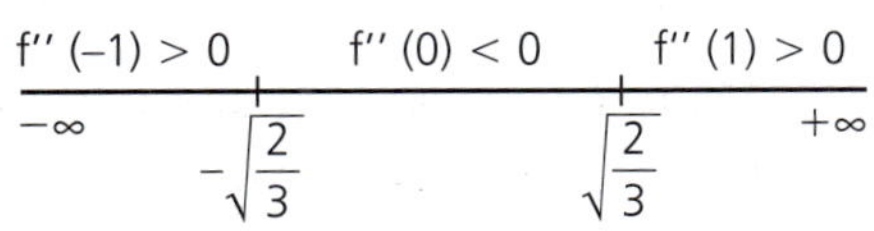

Como $f''(-1) > 0$, $f''(0) < 0$ y $f''(1) > 0$, la función es cóncava en $\left(-\sqrt{\frac{2}{3}}, \sqrt{\frac{2}{3}}\right)$ y convexa en $\left(-\infty, -\sqrt{\frac{2}{3}}\right) \cup \left(\sqrt{\frac{2}{3}}, \infty\right)$.

- Puntos de inflexión: ya se han obtenido, $f''(x) = 0 \Rightarrow \left(\sqrt{\frac{2}{3}}, \frac{7}{9}\right)$ y $\left(-\sqrt{\frac{2}{3}}, \frac{7}{9}\right)$.

+ SIMETRÍA

En las funciones polinómicas se da la particularidad de que la función presenta simetría par si todos sus monomios son de grado par y simetría impar si todos sus monomios son de grado impar, mientras que no presenta simetría si hay monomios de ambos grados.

03 Comportamiento asintótico

En el estudio de los próximos tipos de funciones, una de las características más relevantes son las asíntotas. Las asíntotas son rectas hacia las que se aproxima la gráfica de la función. Cuando una función presenta asíntotas, se dice que su gráfica manifiesta un comportamiento asintótico.

Estas rectas pueden ser horizontales, verticales u oblicuas y, según el tipo de asíntota que se quiera determinar, se calculan unos límites u otros, como ya vimos anteriormente.

Una vez calculadas las asíntotas, hay que saber interpretar el comportamiento asintótico de la función.

Asíntota horizontal	**Si $\lim_{x \to -\infty} f(x) = a$, con $a \in \mathbb{R}$**	**Si $\lim_{x \to +\infty} f(x) = a$, con $a \in \mathbb{R}$**
Interpretación: debe tomarse como válida una de las dos ramas de la gráfica. Para ello, se puede tomar un valor de x y hallar su imagen: según el valor de la y, se toma la rama superior o la inferior.	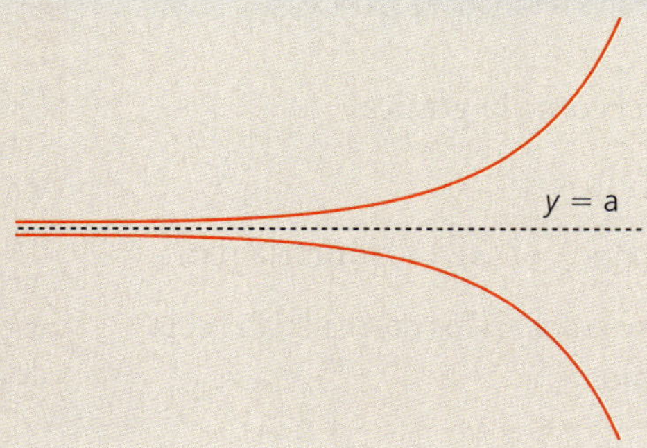	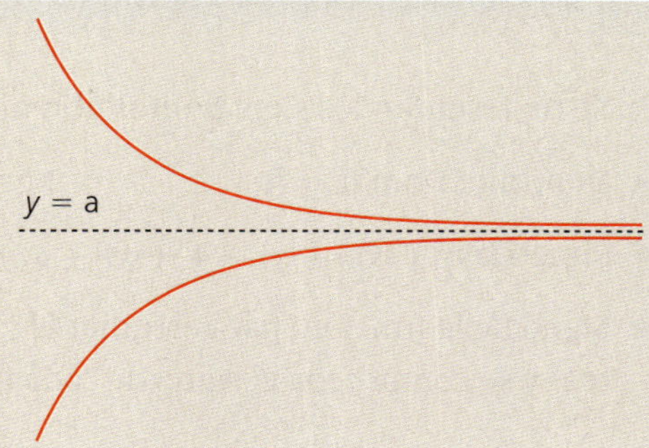

Asíntota vertical	**Si $\lim_{x \to a^-} f(x) = \infty$**	**Si $\lim_{x \to a^+} f(x) = \infty$**	**Si $\lim_{x \to a^+} f(x) = -\infty$**	**Si $\lim_{x \to a^-} f(x) = -\infty$**
Interpretación: si $\lim_{x \to a} f(x) = \pm\infty$, habrá que tomar dos de las cuatro ramas de la derecha. Se pueden hallar los límites laterales en $x = a$ o tomar valores de x cerca de a y hallar sus imágenes.	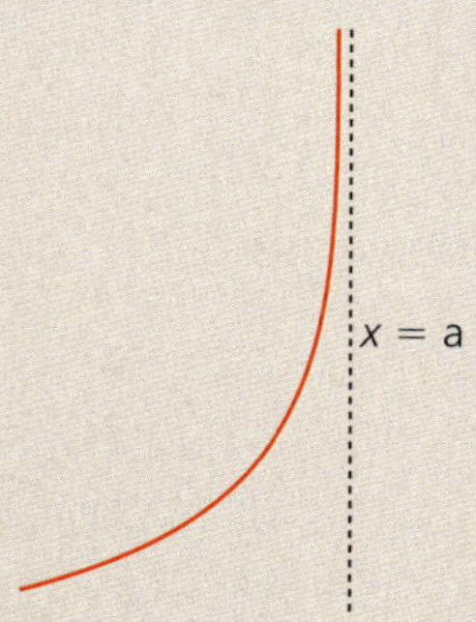	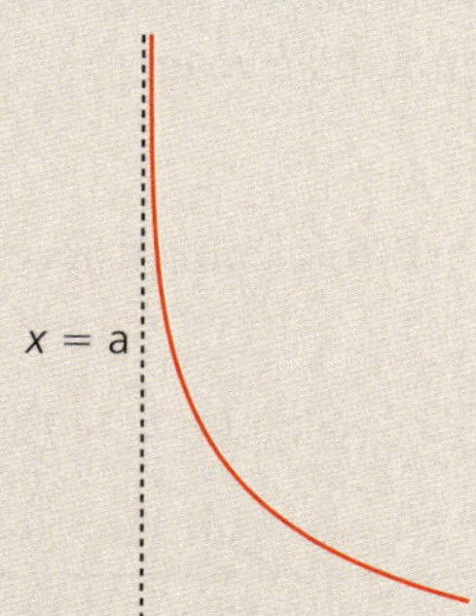	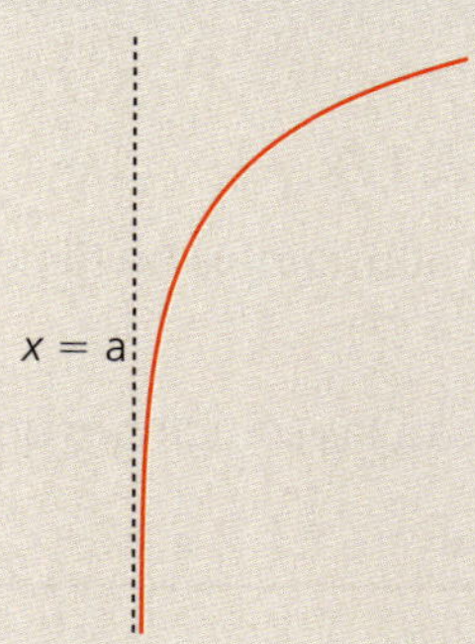	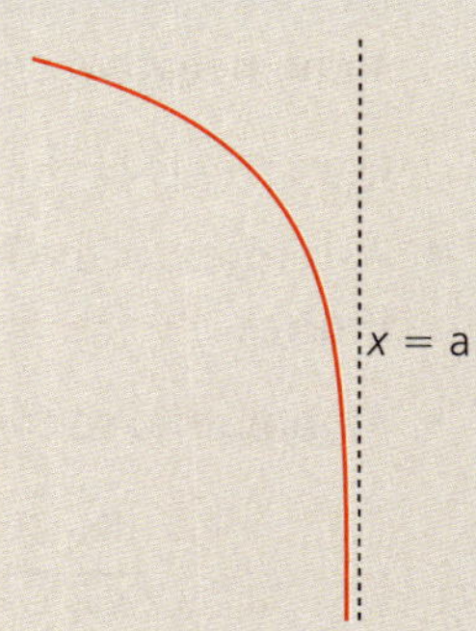

Asíntota oblicua	**Si $\lim_{x \to \infty} \frac{f(x)}{x} = m$ y $\lim_{x \to \infty} (f(x) - mx) = n$, con $m, n \in \mathbb{R}$**
Interpretación: se deben tomar como válidas dos de las cuatro ramas de la gráfica, evidentemente una de la derecha y otra de la izquierda. Como en los casos anteriores, se toman valores de x para decidir cuáles son las ramas correctas.	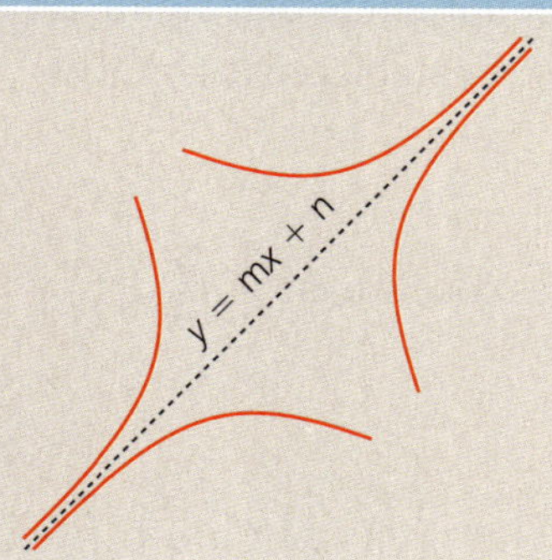

EJEMPLO 1

A partir de las asíntotas de la función $f(x) = \dfrac{x}{x-2}$, representa su gráfica.

- Asíntota horizontal: hay que calcular el $\lim\limits_{x \to \infty} f(x) = \lim\limits_{x \to \infty} \dfrac{x}{x-2} = 1$.

  La asíntota horizontal es $y = 1$ (es el mismo límite tanto con $x \to \infty$, como con $x \to -\infty$).

- Asíntota vertical:

  Hay que calcular $\lim\limits_{x \to 2^+} \dfrac{x}{x-2} = \infty$ y $\lim\limits_{x \to 2^-} \dfrac{x}{x-2} = -\infty$.

  Luego, $\lim\limits_{x \to 2} \dfrac{x}{x-2} = \pm\infty$, y se obtiene que la asíntota vertical es $x = 2$.

Si se representan las dos asíntotas, se tienen cuatro ramas entre las que se deben elegir las dos correctas:

Si se toman $x = 0$ y $x = 3$, se comprueba que $f(0) = 0$ y $f(3) = 3$; luego, las ramas correctas deben pasar por los puntos $(0, 0)$ y $(3, 3)$; por tanto, la gráfica definitiva es la segunda.

Si nos fijamos en los límites laterales en $x = 2$, también llegaríamos a la misma conclusión; por la derecha de $x = 2$, la grafica tiende a $+\infty$ y por la izquierda tiende a $-\infty$.

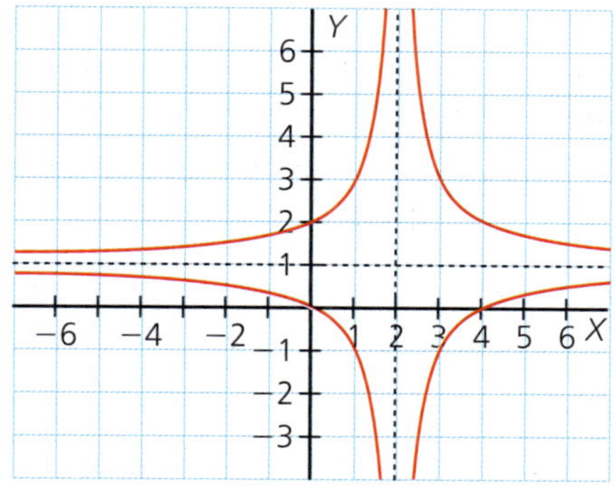

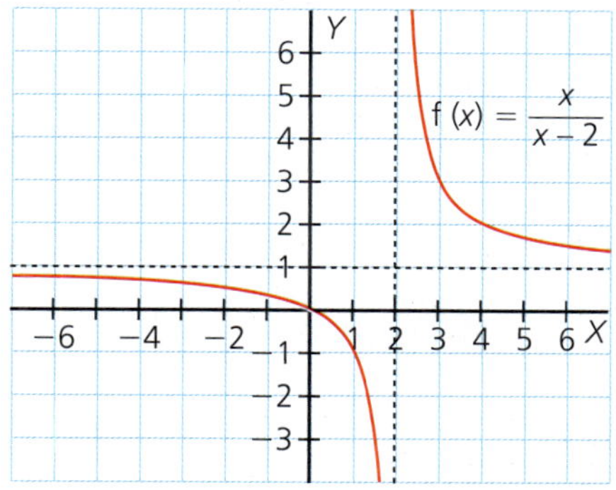

EJEMPLO 2

A partir de las asíntotas de la función $f(x) = \dfrac{x^2-1}{x}$, representa su gráfica.

- Asíntota horizontal: no tiene, ya que $\lim\limits_{x \to \infty} f(x) = \infty$.

- Asíntota vertical:

  Hay que calcular $\lim\limits_{x \to 0^+} \dfrac{x^2-1}{x} = -\infty$ y $\lim\limits_{x \to 0^-} \dfrac{x^2-1}{x} = +\infty$.

  Luego, la asíntota vertical es $x = 0$.

- Asíntota oblicua: hay que calcular los valores de m y n:

$$m = \lim_{x \to \infty} \frac{\frac{x^2-1}{x}}{x} = \lim_{x \to \infty} \frac{x^2-1}{x^2} = 1$$

$$n = \lim_{x \to \infty} \left(\frac{x^2-1}{x} - x\right) = \lim_{x \to \infty} \frac{x^2-1-x^2}{x} = \lim_{x \to \infty} \frac{-1}{x} = 0$$

  Luego, la asíntota oblicua es $y = x$.

Si se representan las dos asíntotas, resultan cuatro ramas entre las que se deben elegir las dos correctas:

Si se toman $x = -1$ y $x = 1$, se comprueba que $f(-1) = 0$ y $f(1) = 0$; luego, las ramas correctas deben pasar por los puntos $(-1, 0)$ y $(1, 0)$, por lo que la gráfica definitiva es la de abajo.

Si nos fijamos en los límites laterales en $x = 0$, también llegaríamos a la misma conclusión; por la izquierda de $x = 0$, la grafica tiende a $+\infty$ y por la derecha tiende a $-\infty$.

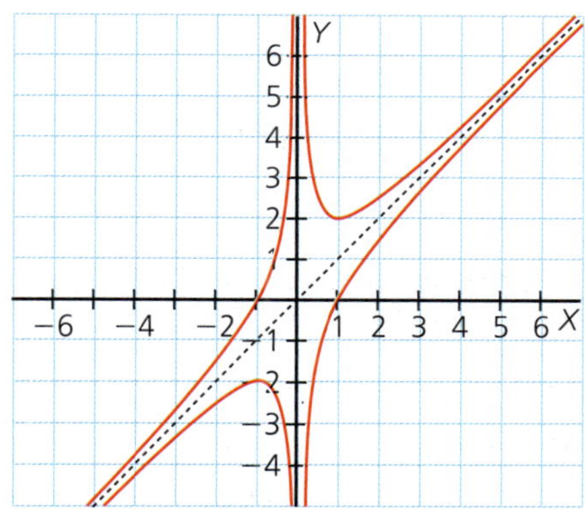

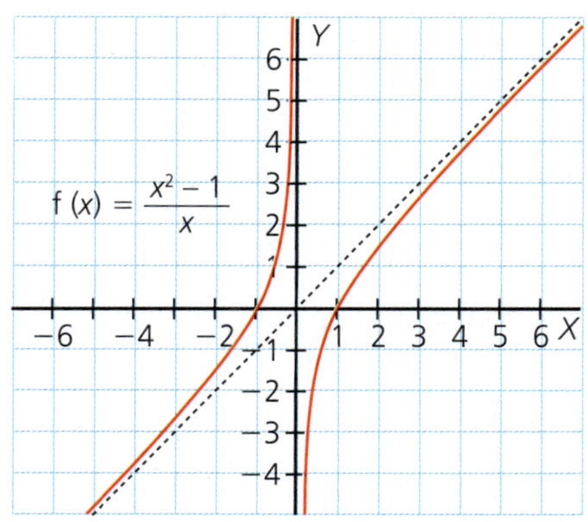

04 Funciones racionales

» Se denominan **funciones racionales** aquellas que son de la forma $f(x) = \frac{P(x)}{Q(x)}$, donde P (*x*) y Q (*x*) son dos polinomios con grado de Q (*x*) ≥ 1.

Una característica en estas funciones es el estudio del comportamiento asintótico. También lo es el dominio, ya que en la mayoría de las funciones racionales existen valores de *x* para los que la función no está definida. Los máximos y mínimos son una característica que hay que tener en cuenta por la información tan relevante que ofrecen.

EJEMPLO 1

Estudia y representa la función $f(x) = \frac{4}{x^2 - 4}$.

- Asíntota horizontal: se calcula el $\lim_{x \to \infty} f(x)$.

  $\lim_{x \to \infty} f(x) = \lim_{x \to \infty} \frac{4}{x^2 - 4} = \frac{4}{\infty} = 0$; luego, hay asíntota horizontal en $y = 0$.

- Asíntota vertical: se hallan los valores que anulan el denominador: $x^2 - 4 = 0 \Rightarrow x = \pm 2$.

  $\lim_{x \to 2} \frac{4}{x^2 - 4} = \infty$ y $\lim_{x \to -2} \frac{4}{x^2 - 4} = \infty$; luego hay asíntotas verticales en $x = 2$ y $x = -2$.

- Asíntota oblicua: como hay asíntota horizontal, no puede haber oblicua.

- Dominio: como para $x = \pm 2$ se anula el denominador, Dom (f) = $\mathbb{R} - \{\pm 2\}$.

- Máximos y mínimos: $f'(x) = \frac{0 - 4 \cdot 2x}{(x^2 - 4)^2} = \frac{-8x}{(x^2 - 4)^2}$. Si $f'(x) = 0 \Rightarrow x = 0$

  En funciones racionales, es más eficaz determinar el máximo y el mínimo con la monotonía.

- Monotonía: se sitúa en la recta real $x = 0$, además de $x = \pm 2$, que anulan el denominador de $f'(x)$.

  Como $f'(-3) > 0$, $f'(-1) > 0$, $f'(1) < 0$ y $f'(3) < 0$, entonces f (*x*) es creciente en $(-\infty, -2) \cup (-2, 0)$ y decreciente en $(0, 2) \cup (2, \infty)$. Esto implica la existencia de un máximo en $x = 0$, ya que pasa de creciente a decreciente. Hay un máximo en (0 , –1).

- Recorrido: en la gráfica puede verse que Rec (f) = $(-\infty, -1] \cup (0, \infty)$.

- Simetrías: la simetría es par, ya que $f(-x) = \frac{4}{(-x)^2 - 4} = \frac{4}{x^2 - 4} = f(x)$.

- Puntos de corte: corta al eje *Y* en (0 , –1), ya que f (0) = –1, y no corta al eje *X*.

- Signo de la función: se estudia el signo en los intervalos $(-\infty, -2)$, $(-2, 2)$ y $(2, \infty)$, y como $f(-3) > 0$, $f(0) < 0$ y $f(3) > 0$, entonces f (*x*) es positiva en $(-\infty, -2) \cup (2, \infty)$ y negativa en $(-2, 2)$.

- Puntos de inflexión: $f''(x) = \frac{-8 \cdot (x^2 - 4)^2 - (-8x) \cdot 2 \cdot (x^2 - 4) \cdot 2x}{(x^2 - 4)^4} = \frac{24x^2 + 32}{(x^2 - 4)^3}$

  Como $f''(x) = 0$ no tiene soluciones, no existen puntos de inflexión.

- Curvatura: dado que $x = \pm 2$ anula el denominador de $f''(x)$, los intervalos de concavidad son:

  Como $f''(-3) > 0$, $f''(0) < 0$ y $f''(3) > 0$, f (*x*) es cóncava en $(-2, 2)$ y convexa en $(-\infty, -2) \cup (2, \infty)$.

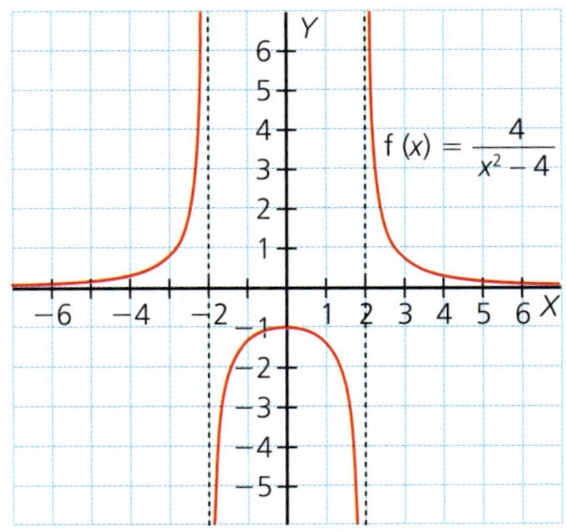

$f'(-3) > 0$ $f'(-1) > 0$ $f'(1) < 0$ $f'(3) < 0$

$-\infty$ | -2 | 0 | 2 | $+\infty$

$f''(-3) > 0$ $f''(0) < 0$ $f''(3) > 0$

$-\infty$ | -2 | 2 | $+\infty$

EJEMPLO 2

Estudia y representa la función $f(x) = \dfrac{x^2+1}{x}$.

- Asíntota horizontal: se calcula el $\lim\limits_{x\to\infty} f(x)$.

  $$\lim_{x\to\infty} f(x) = \lim_{x\to\infty} \frac{x^2+1}{x} = \frac{\infty}{\infty} \Rightarrow \lim_{x\to\infty} \frac{x^2}{x} = \lim_{x\to\infty} x = \infty;$$ luego, no hay asíntota horizontal.

- Asíntota vertical: para la asíntota vertical vemos el valor que anula al denominador: $x = 0$.

  $$\lim_{x\to 0^+} \frac{x^2+1}{x} = \infty \text{ y } \lim_{x\to 0^-} \frac{x^2+1}{x} = -\infty \qquad \lim_{x\to 0} \frac{x^2+1}{x} = \frac{1}{0} = \pm\infty$$

  Hay una asíntota vertical en $x = 0$.

- Asíntota oblicua: para hallar la asíntota oblicua, se calcula m y n:

  $$m = \lim_{x\to\infty} \frac{\frac{x^2+1}{x}}{x} = \lim_{x\to\infty} \frac{x^2+1}{x^2} = \lim_{x\to\infty} \frac{x^2}{x^2} = 1, \text{ y}$$

  $$n = \lim_{x\to\infty} \left(\frac{x^2+1}{x} - x\right) = \lim_{x\to\infty} \frac{x^2+1-x^2}{x} = \lim_{x\to\infty} \frac{1}{x} = 0,$$ luego, $m = 1$ y $n = 0$.

  Por tanto, la función presenta una asíntota oblicua en $y = x$.

- Dominio: como para $x = 0$ se anula el denominador, $\text{Dom}(f) = \mathbb{R} - \{0\}$.

- Máximos y mínimos: $f'(x) = \dfrac{2x \cdot x - (x^2+1)\cdot 1}{x^2} = \dfrac{x^2-1}{x^2}$. Si $f'(x) = 0 \Rightarrow x = \pm 1$

  En funciones racionales, es más eficaz determinar el máximo y el mínimo con la monotonía.

- Monotonía: se coloca en la recta real ± 1, además de 0, que anula el denominador de $f'(x)$:

$f'(-2) > 0$	$f'(-1/2) < 0$	$f'(1/2) < 0$	$f'(2) > 0$
$-\infty$ … -1	-1 … 0	0 … 1	1 … $+\infty$

  Como $f'(-2) > 0$, $f'\left(-\frac{1}{2}\right) < 0$, $f'\left(\frac{1}{2}\right) < 0$ y $f'(2) > 0$, $f(x)$ es creciente en $(-\infty, -1) \cup (1, \infty)$ y decreciente en $(-1, 0) \cup (0, 1)$. Esto implica que $x = 1$ sea mínimo, pasa de decreciente a creciente, y $x = -1$ sea máximo, pasa de creciente a decreciente. $f(-1) = -2$ y $f(1) = 2$.

- Recorrido: en la gráfica puede verse que $\text{Rec}(f) = (-\infty, -2] \cup [2, \infty)$.

- Simetrías: la simetría es impar, ya que $f(-x) = \dfrac{(-x)^2+1}{-x} = \dfrac{x^2+1}{-x} = -f(x)$.

- Puntos de corte: no corta a los ejes porque $f(0)$ no existe.

- Signo de la función: el signo depende de los intervalos $(-\infty, 0)$ y $(0, \infty)$, y como $f(-1) < 0$ y $f(1) > 0$, $f(x)$ es negativa en $(-\infty, 0)$ y positiva en $(0, \infty)$.

- Puntos de inflexión: se halla $f''(x) = \dfrac{2x \cdot x^2 - (x^2-1)\cdot 2x}{x^4} = \dfrac{2x \cdot x - (x^2-1)\cdot 2}{x^3} = \dfrac{2}{x^3}$.

  Como el numerador no se anula nunca, la segunda derivada tampoco lo hace; luego, no existen puntos de inflexión.

- Curvatura: ya que $x = 0$, anula el denominador de $f''(x)$. Los intervalos de concavidad son $(-\infty, 0)$ y $(0, \infty)$. Como $f''(-1) < 0$ y $f''(1) > 0$, entonces $f(x)$ es cóncava en $(-\infty, 0)$ y convexa en $(0, \infty)$.

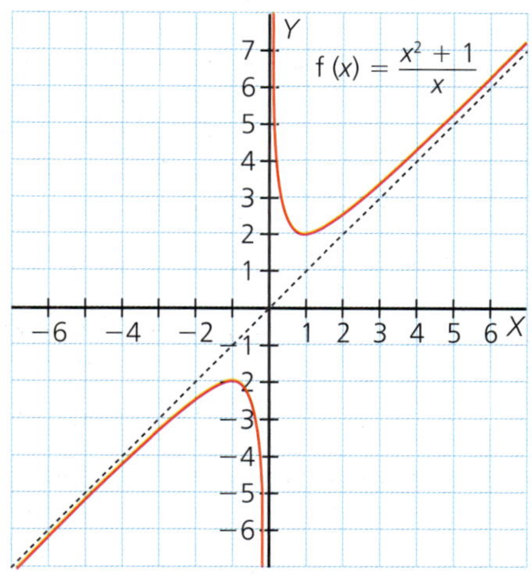

EJEMPLO 3

Estudia y representa la función $f(x) = \dfrac{2x}{x^2+1}$.

- Asíntota horizontal: $\lim\limits_{x\to\infty} \dfrac{2x}{x^2+1} = \dfrac{\infty}{\infty} \Rightarrow \lim\limits_{x\to\infty} \dfrac{2x}{x^2} = \dfrac{2}{\infty} = 0$. Asíntota horizontal en $y = 0$.
- Asíntota vertical: $x^2 + 1 = 0 \Rightarrow x = \sqrt{-1}$. No hay asíntotas verticales.
- Asíntotas oblicuas: tampoco hay debido a la existencia de asíntota horizontal.
- Dominio: como no hay ningún valor de x que anule el denominador, Dom (f) = $\mathbb{R}$.
- Máximos y mínimos:

$$f'(x) = \frac{2\cdot(x^2+1) - 2x\cdot 2x}{(x^2+1)^2} = \frac{-2x^2+2}{(x^2+1)^2} = 0 \Rightarrow -2x^2+2=0 \Rightarrow x = \pm 1$$

Para determinar cuál es el máximo y el mínimo, se analiza la monotonía.

- Monotonía: se disponen en la recta real las soluciones anteriores y se establecen los intervalos:

$-\infty$ a -1	-1 a 1	1 a $+\infty$
$f'(-2) < 0$	$f'(0) > 0$	$f'(2) < 0$

Como $f'(-2) < 0$, $f'(0) > 0$ y $f'(2) < 0$, entonces $f(x)$ es decreciente en $(-\infty, -1) \cup (1, \infty)$ y creciente en $(-1, 1)$. Por tanto, como en $x = -1$ pasa de decreciente a creciente, en $x = -1$ hay un mínimo; por otro lado, en $x = 1$ pasa de creciente a decreciente, por lo que en $x = 1$ hay un máximo.

Luego, hay un mínimo en $[-1, f(-1)] = (-1, -1)$ y un máximo en $[1, f(1)] = (1, 1)$.

- Puntos de corte: $\begin{cases} \text{Si } x = 0,\ f(0) = 0; \text{ luego, corta en el punto } (0, 0) \\ \text{Si } y = 0 \Rightarrow \dfrac{2x}{x^2+1} = 0 \Rightarrow 2x = 0 \Rightarrow x = 0; \text{ luego, solo corta en } (0, 0). \end{cases}$

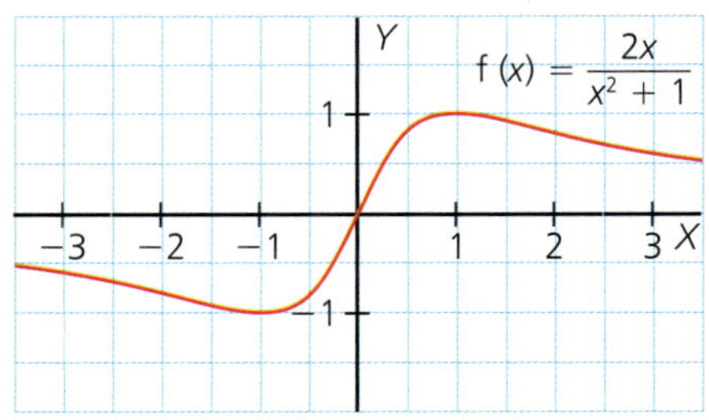

- Recorrido: puede observarse que es Rec (f) = $[-1, 1]$.
- Simetrías: es impar, ya que $f(-x) = \dfrac{2\cdot(-x)}{(-x)^2+1} = \dfrac{-2x}{x^2+1} = -f(x)$.
- Signo de la función: para estudiar el signo, se toman los intervalos $(-\infty, 0)$ y $(0, \infty)$.

Como $f(-1) < 0$ y $f(1) > 0$, la función es positiva en $(0, \infty)$ y negativa en $(-\infty, 0)$.

- Puntos de inflexión:

$$f''(x) = \frac{-4x\cdot(x^2+1)^2 - (-2x^2+2)\cdot 2\cdot(x^2+1)\cdot 2x}{(x^2+1)^4} = \frac{-4x^3-4x+8x^3-8x}{(x^2+1)^3} = \frac{4x^3-12x}{(x^2+1)^3}$$

Resolviendo $f''(x) = 0 \Rightarrow \dfrac{4x^3-12x}{(x^2+1)^3} = 0 \Rightarrow 4x\cdot(x^2-3) = 0 \Rightarrow x = 0$ y $x = \pm\sqrt{3}$.

Hay tres puntos de inflexión: $(0, 0)$, $\left(-\sqrt{3}, -\dfrac{\sqrt{3}}{2}\right)$ y $\left(\sqrt{3}, \dfrac{\sqrt{3}}{2}\right)$.

- Curvatura: los intervalos de concavidad quedan:

$-\infty$ a $-\sqrt{3}$	$-\sqrt{3}$ a 0	0 a $\sqrt{3}$	$\sqrt{3}$ a $+\infty$
$f''(-2) < 0$	$f''(-1) > 0$	$f''(1) < 0$	$f''(2) > 0$

Como $f''(-2) < 0$, $f''(-1) > 0$, $f''(1) < 0$ y $f''(2) > 0$, entonces $f(x)$ es cóncava en $(-\infty, -\sqrt{3}) \cup (0, \sqrt{3})$ y convexa en $(-\sqrt{3}, 0) \cup (\sqrt{3}, \infty)$.

05 Funciones con radicales

Las **funciones con radicales** son aquellas en las que la variable x se encuentra dentro de algún radical, $f(x) = \sqrt[n]{g(x)}$.

En las raíces de índice par, se toma como válida únicamente la solución positiva de la raíz, ya que de lo contrario, la función no podría ser considerada como tal.

EJEMPLO 1

Estudia y representa la función $f(x) = \sqrt{x}$.

- Dominio: $Dom(f) = [0, \infty)$; luego, la gráfica solo ocupará el intervalo $[0, \infty)$. Este dominio ya imposibilita la existencia de ningún tipo de simetría.
- Recorrido: $Rec(f) = [0, \infty)$
- Cortes con los ejes: corta en el punto $(0, 0)$.
- Máximos y mínimos: se calcula $f'(x)$ para determinar los máximos y mínimos: $f'(x) = \frac{1}{2\sqrt{x}}$.

  Como $f'(x) = 0$ no tiene solución, $f(x)$ no tiene máximos ni mínimos.
- Monotonía: solo se tienen en cuenta los valores del dominio, es decir, el intervalo $[0, \infty)$; como $f'(1) > 0$, $f(x)$ es creciente en el intervalo $(0, \infty)$.
- Signo de la función: la función debe ser positiva en todo su dominio, dado que solo se toma como válida la raíz positiva.
- Curvatura: $f''(x) = \frac{-1}{4x \cdot \sqrt{x}}$. Para la curvatura solo tenemos en cuenta los valores del dominio, es decir, el intervalo $[0, \infty)$, y como $f''(1) < 0$, $f(x)$ es cóncava en el intervalo $(0, \infty)$.
- Puntos de inflexión: como $f''(x) = 0$ no tiene solución, $f(x)$ no tiene puntos de inflexión.

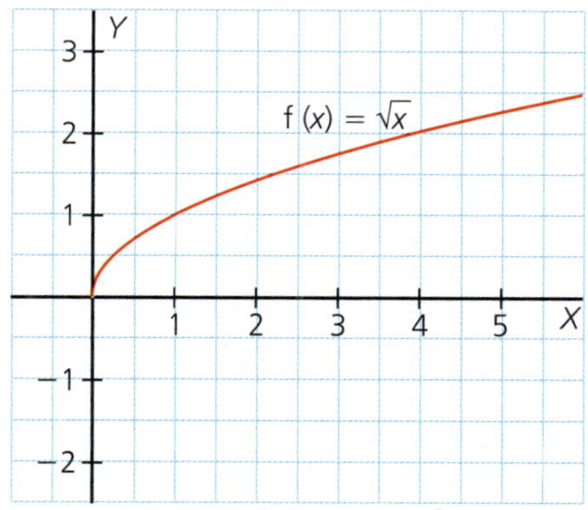

EJEMPLO 2

Estudia y representa la función $f(x) = \sqrt[3]{x}$.

- Dominio: $Dom(f) = \mathbb{R}$ Recorrido: $Rec(f) = \mathbb{R}$
- Simetrías: hay simetría impar, ya que $f(-x) = \sqrt[3]{-x} = -\sqrt[3]{x} = -f(x)$.
- Cortes con los ejes: corta en el punto $(0, 0)$.
- Signo de la función: es negativa en $(-\infty, 0)$, ya que $f(-1) < 0$, y es positiva en $(0, \infty)$, pues $f(1) > 0$.
- Máximos y mínimos: como $f'(x) = 0$ no tiene solución, $f(x)$ no tiene máximos ni mínimos.
- Monotonía: se tiene en cuenta $x = 0$. Como $f'(-1) > 0$ y $f'(1) > 0$, $f(x)$ es creciente en $(-\infty, 0) \cup (0, \infty)$.
- Curvatura: es convexa en $(-\infty, 0)$, ya que $f''(-1) > 0$, y es cóncava en $(0, \infty)$, dado que $f''(1) < 0$.
- Puntos de inflexión: la concavidad de $f(x)$ cambia en $x = 0$, por lo que tiene un punto de inflexión en $(0, 0)$.

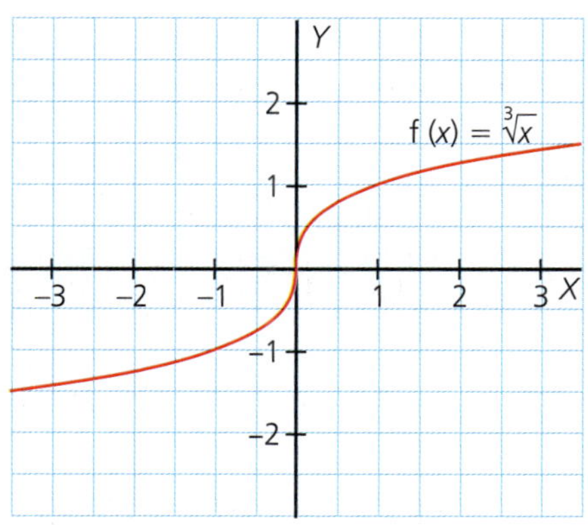

06 Funciones exponenciales

» Son **funciones exponenciales** aquellas en las que la variable x figura en el exponente, $f(x) = a^{g(x)}$, donde $a > 0$ y $a \neq 1$.

La característica más destacada de estas funciones es que poseen un comportamiento asintótico muy particular, ya que es frecuente que $\lim_{x \to \infty} f(x) \neq \lim_{x \to -\infty} f(x)$. Esto implica que el comportamiento asintótico, en algunas ocasiones, solo se manifieste en la derecha o en la izquierda.

EJEMPLO 1

Estudia y representa la función $f(x) = e^x$.

- Dominio: Dom (f) = $\mathbb{R}$
- Recorrido: puede hallarse aplicando la propiedad, Rec (f) = Dom (f^{-1}).

  Si $x = e^y \Rightarrow y = \ln x$; luego, $f^{-1}(x) = \ln x$, de donde Rec (f) = $(0, \infty)$.
- Simetrías y puntos de corte: no tiene simetrías, ya que $f(x) \neq f(-x) \neq -f(x)$. Corta en el punto (0 , 1).
- Signo de la función: es positiva en $\mathbb{R}$, ya que no hay cortes con el eje X y $f(x) > 0$, $\forall x \in \mathbb{R}$.
- Asíntotas: al calcular las asíntotas horizontales, es necesario hallar tanto $\lim_{x \to \infty} f(x)$, como $\lim_{x \to -\infty} f(x)$, $\lim_{x \to \infty} e^x = e^\infty = \infty$; $\lim_{x \to -\infty} e^x = e^{-\infty} = \frac{1}{e^\infty} = \frac{1}{\infty} = 0$.

  Hay una asíntota horizontal, $y = 0$, que solo se presenta en la parte izquierda, mientras que la parte de la derecha, como indica el límite, tiende a ∞. No hay asíntotas verticales y oblicuas.
- Máximos y mínimos y monotonía: $f'(x) = e^x = 0$ no tiene soluciones; luego, no hay máximos ni mínimos y el crecimiento se reduce a un solo intervalo, creciente en $\mathbb{R}$, ($f'(x) > 0$, $\forall x \in \mathbb{R}$).
- Curvatura y puntos de inflexión: $f''(x) = e^x$; no hay soluciones en $f''(x) = 0$, por lo que no hay puntos de inflexión y $f(x)$ es convexa en $\mathbb{R}$, [$f''(x) > 0$, $\forall x \in \mathbb{R}$].

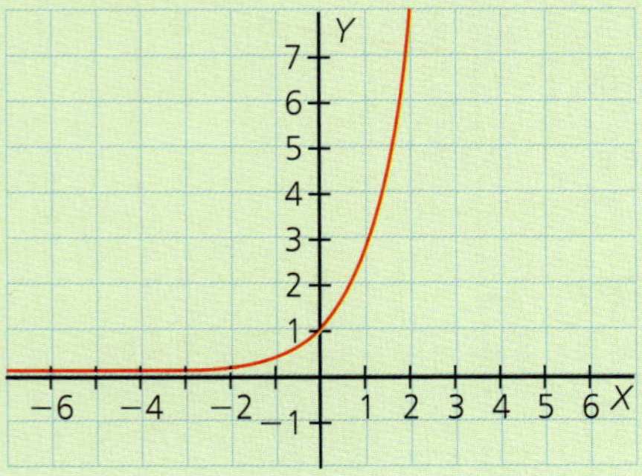

EJEMPLO 2

Estudia y representa la función $f(x) = 2^{-x} = \left(\frac{1}{2}\right)^x$.

- Dominio y recorrido: Dom (f) = $\mathbb{R}$ y Rec (f) = $(0, \infty)$.
- Simetrías: no tiene simetrías, ya que $f(x) \neq f(-x) \neq -f(x)$.
- Puntos de corte: corta en el punto (0 , 1).
- Signo de la función: es positivo en todo $\mathbb{R}$, ya que no hay cortes con el eje X y $f(x) > 0$, $\forall x \in \mathbb{R}$.
- Asíntotas:

  Se estudian ambos límites:

  $$\lim_{x \to \infty} 2^{-x} = 2^{-\infty} = \frac{1}{2^\infty} = \frac{1}{\infty} = 0$$

  $$\lim_{x \to -\infty} 2^{-x} = 2^{-(-\infty)} = 2^\infty = \infty$$

  La asíntota solo se presenta en la parte derecha, mientras que la parte izquierda tiende a ∞.
- Máximos y mínimos: la derivada, $f'(x) = -2^{-x} \cdot \ln 2 = 0$, no tiene soluciones. No hay máximos ni mínimos.
- Monotonía: el crecimiento se reduce a un solo intervalo, decreciente en $\mathbb{R}$, ($f'(x) < 0$, $\forall x \in \mathbb{R}$).
- Curvatura y puntos de inflexión: $f''(x) = 2^{-x} \cdot \ln^2 2$; no hay soluciones en $f''(x) = 0$, por lo que tampoco existen puntos de inflexión y $f(x)$ es convexa en $\mathbb{R}$, [$f''(x) > 0$, $\forall x \in \mathbb{R}$].

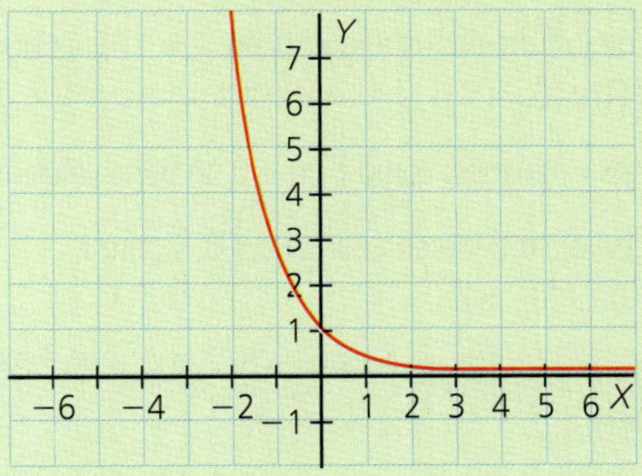

07 Funciones logarítmicas

» Son **funciones logarítmicas** aquellas en las que la variable x figura en la característica de un logaritmo de base b: $f(x) = \log_b g(x)$. Las funciones logarítmicas más habituales son las de base el número e (logaritmos neperianos, ln) y las de base decimal (logaritmos decimales, log).

+ Para hallar el dominio de un logaritmo, es preciso resolver la inecuación (característica mayor que 0). En cuanto a las asíntotas, los logaritmos presentan asíntota vertical en aquellos valores de x que anulan la característica, ya que:

$$\lim_{g(x)\to 0^+} \log_b g(x) = \log_b 0 = -\infty$$

EJEMPLO 1

Estudia y representa la función $f(x) = \ln x$.

- Dominio: debe ser $x > 0$; luego, $\text{Dom}(f) = (0, \infty)$.
- Recorrido: para el recorrido, usamos la propiedad,

  $$\text{Rec}(f) = \text{Dom}(f^{-1}), \text{ donde si } x = \ln y \Rightarrow f^{-1}(x) = e^x \Rightarrow \text{Rec}(f) = \mathbb{R}$$

- Simetrías y cortes con los ejes: no tiene simetrías. Corta en $(1, 0)$.
- Signo de la función: los intervalos para estudiar el signo son $(0, 1)$ y $(1, \infty)$. Es negativa en $(0, 1)$ y positiva en $(1, \infty)$.
- Asíntotas: hay que calcular $\lim_{x\to\infty} \ln x = \ln \infty = \infty$ y $\lim_{x\to 0^+} \ln x = \ln 0^+ = -\infty$.

  No hay asíntota horizontal, pero sí tiene una asíntota vertical, $x = 0$.

- Máximos, mínimos y puntos de inflexión: a partir de $f'(x) = \frac{1}{x}$, y $f''(x) = \frac{-1}{x^2}$, se observa que no hay máximos ni mínimos ni puntos de inflexión, ya que $f'(x) \neq 0$ y $f''(x) \neq 0$.
- Monotonía y curvatura: es creciente en $(0, \infty)$, ya que $f'(x) > 0$, $\forall x \in \text{Dom}(f)$. Es cóncava en $(0, \infty)$, ya que $f''(x) < 0$, $\forall x \in \text{Dom}(f)$.

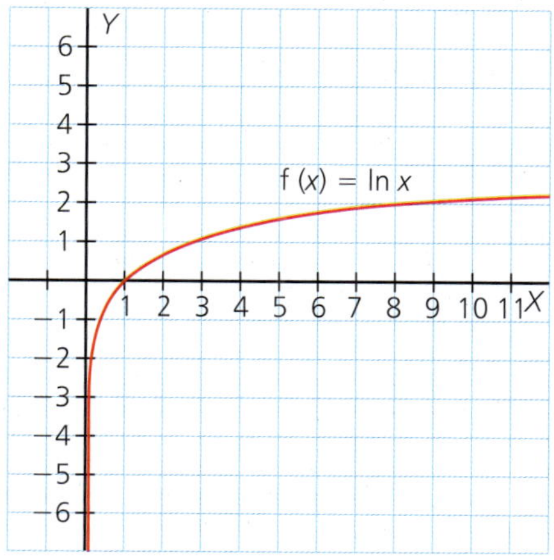

EJEMPLO 2

Estudia y representa la función $f(x) = \log(-x)$.

- Dominio: para hallar el dominio, hay que resolver $-x > 0 \Rightarrow x < 0$; luego, $\text{Dom}(f) = = (-\infty, 0)$.
- Recorrido: $\text{Rec}(f) = \text{Dom}(f^{-1})$, donde si $x = \log(-y) \Rightarrow f^{-1}(x) = -10^x \Rightarrow \text{Rec}(f) = \mathbb{R}$
- Simetrías y cortes con los ejes: no tiene simetrías. Corta en $(1, 0)$.
- Signo de la función: los intervalos para estudiar el signo son $(-\infty, -1)$ y $(-1, 0)$. Es negativa en $(-1, 0)$ y positiva en $(-\infty, -1)$.
- Asíntotas:

  $$\lim_{x\to\infty} [\log(-x)] = \log[-(-\infty)] = \log(\infty) = \infty$$

  $$\lim_{x\to 0^-} \log(-x) = \log(-0^-) = -\infty$$

  No hay asíntota horizontal. Tiene una asíntota vertical: $x = 0$.

- Máximos, mínimos y puntos de inflexión: no hay máximos ni mínimos ni puntos de inflexión, ya que $f'(x) \neq 0$ y $f''(x) \neq 0$.
- Monotonía y curvatura: es decreciente en $(-\infty, 0)$, ya que $f'(x) < 0$, $\forall x \in \text{Dom}(f)$. Es cóncava en $(-\infty, 0)$, puesto que $f''(x) < 0$, $\forall x \in \text{Dom}(f)$.

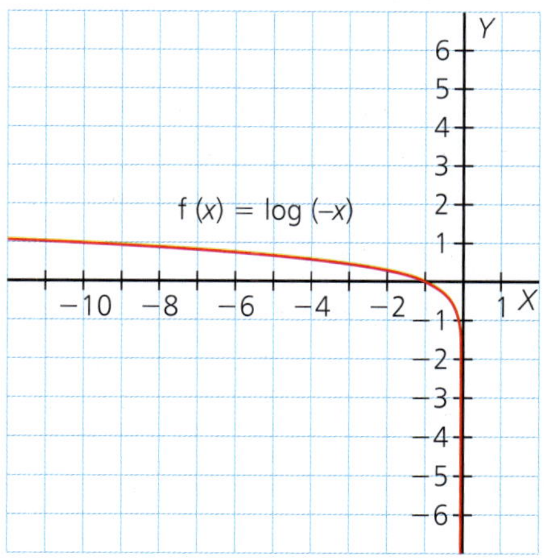

08 Funciones trigonométricas

» Son **funciones trigonométricas** aquellas en las que la variable x figura como ángulo de una razón trigonométrica. Aunque existen seis razones trigonométricas, las de mayor relevancia son el seno, el coseno y la tangente.

La característica más destacada de estas funciones es que son periódicas. Se denominan funciones periódicas aquellas para las que existe un valor, p, llamado período, que es el menor número real que cumple que $f(x) = f(x + p)$, $\forall x \in \text{Dom}(f)$. Esto implica que la gráfica de $f(x)$ se repite periódicamente en intervalos de amplitud p.

Otra particularidad de estas funciones es que la variable x se mide generalmente en radianes, por lo que es frecuente medir los intervalos del eje X en múltiplos y divisores de π (recuerda aquí que π radianes = 180°).

Vamos a representar y estudiar las características más relevantes de las siguientes funciones:

a. **f (x) = sen x**

- La función $f(x) = \text{sen}\, x$ cumple que $f(x) = f(x + 2\pi)$; luego, tiene por período, $p = 2\pi$. Esto significa que todas sus características, cortes, extremos e intervalos, se repetirán cada 2π radianes.
- El dominio y el recorrido son $\text{Dom}(f) = \mathbb{R}$, $\text{Rec}(f) = [-1, 1]$.
- La simetría es impar, $f(-x) = \text{sen}(-x) = -\text{sen}\, x = -f(x)$.
- Los cortes resultan de $\text{sen}\, x = 0 \Rightarrow x = 0 + \pi k$, con $k \in \mathbb{Z}$.
- Los máximos y mínimos resultan de $f'(x) = \cos x = 0 \Rightarrow x = \frac{\pi}{2} + 2\pi k$ y $x = \frac{3\pi}{2} + 2\pi k$.

  Los puntos $x = \frac{\pi}{2} + 2\pi k$ son máximos, y $x = \frac{3\pi}{2} + 2\pi k$ son mínimos.
- Como $f''(x) = -\text{sen}\, x$, los puntos de inflexión coinciden con los cortes: los intervalos de concavidad, con los de signo positivo, y los de convexidad, con los de signo negativo.

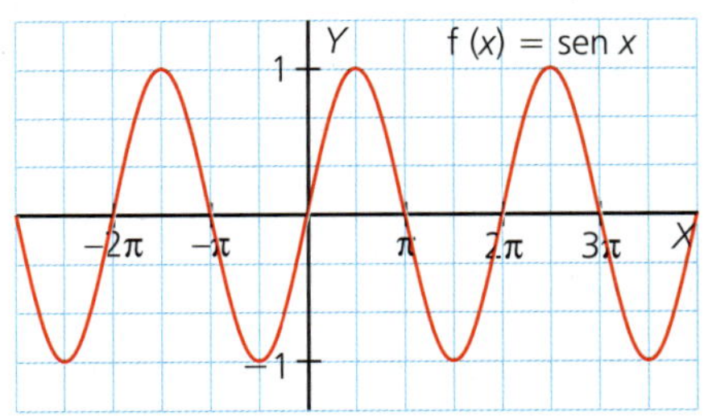

b. **g (x) = cos x**

- La función $g(x) = \cos x$ cumple que $g(x) = g(x + 2\pi)$; luego, tiene por período, $p = 2\pi$.
- El dominio y el recorrido son $\text{Dom}(g) = \mathbb{R}$, $\text{Rec}(g) = [-1, 1]$.
- La simetría es par: $g(-x) = \cos(-x) = \cos x = g(x)$
- Los puntos de corte resultan de $\cos x = 0 \Rightarrow x = \frac{\pi}{2} + 2\pi k$ y $x = \frac{3\pi}{2} + 2\pi k$, con $k \in \mathbb{Z}$.
- Los máximos y mínimos resultan de $g'(x) = -\text{sen}\, x = 0 \Rightarrow x = 0 + \pi k$.

  Los puntos $x = 0 + 2\pi k$ son máximos, y los puntos $x = \pi + 2\pi k$ son mínimos.
- Como $g''(x) = -\cos x$, vuelven a darse las coincidencias entre signo y curvatura.

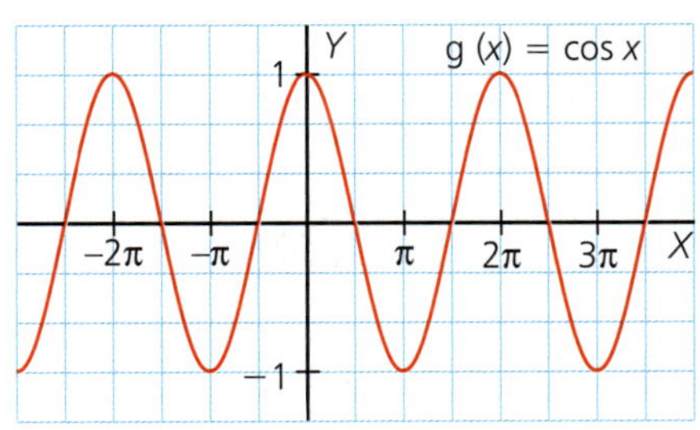

09 Funciones trigonométricas inversas

» Las **funciones trigonométricas inversas** son el arcoseno, el arcocoseno y el arcotangente, que son las funciones inversas del seno, el coseno y la tangente, respectivamente.

$$\begin{cases} \text{Si } f(x) = \text{sen } x \Rightarrow f^{-1}(x) = \text{arcsen } x \text{ (ángulo cuyo seno es } x). \\ \text{Si } f(x) = \cos x \Rightarrow f^{-1}(x) = \arccos x \text{ (ángulo cuyo coseno es } x). \\ \text{Si } f(x) = \text{tg } x \Rightarrow f^{-1}(x) = \text{arctg } x \text{ (ángulo cuya tangente es } x). \end{cases}$$

A cada valor de x le corresponderá el menor de los ángulos resultantes. Si $\text{arcsen } \frac{1}{2} = \begin{cases} 30° + 360k \\ 150° + 360k \end{cases}$, entonces $f\left(\frac{1}{2}\right) = 30°$. En estas funciones es el eje Y el que se mide en radianes.

EJEMPLO 1

Representa las siguientes funciones y expresa sus características más relevantes:

a. $f(x) = \text{arcsen } x$

- Dom (f) = [−1 , 1] y Rec (f) = $\left[-\frac{\pi}{2}, \frac{\pi}{2}\right]$
- Corta en el punto (0 , 0) y presenta simetría impar.
- Como $f'(x) = \frac{1}{\sqrt{1-x^2}} \neq 0$, f (x) no tiene máximos ni mínimos y es creciente en [−1 , 1].

  Como $f''(x) = \frac{x}{(1-x^2)\cdot\sqrt{1-x^2}}$, tiene un punto de inflexión en (0 , 0).

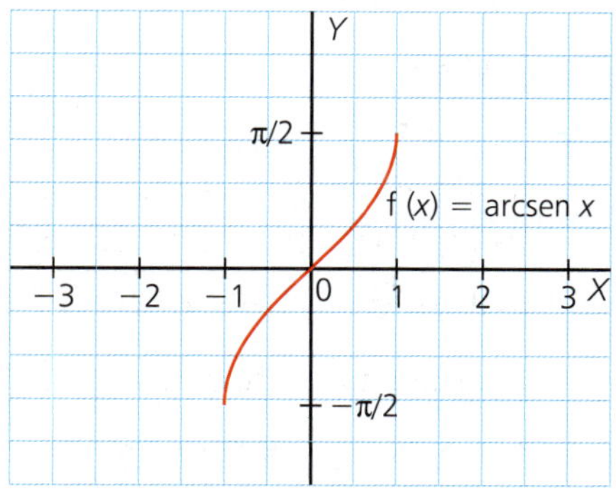

b. $g(x) = \arccos x$

- El dominio es [−1 , 1], y el recorrido, [0 , π]. No hay simetrías y corta en el punto $\left(0, \frac{\pi}{2}\right)$.
- Como $g'(x) = \frac{-1}{\sqrt{1-x^2}} \neq 0$, no tiene máximos ni mínimos y es decreciente en [−1 , 1].
- Como $g''(x) = \frac{-x}{(1-x^2)\cdot\sqrt{1-x^2}}$, tiene un punto de inflexión en $\left(0, \frac{\pi}{2}\right)$.

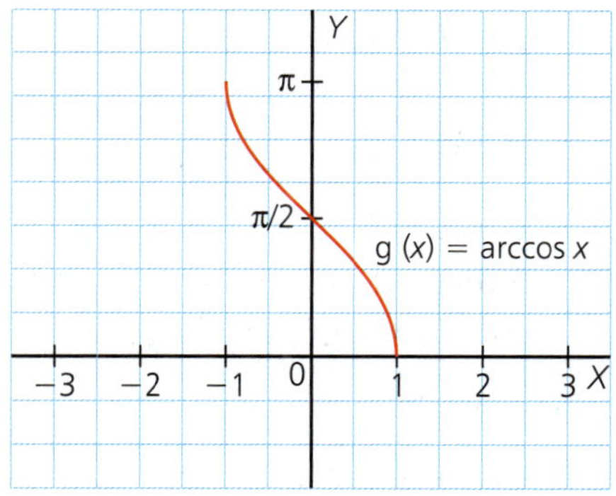

c. $h(x) = \text{arctg } x$

- Tiene por dominio ℝ, y el recorrido es $\left[-\frac{\pi}{2}, \frac{\pi}{2}\right]$. Presenta simetría impar y corta en (0 , 0).
- Tiene dos asíntotas horizontales:

$$y = \frac{\pi}{2} \text{ e } y = -\frac{\pi}{2}, \text{ ya que } \lim_{x\to\infty} \text{arctg } x = \frac{\pi}{2} \text{ y } \lim_{x\to-\infty} \text{arctg } x = -\frac{\pi}{2}$$

- Como $h'(x) = \frac{1}{1-x^2} \neq 0$, h (x) no tiene máximos ni mínimos y es creciente en ℝ.
- Como $h''(x) = \frac{-2x}{(1-x^2)^2}$, h (x) tiene un punto de inflexión en (0 , 0).

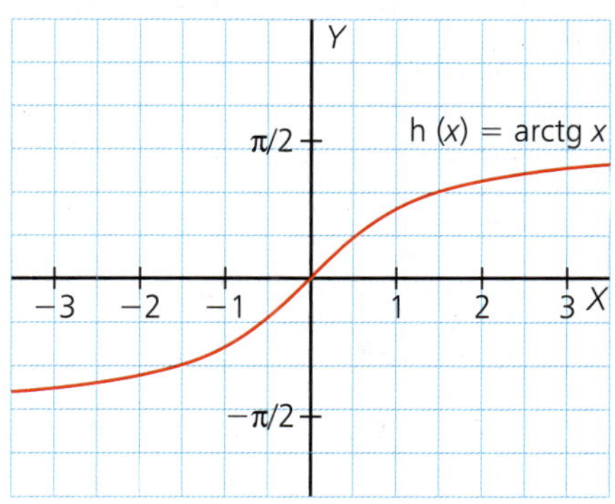

10 Función valor absoluto

» El valor absoluto de un número es el valor que tiene ese número prescindiendo de su signo. La **función valor absoluto,** f $(x) = |x|$, se define como:

$$|x| = \begin{cases} x & \text{si } x \geq 0 \\ -x & \text{si } x < 0 \end{cases}$$

Si en vez de tener la función simple, x, dentro del valor absoluto, tenemos una función compuesta, f (x), entonces la función se define como:

$$|f(x)| = \begin{cases} f(x) & \text{si } f(x) \geq 0 \\ -f(x) & \text{si } f(x) < 0 \end{cases}$$

Gráficamente, esto implica que las funciones f (x) y $|f(x)|$ coincidan en los intervalos donde f $(x) \geq 0$ (signo positivo) y sean opuestas en los intervalos donde f $(x) < 0$ (signo negativo).

Si dos funciones, f (x) y $-$f (x), son opuestas, sus gráficas son simétricas respecto del eje X.

EJEMPLO 1

Representa la función f $(x) = |x|$.

Hay dos formas de representar esta gráfica:

a. Representando la función a trozos a la que corresponde:

Si se aplica la definición de valor absoluto, $|x| = \begin{cases} x & \text{si } x \geq 0 \\ -x & \text{si } x < 0 \end{cases}$, su gráfica es directamente la primera.

b. Representando f $(x) = x$ y modificando luego la parte de la gráfica con signo negativo por su simétrica respecto del eje X.

Si se aplica una simetría respecto del eje X, la parte con signo negativo (el intervalo de signo negativo es de color verde) pasa «simétricamente» a tener signo positivo.

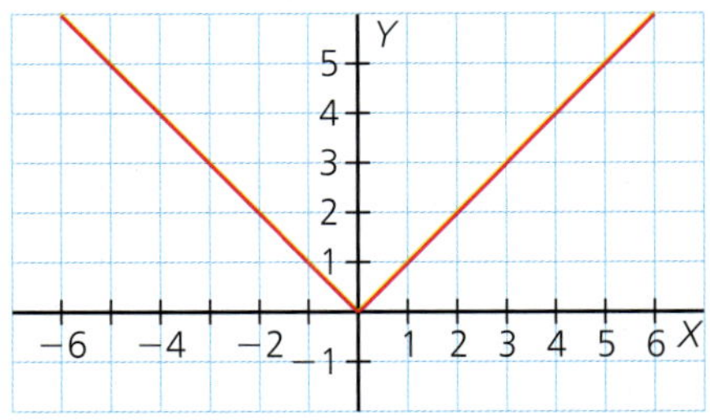

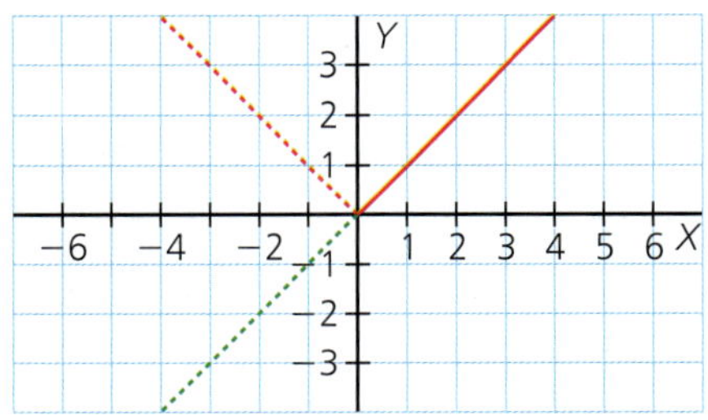

EJEMPLO 2

Representa la función f $(x) = |2x - 4|$.

$$|2x-4| = \begin{cases} 2x-4 & \text{si } 2x-4 \geq 0 \\ -2x+4 & \text{si } 2x-4 < 0 \end{cases} = \begin{cases} 2x-4 & \text{si } x \geq 2 \\ -2x+4 & \text{si } x < 2 \end{cases}$$

Al igual que antes, el efecto que produce el valor absoluto en esta función es trasladar simétricamente el intervalo de signo negativo (intervalo verde) a signo positivo.

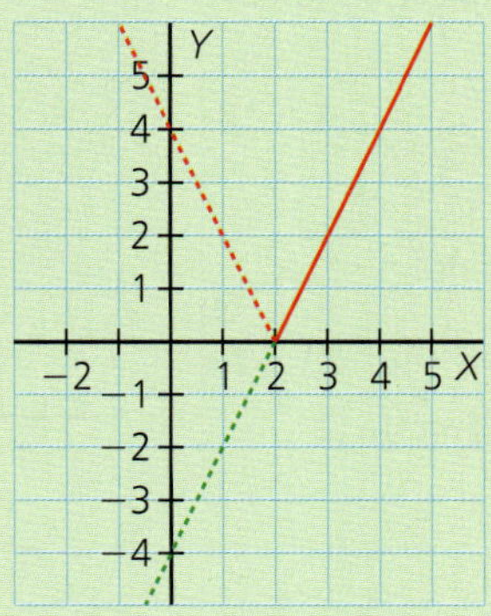

EJEMPLO 3

Representa la función f $(x) = |x^2 - 4|$.

$$|x^2-4| = \begin{cases} x^2-4 & \text{si } x^2-4 \geq 0 \\ -x^2+4 & \text{si } x^2-4 < 0 \end{cases} = \begin{cases} x^2-4 & \text{si } x \geq 2 \text{ o } x \leq -2 \\ -x^2+4 & \text{si } -2 < x < 2 \end{cases}$$

Una vez más, se constata que es más eficaz representar primero f (x) y, a partir de esa gráfica, cambiar de forma simétrica la posición del intervalo de signo negativo.

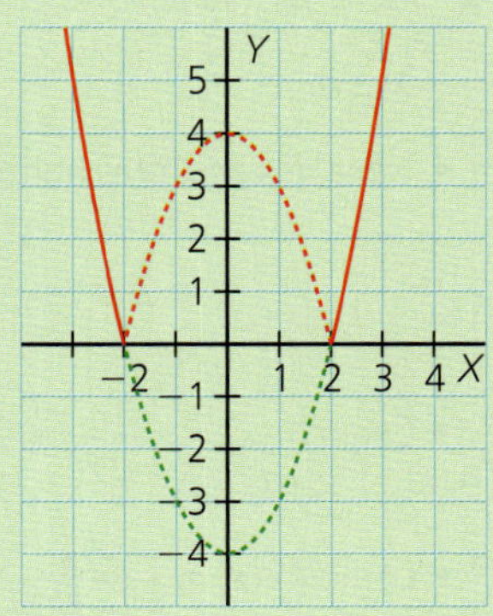

11 Función parte entera y parte decimal

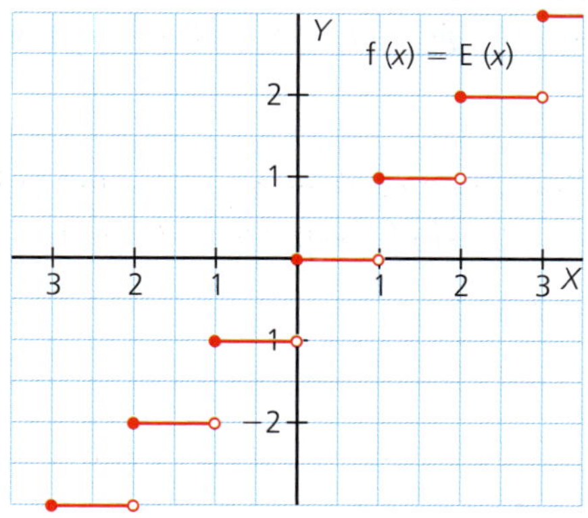

La **función parte entera** de x asigna a cada valor de x el mayor número entero que es menor o igual que x. Esta función se representa con la expresión:

$$f(x) = E(x) \text{ o } f(x) = [x]$$

Puede definirse como: $E(x) = n$, si $n \leq x < n + 1$ con $n \in \mathbb{Z}$.

- Se trata, pues, de una función discontinua que presenta en cada valor entero de x una discontinuidad de salto finito.
- El dominio es $\mathbb{R}$, pero curiosamente el recorrido es $\mathbb{Z}$.

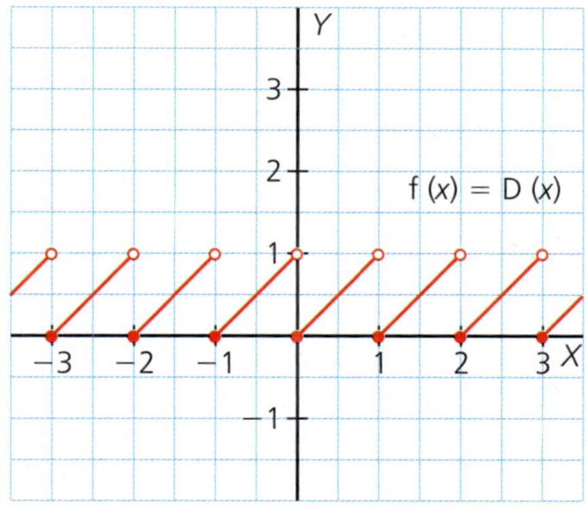

La función **parte decimal,** también llamada **mantisa,** es aquella que a cada número, x, le asigna su parte decimal.

Se representa mediante $D(x)$ y cumple que:

$$D(x) = x - E(x)$$

En la expresión anterior, $E(x)$ es la función definida más arriba como parte entera de x.

- Como puede observarse, se trata de una función discontinua que presenta en cada valor entero de x (excepto en $x = 0$) una discontinuidad de salto finito.
- Es una función periódica de período 1.
- El dominio de $D(x)$ es $\mathbb{R}$.
- El recorrido de $D(x)$ es $[0 , 1]$.
- Es una función asimétrica.
- La función tiene una discontinuidad de tipo salto finito en todos los números enteros.

Por otra parte, existe otra función del perfil de las dos anteriores que es la función signo.

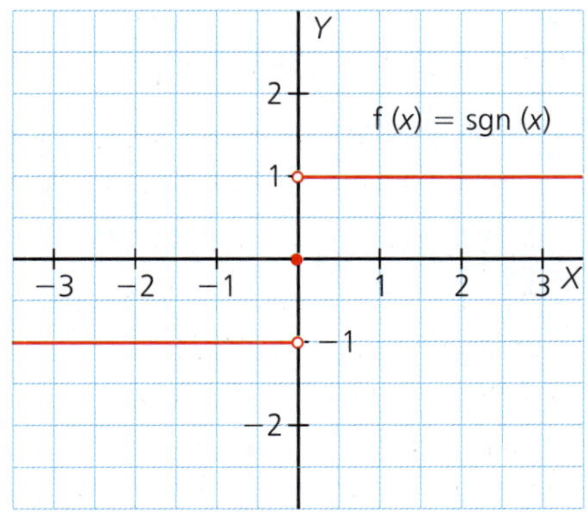

La **función signo** se define como aquella función que obtiene el signo de cualquier número real, al asignar el valor 1 a los números positivos, el valor –1 a los negativos, y en el caso de $x = 0$ se le asignará el valor 0.

Se representa mediante $f(x) = \text{sgn}(x)$.

$$f(x) = \text{sgn}(x) = \begin{cases} 1 & \text{si } x > 0 \\ 0 & \text{si } x = 0 \\ -1 & \text{si } x < 0 \end{cases}$$

- Se trata de una función con discontinuidad de salto finito en $x = 0$.
- El dominio de $f(x) = \text{sgn}(x)$ es $\mathbb{R}$.
- El recorrido de $f(x) = \text{sgn}(x)$ es $\{-1, 0, 1\}$.
- Presenta simetría impar.

12 Traslación y dilatación de funciones

Conocida la gráfica de una función, f (x), es posible obtener las gráficas de otras funciones que resulten de trasladar o comprimir la gráfica de f (x), aplicando las siguientes propiedades:

Sea k un número real positivo y f (x) la gráfica de una función conocida; entonces:

- $y = f(x) + k$ se obtiene trasladando k unidades hacia arriba la gráfica de f (x).
- $y = f(x) - k$ se obtiene trasladando k unidades hacia abajo la gráfica de f (x).
- $y = f(x + k)$ se obtiene trasladando k unidades hacia la izquierda la gráfica de f (x).
- $y = f(x - k)$ se obtiene trasladando k unidades hacia la derecha la gráfica de f (x).

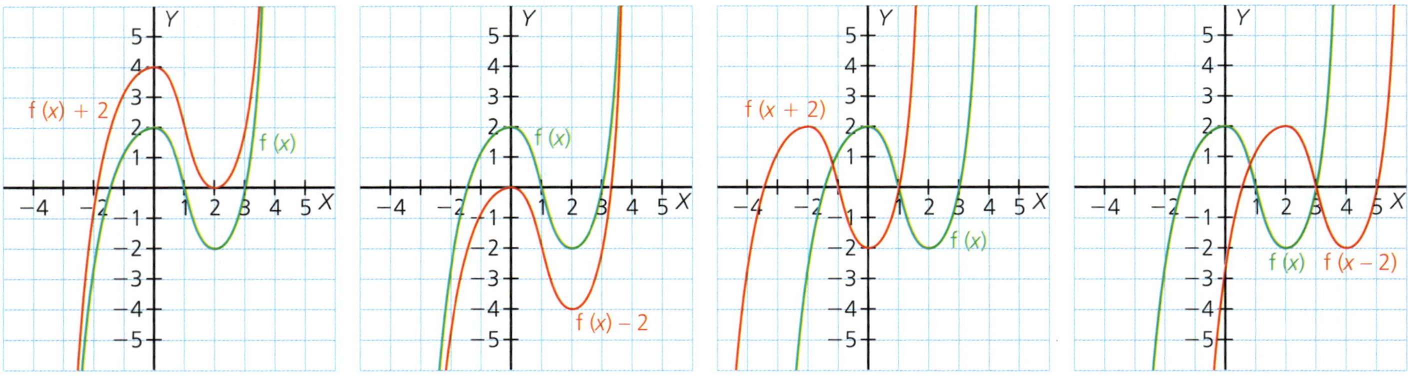

EJEMPLO 1

A partir de la gráfica de $f(x) = \dfrac{1}{x+1}$, obtén la gráfica de $g(x) = \dfrac{2x+3}{x+1}$.

Se observa que $g(x) = \dfrac{2x+3}{x+1} = \dfrac{1}{x+1} + 2$, es decir, que $g(x) = f(x) + 2$.

Primero se representa la gráfica de f (x), que tiene como asíntotas $y = 0$ y $x = -1$, ya que $\lim\limits_{x \to \infty} \dfrac{1}{x+1} = \dfrac{1}{\infty} = 0$ y $\lim\limits_{x \to -1} \dfrac{1}{x+1} = \dfrac{1}{0} = \infty$.

Tiene, además, un único corte en (0 , 1), con lo que su gráfica es la de la izquierda.

Como g (x) resulta ser una traslación de f (x), basta con desplazar dos unidades hacia arriba todos sus elementos. Es decir, la asíntota horizontal se desplazará a $y = 2$ y el corte a (0 , 3), mientras que la asíntota vertical permanecerá igual. La gráfica de g (x) es, por tanto, la de la derecha.

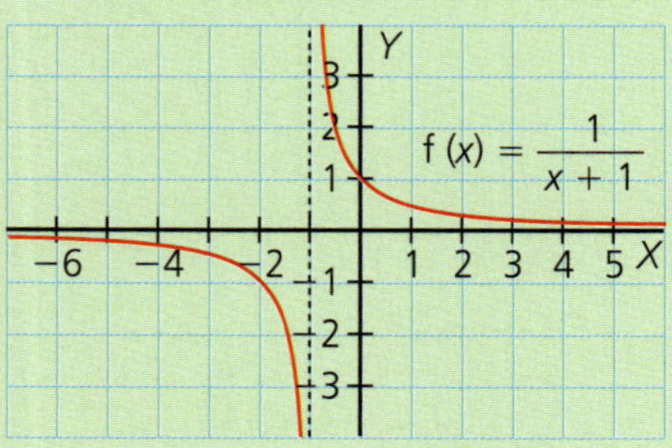

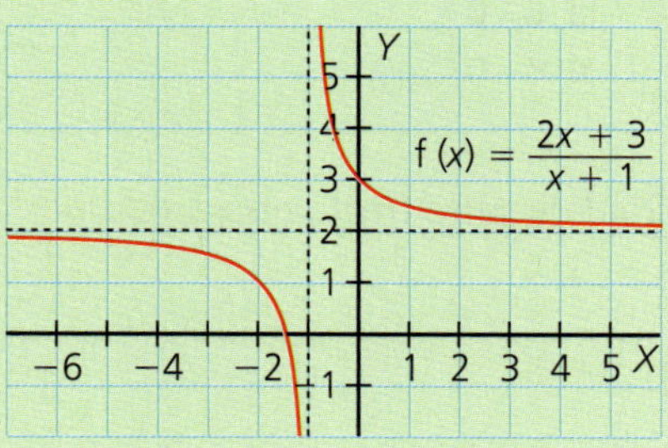

Sea k un número real, $k > 1$, y $f(x)$ la gráfica de una función conocida; entonces:

- $y = k \cdot f(x)$ se obtiene ampliando la gráfica de $f(x)$ verticalmente un factor k.
- $y = \dfrac{f(x)}{k}$ se obtiene comprimiendo la gráfica de $f(x)$ verticalmente un factor k.
- $y = f(k \cdot x)$ se obtiene comprimiendo la gráfica de $f(x)$ horizontalmente un factor k.
- $y = f\left(\dfrac{x}{k}\right)$ se obtiene ampliando la gráfica de $f(x)$ horizontalmente un factor k.

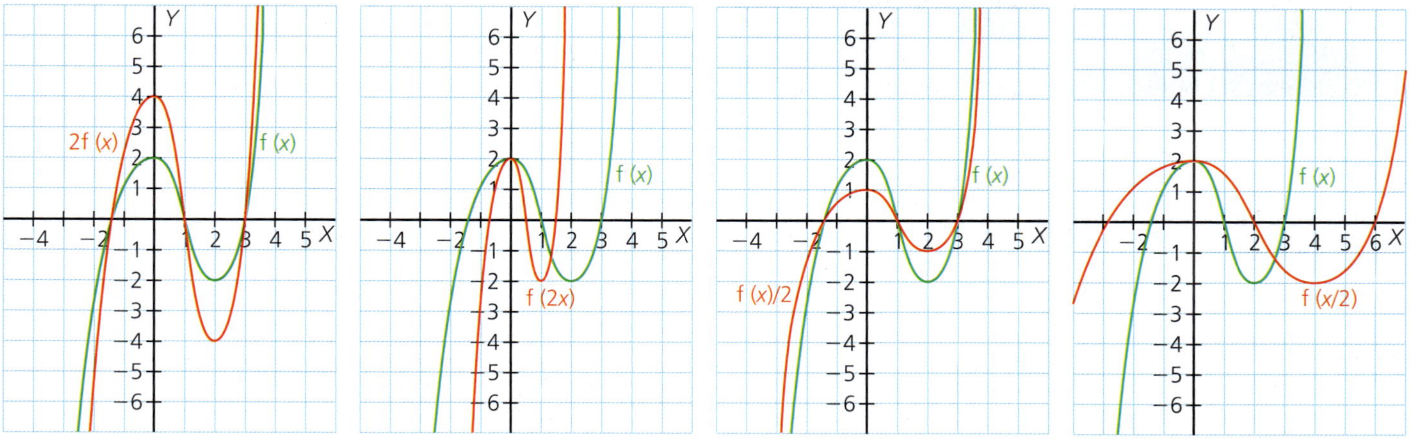

EJEMPLO 2

A partir de la gráfica de $f(x) = \text{sen } x$, representa la gráfica de $g(x) = \text{sen } 2x$.

Se representa la gráfica de $f(x)$, conocida como sinusoide, cuyo período es $p = 2\pi$.

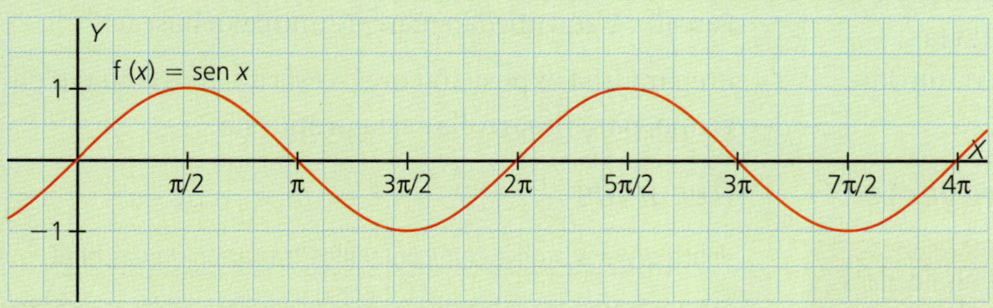

Como $g(x)$ es una dilatación de $f(x)$ con factor 2, su gráfica se «comprime», por lo que se constata que su período se ha reducido a la mitad, $p = \pi$, y todos sus elementos se han duplicado en el intervalo $[-2\pi, 2\pi]$. Tenemos, por tanto, el doble de cortes, de máximos y de mínimos.

Esto no significa que la dilatación haga que aumenten o disminuyan las características de la función, sino que hace que se compriman o dilaten.

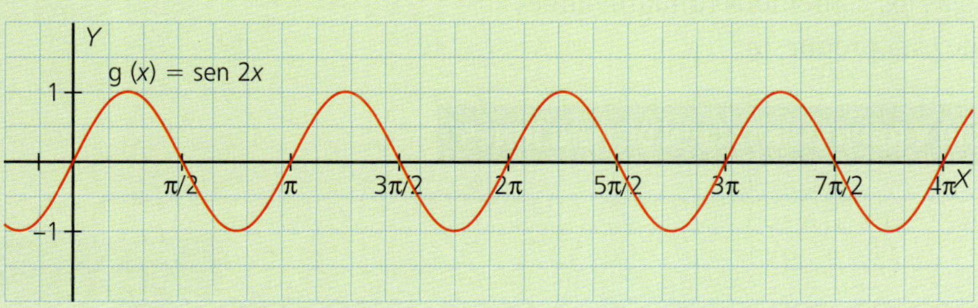

ELABORA TU PROYECTO

¿HAY QUE CREAR CURVAS EN EL TRAZADO DE LA VÍA PARA EVITAR ACCIDENTES?

Como podemos imaginar, uno de los más importantes factores para el diseño adecuado de una carretera es la velocidad en el trayecto, velocidad que ha de ser la máxima, pero circulando con las consignas de comodidad y seguridad.

La geometría de una carretera queda determinada por las tres direcciones del espacio y fijada por tres planos: la planta, el perfil longitudinal y el perfil transversal, donde se acomoda el peralte, el bombeo y la inclinación de la rasante.

Cuanto menores son las dimensiones de una carretera, menor es la calzada, más reducido el arcén, más pequeños los radios y menores las velocidades que un vehículo puede alcanzar. Todo ello aumenta la peligrosidad, y esto podría hacernos pensar que los amplios tramos rectos son la solución.

La alineación en línea recta es la más deseada porque ofrece muy buena visibilidad y favorece los adelantamientos, pero el conductor, como se ha demostrado, tiende a perder la concentración en la vía al no tener que ejecutar de continuo acciones propias de la conducción.

De ahí que la respuesta a la pregunta que planteábamos en el título sea un sí. Es necesario intercalar trazados rectos y curvos, y, de hecho, la normativa española impone una limitación en la longitud de las rectas para minimizar esta posibilidad de distracción.

La alineación recta se combina, pues, con la curva, que son sectores de circunferencia. A estas dos se añade la llamada alineación de transición, que, como su nombre indica, permite el paso de una alineación a otra. Esta alineación de transición está ligada a la clotoide.

La clotoide es la curva que va variando de radio según avanzamos de longitud. Y esta curva, de enigmático nombre, que vela por nuestra seguridad es una más de las muchas que existen: cicloide, concoide, catenaria, nefroide, la bruja de Agnesi, el folio de Descartes, el caracol de Pascal... Y aún quedan más. ¿Te animas a buscar?

Prepara una exposición oral o escrita, individual o en grupo, para desarrollar esta propuesta.

Pautas para la elaboración del proyecto

1 Recopila información sobre las curvas. Indica sus nombres, su trazado y sus propiedades geométricas.

Recursos

→ http://www.arqhys.com/contenidos/transicion-curvas.html

→ http://matecuriosos.blogspot.com.es/p/la-belleza-de-las-curvas.html

→ http://www.esteycoenergia.es/arx_Doc/100930174709_El_libro_de_las_Curvas.pdf

ELABORA TU ORGANIZADOR VISUAL

Realiza un mapa conceptual en el que recojas los contenidos fundamentales estudiados en esta unidad. Puedes partir de esta propuesta:

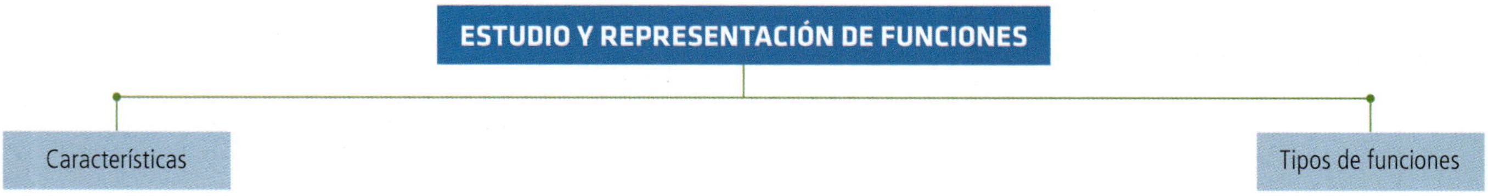

EVALUACIÓN

1 Razona si las siguientes afirmaciones son verdaderas o falsas. En caso de que sean ciertas, trata de demostrarlas; en caso contrario, busca un contraejemplo que lo justifique.

a. Una función puede tener varios cortes con el eje *X*, pero solo uno con el eje *Y*.

b. Si una función no tiene cortes con el eje *X*, entonces la función no cambia de signo.

c. Las funciones racionales presentan una asíntota vertical en todos los valores que anulan el denominador.

d. Las funciones logarítmicas presentan una asíntota vertical en todos los valores que anulan la característica.

e. Una función polinómica es par si todos sus términos son de grado par, e impar si lo son de grado impar.

f. Una función racional es par si todos sus términos son de grado par, e impar si lo son de grado impar.

g. Las asíntotas son rectas a las que se aproxima la función, pero sin llegar nunca a cortarse.

h. Si una función presenta asíntota horizontal, entonces no puede tener asíntota oblicua.

i. Si $f'(a) = 0$, entonces $x = a$ es un máximo o mínimo relativo de $f(x)$.

j. Si $f''(a) = 0$, entonces $x = a$ es un punto de inflexión de $f(x)$.

2 Representa gráficamente las siguientes funciones, a partir de no más de tres de sus características.

a. $f(x) = x^3 - 6x^2 + 9x$

b. $f(x) = \dfrac{4}{4 - x^2}$

c. $f(x) = e^{-x^2}$

d. $f(x) = \ln(4 - x^2)$

3 A partir de la siguiente gráfica, deduce su expresión algebraica (ten en cuenta las asíntotas y los cortes):

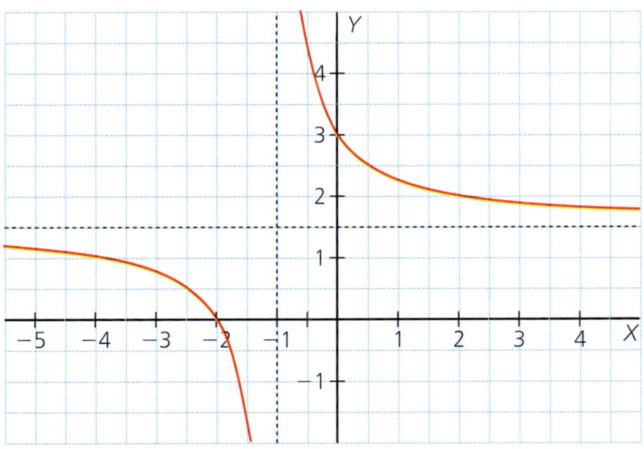

4 Sea la función $f(x) = \dfrac{x^2 - 2x}{2x^2 + 1}$:

a. Halla los máximos y mínimos de $f(x)$.

b. Determina las asíntotas de $f(x)$ y representa su gráfica.

5 Dada la función $g(x) = \ln\sqrt{\dfrac{2x + 2}{9 - 3x}}$:

a. Halla su dominio.

b. Determina los puntos de inflexión.

6 Calcula las asíntotas de $f(x) = \dfrac{2x - 4}{x - 1}$ y representa su gráfica. (Puedes hallar más elementos si lo crees oportuno).

7 Calcula los máximos y mínimos de $f(x) = x^3 - 6x^2 + 9x$ y representa su gráfica. (Puedes hallar más elementos si lo crees oportuno).

8 Dada la función $f(x) = \dfrac{x^2}{x + 1}$:

a. Calcula el dominio y el recorrido.

b. Determina las asíntotas.

c. Halla los máximos y mínimos.

d. Representa su gráfica.

9 Sea la función $f(x) = \dfrac{\ln(x^2 - 4)}{x^2 - 4}$; halla el dominio y las asíntotas horizontales de $f(x)$.

10 A partir de la función $f(x) = e^x \cdot (2x - 4)$ determina:

a. Los máximos y mínimos.

b. Los intervalos de crecimiento y decrecimiento.

11 Sea la función $f(x) = \dfrac{x^2 + 2x + 1}{x^2 + 1}$:

a. Halla los máximos y mínimos.

b. Determina las asíntotas.

c. Representa su gráfica.

12 Sea la función $f(x) = x^4 - 6x^2 + 8$:

a. Halla los puntos de inflexión y los intervalos de concavidad.

b. Representa su gráfica.

13 Sea la función $f(x) = \sqrt{-x^2 + 8x - 7}$:

a. Halla el dominio y los máximos y mínimos.

b. Representa su gráfica.

13 ESTADÍSTICA

01 Conceptos estadísticos

Comenzamos repasando los conceptos y definiciones a partir de los cuales se realiza un estudio estadístico.

Población (o universo o colectivo). Es el conjunto de personas, animales o cosas que cumplen una determinada propiedad, y sobre el cual se va a realizar un estudio.

Individuo (o unidad estadística). Es cada uno de los elementos de la población.

Muestra. La constituye un subconjunto de la población. El número de individuos que forman la muestra es el **tamaño muestral.**

Si se quiere hacer un estudio sobre el comedor de nuestro instituto y se pregunta a los alumnos cuál es su comida favorita, tendremos que:

- La población es el conjunto de todos los alumnos que cumplen la condición de comer en el colegio. Los individuos o unidades estadísticas son cada uno de los alumnos antes mencionados.
- La muestra estará constituida por el grupo de alumnos que hayan sido preguntados en esta encuesta, que evidentemente no han sido todos. El tamaño muestral es el número exacto de alumnos encuestados.

Carácter estadístico. Es la característica o cualidad que se observa o se mide en los individuos.

Modalidad. Son los posibles resultados o respuestas de un carácter estadístico. Si la modalidad es numérica, el carácter es **cuantitativo,** y si no es numérica, **cualitativo.**

- El carácter sería la comida preferida de cada alumno; las modalidades, todas y cada una de las comidas del menú del instituto; y el tipo de carácter es cualitativo, ya que no es numérico. Si, en vez de preguntar a los alumnos por la comida, se les preguntase cuánto tardan en comer, el carácter sería cuantitativo.

Variable estadística. Es el valor numérico asignado a cada una de las modalidades de un carácter. Si el carácter es cuantitativo, es una variable estadística; pero, si es cualitativo, hay que asignar un número a cada modalidad para que sea variable estadística.

Una variable estadística es **continua** si puede tomar infinitos valores en un intervalo y **discreta** si toma un número finito de valores en un intervalo.

+

La estadística es la rama de las matemáticas que estudia los métodos científicos para la recogida y ordenación de datos. Posteriormente, estos datos, una vez organizados, son analizados y permiten emitir conclusiones y tomar decisiones. La parte de la estadística que se encarga de la recogida de datos se denomina **estadística descriptiva,** mientras que la que se centra en el análisis de los datos recibe el nombre de **estadística inferencial.** El conjunto de ambas se llama **estudio estadístico.**

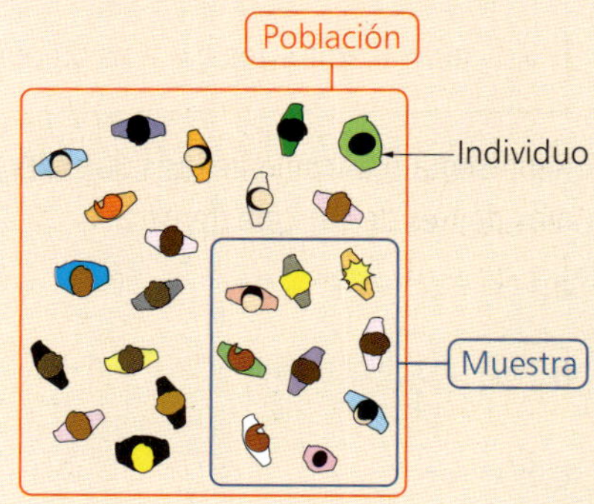

+

Las variables estadísticas se suelen expresar con una letra mayúscula, X, y los valores que puede tomar, con la misma letra minúscula y con subíndices: $x_1, x_2, x_3, \ldots$

El tiempo que tardan en comer los alumnos es una variable estadística continua, porque en un intervalo de una hora (de 0 a 60 minutos) los alumnos pueden responder infinidad de valores. Si la pregunta hubiera sido: ¿cuántas piezas de fruta te sirves?, se trataría de una variable estadística discreta, ya que la respuesta solo puede tomar valores finitos, es decir, valores concretos dentro de un intervalo, por ejemplo [0 , 5] .

02 Tablas de frecuencias

A la hora de organizar los datos de una variable estadística, X, lo más práctico y eficaz es ordenarlos en una tabla de frecuencias.

Tipos de frecuencias

Podemos utilizar cuatro tipos de frecuencias:

- **Frecuencia absoluta, n_i,** del valor x_i. Es el número de veces que aparece el resultado x_i.
- **Frecuencia absoluta acumulada, N_i,** del valor x_i. Es el número de veces que aparece un resultado menor o igual que x_i.
- **Frecuencia relativa, f_i,** del valor x_i. Es el cociente entre la frecuencia absoluta de x_i y el número total de datos: $f_i = \frac{n_i}{N}$, donde, N es el tamaño muestral.
- **Frecuencia relativa acumulada, F_i,** del valor x_i. Es el cociente entre la frecuencia absoluta acumulada de x_i y el número total de datos: $F_i = \frac{N_i}{N}$.

Posiblemente, cada libro que consultes tenga una notación distinta para estas frecuencias; por tanto, al elaborar una tabla de frecuencias, es realmente importante identificar al principio los símbolos que se van a emplear para representar cada frecuencia o escribir el nombre completo de cada una de ellas en la cabecera de la tabla.

EJEMPLO 1

Se ha preguntado a una muestra de 20 alumnos cuántos hermanos tienen, y estas han sido sus respuestas: 2, 3, 2, 1, 4, 3, 1, 0, 2, 1, 3, 1, 0, 2, 1, 2, 3, 1, 0 y 1. Elabora una tabla de frecuencias con estos datos.

x_i	Frecuencia absoluta (n_i)	Frecuencia absoluta acumulada (N_i)	Frecuencia relativa (f_i)	Frecuencia relativa acumulada (F_i)
0	3	3	0,15	0,15
1	7	10	0,35	0,5
2	5	15	0,25	0,75
3	4	19	0,2	0,95
4	1	20	0,05	1

EJEMPLO 2

En la tercera fila de una tabla de frecuencias hemos obtenido los siguientes datos: $x_3 = 5$, $n_3 = 6$, $N_3 = 12$, $f_3 = 0,25$ y $F_3 = 0,5$. Interpreta cada uno de los resultados.

$x_3 = 5$ y $n_3 = 6$ significan que el resultado $x = 5$ ha aparecido un total de 6 veces en la muestra.

$N_3 = 12$ significa que en la muestra se han dado 12 resultados menores o iguales a 5.

$f_3 = 0,25$ significa que el resultado $x = 5$ ha aparecido un 25 % de veces en la muestra.

$F_3 = 0,5$ significa que en la muestra se han dado un 50 % de resultados menores o iguales a 5.

03 Datos agrupados por clases

Dependiendo del tipo de variable estadística que se estudia y de la cantidad de datos de que se dispone, a veces conviene agrupar los datos en intervalos. Esto es recomendable cuando la variable estadística es continua o cuando la diversidad de respuestas es muy amplia. En este contexto cabe definir tres conceptos nuevos:

- **Clases.** Son los intervalos en los que se agrupan los datos para ordenar la información en una tabla.
- **Marca de clase.** Es la media aritmética entre los extremos de la clase.
- **Amplitud de clase.** Es el tamaño del intervalo, es decir, la diferencia entre el extremo superior y el inferior.

EJEMPLO 1

Se anota la altura, en centímetros, de los integrantes de una muestra de 20 alumnos y se obtienen los siguientes datos:

165, 180, 174, 172, 166, 168, 158, 173, 186, 155, 164, 181, 170, 166, 182, 151, 177, 192, 168, 185

Construye una tabla de frecuencias con estos datos.

Agrupando los datos en intervalos de 10 cm de amplitud a partir de 150 cm, se obtendría esta tabla de frecuencias:

Clases	Marca de clase	Frecuencia absoluta (n_i)	Frecuencia absoluta acumulada (N_i)	Frecuencia relativa (f_i)	Frecuencia relativa acumulada (F_i)
[150 , 160)	155	3	3	0,15	0,15
[160 , 170)	165	6	9	0,3	0,45
[170 , 180)	175	5	14	0,25	0,7
[180 , 190)	185	5	19	0,25	0,95
[190 , 200)	195	1	20	0,05	1

EJEMPLO 2

En la tercera fila de una tabla de frecuencias cuyos datos se encuentran agrupados por clases, se han obtenido los siguientes datos:

Clase: [50 , 60); $n_3 = 8$, $N_3 = 16$, $f_3 = 0{,}2$ y $F_3 = 0{,}4$

Interpreta cada uno de los resultados.

[50 , 60) y $n_3 = 8$ significan que se han dado en la muestra un total de 8 datos comprendidos en el intervalo [50 , 60), es decir, mayores o iguales que 50 y menores que 60.

$N_3 = 16$ significa que en la muestra se han dado 16 resultados menores que 60.

$f_3 = 0{,}2$ significa que un 20 % de los datos de la muestra están comprendidos en el intervalo [50 , 60).

$F_3 = 0{,}4$ significa que en la muestra se han dado un 40 % de resultados menores que 60.

04 Gráficos estadísticos

Los gráficos muestran la información de un estudio estadístico de forma clara y sencilla, ofreciendo una visión global del conjunto de datos.

Las variables estadísticas discretas se suelen representar por diagramas de barras y diagramas de sectores.

Diagrama de barras. Consiste en representar cada dato mediante unas líneas verticales o «barras», cuya altura es proporcional a la frecuencia absoluta de cada resultado.

Diagrama de sectores. Utiliza un círculo en el que cada dato es representado por un sector circular, cuya área es proporcional a la frecuencia absoluta de cada resultado. La amplitud de cada sector se puede determinar de forma precisa multiplicando la frecuencia relativa de cada dato por 360°.

EJEMPLO 1

Representa los datos de la tabla del ejemplo 1 de la página 203 mediante un diagrama de barras y otro de sectores.

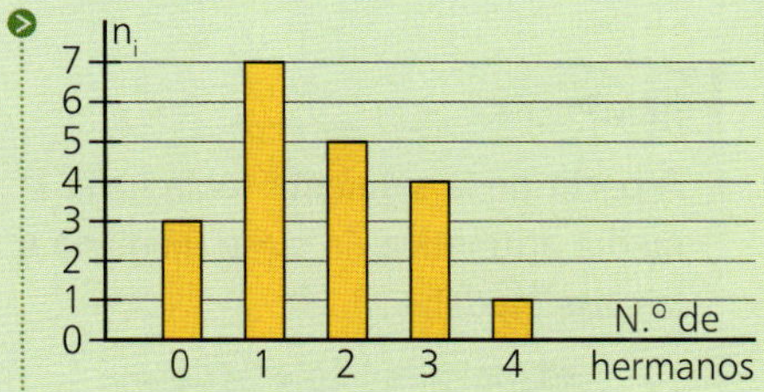

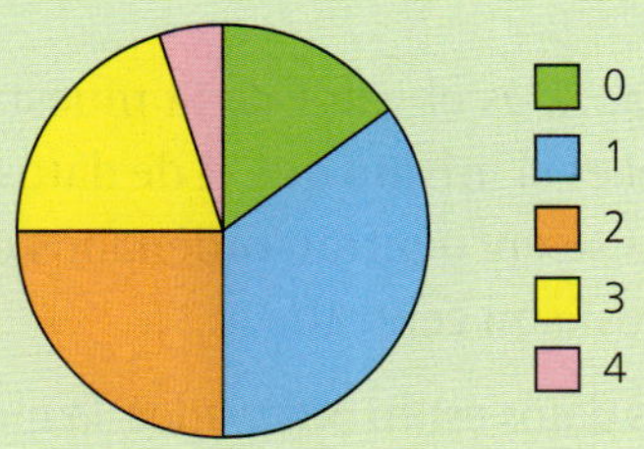

Las variables estadísticas continuas y las variables que se ordenan en tablas de frecuencias con los datos agrupados se suelen representar con histogramas y con diagramas de sectores.

Histograma. Consiste en representar los intervalos mediante rectángulos cuya base coincide con la amplitud del intervalo y cuya altura es proporcional a la frecuencia absoluta del intervalo.

EJEMPLO 2

Representa los datos de la tabla del ejemplo 1 del epígrafe anterior mediante un histograma y un diagrama de sectores.

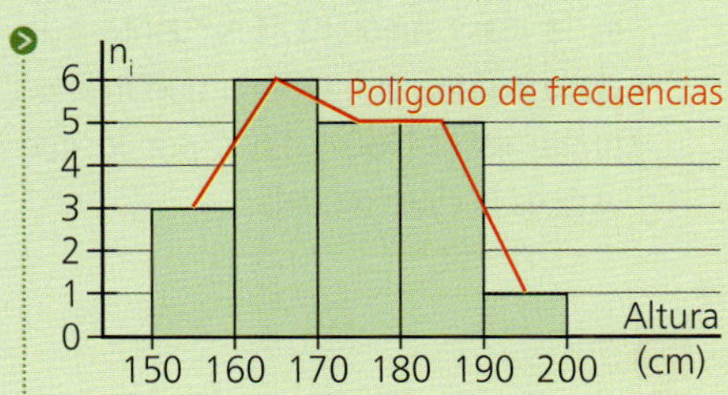

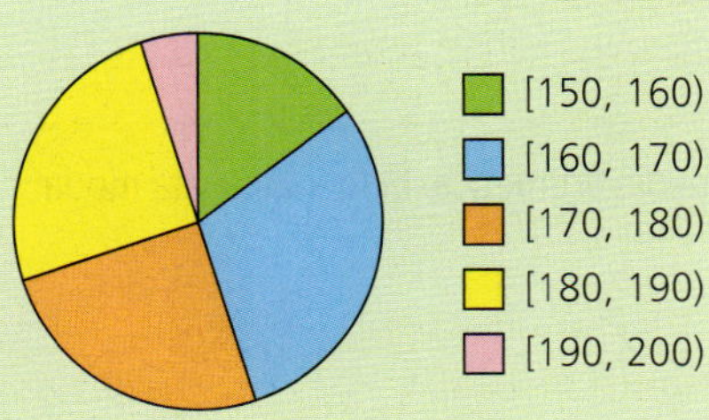

Polígono de frecuencias. Es la línea que une los extremos superiores de cada una de las barras del diagrama de barras o los puntos medios del lado superior de cada rectángulo del histograma.

Existen más tipos de gráficos, como pictogramas, cartogramas, pirámides de población...

+ PICTOGRAMA

Es una especie de diagrama de barras en el que, en vez de barras, se utilizan dibujos alusivos a la variable estadística estudiada y cuyo tamaño es proporcional a la frecuencia absoluta del dato.

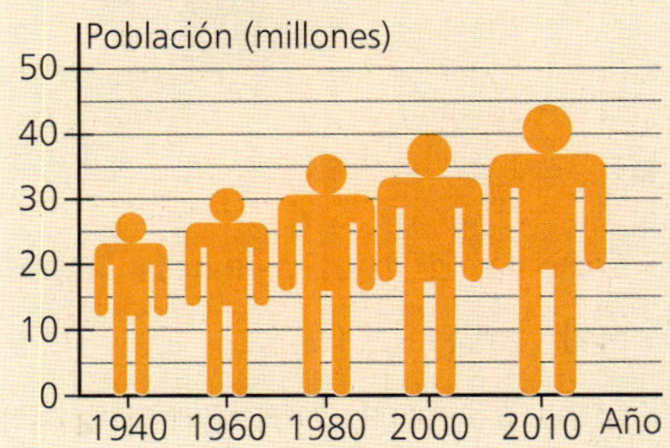

05 Parámetros de centralización

Los parámetros de centralización son datos estadísticos que nos ofrecen información cuantitativa sobre los valores alrededor de los cuales se sitúan los datos de la muestra. Los más importantes son la media aritmética, la mediana y la moda.

La **media aritmética, $\bar{x}$,** de una variable estadística, X, es el cociente entre la suma de todos los datos y el número de datos:

$$\bar{x} = \frac{\sum_{i=1}^{n} x_i \cdot n_i}{N}$$

En esta expresión, x_i son los posibles datos; n_i, las frecuencias absolutas de cada dato; n, el número de datos sin repetir, y N, el tamaño muestral.

Si los datos se presentan agrupados por intervalos, en donde $\mathbf{m_i}$ es la marca de clase de cada intervalo, la media aritmética es:

$$\bar{x} = \frac{\sum_{i=1}^{n} m_i \cdot n_i}{N}$$

La **mediana, M_e,** de una variable estadística, X, es el valor de la muestra que cumple que el número de datos inferiores a él es el mismo que el de datos superiores a él. Es decir, si los datos de la muestra se encuentran ordenados de menor a mayor, la mediana es el que ocupa la posición central.

- Cuando el tamaño muestral es impar y los datos están ordenados, la mediana será el dato que ocupa la posición central: M_e = dato en la posición $\frac{N+1}{2}$.
- Cuando el tamaño muestral es par, la mediana será la media aritmética entre los dos datos centrales, esto es, M_e es la media entre los datos cuyas posiciones son $\frac{N}{2}$ y $\left(\frac{N}{2}+1\right)$.

Si los datos están agrupados por intervalos, se debe calcular la clase mediana, que es el intervalo que contiene a la mediana.

La moda, M_o, de una variable estadística, X, es el valor que más se repite; luego, es el que mayor frecuencia tiene. Si los datos están agrupados, se considera que el intervalo modal es aquel que mayor frecuencia tiene. Una variable estadística puede tener varias modas y ser, por tanto, bimodal, trimodal, etc.

EJEMPLO 1

A partir de los datos de la siguiente tabla, halla la media aritmética, la mediana y la moda:

x_i	0	1	2	3	4
n_i	3	7	5	4	1

$$\bar{x} = \frac{\sum_{i=1}^{5} x_i \cdot n_i}{N} = \frac{0+7+10+12+4}{20} = \frac{33}{20} = 1{,}65$$

Como hay 20 datos, para hallar la mediana, se toman los dos del centro y se hace la media entre ellos. Los datos 10.° y 11.° son 1 y 2; por consiguiente, $M_e = \frac{1+2}{2} = 1{,}5$. En cuanto a la moda, el dato que más se repite es el 1; de este modo, $M_o = 1$.

EJEMPLO 2

A partir de la siguiente tabla halla la media aritmética, la clase mediana y la clase modal:

x_i	m_i	n_i
[150 , 160)	155	3
[160 , 170)	165	6
[170 , 180)	175	5
[180 , 190)	185	5
[190 , 200)	195	1

$$\bar{x} = \frac{\sum_{i=1}^{n} m_i \cdot n_i}{N} = \frac{3450}{20} = 172{,}5$$

La mediana se encuentra entre los datos 10.° y 11.°. Ambos están situados en el intervalo [170 , 180). Luego, esa es la clase mediana. En cuanto a la clase modal, el intervalo que más se repite es el [160 , 170), por lo que esta es la clase modal.

+

Aunque no existe una regla fija para el número de intervalos en una distribución de variable cuantitativa continua, se recomienda que se ajuste dicho valor a $\sqrt{p}$, donde p es el número de datos que presenta la distribución.

06 Parámetros de dispersión

Los **parámetros de dispersión** son datos estadísticos que nos ofrecen información cuantitativa sobre el grado de separación o dispersión de los datos de la muestra con respecto a la media aritmética. Los más importantes son la varianza, la desviación típica y el rango.

La varianza, s^2, de una variable estadística, X, es la media aritmética de los cuadrados de las desviaciones de cada uno de los datos respecto de la media:

$$s^2 = \frac{\sum_{i=1}^{n} (x_i - \bar{x})^2 \cdot n_i}{N} = \frac{\sum_{i=1}^{n} x_i^2 \cdot n_i}{N} - \bar{x}^2$$

Si los datos se encuentran agrupados por clases, necesitamos emplear la marca de cada clase, m_i:

$$s^2 = \frac{\sum_{i=1}^{n} (m_i - \bar{x})^2 \cdot n_i}{N} = \frac{\sum_{i=1}^{n} m_i^2 \cdot n_i}{N} - \bar{x}^2$$

La desviación típica, s, es la raíz cuadrada positiva de la varianza:

$$s = \sqrt{s^2}$$

Siempre se debe cumplir que $s^2 > 0$.

El rango o recorrido de una muestra de datos es la diferencia entre el dato mayor y el dato menor. Si los datos están agrupados por clases, el rango es la diferencia entre el extremo superior de la última clase y el extremo inferior de la primera.

EJEMPLO 1

A partir de los datos de la tabla, halla la varianza, la desviación típica y el rango:

x_i	n_i
0	3
1	7
2	5
3	4
4	1

Varianza: $s^2 = \frac{\sum_{i=1}^{n} x_i^2 \cdot n_i}{N} - \bar{x}^2 =$

$= \frac{0 \cdot 3 + 1 \cdot 7 + 4 \cdot 5 + 9 \cdot 4 + 16 \cdot 1}{20} - 1{,}65^2 = \frac{79}{20} - 2{,}72 = 1{,}23$

Desviación típica: $s = \sqrt{s^2} = \sqrt{1{,}23} = 1{,}10$

Rango: $4 - 0 = 4$

EJEMPLO 2

Considerando los datos de la tabla, calcula la varianza, la desviación típica y el rango:

x_i	m_i	n_i
[150 , 160)	155	3
[160 , 170)	165	6
[170 , 180)	175	5
[180 , 190)	185	5
[190 , 200)	195	1

Varianza: $s^2 = \frac{\sum_{i=1}^{n} m_i^2 \cdot n_i}{N} - \bar{x}^2 =$

$= \frac{155^2 \cdot 3 + 165^2 \cdot 6 + 175^2 \cdot 5 + 185^2 \cdot 5 + 195^2 \cdot 1}{20} - 172{,}5^2 =$

$= \frac{597\,700}{20} - 29\,756{,}25 = 128{,}75$

Desviación típica: $s = \sqrt{s^2} = \sqrt{128{,}75} = 11{,}35$

Rango: $200 - 150 = 50$

07 Distribución de datos en función de la media y la desviación típica

Si los datos de una variable estadística siguen una distribución normal (es decir, si son distribuciones simétricas con los parámetros de centralización situados en las posiciones centrales y con valores muy próximos), se cumple que:

- El 68% de los datos se encuentra en el intervalo $(\bar{x} - s_n , \bar{x} + s_n)$.
- El 95% de los datos se encuentra en el intervalo $(\bar{x} - 2s_n , \bar{x} + 2s_n)$.
- El 99% de los datos se encuentra en el intervalo $(\bar{x} - 3s_n , \bar{x} + 3s_n)$.

EJEMPLO 1

Los alumnos de 2.º de Bachillerato de cierto instituto han obtenido en el examen de Matemáticas de la PAU de este año una media de 6,2 y una desviación típica de 1,1. ¿Qué conclusiones cabe establecer en relación con los resultados obtenidos, teniendo en cuenta que se trata de una muestra que sigue una distribución normal?

Según los datos anteriores, el 68% de los alumnos obtendría una calificación dentro del intervalo $(\bar{x} - s_n , \bar{x} + s_n)$; el 95% de los alumnos, en el intervalo $(\bar{x} - 2s_n , \bar{x} + 2s_n)$, y el 99% de los alumnos, en el intervalo $(\bar{x} - 3s_n , \bar{x} + 3s_n)$. Por tanto, se puede concluir que:

- El 68 % de los alumnos tienen una nota entre 5,1 y 7,3.
- El 95 % de los alumnos tienen una nota entre 4 y 8,4.
- El 99 % de los alumnos tienen una nota entre 2,9 y 9,5.

Transformación de una variable estadística

Cuando los valores de los datos sean altos o sean números decimales, para calcular la media y la desviación, existe una propiedad que permite transformar los datos en otros más sencillos y realizar los cálculos de manera más rápida.

Sea la variable estadística X, con datos x_i: si se aplica el cambio $Y = aX + b$, y se obtiene con ello los datos $y_i = a \cdot x_i + b$, entonces $\begin{cases} \bar{y} = a \cdot \bar{x} + b \\ s_y = a \cdot s_x \end{cases} \Rightarrow \begin{cases} \bar{x} = \dfrac{\bar{y} - b}{a} \\ s_x = \dfrac{s_y}{a} \end{cases}$.

La varianza quedaría, pues, del siguiente modo: $s_y^2 = a^2 \cdot s_x^2 \Rightarrow s_x^2 = \dfrac{s_y^2}{a^2}$.

EJEMPLO 2

Sea X la altura, en metros, de los integrantes de un grupo de alumnos. Determina la media y la desviación típica de una muestra de cinco alumnos cuyos resultados son {1,71 ; 1,72 ; 1,75 ; 1,70 ; 1,72}.

Se aplica la transformación $y_i = 100 \cdot x_i - 170$ y se obtiene como datos {1, 2, 5, 0, 2}.

Ahora es mucho más fácil y rápido hallar tanto la media como la desviación:

$$\bar{y} = \frac{1+2+5+0+2}{5} = \frac{10}{5} = 2;\ s_y = \sqrt{\frac{1+4+25+0+4}{5} - 2^2} = \sqrt{\frac{34}{5} - 4} = \sqrt{2{,}8} = 1{,}67$$

Luego, $\bar{x} = \dfrac{\bar{y} - b}{a} = \dfrac{2+170}{100} = 1{,}72$ y $s_x = \dfrac{s_y}{a} = \dfrac{1{,}67}{100} = 0{,}0167$.

08 Variables estadísticas bidimensionales

Se denomina **variable estadística bidimensional** al par (X , Y) tal que X e Y son dos variables estadísticas que se corresponden a dos características diferentes de una misma muestra o población.

Es decir, se toma una sola muestra de alumnos, por ejemplo, y se estudia el peso y la altura de cada uno de ellos; o bien se considera una muestra de coches en relación con la cual se estudia el precio y la velocidad de cada vehículo, etc.

La variable estadística bidimensional (X , Y) toma los valores (x_1 , y_1), (x_2 , y_2), (x_3 , y_3), ..., (x_n , y_n).

Al representar estos valores en unos ejes cartesianos, el conjunto de puntos resultante se denomina **nube de puntos** o **diagrama de dispersión.**

Si se ordenan los datos en una tabla, esta puede estar dispuesta de dos formas diferentes, según como se anoten las frecuencias:

- **Tabla simple con frecuencias.** En ella, n_i es la frecuencia absoluta del par (x_i , y_i).

  Si no aparece la frecuencia absoluta de cada par se entiende que esta es 1.

X	x_1	x_2	...	x_n
Y	y_1	y_2	...	y_n
n_i	n_1	n_2	...	n_n

- **Tabla de doble entrada** o **tablas de contingencia.** Los datos se ordenan por filas y columnas, y en el interior de la tabla se incluyen las frecuencias n_{ij}, que se corresponden con las frecuencias absolutas de los datos (x_i , y_j). Este tipo de tabla es útil si se trata de variables con una gran cantidad de datos.

	x_1	x_2	...	x_m
y_1	n_{11}	n_{21}	...	n_{m1}
y_2	n_{12}	n_{22}	...	n_{m2}
...	...	...	...	...
y_n	n_{1n}	n_{2n}	...	n_{mn}

Covarianza. Se denomina **covarianza** de la variable estadística (X , Y) a la media aritmética de los productos de las desviaciones de cada una de las variables respecto de sus correspondientes medias. Se designa mediante s_{xy}.

$$s_{xy} = \frac{\sum_{i=1}^{n}(x_i - \bar{x})\cdot(y_i - \bar{y})\cdot n_i}{N} = \frac{\sum_{i=1}^{n} x_i \cdot y_i \cdot n_i}{N} - \bar{x}\cdot\bar{y}$$

EJEMPLO 1

Se pregunta por sus calificaciones en Matemáticas (X) y Lengua (Y) a 16 alumnos, que dan las siguientes respuestas: (7 , 6), (8 , 7), (5 , 7), (9 , 8), (4 , 7), (5 , 8), (7 , 6), (5 , 5), (6 , 6), (5 , 7), (6 , 7), (3 , 5), (8 , 9), (5 , 7), (7 , 7) y (5 , 8), donde la primera coordenada corresponde a la nota de Matemáticas, y la segunda, a la de Lengua.

Representa los datos en un diagrama de dispersión y calcula la covarianza.

X: Matemáticas	3	4	5	5	5	6	6	7	7	8	8	9
Y: Lengua	5	7	5	7	8	6	7	6	7	7	9	8
Frecuencias	1	1	1	3	2	1	1	2	1	1	1	1

Para calcular la covarianza, es necesario calcular las medias de X e Y:

$$\bar{x} = \frac{95}{16} = 5{,}94;\ \bar{y} = \frac{110}{16} = 6{,}87;\ s_{xy} = \frac{664}{16} - 40{,}81 = 41{,}5 - 40{,}81 = 0{,}69$$

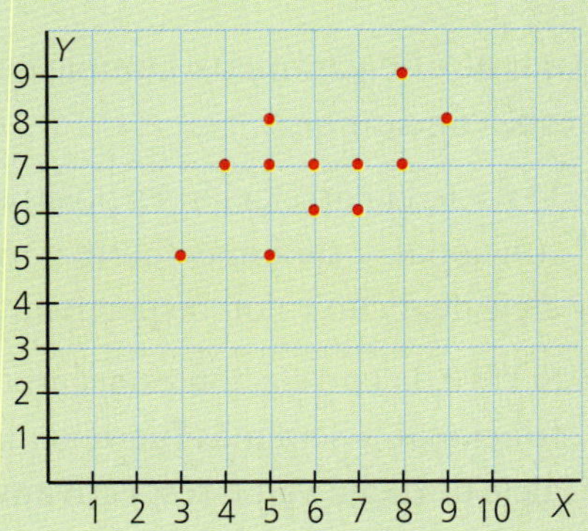

09 Correlación

La **correlación** es la parte de la estadística que estudia la dependencia existente entre las dos características de una variable estadística bidimensional. Dicho estudio se puede abordar de forma gráfica, a partir del diagrama de dispersión, o analítica, mediante el denominado **coeficiente de correlación de Pearson.**

Interpretación gráfica de la correlación

Se representa el diagrama de dispersión, o nube de puntos, y, según la disposición de los puntos, se establecen las siguientes conclusiones:

- La correlación es **lineal** o **curvilínea** cuando los puntos están próximos a una línea recta o curva, respectivamente.
- La correlación es **positiva** o **directa** si, al aumentar los valores de una variable, se incrementan también los valores de la otra.
- La correlación es **negativa** o **inversa** si, al aumentar los valores de una variable, disminuyen los valores de la otra.
- La correlación es **funcional** si los puntos representan la gráfica de una función, es decir, si existe una función que se corresponde con los valores de la distribución.

  Si no fuera así, se dice que entre las variables existe una relación o dependencia, que puede ser fuerte o débil, según los puntos se encuentren más o menos próximos a una línea concreta.
- La correlación es **nula** cuando no existe relación entre las variables, es decir, cuando los puntos se encuentran dispersos en el diagrama sin aproximarse a ninguna línea concreta. Las variables están **incorreladas.**

Coeficiente de correlación lineal de Pearson

Cuando las variables mantienen una relación o dependencia lineal, es posible cuantificar esa relación de una forma más precisa a través de un parámetro denominado **coeficiente de correlación de Pearson,** cuyo valor viene dado por el cociente entre la covarianza y el producto de las desviaciones típicas de las variables X e Y:

$$r = \frac{s_{xy}}{s_x \cdot s_y}$$

El valor de este parámetro cumple que $-1 \leq r \leq 1$, y, según sea su valor y su signo, cabe concluir que:

- Si $r > 0$, la correlación es positiva, mientras que si $r = 1$, la correlación es funcional, y será más fuerte o más débil cuanto más se aproxime a 1 o se aleje de dicho valor, respectivamente.
- Si $r < 0$, la correlación es negativa, mientras que si $r = -1$, la correlación es funcional, y será más fuerte o más débil cuanto más se aproxime a -1 o se aleje de dicho valor, respectivamente.
- Si $r = 0$ o está próxima a 0, entonces la correlación es nula y cabe afirmar que entre las variables no hay relación.

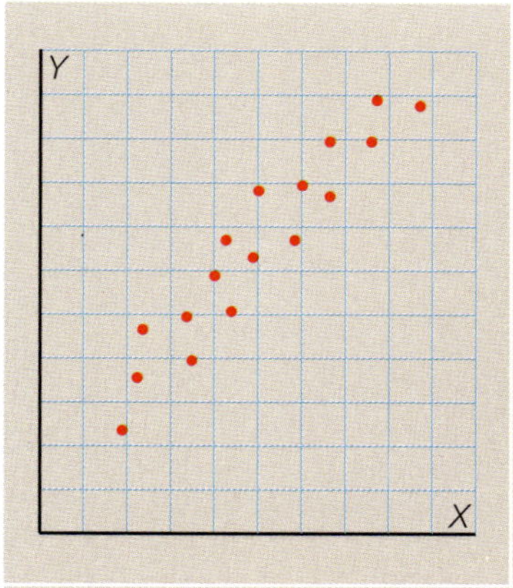

Correlación lineal positiva fuerte: r > 0 y está próximo a 1.

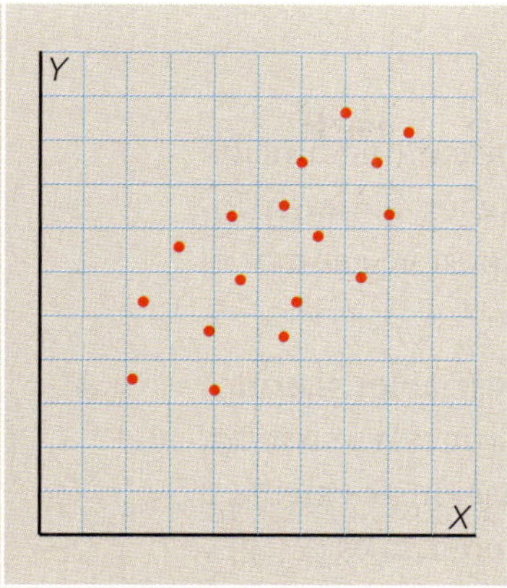

Correlación lineal positiva débil: r > 0, pero no está próximo a 1.

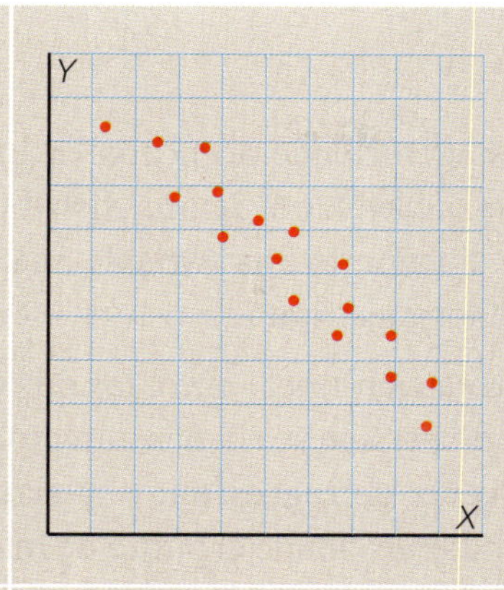

Correlación lineal negativa fuerte: r < 0 y está próximo a –1.

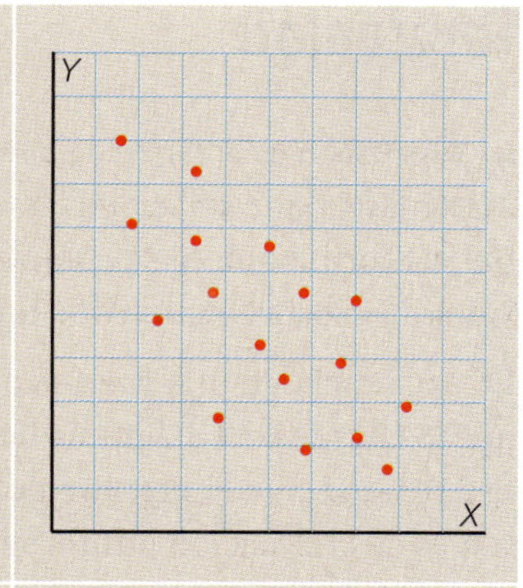

Correlación lineal negativa débil: r < 0, pero no está próximo a –1.

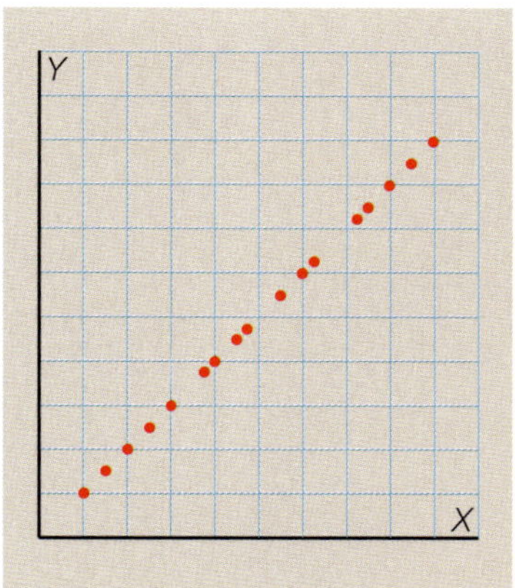

Correlación lineal positiva funcional: r = 1.

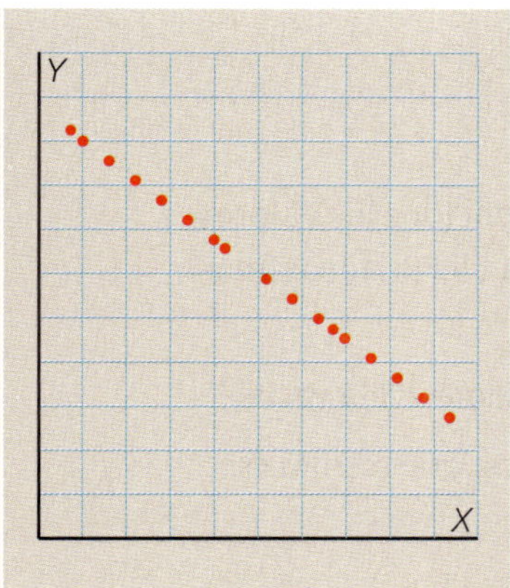

Correlación lineal negativa funcional: r = –1.

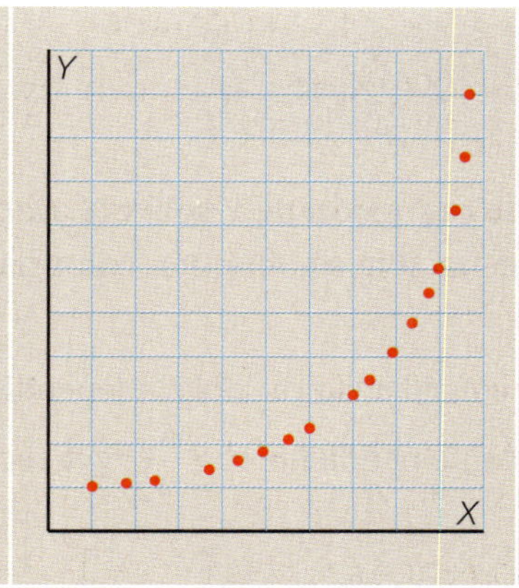

Correlación curvilínea positiva funcional (no es lineal; no hay *r*).

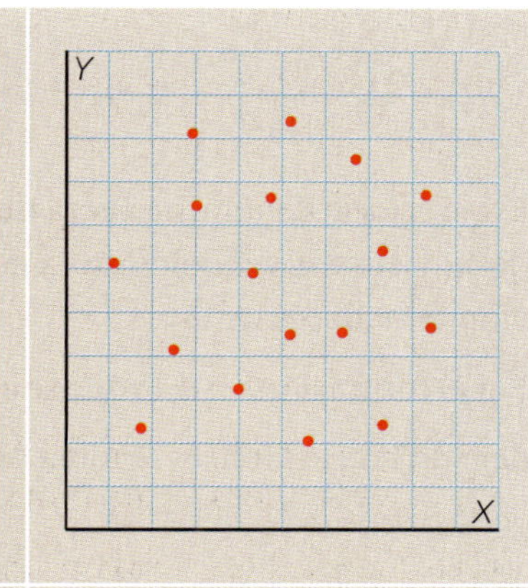

Correlación nula o variables incorreladas: *r* está próximo a 0.

EJEMPLO 1

Realiza un análisis de la correlación y del tipo de dependencia de la distribución del ejemplo de la página 209.

En el diagrama de dispersión elaborado a partir de los datos de los alumnos del ejemplo, puede observarse que la relación es positiva, pero débil. Para constatar esto, se hallan las desviaciones típicas de X e Y:

$$s_x = \sqrt{\frac{\sum_{i=1}^{n} x_i^2 \cdot n_i}{N} - \overline{x}^2} = \sqrt{\frac{9+16+25\cdot 6+36\cdot 2+49\cdot 3+64\cdot 2+81}{16} - 5{,}94^2} =$$

$$= \sqrt{2{,}40} = 1{,}55$$

$$s_y = \sqrt{\frac{\sum_{i=1}^{n} y_i^2 \cdot n_i}{N} - \overline{y}^2} = \sqrt{\frac{25\cdot 2+36\cdot 3+49\cdot 7+64\cdot 3+81}{16} - 6{,}87^2} =$$

$$= \sqrt{1{,}18} = 1{,}09$$

Finalmente, se calcula el coeficiente de correlación: $r = \frac{s_{xy}}{s_x \cdot s_y} = \frac{0{,}69}{1{,}55 \cdot 1{,}09} = \frac{0{,}69}{1{,}69} = 0{,}41.$

Se confirma, así, que la correlación es positiva y débil.

10 Regresión

La **regresión** es la parte de la estadística que se encarga de buscar una función matemática que relacione las variables X e Y de una distribución bidimensional, de forma que, si se conoce el valor de una variable, sea posible estimar el valor de la otra con mayor o menor precisión.

La existencia de una fuerte correlación lineal entre las dos variables significa que los puntos del diagrama de dispersión se encuentran próximos a una recta. Esa recta recibe el nombre de **recta de regresión,** y su ecuación se calcula a través de la ecuación punto-pendiente, donde el punto de referencia es $(\bar{x}\,,\,\bar{y})$ y la pendiente varía según como se consideren las variables.

De este modo, si X es considerada la variable independiente e Y la variable dependiente, entonces se toma como pendiente $m = \frac{s_{xy}}{s_x^2}$, y la recta resultante es:

$$y - \bar{y} = \frac{s_{xy}}{s_x^2} \cdot (x - \bar{x})$$

Esta recta se denomina **recta de regresión de Y sobre X.** Conocidos los valores de X, y sustituyéndolos en la ecuación, se obtienen con una cierta aproximación los valores de Y.

Por el contrario, si es Y la que se considera la variable independiente y X la variable dependiente, entonces se toma como pendiente $m = \frac{s_{xy}}{s_y^2}$, y la recta que resulta es:

$$x - \bar{x} = \frac{s_{xy}}{s_y^2} \cdot (y - \bar{y})$$

Esta recta se denomina **recta de regresión de X sobre Y.** De igual manera que en el caso anterior, conocidos los valores de Y, y sustituyéndolos en la ecuación, se obtienen con una cierta aproximación los valores de X.

Las expresiones $\frac{s_{xy}}{s_x^2}$ y $\frac{s_{xy}}{s_y^2}$ se denominan **coeficientes de regresión.**

Otra expresión para el coeficiente de correlación lineal es $r = \sqrt{m_{xy} \cdot m_{yx}}$, donde m_{xy} y m_{yx} son las pendientes de las rectas de regresión X sobre Y e Y sobre X, respectivamente.

Para hacer estimaciones sobre los valores de Y, a partir de los valores de X, se debe utilizar la recta de regresión de Y sobre X; y viceversa, si se quiere hacer estimaciones sobre los valores de X a partir de los de Y, hay que utilizar la recta de regresión de X sobre Y.

Si el coeficiente de correlación está próximo a 0, no tiene sentido realizar estimaciones con la recta de regresión, pues los resultados no serán fiables. Por tanto, la precisión de las estimaciones que se realicen a través de la recta de regresión será mayor cuanto más fuerte sea la correlación entre las variables, es decir, cuanto más próximo a 1 esté el valor absoluto de r.

- Si r está próximo a 1 o –1, los valores reales estarán próximos a las estimaciones.
- Si $r = 1$ o $r = -1$, los valores reales coincidirán con las estimaciones.

Vamos a trazar las rectas de regresión de los diagramas de dispersión de la página 211:

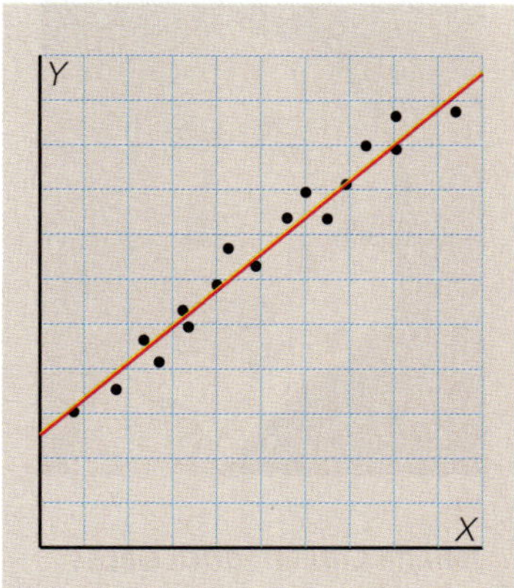

Correlación lineal positiva fuerte: $r > 0$ y está próximo a 1.

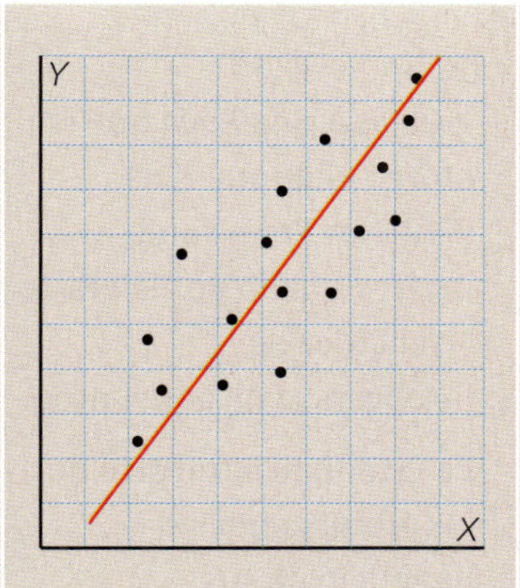

Correlación lineal positiva débil: $r > 0$, pero no está próximo a 1.

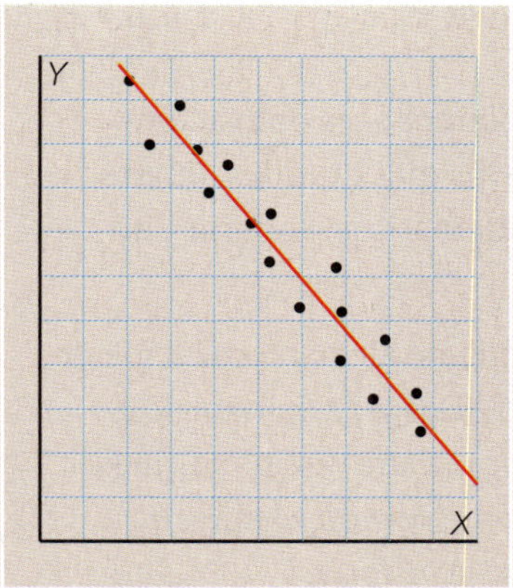

Correlación lineal negativa fuerte: $r < 0$ y r está próximo a -1.

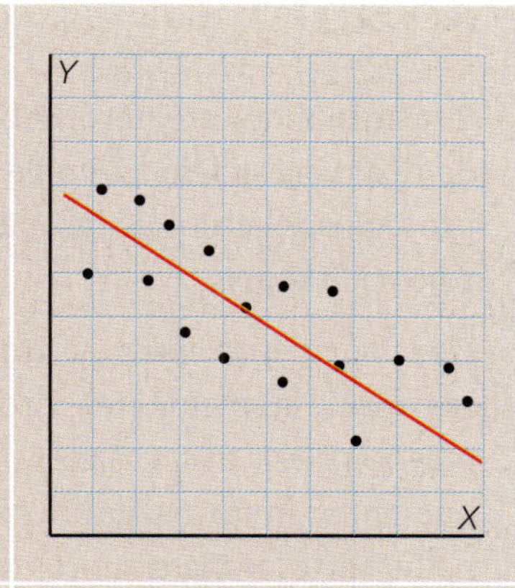

Correlación lineal negativa débil: $r < 0$, pero no está próximo a -1.

EJEMPLO 1

Se encuesta a cinco alumnos y se les pregunta su edad (variable X) y el número de viajes al extranjero realizados (variable Y). Los resultados obtenidos son los siguientes:

X: edad	19	15	16	12	18
Y: viajes	5	3	4	3	5

Suponiendo que se mantiene esta relación, estima los viajes que habrá realizado un alumno de 10 años. Razona si la estimación es fiable o no.

Debemos ver primero el tipo de correlación que existe para comprobar la fiabilidad de la estimación.

Medias y desviaciones:

$$\bar{x} = \frac{80}{5} = 16; \ \bar{y} = \frac{20}{5} = 4$$

$$s_x = \sqrt{\frac{1310}{5} - 256} = \sqrt{6}; \ s_y = \sqrt{\frac{84}{5} - 16} = \sqrt{0,8}$$

Covarianza y coeficiente de correlación:

$$s_{xy} = \frac{95 + 45 + 64 + 36 + 90}{5} - 16 \cdot 4 = 66 - 64 = 2$$

$$r = \frac{s_{xy}}{s_x \cdot s_y} = \frac{2}{\sqrt{6} \cdot \sqrt{0,8}} = \frac{2}{2,19} = 0,91$$

En consecuencia, la correlación es fuerte, por lo que la recta de regresión sí será fiable.

Para estimar un valor de Y, se utiliza la recta de regresión de Y sobre X:

$$y - \bar{y} = \frac{s_{xy}}{s_x^2} \cdot (x - \bar{x}) \Rightarrow y - 4 = \frac{2}{6} \cdot (x - 16)$$

Como $x = 10 \Rightarrow y - 4 = \frac{2}{6} \cdot (10 - 16) \Rightarrow y - 4 = -2 \Rightarrow y = 2$. Por consiguiente, la estimación es que el alumno realice dos viajes.

ELABORA TU PROYECTO

EL PRÍNCIPE DE LAS MATEMÁTICAS

Y terminando este libro, debíamos —es obligación— dedicar un espacio a uno de los más grandes, ilustres y prodigiosos genios de las matemáticas: Johann Carl Friedrich Gauss.

Este matemático, físico y astrónomo alemán posiblemente sea una de las mentes más prolíficas y, en opinión de la mayoría de los historiadores de nuestra disciplina, puede que ocupe, junto a Arquímedes y Newton, el más alto podio entre los matemáticos de la historia.

Es imposible resumir en pocas palabras la totalidad de su contribución, pues abarca tanto el área de la física como la de las matemáticas sin distinción. Tenía una visión y una forma de trabajo integradoras: ambas disciplinas convergían en sus intereses. Las matemáticas de los siglos XIX y XX no pueden entenderse sino como fruto del empuje y el legado de su ingente trabajo.

Resulta revelador que, según contaba el propio Gauss, a la edad de 3 años corrigiera a su padre una suma, ofreciéndole el resultado correcto. Y es inconcebible que aquel, viendo en el pequeño tal potencial, pusiera, sin embargo, tantas trabas a su escolarización y formación académica, que se consiguió finalmente gracias a una beca que le otorgó el duque Karl Wilhelm Ferdinand, impresionado por la gracia y sencillez de la inteligencia de aquel niño.

Johann Carl Friedrich Gauss

La estadística fue otro de los ámbitos que se benefició de sus aportaciones. Puede decirse que fue él quien desarrollo el método en el marco estadístico, como herramienta de estimación de datos y que lo hizo siguiendo un planteamiento de linealidad. Posteriormente, se desarrollaría la teoría de regresión, estudiada en esta unidad, y que bebe de las fuentes del trabajo del alemán.

Sin duda, Gauss se merece el respeto y la gratitud de todos los que amamos las matemáticas. Detenerse, bucear y conocer más sobre él es, como decíamos al principio, una obligación.

Prepara una exposición oral o escrita, individual o en grupo, para desarrollar esta propuesta.

Pautas para la elaboración del proyecto

1	Realiza una presentación que abarque la vida y obra de Gauss. Traza un perfil biográfico que permita entender la sociedad de su época. Este apacible genio tuvo una larga vida, de 1777 a 1855, por lo que esta está llena de anécdotas.
2	Estructura y expón sus aportaciones más significativas a las matemáticas: teoría de números, geometría diferencial, análisis matemático, geodesia y estadística.

Recursos

- → http://gaussianos.com/carl-friedrich-gauss-el-principe-de-las-matematicas/
- → https://www.fme.upc.edu/arxius/butlleti-digital/gauss/060215_conferencia_ibarrola.pdf
- → https://upcommons.upc.edu/video/bitstream/2099.2/301/7/301_Article.pdf

ELABORA TU ORGANIZADOR VISUAL

Realiza un mapa conceptual en el que recojas los contenidos fundamentales estudiados en esta unidad. Puedes partir de esta propuesta:

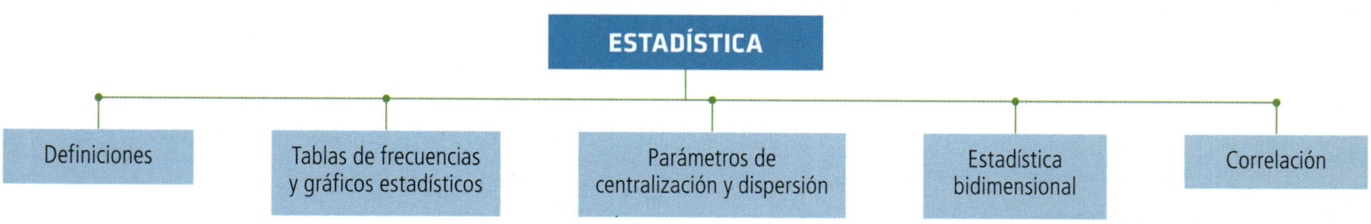

EVALUACIÓN

1 Indica si las variables son cualitativas o cuantitativas.

a. El tipo de vivienda (piso, chalet, *loft*).

b. La cilindrada de un vehículo.

c. El número de veces que se va al cine al mes.

d. La altura del piso en el que se vive.

2 Las calificaciones obtenidas en Matemáticas por dos alumnos son 5, 6, 8 y 4, para el primero, y 3, 9, 8 y 3, para el segundo. Indica cuál de ellos es más regular sin hacer cálculos.

3 Sabemos que la media de diez números es 12,7. ¿Cuál será la nueva media aritmética si se añaden los números 14,8; 15,79 y 9,36?

4 Sean los siguientes datos de una distribución: 3, 6, 8, 7, 10, 1, 2; calcula:

a. La media aritmética, la moda y la mediana.

b. La desviación típica, la varianza y el rango.

5 Seis niños cuyas edades son 1, 2, 3, 5, 7 y 9 años pesan 13, 16, 18, 27, 33 y 36 kg, respectivamente. Calcula la covarianza y el coeficiente de correlación. ¿Cuál será el peso esperado para un niño de 12 años?

6 ¿Qué tipo de correlación existe en los siguientes casos?

a. $r = -0{,}1$ **b.** $r = -0{,}9$ **c.** $r = 0{,}6$

7 Tras anotar el peso de una muestra de alumnos, se obtienen los siguientes resultados: el dato 60 kg tiene una frecuencia absoluta de 3, una frecuencia acumulada de 12 y una frecuencia relativa de 0,15. Explica cada parámetro y calcula el número de datos de la muestra.

8 ¿A qué gráfica corresponden estas medias, modas y desviaciones: $\bar{x} = 20$ y 28; $M_o = 28$ y 32; $s = 30$ y 16?

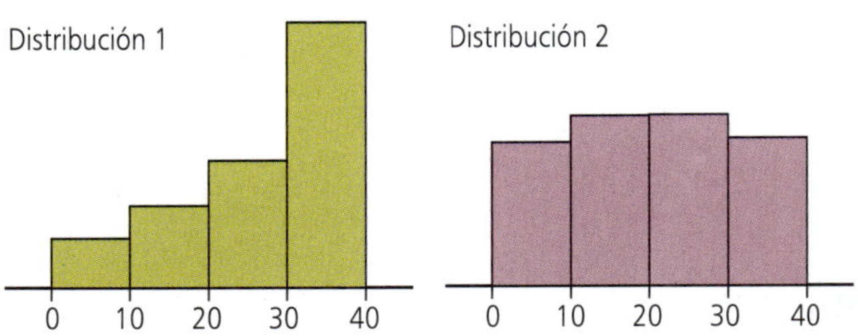

9 Se toma una muestra de 10 alumnos y se anota las veces que van al botiquín por «supuestos» dolores de cabeza (variable X), así como la nota final que sacan (variable Y). Los resultados obtenidos son los siguientes:

X: visitas al botiquín	4	1	3	8	0	6	3	6	2	5
Y: nota final	7	8	7	3	9	4	8	5	8	7

¿Qué nota cabe esperar en un alumno que va 10 veces al botiquín?

10 En una muestra de alumnos se ha comparado las horas semanales que pasan chateando por Internet (variable X) con la nota media que obtienen al final de la evaluación (variable Y) y se han obtenido los siguientes resultados:

X: horas en Internet	5	2	7	1	4	6	3	5
Y: nota media	6	8	3	9	7	4	8	5
N.º de alumnos	2	3	1	2	3	4	3	2

a. ¿Qué relación existe entre las variables? Justifícalo.

b. ¿Qué nota media cabe esperar para un alumno que pasa 9 h semanales chateando por Internet?

11 En una muestra de alumnos se han comparado las faltas de asistencia durante una evaluación (variable X) con la nota media que obtienen en dicha evaluación (variable Y), con lo que se obtienen los siguientes datos:

X: faltas de asistencia	4	1	3	8	0	6	3	6	2	5
Y: nota media	7	8	7	3	9	4	8	5	8	7

a. Calcula el coeficiente de correlación e indica qué relación existe entre las variables.

b. Si se mantiene la relación, ¿qué nota media cabe esperar para un alumno con 10 faltas?

12 Se piden los ejercicios en una clase y, como es habitual, no todos los alumnos los tienen hechos. Tomamos una muestra de alumnos y anotamos los ejercicios que les faltan (variable X) y la nota que obtienen en el examen posterior (variable Y), con lo que se obtienen los siguientes resultados:

X: ejercicios sin hacer	5	2	4	8	1	7	6	7
Y: nota de examen	6	7	7	5	8	5	6	4

a. Interpreta la relación que existe entre X e Y a partir del coeficiente de correlación y del diagrama de dispersión.

b. Basándose en la recta de regresión, ¿qué nota cabe esperar en un alumno que tiene todos los ejercicios hechos?

somos
#
link